火电厂生产岗位技术问答

HUODIANCHANG SHENGCHAN GANGWEI JISHU WENDA

锅炉检修

主　编　贾娅莉
参　编　韩燕鹏　董　斌
　　　　乔翠明　辜文波

中国电力出版社
CHINA ELECTRIC POWER PRESS

内 容 提 要

为帮助广大火电机组运行、维护、管理技术人员了解、学习、掌握火电机组生产岗位的各项技能，加强机组运行管理工作，做好设备的运行维护和检修工作，特组织专家编写《火电厂生产岗位技术问答》系列丛书。

本套丛书采用问答形式编写，以岗位技能为主线，理论突出重点，实践注重技能。

本书为《锅炉检修》分册，书中简明扼要地介绍了火电厂锅炉设备检修的基础知识及除尘、脱硫和除灰设备检修等岗位技能知识。主要内容有锅炉检修基础知识；锅炉本体设备的结构、工作原理及检修；锅炉管阀，如汽水系统管道及连接件、附件、阀门的检修；锅炉辅机、通风系统、制粉系统以及其他辅机的检修；除尘、脱硫及除灰设备的检修及故障处理等。

本书可供从事火电厂锅炉设备检修和除灰、脱硫设备检修工作的技术、管理人员学习参考，以及为考试、现场考问等提供题目；也可供大中专院校相关专业的师生参考阅读。

图书在版编目（CIP）数据

锅炉检修/《火电厂生产岗位技术问答》编委会编. —北京：中国电力出版社，2011.8（2018.2重印）
（火电厂生产岗位技术问答）
ISBN 978-7-5123-1721-5

Ⅰ. ①锅… Ⅱ. ①火… Ⅲ. ①锅炉-检修-问题解答 Ⅳ. ①TK228-44

中国版本图书馆 CIP 数据核字（2011）第 097704 号

中国电力出版社出版、发行
（北京市东城区北京站西街19号 100005 http://www.cepp.sgcc.com.cn）
航远印刷有限公司印刷
各地新华书店经售

*

2011 年 8 月第一版 2018 年 2 月北京第三次印刷
850 毫米×1168 毫米 32 开本 14.125 印张 441 千字
印数 4501—5500 册 定价 34.00 元

版 权 专 有 侵 权 必 究

前　言

在电力工业快速持续发展的今天，积极发展清洁、高效的发电技术是国内外共同关注的问题，对于能源紧缺的我国更显得必要和迫切。在国家有关部、委积极支持和推动下，我国火电机组的国产化及高效大型火电机组的应用逐步提高。我国现代化、高参数、大容量火电机组正在不断投运和筹建，其发电技术对我国社会经济发展具有非常重要的意义。因此，提高发电效率、节约能源、减少污染，是新建火电机组、改造在运发电机组的头等大事。

根据火力发电厂生产岗位的实际要求和火电厂生产运行及检修规程规范以及开展培训的实际需求，特组织行业专家编写本套《火电厂生产岗位技术问答》丛书。本丛书共分11个分册，包括：《汽轮机运行》、《汽轮机检修》、《锅炉运行》、《锅炉检修》、《电气运行》、《电气检修》、《化学运行》、《化学检修》、《集控运行》、《热工仪表及自动装置》和《燃料运行与检修》。

本丛书全面、系统地介绍了火力发电厂生产运行和检修各岗位遇到的各方面技术问题和解决技能。其编写目的是帮助广大火电机组运行、维护、管理技术人员了解、学习、掌握火电机组生产岗位的各项技能，加强机组运行管理工作，做好设备的运行维护和检修工作，从而更加有效地将这些知识运用到实际工作中。

本丛书主要讲述火电机组生产岗位的应知应会技能，重点从工作原理、结构、启动、正常运行、异常运行、运行中的监视与调整、机组停运、事故处理、检修、调试等方面以问答的形式表述；注重新设备、新技术，并将基本理论与成功的实用技术和实际经验结合，具有针对性、有效性和可操作性强的特点。

本书为《锅炉检修》分册，由贾娅莉主编，韩燕鹏、董斌、乔翠明、辜文波参编。本书共分五部分，其中，第一部分由韩燕鹏编写，第二部分由辜文波编写，第三部分由董斌、贾娅莉编写，第四部分由贾娅莉编写，第五部分由乔翠明编写。全书由贾娅莉统稿。

本丛书可作为火电机组运行及检修人员的岗位技术培训教材，也可为火电机组运行人员制定运行规程、运行操作卡，检修人员制订检修计划及检修工艺卡提供有价值的参考，还可作为发电厂、电网及电力系统专业大中专院校的教师和学生的教学参考书。

由于编写时间仓促，本丛书难免存在疏漏之处，恳请各位专家和读者提出宝贵意见，使之不断完善。

《火电厂生产岗位技术问答》编委会

2011 年 4 月

目 录

3

9

11

第二部分 | 锅炉本体设备的检修

第三部分 ｜ 锅炉管阀检修

第四部分 ｜ 锅炉辅机检修

第五部分 | 除尘、脱硫及除灰设备

第一部分

锅炉设备检修基础知识

第一章　火力发电厂生产过程

1-1　火力发电厂的燃料主要有哪几种？

答：火力发电厂的燃料主要有煤、油、气三种。

1-2　火力发电厂的主要生产系统有哪些？

答：火力发电厂的主要生产系统有汽水系统、燃烧系统、电气系统。

1-3　火力发电厂按其所采用的蒸汽参数可分为哪几种？

答：火力发电厂按其所采用的蒸汽参数可分为低温低压、中温中压、高温高压、超高压、亚临界压力、超临界压力发电厂。

1-4　火力发电厂按其生产的产品可分为哪几种？

答：火力发电厂按其生产的产品可分为凝汽式、供热式、综合利用式发电厂。

1-5　火力发电厂中的蒸汽参数一般指什么？

答：火力发电厂中的蒸汽参数一般指蒸汽的压力和温度。

1-6　火力发电厂的汽水系统主要由哪些设备组成？

答：火力发电厂的汽水系统主要由锅炉、汽轮机、凝汽器、给水泵组成。

1-7　火力发电厂中锅炉的容量叫什么？单位是什么？

答：火力发电厂中锅炉的容量叫蒸发量，其单位是 t/h。

1-8　锅炉的蒸汽参数是指什么？

答：锅炉的蒸汽参数是指锅炉出口处过热蒸汽的压力和温度。

1-9　火力发电厂中的锅炉按水循环的方式可分为哪几种？

答：火力发电厂中的锅炉按水循环的方式可分为自然循环锅炉、强制循环锅炉、直流锅炉。

1-10   根据机组参数的不同，火力发电厂的水处理系统可分别由哪几部分组成？

答：根据机组参数的不同，火力发电厂的水处理系统可分别由补给水处理系统、给水处理系统、凝结水处理系统、冷却水处理系统、炉内水处理系统等部分组成。

1-11   火力发电厂中汽轮机的作用是什么？

答：火力发电厂中汽轮机的作用是将蒸汽的热能转换为机械能。

1-12   火力发电厂中发电机的作用是什么？

答：火力发电厂中，发电机的作用是把机械能转换为电能。

1-13   火力发电厂中的发电机主要包括哪几个系统？

答：火力发电厂中的发电机是以汽轮机为原动机的三相交流发电机，包括发电机的本体系统、励磁系统和冷却系统。

1-14   我国电力网的额定频率和发电机的转速分别是多少？

答：我国电力网的额定频率为 50Hz，发电机的额定转速应为 3000r/min。

1-15   电力系统中所有用户的用电设备消耗功率的总和叫做什么？

答：电力系统中所有用户的用电设备消耗功率的总和叫做负荷。

1-16   电力系统的负荷可分为哪两种？

答：电力系统的负荷可分为有功负荷和无功负荷。

1-17   电力系统是由什么组成的统一整体？

答：电力系统是由发电厂、电力网、用户组成的统一整体。

1-18   造成火力发电厂效率低的主要原因是什么？

答：造成火力发电厂效率低的主要原因是汽轮机排汽热损失。

1-19   标准煤的发热量是多少？

答：标准煤的发热量为 29 271.2kJ。

1-20   火力发电厂排出的烟气会造成大气污染，烟气中的主要污染物是什么？

答：主要污染物是二氧化碳。

1-21　某电厂有 10 台蒸汽参数为 3.43MPa、435℃的汽轮发电机组，该电厂属于什么类型的电厂？

答：属于中温中压电厂。

1-22　简述火力发电厂的生产过程。

答：火力发电厂的生产过程概括起来就是：通过高温燃烧把燃料的化学能转变成热能，从而将水加热成高温高压的蒸汽；然后利用蒸汽推动汽轮机，把热能转变成转子的机械能，进而通过发电机把机械能转变为电能。

1-23　火力发电厂整个生产过程包括哪些主要系统、辅助系统和设施？

答：火力发电厂整个生产过程涉及的主要生产系统为汽水系统、燃烧系统和电气系统。除此以外，还有供水系统、化学水处理系统、输煤系统和热工自动化系统等各种辅助系统以及相应的厂房建筑物、构筑物等设施。

1-24　简述火力发电厂汽水系统的组成及工作原理。

答：火力发电厂的汽水系统由锅炉、汽轮机、凝汽器、凝结水泵、回热加热器、除氧器、给水泵等组成。水在锅炉中被加热成蒸汽，再经过热器进一步加热后变成过热蒸汽。过热蒸汽通过主蒸汽管道进入汽轮机。过热蒸汽在汽轮机中不断膨胀加速，高速流动的蒸汽冲动汽轮机动叶片，使汽轮机转子转动。汽轮机转子带动发电机转子旋转，使发电机发电。通过汽轮机后的蒸汽排入凝汽器，并被冷却凝结成水。凝结水由凝结水泵打至低压加热器和除氧器。凝结水在低压加热器和除氧器中经加热脱氧后，由给水泵打至高压加热器，经高压加热器加热后进入锅炉。

1-25　简述燃煤发电厂锅炉燃烧系统的流程。

答：燃煤发电厂的煤由皮带机输送到煤仓间的煤斗内，煤斗的煤经给煤机进入磨煤机磨成煤粉，煤粉由经空气预热器加热的热风携带进入炉内燃烧。燃烧生成的烟气经除尘器除尘、脱硫系统脱硫后由引风机抽出，最后经烟囱排入大气。锅炉排出的炉渣经碎渣机破碎后，连同除尘器下部的细灰一起，由灰渣泵打至储灰场。

1-26　何谓发电厂的输煤系统？它一般包括哪些设备？

答：发电厂的输煤系统是指从卸煤装置直接把煤运到锅炉房煤斗以及通

过储煤场再将煤转运到原煤斗的整个工艺流程。输煤系统一般包括燃料运输设备、卸煤设备、煤计量装置、煤场设施、输煤设备和筛分破碎装置、集中控制和自动化设备，以及其他辅助设备与附属建筑。

1-27 火力发电厂为什么要设置热工自动化系统？

答：为了在电力生产过程中观测和控制设备的运行情况，分析和统计生产状况，保证电厂安全经济运行，提高劳动生产率，同时减轻运行人员的劳动强度，在电厂内设置了各种类型的测量仪表、自动调节装置及控制保护设备。这些设备和装置构成了热工自动化系统。

1-28 汽轮发电机如何将机械能转变为电能？

答：蒸汽推动汽轮机旋转，汽轮机的转子与发电机相连，所以汽轮机转子带动发电机转子（同步）旋转。根据电磁感应原理，导体和磁场作相对运动，当导体切割磁力线时，导体上将产生感应电动势。发电机的转子就是磁场，定子内放置的线圈就是导体。转子在定子内旋转，定子线圈切割转子磁场的磁力线，就产生了感应电动势。将三个定子线圈的始端引出三相，接通用电设备（如电动机）后，线圈中就有电流通过。这样，发电机就把汽轮机输入的机械能转变为发电机输出的电能，完成了变机械能为电能的任务。

1-29 汽轮机如何将热能转变成机械能？

答：在汽轮机中，能量转换的主要部件是喷嘴和动叶片。以冲动式汽轮机为例：蒸汽流过固定的喷嘴后，压力和温度降低，体积膨胀流速增加，热能转变为动能。高速蒸汽冲击装在叶轮上的动叶片，叶片受力带动转子转动，蒸汽从叶片流出后流速降低，动能变成机械能。这就是蒸汽通过汽轮机把热能转变成机械能的全过程。

1-30 锅炉如何将燃料的化学能转变成蒸汽的热能？

答：燃料在炉膛内燃烧产生的热量将锅炉内的水加热。锅炉内的水吸热而蒸发，最后变成具有一定压力和温度的过热蒸汽送入汽轮机内做功。

1-31 火力发电厂存在几种形式的能量转换过程？简述转换过程。

答：火力发电厂中，存在着三种形式的能量转换过程。其中，燃料的化学能转变成热能是在锅炉设备中进行的，蒸汽的热能转变成机械能是在汽轮机设备中进行的，而机械能转变成电能是在发电机设备中进行的。

1-32 锅炉的汽水系统和燃烧系统分别由哪些设备组成？

答：锅炉由本体和辅助设备组成；汽水系统由省煤器、汽包、下降管、水冷壁、集箱、过热器、再热器等组成；燃烧系统由喷燃器、燃烧室、烟道、空气预热器等组成。

1-33　锅炉的辅助设备包括哪些？

答：锅炉的辅助设备包括引风机、送风机、排粉机、磨煤机及制粉设备、除灰设备、除尘设备等。

1-34　何谓锅炉的蒸发量？它的单位是什么？

答：锅炉的蒸发量一般指锅炉每小时的最大连续蒸发量，又称额定蒸发量，单位为 t/h。

1-35　水位计应有什么明显标记？

答：水位计应有最高、最低安全水位的明显标记。

1-36　锅炉停炉后的防腐分为哪几种？

答：锅炉停炉后的防腐一般可分为湿式防腐和干式防腐两种。

1-37　锅炉的保护装置有哪些？

答：除电磁安全阀外，锅炉的保护装置还有汽包水位保护和锅炉灭火保护装置。

1-38　锅炉机组额定参数停炉分为哪几种？

答：锅炉机组额定参数停炉一般分为正常停炉和事故停炉两种。

1-39　火力发电厂中锅炉的作用是什么？

答：火力发电厂中锅炉的主要作用是，利用燃料在锅炉内燃烧产生的热将水加热蒸发成饱和蒸汽，再进一步加热后使之成为具有一定压力和温度的过热蒸汽。

1-40　为什么停用的锅炉要采取保养措施？

答：锅炉停用期间，如不采取保养措施，锅炉给水系统的金属内表面会遭到溶解氧的腐蚀。因为当锅炉停用后，外界空气必然会大量进入锅炉给水系统，此时锅炉虽已放水，但在管金属的内表面上往往因受潮而附着一层水膜，空气中的氧便在此水膜中溶解，被水膜饱含溶解氧，极易腐蚀金属。

1-41　锅炉有哪几种热量损失？哪种最大？

答：锅炉热量损失有排烟热损失、化学不完全热损失、机械不完全热损失、散热损失、灰渣物理热损失几种，其中排烟热损失所占的比例最大。

1-42　锅炉结水垢为什么会导致炉管爆破？

答：水垢的传热能力只有水冷壁管的 1/50，如果在水冷壁管内结有一层水垢，炉膛里的热量辐射传给水冷壁后，水冷壁的热量就不能顺利地传给管子里的水，造成管壁迅速过热，从而引起管子鼓包破裂。

1-43　什么叫冷态启动？什么叫热态启动？

答：所谓冷态启动，是指锅炉经过检修，或较长时间备用后，在没有压力而温度与环境温度相接近的情况下进行点火启动。所谓热态启动，是指锅炉停运不久，仍具有一定的压力和温度还没有完全冷却，又重新启动。

1-44　锅炉启动时为什么要暖管？

答：暖管的目的，是为了防止锅炉到蒸汽母管至汽轮机的蒸汽管道与附件（阀门、法兰、螺栓）产生很大的热应力，防止大量蒸汽凝结水发生水冲击现象，使设备遭到损坏。因此，必须对主蒸汽管道进行暖管。

1-45　何谓供电标准煤耗率？它的单位是什么？

答：供电标准煤耗率为每发 1kWh 的电所用的标准煤量，单位为 g/kWh。

1-46　何谓厂用电率？

答：厂用电率为发电过程中设备自身用电量占发电量的百分数。

1-47　运行中的锅炉机组可能发生的严重事故有哪些？

答：①锅炉水位事故：包括缺水、满水和汽水共腾等。②锅炉燃烧事故：包括炉膛灭火和烟道再燃烧。③转动机械事故：全部引风机、送风机或排粉机故障；跳闸或停电，给粉机以及直吹式制粉系统给煤机故障。④锅炉汽水管损坏事故：包括水冷壁管爆破、过热器和再热器管损坏、省煤器管损坏。⑤锅炉负荷骤减事故。⑥厂用电中断事故。⑦制粉系统故障。

1-48　煤粉锅炉一次风的作用是什么？

答：煤粉锅炉一次风一般用来输送加热煤粉，使煤粉通过一次风管畅通地送入炉膛。

1-49　煤粉锅炉二次风的作用是什么？

答：煤粉锅炉二次风一般都是高温风，其作用是配合一次风搅拌混合煤粉，以满足煤粉燃烧所需要的空气量。

1-50　锅炉水位调节的重要意义是什么？

答：锅炉水位调节的重要意义是为了保证锅炉安全、经济运行。

1-51　锅炉设备的主要特性参数有哪些？

答：①锅炉的蒸发量；②锅炉的蒸汽参数；③锅炉的热效率。

1-52　何谓燃料？

答：燃料是指可以燃烧并能释放出热量的物质。

1-53　HG-410/100-1 型锅炉中各组字码分别代表什么含义？

答：HG 表示哈尔滨锅炉制造厂，410 表示锅炉的容量为 410t/h，100 表示过热蒸汽的压力为 $100kgf/cm^2$（9.8MPa），1 表示第一次设计的锅炉。

1-54　锅炉的分类方法有哪几种？

答：①按燃烧方式分；②按燃用的燃料分；③按锅炉容量分；④按水循环特性分；⑤按蒸汽参数分；⑥按燃煤炉的排渣方式分。

1-55　煤粉迅速而完全燃烧的条件是什么？

答：煤粉迅速而完全燃烧的条件是相当高的炉内温度、合适的空气量、煤粉与空气的良好混合以及必要的燃烧时间。

1-56　燃烧的定义是什么？

答：所谓燃烧，就是燃料中的可燃物质和空气中的氧进行剧烈化合放出大量热量的化学反应过程。

1-57　影响散热损失的因素有哪些？

答：影响散热损失的因素有锅炉容量、锅炉外表面积、周围空气温度、水冷壁和炉墙结构等。

1-58　散热损失与锅炉容量、负荷大小的关系是什么？

答：大容量锅炉的散热损失比小容量锅炉的散热损失小。负荷高时，相对散热损失小；负荷低时，相对散热损失大。

1-59　锅炉受热面结渣会对锅炉造成什么影响？

答：锅炉受热面（水冷壁）结渣时，工质吸热量减少，烟气温度升高，排烟热损失增加，过热蒸汽温度也升高，因此会降低锅炉热效率。

1-60 过热蒸汽温度过高有什么危害?

答: 过热蒸汽温度过高,会使过热器管、蒸汽管道、汽轮机高压部分等产生额外热应力,还会加快金属材料的蠕变,缩短设备的使用寿命;当发生超温时,甚至会造成过热器管爆管。因此,汽温过高对设备的安全有很大的威胁。

1-61 汽包水位过高有什么危害?

答: 汽包水位过高时,汽包蒸汽空间高度减小,会增加蒸汽的带水,使蒸汽品质恶化,容易造成过热器管内结盐垢,使管子过热损坏。汽包满水时,将造成蒸汽大量带水,使汽温急剧下降;严重时还会导致蒸汽管道和汽轮机内发生严重水冲击,甚至打坏汽轮机叶片。

1-62 汽包水位过低有什么危害?

答: 汽包水位过低时,可能引起锅炉水循环破坏,使水冷壁的安全受到威胁。严重缺水时,如果处理不当,很可能造成炉管爆破等恶性事故,给人民生命和国家财产带来严重损害。因此,汽包水位(即0位)一般在汽包中心线以下50~150mm处,其正常负荷变化范围为±50mm,最大不超过±75mm。

1-63 锅炉负荷变动对锅炉内部有哪些影响?

答: 锅炉运行中,由于外界用电量和用汽量经常变动,锅炉的负荷,即蒸发量也是在一定范围内变动的。因此,燃料的消耗量,炉内辐射传热和对流传热,锅炉燃烧汽温、汽压、给水流量,也是经常随负荷的变动而发生变化的,对锅炉的热效率和负荷分配,以及锅炉的安全性和经济性都有很大影响。

1-64 什么是锅炉工况?

答: 锅炉工况是锅炉工作状况的简称,它由一系列有关的运行参数反映出来,如锅炉的蒸发量、工质的压力和温度、烟气的温度和燃料量等。

1-65 什么叫热平衡方程?

答: 在闭合系统中,当两个或两个以上不同温度的物体发生热交换时,温度高的物体要放热,使温度降低;温度低的物体要吸热,使温度升高,直到该系统内所有物体温度相同为止。在这个过程中,高温物体放出的热量总和(Q_f)一定等于低温物体吸收热量的总和(Q_x),这个方程就叫做热平衡方程，即 $Q_x = Q_f$。如果有热量损失（Q_s），则 $Q_x = Q_f + Q_s$。

1-66 什么是过热蒸汽的含热量？此含热量由哪几部分组成？

答：在某一压力、某一温度下，1kg 过热蒸汽的热量称为过热蒸汽的含热量。过热蒸汽的含热量一般由饱和水热量、汽化潜热热量和过热热量三部分组成。

1-67 什么是水垢？水垢是怎样形成的？有什么危害？

答：由于水中含有许多矿物质（盐类）和溶解氧，因此即使是经过化学处理的合格的水，在锅炉连续运行中，水不断地升温，水中含有的盐类也会沉淀出来，一部分沉积在受热面上，最终成为一种白色而坚硬的硬壳，这种硬壳就是水垢。水垢生成的主要原因：水在锅炉中连续不断地加热升温，使水中没被处理出来的盐类物质因水不断蒸发而浓缩，达到极限溶解之后，便从水中析出而形成沉淀物。

水垢的危害：由于水垢的不断增加，很可能使水循环不正常，严重时还容易发生堵管或爆管事故。此外，由于水垢的导热能力很差，吸热性很小，因此沉积在管壁上的水垢直接影响水的吸热量，使锅炉效率降低，浪费燃料。

1-68 锅炉汽压过高有什么危害？

答：蒸汽压力（简称汽压）是锅炉运行中必须监视和控制的主要参数之一。汽压过高对锅炉安全运行非常不利。一方面，安全阀万一发生故障不动作，很可能发生爆管或爆炸事故，对设备和人身安全都会带来严重的危害；另一方面，即使安全阀工作压力正常、工作可靠，但汽压过高、机械应力过大，也会影响锅炉设备各承压部件的长期安全性。当安全阀动作时，排出大量高压蒸汽，会造成经济上的损失，同时还可能引起汽包水位发生较大的波动，以及影响送往汽轮机的蒸汽品质；此外，安全阀经常动作，会产生磨损或有污物沉积在阀门上，容易发生四座关闭不严而造成经常性的漏汽损失，有时还需停炉进行检修。

1-69 水中溶解氧会对锅炉产生什么影响？

答：水中溶解氧会对锅炉金属壁面产生腐蚀，且含氧量越大，对金属壁面的腐蚀越严重。

1-70 什么叫水循环？

答：水和汽水混合物在锅炉蒸发设备的循环回路中连续流动的过程，称为锅炉的水循环。

1-71　什么叫自然循环？什么叫强制循环？

答：自然循环是指锅炉蒸发受热面中工质的循环流动，是依靠工质本身（汽和水）的重量差来实现的。强制循环是指锅炉蒸发受热面中工质的流动，是借助于水泵的压力来实现的。

第二章　安全基础知识

2-1　电力工业生产的特点是什么？

答：电力工业生产的特点是高度的自动化和产、供、销同时完成。

2-2　电力生产的方针是什么？

答：电力生产的方针是安全第一、预防为主、综合治理。

2-3　对待事故要坚持"四不放过"的原则，"四不放过"是指什么？

答："四不放过"是指事故原因分析不清不放过，事故责任者和广大群众没有受到教育不放过，没有落实防范措施不放过，事故责任者未受到严肃处理不放过。

2-4　触电一般有哪几种情况？

答：触电一般有单相触电，两相触电，跨步电压、接触电压和雷击触电三种。

2-5　人体触电所受的伤害主要有哪两种？

答：人体触电所受的伤害主要有电击和电伤两种。

2-6　触电的伤害程度与哪些因素有关？

答：触电的伤害程度与电流大小、电压高低、人体的电阻、触电时间、途径、长短和人的精神状态等六种因素有关。

2-7　燃烧必须具备的三个条件是什么？

答：燃烧必须具备的三个条件是有可燃物质、有助燃物质、有足够的温度和热量（或明火）。

2-8　防火的基本方法有哪些？

答：防火的基本方法有控制可燃物、隔绝空气、消除着火源、阻止火势及爆炸波的蔓延。

2-9　灭火的基本方法有哪几种？

答：灭火的基本方法有隔离法、窒息法、冷却法、抑制法。

2-10　一般安全用具有哪些?

答：一般安全用具有安全带、安全帽、防毒面具、护目眼镜、标示牌等。

2-11　标示牌按用途可分为哪几类?

答：标示牌按用途可分为警告类、允许类、提示类、禁止类。

2-12　消防工作的方针是什么?

答：消防工作的方针是"以防为主、防消结合"。

2-13　二氧化碳灭火器的作用是什么?

答：二氧化碳灭火器的作用是冷却燃烧物和冲淡燃烧层空气中的氧，从而使燃烧停止。

2-14　触电人心脏跳动停止时，应采用哪种方法进行抢救?

答：触电人心脏跳动停止时，应采用胸外心脏挤压的方法进行抢救。

2-15　浓酸强碱一旦溅到眼睛或皮肤上，首先应采取什么方法进行急救?

答：浓酸强碱一旦溅到眼睛或皮肤上，首先应采取清水冲洗的方法进行急救。

2-16　泡沫灭火器扑救什么火灾效果最好?

答：泡沫灭火器扑救油类火灾效果最好。

2-17　什么灭火器只适用于扑救 600V 以下的带电设备的火灾?

答：二氧化碳灭火器只适用于扑救 600V 以下的带电设备的火灾。

2-18　什么灭火器常用于大型浮顶油罐和大型变压器的灭火?

答：1211 灭火器常用于大型浮顶油罐和大型变压器的灭火。

2-19　电业生产为什么要贯彻"安全第一"的方针?

答：电力生产的特点是高度的自动化和产、供、销同时完成。许多发电厂、输电线路、变电站和用电设备组成一个电网联合运转，这种生产要求有极高的可靠性。另外，电不能大量储存，因此电业生产安全的重要性远大于其他行业。实现电业安全生产，不仅是电力工业自身的需要，而且关系到千家万户、各行各业（指影响范围内）。一旦发生事故，对国民经济、国防建设和人民生活都有着直接的影响，甚至威胁人的生命安全。因此，电力生产必须贯彻"安全第一"的方针。

2-20 为什么说火力发电厂潜在的火灾危险性很大？

答：①火力发电厂生产中所消耗的燃料无论是煤、油或天然气，都是易燃物，燃料系统容易发生着火事故。②火力发电厂的主要设备中，汽轮机、变压器、油开关等都有大量的油。油是易燃品，容易发生火灾。③用于发电机冷却的氢气，运行中易外漏。当氢气与空气混合到一定比例时，遇火即发生爆炸。氢气爆炸事故的性质是非常严重的。④发电厂中使用的电缆数量很大，而电缆的绝缘材料又易燃烧。一旦电缆着火，往往会扩大火灾事故。所以说，火力发电厂潜在的火灾危险性很大。

2-21 发现有人触电后应如何进行抢救？

答：迅速正确地进行现场急救是抢救触电人的关键。触电急救的关键是：

（1）脱离电源。当发现有人触电时，首先应尽快断开电源。但救护人千万不能用物直接去拉触电人，以防发生救护人触电事故。

（2）对症抢救。触电人脱离电源后，救护人应对症抢救，并应立即通知医生前来抢救。对症抢救有以下4种情况：①触电人神志清醒，但感到心慌、四肢发麻、全身无力，或曾一度昏迷但未失去知觉。这种情况下不应做人工呼吸，而应将触电人抬到空气新鲜、通风良好的地方舒适地躺下，休息1～2h，使之慢慢恢复正常，但要注意保温并作严密观察。②触电人呼吸停止时，采用口对口、摇臂压胸人工呼吸法抢救。③触电人心跳停止时，采用胸外心脏挤压人工呼吸法抢救。④触电人呼吸、心跳都停止时，采用口对口与胸外心脏挤压法抢救。

2-22 电缆燃烧有何特点？应如何扑救？

答：电缆燃烧的特点是烟大、火小，火势自小到大发展很快。特别值得注意的是，塑料电缆、铝包纸电缆、充油电缆或沥青环氧树脂电缆等，燃烧时都会产生大量的浓烟和有毒气体。电缆着火后，不论何种情况，首先应立即切断电源。救火人员应戴防毒面具及绝缘手套，并穿绝缘靴。灭火时，应用干粉灭火器、1211灭火器或二氧化碳灭火器，也可使用干沙和黄土进行覆盖灭火，但要防止空气流通。采用水进行灭火时，使用喷雾水枪较有效。

2-23 电动机着火应如何扑救？

答：电动机着火后应迅速停电。对旋转电动机进行灭火时，要防止轴瓦轴承变形。一般使用二氧化碳或 1211 灭火器，也可用蒸汽，但不得使用干粉、砂子、泥土等。

2-24　什么叫油的闪点、燃点、自燃点？

答：随着温度的升高，油的蒸发速度加快，油中的轻质馏分首先蒸发到空气中，当油气和空气的混合物与明火接触能够闪出火花时，称这种短暂的燃烧过程为闪燃。发生闪燃的最低温度叫做油的闪点。油被加热到温度超过闪点温度时，油蒸发出的油气和空气的混合物与明火接触时立即燃烧并能连续燃烧 5s 以上，通常称这种燃烧的最低温度为油的燃点。当油的温度进一步升高，没遇到明火也会自动燃烧时，就称这一温度为油的自燃点。

2-25　什么叫可燃物的爆炸极限？

答：可燃气体或可燃粉尘与空气混合，当可燃物达到一定浓度时，遇到明火就会立即发生爆炸。遇火爆炸的最低浓度叫做爆炸下限，最高浓度叫做爆炸上限。浓度在爆炸上限和爆炸下限之间都能引起爆炸。该浓度范围就叫做该物质的爆炸极限。

2-26　如何正确使用和保管绝缘手套？

答：使用前检查有无漏气或裂口等；戴手套时，应将外衣袖口放入手套的伸长部分。使用后必须擦干净放入柜内，并与其他工具分开放置。每半年应做一次试验，试验不合格的禁止使用。

2-27　使用安全带时有哪些注意事项？

答：使用前必须作外观检查，如有破损、变质等情况则禁止使用。安全带应高挂低用或平行拴挂，切忌低挂高用。安全带不宜接触 120℃ 以上的高温、明火和酸类物质，以及有锐角的坚硬物质和化学药品。

2-28　使用电钻等电气工具时必须戴什么手套？

答：使用电钻等电气工具时，必须戴绝缘手套。

2-29　什么情况下工作应使用 24V 以下的电气工具？

答：在金属容器内工作时，应使用 24V 以下的电气工具。

2-30　使用电气工具时应注意什么？

答：使用电气工具时，不允许提着电气工具的导线或转动部分。

2-31　在梯子上使用电气工具时应做好什么防护措施？

答：在梯子上使用电气工具时，应做好防止触电坠落的安全措施。

2-32 人体的安全电流（交流和直流）各是多少？

答：根据电流作用对人体的表现特征，确定 50～60Hz 的交流电 10mA 和直流电 50mA 为人体的安全电流。

2-33 安全电压有几种？电压数值分别是多少？

答：我国确定的安全电压有 3 种，分别是 36、24、12V。

2-34 三种触电方式中哪种最危险？

答：触电方式有单相触电，两相触电，跨步电压、接触电压和雷击触电三种，其中两相触电和跨步电压触电最危险，因为施加于人体的电压为全部工作电压（即线电压），电流不经过地，而直接通过人体从一相流向另一相。

2-35 什么是跨步电压和接触电压？

答：跨步电压是指人站在地上具有不同对地电压的两点时，人的两脚之间所承受的电压差。例如：当一根带电导线断落在地上时，落地点的电位就是导线的电位，电流就会从落地点流入大地中，离落地点越远，电流越分散，地面电压也越低；离电线落地点越近，地面电位越高。如果人的两脚站在离落地电线远近不同的位置上，两脚之间就有电位差，这就是人们常说的跨步电压。

接触电压是指人体同时接触不同电压的两处时，在人体内有电流通过，人体构成电流回路的一部分，这时，加在人体两点之间的电压差称为接触电压。例如：人站在地上，手部触及已漏电设备的外壳时手足之间出现的电位差就是接触电压。

2-36 何谓保护接地和接零？为什么要接地和接零？

答：所谓保护接地，就是把电气设备无电部分的金属外壳和支架等用导线和接地装置相连接，使其对地电压降到安全电压以下；一旦带电部分绝缘损坏而带电时，也可以防止触电事故发生，同时还可以避免在雷击时损坏设备。所谓保护接零，就是电气设备的外壳与三相四线制电网的零线相连接，当电气设备绝缘损坏时，使其造成单相短路而跳闸或熔断器熔断，从而断开故障设备电源，保护人身安全。

第三章 流体力学及热力学知识

3-1 何谓流体？它与固体有何区别？

答：具有流动性的物体叫做流体，气体与液体均为流体。从分子理论解释，固体分子间距离比流体分子间距离小得多，分子间的内聚力也比流体分子间的内聚力大得多，因此固体能抵抗外力而保持本身一定的不易变动的形状，具有固定体积，而流体就没有一定的形状，具有流动性。

3-2 什么是绝对压力、表压力？两者之间有什么关系？

答：以完全真空（绝对真空）为基准算起的压力称为绝对压力，它的大小等于大气压力与表压力之和；用当地大气压力作为基准算起的压力就是表压力，如锅炉汽压表所指示的压力。

3-3 什么是真空和真空度？

答：容器内工质的绝对压力小于当地大气压力部分的数值叫做真空，也称负压；真空和当地大气压力之比的百分数叫做真空度。

3-4 什么叫温度？绝对温度与摄氏温度间的关系是什么？

答：物体分子运动速度的平均值的度量叫做温度（或者说，温度是物体的冷热程度，如人体正常温度为 37℃，某一锅炉的过热蒸汽温度为 540℃ 等）。

绝对温度与摄氏温度间的关系为：绝对温度＝摄氏温度＋273，绝对温度的单位为 K。

3-5 简述流体静力学基本方程式的含义及式中各项的物理意义。

答：流体静力学的基本方程式为 $p=p_0+\rho h$。含义是：液体内部某点的静压力等于自由表面上的压力加上该点至液面的高度与液体密度的乘积。式中 p 为某点的静压力，p_0 为自由表面上的压力，ρ 为液体密度，h 为该点距自由表面的高度。

3-6 什么叫连通器？举例说明连通器的作用。

答：所谓连通器，就是液面以下互相连通的两个容器。锅炉汽包和各种容器上的水位计就是利用这一原理制成的。

3-7 什么叫流量？体积流量的单位是什么？

答：流量是指单位时间内流体流过某一断面的量，体积流量的单位是 m^3/s。

3-8 什么是液体静压力？液体静压力有哪两个特性？

答：液体静压力是指作用在单位面积液体上的力。

液体静压力的两个特性是：①液体内部任一点的各个方向的液体静压力均相等；②液体静压力的方向和作用面垂直，并指向作用面。

3-9 如图 3-1 所示，一根流水管道，d_1、d_2 为两个不同大小管道的直径，流体流向为箭头所指方向，截面 d_1 处平均流速为 c_1，截面 d_2 处平均流速为 c_2，在流量不变的情况下，比较 d_1、d_2 处流速的大小。

答：在流量不变的情况下，截面 d_1 与 d_2 处的平均流速不同，d_1 处截面的平均流速 c_1 应小于 d_2 处截面的平均流速 c_2，即截面大的平均流速小，截面小的平均流速大。

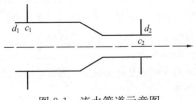

图 3-1　流水管道示意图

3-10 什么是液体的连续性方程式？方程式的含义是什么？

答：液体的连续性方程式是：$c_1/c_2 = A_2/A_1$ 或 $c_1A_1 = c_2A_2$，其中 A_1、A_2 为管道两处截面的面积，c_1、c_2 为两个截面处液体的平均流速。方程式的含义是：液体经截面 A_1 处流入的体积流量必然等于液体经截面 A_2 处流出的体积流量。

3-11 什么叫水锤？

答：在压力管路中，因液体流速的急剧变化而造成的管道中的液体压力显著迅速反复变化的现象称为水锤，也称水击。

3-12 什么叫层流？什么叫紊流？

答：层流是指流体运动过程中，各质点间互不混淆、互不干扰，层次分明、平滑的流动状态。紊流是指流体运动过程中，各质点间互相混杂，互相干扰而无层次的流动状态。

3-13 什么是有压流和无压流？

答：当液体受到一种外来的压力作用而流动时，这种液体就称为有压流。有压流上任一点的压力不等于大气压力。例如：自来水管中的水流就是在水塔所产生的压力作用下流动的有压流。当液体仅在重力作用下流动时，这种液体流动就称为无压流。无压流具有自由表面，自由表面上的压力就是大气压力。例如：河道、渠道、排水沟中的水流均为无压流。

3-14 试写出理想液流的能量方程式，并说明其含义。

答：理想液流的能量方程式为：$c_1{}^2/2g + p_1/\rho + z_1 = c_2{}^2/2g + p_2/\rho + z_2$。该方程式也称伯努利方程式，它表明了在理想液流稳定流中，一定质量的液体的动能、压力能和位能三者之和在流动中总保持一个常数。

3-15 水锤（水击）对管道和设备有哪些危害？

答：水锤现象发生时，引起压力升高的数值可能达到正常压力的几十倍，甚至几百倍，管壁材料及管道上的设备将受到很大的压力而产生严重的变形，以致破坏。压力的反复变化会使管壁及设备受到反复的冲击，发出强烈的噪声及振动，同时使金属表面受损，出现许多麻点，轻者将增加流动阻力，重者则将损坏管道及设备。水击对电厂的管道、水泵及其连接的有关设备的安全运行是有害的，特别是在大流量、高流速的长管及输送水温高、流量大的水泵中更为严重。

3-16 流动阻力与流动阻力损失分为哪两类？阻力是如何形成的？

答：实际流体在管道中流动时的阻力可分为两种类型：一种是沿程阻力，另一种是局部阻力。由沿程阻力引起的流体能量损失称为沿程阻力损失，由局部阻力引起的能量损失称为局部阻力损失。

阻力的形成原因是：沿程阻力是流体在管内流动时，流体层间以及流体与壁面之间的摩擦而造成的阻力；局部阻力是流体流动时，因局部（如阀门、弯头、扩散管等）障碍引起旋涡和显著变形，以及液体质点相互碰撞而产生的阻力。

3-17 局部阻力系数的大小取决于哪些因素？

答：实际流动一般都属于紊流，因此局部阻力系数的大小主要取决于局部阻力的种类，如管道边界突然放大或突然缩小，遇到阀门或弯头等。

3-18 什么是稳定流与非稳定流? 举出一个非稳定流的例子。

答:流体运动要素不随时间而变化,只随空间位置不同而变化,这种流动称为稳定流。流体运动要素不仅随空间位置而变化,同时也随时间而变化,这种流动就称为非稳定流。当电厂负荷没有变化、运行正常时,汽、水、油、风等管道中的流动均为稳定流。例如:运行工况变化时,管内的汽、水流动就属于非稳定流。

3-19 何谓平均流速? 它与实际流速有何区别? 用图表示。

答:过流断面上各点流速的平均值就是平均流速,而实际流速是在过流断面上某一点的真实流速,如图 3-2 所示。

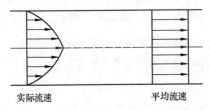

图 3-2 实际流速与平均流速示意图

3-20 保持水箱水位不变,若将阀门的开度减小,则阀门前后测压管中水面 Δh 将如何变化? 为什么?

答:如图 3-3 所示,当阀门开度减小时,阀门前的测压管液面上升,表示阀门前静压增大、动压减小,而阀门后测压管下降,表示静压减小,这样,两个测压管的液面距离变大,Δh 增大。

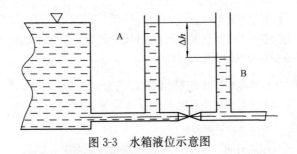

图 3-3 水箱液位示意图

3-21 什么叫物质的比热容?

答：单位质量的物质，温度升高或降低 1℃时所吸收或放出的热量，称为物质的比热容。

3-22　什么叫物质的热容量？

答：质量为 m kg 的物质，温度升高或降低 1℃时所吸收或放出的热容量，称为该物质的热容量。

3-23　工程上常用的温标有哪几种？分别用什么符号表示？

答：工程上常用的温标有摄氏温标和热力学温标两种，分别用符号 t、T 表示，测量单位分别为℃和 K。

3-24　什么叫气体的标准状态？

答：压力为 1 个物理大气压、温度为 0℃时的状态称为气体的标准状态。

3-25　气体的比体积和密度的定义是什么？

答：单位质量的气体所具有的容积称为比体积，单位容积内的气体所具有的质量称为密度。

3-26　理想气体的三个定律分别是什么？

答：理想气体的三个定律分别是波义耳—马略特定律、查理定律和盖吕萨克定律。

3-27　理想气体的几个基本热力过程是什么？

答：理想气体的几个基本热力过程是等压过程、等容过程、等温过程和绝热过程。

3-28　等容过程具有什么特征？

答：等容过程中，所有加入的气体的热量全部用于增加气体的内能。

3-29　热力循环是怎样的一个过程？

答：热力循环是工质从某一状态点开始，经过一系列的状态变化，又回到原来的这一状态点的变化过程。

3-30　什么循环的热效率只能小于 1，不能等于 1？

答：卡诺循环的热效率只能小于 1，不能等于 1。

3-31　大气压随什么因素变化？

答：大气压随时间、地点、空气湿度和温度的变化而变化。

3-32 表压力与真空的定义是什么？

答：气体的绝对压力大于大气压力的部分称为表压力，小于大气压力的部分称为真空。

3-33 凝结（液化）的定义是什么？

答：物质从气态变成液态的现象叫做凝结或液化。

3-34 什么叫饱和水？

答：容器中的水在定压下被加热，达到饱和温度时就叫做饱和水。

3-35 什么叫湿饱和蒸汽？

答：容器中的水在定压下被加热，当水和蒸汽平衡共存时，蒸汽即称为湿饱和蒸汽。

3-36 水蒸气的形成经过了哪几种状态的变化？

答：水蒸气的形成经过了 5 种状态的变化，即未饱和水、饱和水、湿饱和蒸汽、干饱和蒸汽、过热蒸汽。

3-37 什么叫过热度？

答：过热蒸汽温度超出该压力下饱和温度的度数称为过热度。

3-38 什么叫汽耗率？

答：产生 1kW·h 的功所消耗的蒸汽量叫做汽耗率。

3-39 什么叫热耗率？

答：产生 1kW·h 的功所消耗的热量叫做热耗率。

3-40 什么条件下可以提高朗肯循环热效率？

答：当初压和终压不变时，提高蒸汽初温可以提高朗肯循环热效率；当蒸汽的初温和终温保持不变时，提高蒸汽初压，朗肯循环热效率增大。

3-41 什么叫回热循环？

答：将一部分在汽轮机中做了功的蒸汽抽出来加热锅炉给水的循环叫做回热循环。

3-42 什么叫汽化？汽化的方式可分为哪两种？

答：物质从液态变成气态的过程叫做汽化。汽化的方式可分为蒸发和沸腾两种。

3-43　工程热力学中物质的基本状态参数有哪些？

答：物质的基本状态参数有压力、温度和比体积。

3-44　热力学第二定律说明了什么问题？如何叙述？

答：热力学第二定律说明了实现能量转换过程进行的方向、条件和程度等问题。它有3种说法：①在热力循环中，工质从热源中吸收的热量不可能全部转变成功，其中一部分不可避免地要传给冷源，成为冷源损失；②任何一个热机，必须有一个高温热源和一个低温热源（或放冷源）；③热不可能自动从冷物体（低温物体）传递给热物体（高温物体）。

3-45　什么叫理想气体和实际气体？

答：分子之间不存在引力、分子本身不占有体积的气体叫做理想气体。分子之间存在引力、分子本身占有体积的气体叫做实际气体。

3-46　什么叫混合气体？什么叫组成气体？

答：由两种或两种以上互不起化学作用的气体组成的均匀混合物称为混合气体。组成混合气体的各单一气体叫做组成气体。

3-47　什么叫沸腾？沸腾有哪些特点？

答：在液体表面和内部同时进行的剧烈汽化现象叫做沸腾。沸腾具有以下特点：

（1）在一定的外部压力下，液体升高到一定温度时才开始沸腾，这一温度叫做沸点，又称饱和温度。

（2）沸腾时气体和液体同时存在，而且温度相等，都是该压力下所对应的饱和温度。

（3）在整个沸腾阶段，吸热但温度不上升，始终保持沸点温度。

3-48　水蒸气凝结有什么特点？

答：（1）一定压力下的水蒸气，必须降低到一定的温度才开始凝结成液体，这一温度就是该压力下所对应的饱和温度（凝结温度或沸点）。如果压力降低，饱和温度也随之降低；反之，压力升高，对应的饱和温度也升高。

（2）在饱和温度下，蒸汽不断地释放出热量，不断凝结成水且保持温度不变。

3-49　写出朗肯循环热效率公式并根据公式分析影响热效率的因素。

答：朗肯循环热效率公式为：

$\eta = (h_1 - h_2) / (h_1 - h_2')$，由公式可以看出，$\eta$ 取决于过热蒸汽的焓

h_1、乏汽焓 h_2 和凝结水焓 h'_2。而 h_1 由过热蒸汽的初参数 p_1、t_1 决定，h_2 和 h'_2 都由终参数 p_2 决定。所以，h 取决于过热蒸汽的初参数 p_1、t_1 和终参数 p_2。

3-50　采用回热循环为什么能提高热效率？

答：采用回热循环，把汽轮机中间抽出的一部分做了部分功的蒸汽送入加热器中，加热凝结器来的凝结水，提高凝结水（或给水）温度后送入锅炉，可少吸收燃料燃烧的热量，节约燃料。同时，由于抽汽部分的蒸汽不在凝汽器内凝结，减少了冷却水带走的热量损失，所以采用回热循环可以提高热效率。

3-51　何谓热电联合循环？为什么要采用热电联合循环？

答：利用汽轮机中做过部分功的适当压力的蒸汽，将其放出的热量直接或间接地用于生产或生活中，这种既供电又供热的蒸汽动力装置循环称为热电联合循环。由于热电联合循环既生产电能，又可以把汽轮机排汽或抽汽的汽化潜热供生产或采暖用，从而减少或避免了凝汽器中排汽的热量损失，提高了热能的利用程度，所以要采用热电联合循环。

3-52　画出朗肯循环热力设备系统图，并说明各设备的作用。

答：朗肯循环热力设备系统图如图 3-4 所示。

朗肯循环是通过蒸汽锅炉、汽轮机、凝汽器、给水泵这 4 个主要热力设备实施的。各热力设备的主要作用是：

（1）锅炉：包括省煤器、炉膛水冷壁和过热器，主要对给水进行定压加热，使之产生过热蒸汽，而后通过蒸汽管道送入汽轮机。

（2）汽轮机：蒸汽进入汽轮机绝热膨胀做功，热能转变为机械能。

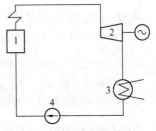

图 3-4　朗肯循环热力设备系统图

（3）凝汽器：用冷却水将汽轮机排汽加以冷却，使之在定压下凝结成饱和水（亦称凝结水）。工质在凝汽器中的压力等于汽轮机排汽压力。

（4）给水泵：将凝结水在水泵中进行绝热压缩，升高压力后送回锅炉。送入锅炉的水称为给水。

3-53　画出再热循环示意图。

答：再热循环示意图如图 3-5 所示。

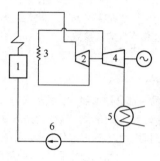

图 3-5 再热循环示意图

3-54 换热分为哪几种基本形式？

答：换热可分为导热、热对流、热辐射三种基本形式。

3-55 平壁导热传递的热量与相关因素的关系是什么？

答：平壁导热传递的热量与壁两面的表面温度差成正比，与壁面面积成正比，与壁厚成反比。

3-56 绝对黑体的辐射力与其绝对温度的关系是什么？

答：绝对黑体的辐射力与其绝对温度的 4 次方成正比。

3-57 简述水冷壁的传热过程。

答：烟气对管外壁进行辐射传热，管外壁向管内壁导热，管内壁与汽水混合物之间进行对流放热。

3-58 过热器顺流布置的传热特点是什么？

答：过热器顺流布置时，由于传热平均温差小，因此传热效果较差。

3-59 辐射力的定义是什么？

答：单位时间内，物体单位面积上所发射出去的辐射能称为辐射力。

3-60 影响传热的因素有哪些？

答：由传热方程 $Q = KA\Delta t$ 可以看出：传热量是由三个方面的因素决定的，即冷、热流体传热平均温差 Δt，换热面积 A 和传热系数 K。

3-61 增强传热的方法有哪些？

答：增强传热的方法有：

（1）提高传热平均温差。在相同的冷、热流体进出口温度下，逆流布置的平均温差最大，顺流布置的平均温差最小，其他布置的平均温差介于两者之间。因而，在保证锅炉各受热面安全的情况下，都应力求采用逆流或接近逆流的布置。

（2）在一定的金属耗量下增加传热面积。管径越小，一定金属耗量下的总面积就越大；采用较小的管径还有利于提高对流换热系数，但过分缩小管径会带来流动阻力增加、管子堵灰的严重后果。

（3）提高传热系数：①减少积灰和水垢热阻，其手段是受热面经常吹灰、定期排污和冲洗，以保证给水品质合格；②提高烟气侧的放热系数，主要手段是采用横向冲刷。当流体横向冲刷管束时，采用叉排布置和较小的管径；增加烟气流速，对管式空气预热器，考虑到纵向冲刷与横向冲刷放热情况的差别，控制烟气和空气的速度在一定的比例范围内，以使两侧放热系数比较接近。

3-62　影响对流放热系数 α 的主要因素有哪些？

答：（1）流体的流速。流速越大，α 值越大（但流速不宜过大，因流体阻力随流速的增大而增大）。

（2）流体的运动特性。流体的流动有层流和紊流之分。层流运动时，各层流互不掺混；紊流流动时，由于流体流点间剧烈混合使换热大大加强，强迫运动具有较大的流速，因此对流放热系数比自由运动大。

（3）流体相对于管子的流动方向。一般横向冲刷的放热系数比纵向冲刷的放热系数大。

（4）管径、管子的排列方式及管距。管径小，对流放热系数值较大。叉排布置的对流放热系数比顺排布置的对流放热系数大，这是因为流体在叉排中流动时对管束的冲刷和扰动都强烈。

（5）流体的物理性质（黏度、密度、热导率、比热容）以及管壁表面的粗糙度等。

3-63　减少散热损失的方法有哪些？

答：减少散热损失的方法有：①增加绝热层厚度，以增大导热热阻；②设法减小设备外表面与空气间的总换热系数。

3-64　影响凝结放热的因素有哪些？

答：影响凝结放热的因素有：

（1）蒸汽中含不凝结气体。当蒸汽中的空气附着在冷却面上时，将影响蒸汽的通过，造成很大的热阻，使蒸汽凝结放热显著减弱。

（2）蒸汽流动速度和方向。蒸汽流动方向与水膜流动方向相同时，因摩擦作用的结果，会使水膜变薄而水膜热阻减小，凝结放热系数增大；反之，则凝结放热系数减小。蒸汽流速较大时，摩擦力将超过水膜向下流动的重力，会把水膜吹离冷却壁面，使水蒸气与冷却表面直接接触，凝结放热系数反而会大大增加。

（3）冷却面表面情况。冷却面表面粗糙不平或不清洁时，会使凝结水膜向下流动的阻力增加，从而增加了水膜厚度；热阻增大，使凝结放热系数减小。

(4) 管子排列方式。管子排列方式有顺排、叉排、辐排等。当管子排数相同时，下排管子受上排管子凝结水膜下落的影响为顺排最大，叉排最小，辐排居中。因此，叉排时放热系数最大。

第四章 电工基础

4-1 可以转变为电能的能量有哪些？

答：可以转变为电能的能量有机械能、化学能、光能、热能、原子能。

4-2 电荷分哪两种？有什么特性？

答：电荷分正、负两种；带有电荷的两个物体之间有作用力，且同性相斥、异性相吸。

4-3 导体的电阻与什么因素有关？

答：在一定温度下，导体的电阻与导体的长度 L 成正比，与导体的截面积 S 成反比，与导体的材料有关。

4-4 导电性能好的金属材料有哪些？

答：导电性能好的金属材料有银、铜、铝。

4-5 绝缘性能好的材料有哪些？

答：绝缘性能好的材料有橡胶、陶瓷、云母、干木材。

4-6 电路由哪几部分组成？

答：电路由电源、负载、控制器、导线四部分组成。

4-7 欧姆定律确定了电路中什么之间的关系？

答：欧姆定律确定了电路中电阻两端的电压与通过电阻的电流同电阻三者之间的关系。

4-8 按欧姆定律，通过电阻元件的电流 I 与其他因素的关系是什么？表达式是什么？

答：欧姆定律中提出，通过电阻元件的电流 I 与电阻两端的电压 U 成正比，与电阻 R 成反比，表达式为 $I=U/R$。

4-9 正弦交流电是周期性变化的，完成一次循环变化需要的时间称为什么？单位是什么？代表符号是什么？

答：正弦交流电完成一次循环变化的时间称为周期，单位是 s，代表符号为 T。

4-10 交流电在 1s 内完成循环的次数叫什么？代表符号是什么？单位及表示符号是什么？

答：交流电在 1s 内完成循环的次数叫做频率，代表符号是 f，单位是赫兹，用 Hz 表示。

4-11 常用的灯泡当额定电压相同时，额定功率与电阻的关系是什么？

答：当额定电压相同时，额定功率大的电阻小，额定功率小的电阻大。

4-12 三相电动机有哪几种类型？

答：三相电动机有笼式、线绕式、同步式三种类型。

4-13 串联电阻中，每个电阻上的电压和总电压之间的关系是什么？

答：总电压等于各电阻上的压降之和。

4-14 并联电路中，各并联支路两端的电压、电流、电阻与总电压、电流、电阻之间的关系是什么？

答：并联电路中，各并联支路两端的电压相同，总电流等于各支路电流之和，总电阻的倒数等于各分电阻的倒数之和。

4-15 对称三相电路中有何特点？

答：对称三相电路中，相电动势、线电动势分别相等，相电压、线电压分别相等，相电流、线电流分别相等，相位差为 120°，它们的相量和与任何瞬时值之和均为零。

4-16 三相绕组各输电线的阻抗特性是什么？

答：三相绕组和输电线的阻抗大小和性质均相同。

4-17 在对称三相电路中，当采用星形连接时，相电流、相电压和线电流、线电压之间的关系是什么？

答：对称三相电路中，当采用星形连接时，相电流和线电流的大小和相位均相同，线电压为相电压的 $\sqrt{3}$ 倍，并超前于相电流 30°。

4-18 在对称三相电路中，当采用三角形接线时，相电流、相电压和线电流、线电压之间的关系是什么？

答：在对称三相电路中，当采用三角形接线时，线电流是相电流的 $\sqrt{3}$

倍，且相位滞后 30°，而相电压和线电压大小相等、相位相同。

4-19 在三相对称电路中，三相总的视在功率与单相电功率的关系是什么？与线电压和线电流有效值的关系是什么？

答：三相对称电路中，三相总的视在功率等于单相电功率的 3 倍，等于线电压和线电流有效值乘积的 $\sqrt{3}$ 倍。

4-20 如果变压器一次侧通入直流电，则二次侧的感应电动势是多少？

答：如果变压器一次侧通入直流电，则二次侧的感应电动势是零。

4-21 变压器一次绕组的匝数大于二次绕组的匝数时，此变压器为什么变压器？

答：变压器一次绕组的匝数大于二次绕组的匝数时，此变压器为降压变压器。

4-22 确定电流通过导体时所产生的热量与电流的平方、导体的电阻及通过的时间成正比的定律是什么定律？

答：焦耳—楞次定律。

4-23 物体是如何带电的？

答：物体的带电是由于某种原因而失去或得到电子所形成的，得到电子带负电，失去电子带正电。

4-24 电流是如何形成的？它的方向是如何规定的？

答：电流是电荷在外力作用下有规则的定向运动，导体中的电流是自由电子在电场力的作用下沿导体作的定向运动。电流的正方向规定为正电荷流动的方向，导体中电流的正方向同自由电子流动的方向相反。

4-25 电压和电动势有何区别？它们的方向是如何规定的？

答：电压和电动势的区别是：

（1）移动电荷做功的动力不同。电压是电场力，电动势是电源力。或者说：电压和电动势对电荷的作用不同，电压使电荷的电位降低，电动势使电荷的电位升高。

（2）正方向相反。电压的正方向是高电位指向低电位，或由正指向负。电动势的正方向是由低电位指向高电位，或由负指向正。

4-26 什么是电阻和电导？导体的电阻与哪些因素有关？

答：当电流通过导体时，电子在运动中不断与导体的原子、分子发生碰撞，使自由电子受到一定的阻力。导体对电流产生的这种阻力叫做电阻。电阻是反映导体阻碍电流通过能力的参数，用 R 表示。电导是反映导体传电流能力的参数，用 G 表示。电阻和电导互为倒数，即 $R=1/G$。一定温度下，导体的电阻和导体的长度 L 成正比，与导体的截面积 S 成反比，与导体的材料有关，即 $R=\rho L/S$。ρ 为导体的电阻系数。

4-27 组成电路的各部分元件的作用是什么？

答：电路是电流所通过的路径，主要由电源、负载、控制器、导线四大部分组成。各部分的作用分别为：

（1）电源：即发电设备，作用是将其他形式的能量转换成电能。

（2）负载：即用电设备，作用是将电能转换为其他形式的能，如电炉将电能转变为热能，电灯将电能转变为光能，电动机将电能转变为机械能等。

（3）控制器：如断路器、熔断器、接触器，在电路中起控制或保护电器设备的作用。

（4）导线：由导体和绝缘体组成，作用是把电源、负载和控制器连接成一个电路，并将电源的电能传输给负载。

4-28 什么是基尔霍夫定律？如何应用？

答：（1）基尔霍夫电流定律——确定了与任一节点相连的各支路中的电流之间的关系，即对于电路中的任一节点，流入节点的电流之和等于流出该节点的电流之和。它是电流连续性原理在电路中的体现。

（2）基尔霍夫电压定律——确定了电路任一回路中各部分电压之间的相互关系，即对于任一回路，沿任一方向绕行一周，各电源电动势的代数和等于各电阻电压降的代数和。绕行方向与电动势及电流方向相同时取正，反之取负。

应用以上基尔霍夫两个定律，可以求解复杂电路中任一回路各部分的电压和各支路中的电流。

4-29 什么是欧姆定律？如何应用？

答：欧姆定律确定了电路中电压、电流同电阻三者之间的关系，即通过电阻元件的电流 I 与电阻两端的电压 U 成正比，与电阻 R 成反比，用公式表达为 $I=U/R$。应用欧姆定律，对于任一无分支的电阻电路，只要知道电路中电压、电流、电阻这三个量中任意两个，就可求出另一个。

4-30 什么是电阻的串联？如何求它们的等效电阻？

答：电阻串联就是将各电阻依次首尾相接，使各电阻中通过同一电流。

串联电阻的等效电阻 R 等于各电阻之和，即 $R=R_1+R_2+R_3+\cdots$。

4-31 什么是电阻的并联？并联有什么特点？

答：几个电阻首尾分别接在一起，即电阻都接在两个节点之间，各电阻承受同一电压的连接方式叫做电阻的并联。并联的特点是：①各并联电阻的电压相同；②并联电路的总电流为各支路电流之和；③并联电路等效电阻的倒数为各电阻倒数之和，即 $1/R=1/R_1+1/R_2+1/R_3+\cdots$。

4-32 什么叫电路中的功率？如何解释 $P=UI$？

答：电路中的功率就是单位时间内电场力所做的功。电功率 $P=UI$ 可由电压 U 和电流 I 的定义直接解释如下：电压 U 是电场力移动单位正电荷通过电阻时所做的功，即 $U=W/Q$，单位为 J/C（或 V），而电流 I 是单位时间通过电阻的电量，即 $I=Q/t$，单位为 C/s（或 A）。所以，$P=UI=W/Q\times Q/t=W/t$，单位为 J/s（或 W），即单位时间内电场力所做的功。

4-33 电能与电功率的关系是什么？

答：电能是指电场力做功的本领，用来表示电场力在一段时间内所做的功。电功率表示电场力在单位时间内所做的功。因此，电能与电功率的关系是：电能等于电功率和通电时间的乘积，即 $W=Pt$，单位为 kW·h。

4-34 什么是电流的热效应？如何确定电阻产生的热量？

答：电流通过电阻时，电阻就会发热，将电能转变成热能，这种现象叫电流的热效应。电流通过电阻产生的热量用焦耳—楞次定律来确定，即电流通过电阻产生的热量与电流的平方、电阻及通电时间成正比，用公式表达为 $Q=0.24I^2Rt$。式中，Q 为热量，0.24 为热功当量，I 为电流，R 为电阻，t 为时间。

4-35 什么是电气设备的额定值？

答：电气设备的额定值是制造厂家按照安全、经济、寿命全面考虑而为电气设备规定的正常运行参数。实际的负载或电阻元件所消耗的功率都不能超过规定的数值，否则就会因过热而受到损坏或缩短寿命。

4-36 什么叫电路、通路、开路和短路？如何防止短路？

答：用导线并通过熔丝、断路器等把电源与负载连接起来所形成的回路叫做电路，如图 4-1 所示。

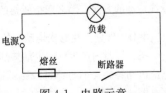

图 4-1 电路示意

如图 4-1 所示，当开关接通，电路中产生电流，负载正常工作时，此电路称为通路；当开关或导线、负载等断开，电路中的电流停止时，此电路就称为开路或断路；若电源两极间由于某种原因未经负载而直接被连接一起，则称为短路。短路后的电路电流非常大，会烧毁熔丝，如果熔丝使用不当，则会烧毁导线及电源，造成事故。

4-37 什么是正弦交流电？产生正弦交流电的条件是什么？

答：电路中，电压、电流等物理量的大小和方向均随时间按照正弦规律变化时，就称为正弦交流电。要产生正弦交流电，必须有产生正弦电动势的电源。对正弦交流发电机而言，需要具备两个条件：①建立一个磁场；②有一个磁场以角速度 ω 相对运转的线圈。

4-38 如何判断通电直导体和线圈所产生的磁场方向？

答：判断口诀是：左手握住螺或直，直指电流正指磁。即左手握住线圈或直导体，让四指反向指着线圈中的电流，那么拇指所指就是磁场正方向；或拇指反向指着直导体中的电流，那么四指所指就是磁场正方向。

4-39 什么是磁通和磁通密度？

答：磁场是有大小和强弱的。磁通是指垂直穿过某一截面积 S 的磁力线数，用 Φ 表示，单位是韦伯（Wb）。磁通密度是指通过磁场中某一单位截面的磁通，它是表示磁场中某点磁场大小和方向的物理量。磁通密度又叫磁感应强度，用 B 表示。$B=\Phi/S$，单位为 Wb/m^2，常用的小单位是高斯（Gs），1Wb/m^2＝10^4Gs。磁场中各点磁通密度的方向就是磁力线在该点的切线方向。

4-40 直导线产生感应电动势的条件是什么？如何判断感应电动势的方向？

答：直导线产生感应电动势的条件有两个：①有磁场；②导体和磁场有相对运动，使导体切割磁力线，就会在导体中产生感应电动势。感应电动势的方向可用发电机右手定则来判断，即右手掌心迎向磁力线，让大拇指指着导线运动的方向，那么四指所指的就是感应电动势的方向。

4-41 线圈产生感应电动势的条件是什么？它的大小与什么有关？

答：线圈内产生感应电动势的条件是：穿过线圈的磁通有变化。线圈内感应电动势的大小与穿过线圈的磁通的变化率 $\Delta\Phi/\Delta t$ 和线圈匝数 N 成正比，即 $e=-N\Delta\Phi/\Delta t$。式中，e 为感应电动势，单位为 V；N 为线圈匝数；

$\Delta\Phi/\Delta t$ 为每匝线圈中磁通的变化率；负号表示感应电动势的方向与磁通变化率的符号总是相反的。

4-42 试比较交流电与直流电的特点，并指出交流电的优点。

答：交流电的大小和方向均随时间的变化按一定规律作周期性的变化，而直流电的大小和方向均不随时间变化，是一个固定值；在波形图上，正弦交流电是正弦函数曲线，而直流电是平行于时间轴的直线。交流电的优点：交流电的电压可经变压器进行变换，输电时将电压升高，以减少输电线路上的功率损耗和电压损失；用电时将电压降低，可保证用电安全，并可降低设备的绝缘要求；此外，交流电设备的造价较低。

4-43 什么叫相电压、线电压？什么叫相电流、线电流？

答：发电机（变压器）的每相绕组两端的电压，即相线与中性线之间的电压叫做相电压。U_{UO}、U_{VO}、U_{WO} 分别表示 U、V、W 相的相电压。线电压为线路任意两相线之间的电压。U_{UV}、U_{VW}、U_{WU} 分别表示 UV、VW、WU 间的线电压。相电流为每相绕组中的电流，线电流为相线中的电流。

4-44 为什么三相电动机的电源可以用三相三线制，而照明电源则必须用三相四线制？

答：因为三相电动机是三相对称负载，不论是星形接法还是三角形接法，都只需将三相电动机的三根相线接在电源的三根相线上，而不需要第四根中性线，所以可以用三相三线制电源供电。而照明电源的负载是电灯，其额定电压均为相电压，必须一端接一相相线，一端接中性线，这样可以保证各相电压互不影响，所以必须用三相四线制，严禁用一相一地照明。

4-45 变压器是根据什么原理制造的？

答：变压器是根据互感或电磁感应原理制造的。变压器的铁芯上绕有匝数不同的两个绕组，若将一个绕组通以正弦交流电流（称一次绕组），那么，该电流就在绕组内产生交流磁通 Φ，交流磁通也穿过另一个绕组（称二次绕组）。那么，根据电磁感应原理，就会在二次侧绕组中产生感应电动势；若绕组接入负载构成闭路，就会有电流通过，且原二次侧的感应电动势（E_1、E_2）均与其线圈匝数（N_1、N_2）成正比，即 $E_1/E_2 \approx N_1/N_2$，E_1 为一次侧电源电压 U_1，当二次侧开路时，$E_2 = U_2$。所以，$U_1/U_2 \approx E_1/E_2 \approx N_1/N_2 = K_0$，$K_0$ 为变压比。

4-46 什么是变压器？

答：变压器是一种电能传递装置，它以相同的频率、不同的电压和电流把电能从一个或多个电路传递到另一个或多个电路中去，通常由一个软片叠成的铁芯和绕着铁芯的绝缘线圈组成。

4-47 什么叫电感和自感？

答：一个线圈的自感磁链 ψ 和所通过电流 i 的大小的比值 L（$L = \psi/i$）叫做线圈的自感系数，简称自感，也叫电感。

4-48 变压器中感应电动势的大小受哪些因素影响？

答：变压器中感应电动势的大小受磁场强度、导线被磁场切割的速度和被磁场所切割的导线的圈数影响。

4-49 绘图说明变压器中电压与匝数之间的比例关系。

答：若某台变压器的高压绕组有 1000 匝，绕组两端供有 2400V 的电压，则 100 匝的低压绕组两端就会感应出 240V 的电压，如图 4-2 所示。

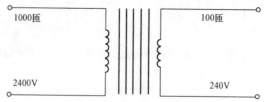

图 4-2 变压器中电压与匝数间的比例关系示意图

4-50 变压器在电力系统中起什么作用？

答：变压器在电力系统中起着重要的作用，它将发电机的电压升高，通过输电线向远距离输送电能，减少损耗，同时又将高电压降低后分配给用户，保证用电安全。一般从电厂到用户，根据不同的要求，需要将电压变换多次，这就要靠变压器来完成。

4-51 什么叫单相交流电和三相交流电？

答：由一个绕组在磁场中旋转而产生的交流电为单相交流电，该发电机称为单相交流发电机。三相发电机则是在定子里嵌有参数完全相同而位置互为 120° 的三个绕组。当转子（磁铁）转动时，磁场依次被三个定子绕组切割，在绕组中感应产生的交流电压的振幅和频率相等，相位则相差 120°，这就叫做三相交流电。从各相始端引出的 U、V、W 端称为相线（俗称火线），从各相末端的共同接点 O 引出的导线称为中性线，因中性线通常接地，故又称零线。

4-52 为什么线路中要有熔丝?

答：熔丝是由电阻率较大而熔点较低的铝锑或铅锡合金制成的。熔丝有各种规格，每种规格都规定有额定电流。当发生过载或短路而使电路中的电流超过额定值后，串联在电路中的熔丝便熔断，切断电源与负载的通路，起到保险作用。所以，熔丝必须按规格使用，不能以粗代细，更不能用铁丝和铜丝代替，否则会造成重大事故。

4-53 金属机壳上为什么要装接地线?

答：在金属机壳上安装接地线，是一项安全用电的措施，它可以防止人体触电事故的发生。当设备内的电线外层绝缘磨损、灯头开关等绝缘外壳破裂，以及电动机绕组漏电时，都会造成该设备的金属外壳带电。当外壳的电压超过安全电压时，人体触及后就会危及生命安全。如果在金属机壳上接入可靠的地线，就能使机壳与大地保持等电位（即零电位），人体触及后就不会发生触电事故，从而保证人身安全。

4-54 什么叫有功功率、无功功率和视在功率? 各自的单位是什么? 三者的关系如何确定?

答：电流在电阻电路中一个周期内所消耗的平均功率叫有功功率，用 P 表示，单位为 W。储能元件线圈或电容器与电源之间的能量交换时而大、时而小、为了衡量它们之间能量交换的大小，特用瞬时功率的最大值来表示，称为无功功率，用 Q 表示。电感性无功功率用 Q_L 表示，电容性无功功率用 Q_C 表示。在电感、电容同时存在的交流电路中，感性和容性无功互相补偿，电源供给的无功功率为两者之差，即电路的无功功率为 $Q = Q_L - Q_C$ $= UI\sin\varphi$，三者的关系可以用功率三角形表示，如图 4-3 所示。

4-55 星形连接时中性线是否可有可无? 为什么?

答：在三相对称的星形连接电源负载系统中，三相电流相量之和为零，中性线中没有电流通过，故可以把中性线去掉，即中性线可有可无。如对三相负载电动机等负载供电，可用三相三线制；而对那些单相负载，如照

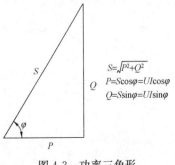

$$S = \sqrt{P^2 + Q^2}$$
$$P = S\cos\varphi = UI\cos\varphi$$
$$Q = S\sin\varphi = UI\sin\varphi$$

图 4-3 功率三角形

明，三相负载不对称，三相电流相量和不等于零，这时中性线就不能去掉，否则就会出现中性点位移，使用电设备的相电压升高而烧坏设备，或缩短电气设备的寿命。

4-56 如果三相电动机每相绕组的额定电压是 220V，则接到线电压为380V 的三相电源上时，电动机应如何连接？

答：电动机应接成星形。因为星形连接时，电动机的线电压为相电压的$\sqrt{3}$倍，即 380V，正好与电源的线电压符合。

4-57 何谓同步？何谓异步？

答：转子的旋转速度与磁场的旋转速度相同则称同步，不相同则称异步。

4-58 如何改变三相异步电动机转子的转向？

答：调换电源任意两相的接线（即改变三相的相序），即可改变旋转磁场的旋转方向，同时也就改变了电动机转子的旋转方向。

第五章　金属材料

5-1　什么是机械强度？

答： 机械强度是指金属材料在受外力作用时抵抗变形和破坏的能力。

5-2　什么是塑性？

答： 塑性是指金属材料在受外力作用时产生永久变形而不发生断裂破坏的能力。

5-3　什么是冲击韧性？

答： 冲击韧性是指金属材料抵抗冲击载荷作用而不发生破坏的能力。

5-4　金属材料的硬度与强度之间是什么关系？

答： 通常情况下，金属材料的硬度越高，强度越大。

5-5　金属的可锻性是指什么？

答： 金属的可锻性是指金属承受压力加工的能力，可锻性好的金属能经受塑性变形而不破裂。

5-6　各类钢材的可锻性有何区别？

答： 钢具有良好的可锻性。其中，低碳钢的可锻性最好，中碳性次之，高碳钢较差，铸铁不能锻造。

5-7　什么是可焊性？各类钢材的可焊性如何？

答： 可焊性是指金属是否易于焊接的性能。低碳钢的可焊性好，高碳钢和铸铁的可焊性差。

5-8　什么是切削加工性？

答： 切削加工性是指金属是否易于进行切削加工的性能。通常，灰口铸铁具有良好的切削加工性。

5-9　金属的熔点和结晶的定义是什么？

答： 金属由固态转变为液态时的温度称为熔点，而从液态转变为固态的过程称为结晶。

5-10　根据碳在铸铁中的存在形态不同，可将铸铁分为哪几类？

答：根据碳在铸铁中的存在形态不同，可将铸铁分为白口铸铁、灰口铸铁、可锻铸铁和球墨铸铁。

5-11　什么叫合金铸铁？

答：加入了合金元素的铸铁称为合金铸铁。

5-12　根据生铁中的含硫量不同，可将生铁分为哪几类？

答：根据生铁中含硫量的不同，可将生铁分为亚共晶生铁、共晶生铁和过共晶生铁。

5-13　热处理工艺主要经过哪几个阶段？

答：热处理工艺主要经过加热、保温、冷却三个阶段。

5-14　如果需要塑性和韧性高的材料，则应选用哪种钢材？

答：如果需要塑性和韧性高的材料，则应选用低碳钢。

5-15　淬火的水温一般不超过多少摄氏度？

答：淬火的水温一般不超过 30℃。

5-16　含碳量大于 2.11% 的铁碳合金是什么类型的钢材？

答：含碳量大于 2.11% 的铁碳合金是铸铁。

5-17　10 号钢表示钢中的含碳量为多少？

答：10 号钢表示钢中的含碳量为万分之十。

5-18　配套的螺栓材料与螺母材料如何选择？

答：配套的螺栓材料应选择比螺母材料高一个工作等级的钢种。

5-19　法兰垫片的选材有什么要求？

答：通常要求法兰垫片应有一定的强度和耐热性，其硬度应比法兰低。

5-20　钢的淬硬性主要取决于什么？

答：钢的淬硬性主要取决于钢的含碳量。

5-21　亚共析钢的含碳量是多少？

答：亚共析钢的含碳量小于 0.8%。

5-22　为了提高钢的硬度和耐磨性，可采用什么样的处理方法？

答：为了提高钢的硬度和耐磨性，可采用淬火处理。

5-23 什么是金属材料的使用性能和工艺性能？

答：金属材料的使用性能是指金属材料在使用条件下所表现的性能；金属材料的工艺性能是指金属材料在冷热加工过程中所表现的性能，即铸造性能、锻造性能、焊接性能、热处理性能及切削加工性能等。

5-24 什么是碳钢？按含碳量如何分类？按用途如何分类？

答：碳钢是含碳量为 $0.02\%\sim2.11\%$ 的铁碳合金。碳钢按含碳量可分为：低碳钢——含碳量小于 0.25%；中碳钢——含碳量为 $0.25\%\sim0.6\%$；高碳钢——含碳量大于 0.6%。按用途可分为：碳素结构钢——用于制造机械零件和工程结构的碳钢，含碳量小于 0.7%；碳素工具钢——用于制造各种加工工具及量具，含碳量一般在 0.7% 以上。

5-25 什么是热处理？它在生产上有什么意义？

答：热处理是将金属或者合金在固态范围内，通过加热、保温、冷却的有机配合，使金属或者合金改变内部组织而得到所需要的性能的操作工艺。通过热处理，可充分发挥金属材料的潜力，延长零件和工具的使用寿命和节约金属材料。

5-26 什么叫正火？正火的目的是什么？

答：正火是将钢件加工到上临界点（A_{c3} 和 A_{cm}）以上 $40\sim50℃$，并保温一段时间，使其达到完全奥氏体化和均匀化，然后在空气中冷却的工艺。正火的目的：①均化组织；②化学成分均匀化。

5-27 什么是热应力？

答：钢在加热时体积要膨胀，冷却时体积要缩小。当对钢进行加热或者冷却时，工件各部分的温度不一样，就会使工件各部分的膨胀和收缩不一致而产生应力，这种应力则称为热应力。

5-28 为什么钢在淬火后要紧接着回火？

答：钢在淬火后紧接着回火，其目的是减少或者消除淬火后存于钢中的热应力，稳定组织，提高钢的韧性和适当降低钢的硬度。

5-29 什么叫固溶体？什么叫金属化合物？

答：组成合金的两种元素，不仅在液态时能互相溶解，而且在固态时仍能互相溶解，这样形成的金属晶体称为固溶体。金属化合物是金属或非金属与非金属相互作用而形成的一种新晶格。

5-30　固溶体和金属化合物有何区别？

答：固溶体中含量较多的元素称为溶剂，它将保持原有晶格的结构类型；含量较少的元素称为溶质，它不保持原有晶格的结构类型。金属化合物的晶体结构类型和性能完全不同于组成它的任一组成元素。

5-31　按钢的质量分类主要根据钢中什么元素来分？可分为哪几种？

答：按钢的质量分类，主要根据钢中硫、磷元素的含量多少来分，可分为普通钢、优质钢和高级优质钢。

5-32　什么叫持久强度？

答：持久强度是指试样在一定温度和规定的持续时间内引起断裂的最大应力值。

5-33　什么叫金属的蠕变？

答：金属的蠕变是指金属在一定的温度和应力下，随着时间的增加发生缓慢的塑性变形的现象。

5-34　抗蠕变性能与持久强度之间是什么关系？

答：一般来说，抗蠕变性能高的材料通常具有良好的持久强度。

5-35　60Si2Mn 表示钢中各元素的含量分别是多少？

答：60Si2Mn 表示该钢的平均含碳量为 0.6%，平均含硅量为 2%，平均含锰量小于 1.5%。

5-36　HT20-40 表示什么？

答：HT20-40 表示灰口铸铁，抗拉强度为 196MPa（20kg/mm²），抗弯强度为 392MPa（40kg/mm²）。

5-37　影响疲劳极限的因素有哪些？怎样提高金属材料的疲劳极限？

答：影响疲劳极限的因素很多，内在因素有材料自身的强度、塑性、组织结构、纤维方向和材料内部缺陷等，外在因素主要为零件的工作条件、表面粗糙度等。金属材料自身的强度和塑性好，其抗疲劳断裂的能力就大，但材料内部存在杂质，表面粗糙度大，有刀痕或磨裂等，都容易引起应力集中而使疲劳极限下降；此外，在酸碱盐的水溶液等腐蚀性介质中工作的金属制品，由于表面易腐蚀，其腐蚀产物嵌入金属内也会造成应力集中，从而使疲劳极限下降。减小表面粗糙度、防止表面划伤、改善零件的结构形状、避免应力集中、对零件表面进行强化处理等，都可提高零件的疲劳极限。

5-38 何谓合金钢？常用的合金元素有哪些？

答：除铁和碳以外，特意加入一些其他元素的钢称为合金钢。常用的合金元素有铬、镍、硅、锰、钼、钨、钒、钛、铌、硼、铝、稀土、氮、铜等。

5-39 举例说明电厂热动设备上哪些零件对抗氧化性和耐磨性有一定要求。

答：锅炉的过热器、水冷壁管、汽轮机汽缸、叶片等长期在高温下工作，易产生氧化腐蚀，因此这些部件的材料应有良好的抗氧化性能；而像风机叶片、磨煤机等在工作过程中都会受到磨损，因此这些部件应选用耐磨性能好的材料。

5-40 什么叫调质处理？调质处理的目的是什么？电厂哪些结构零件需要调质处理？

答：把淬火后的钢件再进行高温回火的热处理方法称为调质处理。调质处理的目的包括：①细化组织；②获得良好的综合机械性能。调质处理主要用于各种重要的结构零件，特别是在交变载荷下工作的转动部件，如轴类、齿轮、叶轮、螺栓、螺母、阀杆等。

5-41 电厂常用的阀体铸钢有哪几种？使用温度范围如何？

答：①ZG25，使用温度范围为 $400\sim450℃$；②ZG20CrMo，使用温度范围为 $500\sim520℃$；③ZG20CrMoV，使用温度范围为 $500\sim520℃$；④ZG15Cr1MoV，使用温度范围为 $520\sim570℃$。

5-42 什么是不锈钢？不锈钢可分为哪几类？

答：在腐蚀介质中，具有高的抗腐蚀性能的钢称为不锈钢。不锈钢具有抵抗空气、水、酸、碱、盐溶液或其他介质腐蚀的能力。不锈钢可分为铬不锈钢和铬镍不锈钢两大类。铬不锈钢的含铬量一般为 $12\%\sim28\%$，为了提高钢的性能，常加入少量其他合金元素。铬镍不锈钢中，铬和镍配合使用，使钢得到单一的奥氏体组织，具有较高的抗腐蚀能力，在工业上被广泛应用。

5-43 什么是热疲劳？

答：热疲劳是指零部件经多次反复热应力循环后遭到破坏的现象。

5-44　蠕变速度与温度之间的关系是什么？

答：压力不变时，温度越高，金属蠕变速度越大。

5-45　持久塑性反映了材料的什么性能？如何增强材料的持久塑性？

答：持久塑性反映了材料在高温和应力长期作用下的塑性性能。钢中加铬、硅元素能提高珠光体耐热钢的持久塑性。

5-46　什么叫耐热铸铁？耐热铸铁的性能如何？

答：耐热铸铁通常是指含有铬、硅、铝等元素的铸铁，其具有抗高温氧化的特性，有较高的强度、硬度和抗蠕变性能。

5-47　影响蠕变的因素有哪些？

答：影响蠕变的因素有钢材化学成分、冶炼工艺、金属组织中晶粒的大小和温度。

5-48　影响铸铁石墨化的因素有哪些？

答：影响铸铁石墨化的因素有：①化学成分。碳与硅是强烈促进石墨化的元素，硅和碳的含量越高，铸铁中的石墨数量越多。②冷却速度。冷却速度对石墨化的影响很大，冷却速度越小，越有利于石墨化的进行。

5-49　钢中的硫、磷存在哪些有害作用？含量一般应控制在什么水平？

答：硫存在于钢中会造成钢的赤热脆性，使钢在高温锻压时易产生破裂；焊接时，硫易使焊缝产生热裂纹，并产生很多疏松和气孔，对焊接存在不良影响。磷存在于钢中会增加钢的脆性，尤其是冷脆性；此外，磷还会造成钢的严重偏析，使钢的热脆性和回火脆性的倾向增加，对焊接起不良作用，易使钢在焊接中产生裂纹。普通碳素钢的含硫量不大于 0.05%，含磷量不大于 0.045%；优质钢的含硫量和含磷量均应控制在 0.03% 以下。

5-50　何谓金属超温、过热？两者关系如何？

答：超温是指金属超过其额定温度运行，过热的含义与超温相同。超温是对运行而言，过热是对爆管而言；过热是超温的结果，超温是过热的原因。

5-51　电厂高温高压管道焊后热处理选用何种工艺？

答：电厂高温高压管道焊后热处理一般采用高温回火工艺。焊接接头经热处理后，可以使焊接接头的残余应力松弛，淬硬层软化，改善组织，降低含氢量，以防止焊接接头产生延迟裂纹和应力腐蚀裂纹，提高接头的综合机械性能等。

5-52 什么样的工件要求低温回火?

答：一般铸件、锻件、焊件常用低温回火来消除残余应力，以使其定型和防止开裂。某些高合金钢也常用低温回火来降低硬度，改善切削加工性能。

5-53 什么叫回火？操作时应注意什么?

答：将淬火的钢加热到等温转变图上 A_1（铁碳合金共析转变线对应的温度，727℃）以下某温度，保温一段时间后冷却至室温，这种热处理方法叫做回火。在回火过程中，应注意以下三个方面：

（1）高碳钢或高合金钢及渗碳钢的工件，淬火后必须立即进行回火，否则在室温下停留时间过长，会造成自行开裂的危险。

（2）回火加热必须缓慢，特别是形状复杂的工件。因为淬火工件有极大的内应力，如果加热过急，将会造成工件变形，甚至有开裂的危险。

（3）严格控制回火温度和回火时间，以防因回火温度和回火时间不当，使工件不能得到应获得的组织和机械性能。

5-54 影响钢材球化的因素有哪些?

答：影响钢材球化的因素有温度与时间、应力和化学成分。

5-55 什么叫钢材的石墨化?

答：在高温应力的长期作用下，钢中珠光体内的渗碳体分解为游离石墨的现象叫做钢材的石墨化。

5-56 锅炉受热面管道的长期过热爆管的破口外观特征怎样?

答：管子的破口并不太大，破口断裂面粗糙、不平整；破口的边缘是钝边，并不锋利；破口附近有众多平行于破口的管子轴向裂纹；破口外表面有一层较厚的氧化皮，氧化皮很脆、易剥落；破口处的管子胀粗不是很大。

5-57 锅炉受热面管道的短时过热爆管的破口外观特征怎样?

答：爆破时破口张开很大，呈喇叭状；破口边缘锋利，减薄较多，其破口断裂面较为光滑，呈撕裂状；破口附近管子胀粗较大；破口内壁比较光洁，外壁一般呈蓝黑色；破口附近没有众多平行于破口的轴向裂纹。

5-58 电厂高温用钢的选择原则是什么?

答：高温部件长期工作在高温高压腐蚀介质中。根据上述高温部件的工作特点，选择高温用钢时，应从如下几个方面考虑：①钢的耐热指标，要有较高的蠕变极限、持久强度和持久塑性等；②高温长期运行过程中的组织性质和稳定性要好；③钢材表面在相应介质（空气、蒸汽、烟气）中的抗腐蚀性能要高，特别是钢的抗高温氧化的能力要高；④钢的常温性能指标，要有较好的室温、强度、塑性和韧性；⑤要有良好的工艺性能（如焊接性能、切削加工性能等）；⑥选用的钢在技术上要合理，经济上也要合理。

5-59　怎样做好锅炉受热面管子的监督工作？

答：（1）安装和检修换管时，要鉴定钢管的钢种，以保证不错用钢材。

（2）检修时，应有专人检查锅炉受热面管子有无变形磨损、刮伤、鼓包胀粗及表面裂纹等情况，发现问题要及时处理，并作记录。当合金钢管的外径胀粗不小于 2.5%，碳钢管的外径胀粗不小于 3.5%，表面有纵向的氧化微裂纹，管壁明显减薄或严重石墨化时，应及时更换管子。

（3）选择具有代表性的锅炉，在壁温最高处设监督管定期取样，检查壁厚、管径、组织碳化物和机械性能的变化。

5-60　如何正确使用正火与退火工艺？

答：正火与退火的目的大致相似，在生产中有时可以相互替代。正火与退火工艺的选择可以从以下几个方面来考虑：

（1）切削加工方面。根据实践经验，金属的硬度在 HB160～HB230 范围内，并且组织中有大块柔韧的铁素体时，切削加工比较方便。因此，对低碳钢和一些合金结构钢，应采用正火；对高碳钢和合金元素较多的结构钢，则采用退火。

（2）使用性能方面。对于亚共析钢，正火处理比退火处理具有更好的机械性能，因此在工作性能要求不高时，常用正火来提高性能；对于一些较复杂的铸件，为了减小内应力及避免变形和裂纹，应采用退火工艺。

（3）经济方面。正火的生产周期比退火短、设备利用率高且操作简便，所以在可能的条件下应尽量以正火替代退火。

5-61　如何用砂轮进行鉴别金属材料？

答：火花鉴别金属材料的砂轮分手提砂轮机和台式砂轮机。砂轮一般为 36～60 号普通氧化铝砂轮，同时应备有各种牌号的标准钢样，以防可能发生的错觉和误差。火花鉴别最好在最暗处进行，砂轮转速以 2800～4000r/

min 为宜。钢材接触砂轮圆周进行磨削时，压力应适中，使火花束大致向略高于水平方向的方向发射，以便于仔细观察火花束的长度和花形特征。

5-62　指出下列各概念的区别：弹性变形和塑性变形、内力和应力、正应力和剪应力、危险应力和许用应力。

答：(1) 弹性变形和塑性变形。固体在外力的作用下发生变形，当外力卸去后，固体能消除变形而恢复原状，这种能完全消失的变形称为弹性变形；当外力卸去后，固体能保留部分变形而不恢复原状，这种不能消失而残留下来的变形称为塑性变形。

(2) 内力和应力。物体在外力作用下将发生变形，即外力迫使物体内各质点的相对位置发生改变，伴随着变形，物体内各质点间将产生抵抗变形，力图恢复原状的互相作用力，这种由于外力作用而引起的附加内力通常称为内力；应力是指工程上所采用的单位面积上的内力，它表达了物体某截面上内力分布的密集程度。

(3) 正应力和剪应力。垂直于杆件横截面的应力称为正应力；平行于杆件横截面的应力称为剪应力。

(4) 危险应力和许用应力。材料断裂或产生较大的塑性变形时的应力称为危险应力；构件工作时所能承担的最大应力称为许用应力。

5-63　什么是应力集中？

答：截面突变时，其附近小范围内应力局部增大，离开该区域稍远的地方应力迅速减少，并趋于均匀，这种应力局部增大的现象称为应力集中。

5-64　如何进行冷成型弹簧的热处理？

答：直径在 10mm 以下的小尺寸螺旋弹簧及板簧一般采用冷轧钢板、钢带或冷拉钢丝制成。弹簧通过冷加工过程，已达到弹簧性能的要求，因此不需要再进行淬火加回火处理，但要进行回火处理，以消除冷成型过程中的内应力及使之定型。消除应力回火的温度一般为 240～300℃，回火时间为 30～60min。弹簧回火后如需校正，则应在校正后再进行一次回火；校正后的回火温度应比第一次回火的温度低 10～20℃，回火时间也应比第一次短一些。

5-65　电厂过热器管和主蒸汽管的用钢要求是什么？

答：(1) 电厂过热器管和主蒸汽管金属要有足够的蠕变强度、持久强度和持久塑性。通常，在进行过热器管的强度计算时，以高温持久强度极限为主要依据，再以蠕变极限来校核。过热器管和主蒸汽管的持久强度高时，一方面可以保证在蠕变条件下的安全运行；另一方面，还可以避免因管壁过厚而造成加工工艺和运行上的困难。

（2）要求过热器管和主蒸汽管道金属在长期高温运行中组织性质和稳定性要好。

（3）要有良好的工艺性能，特别是焊接性能要好；此外，对过热器管，还要求有良好的冷加工性能。

（4）钢的抗氧化性能要高。通常要求过热器管和主蒸汽管在金属运行温度（即管壁温度）下的氧化深度应小于 0.1mm/年。

5-66 水冷壁管和省煤器管的选材要求是什么？

答： 对水冷壁管材的要求主要有：

（1）传热效率要高。

（2）有一定的抗腐蚀性能。

（3）应具有一定的强度，以使得管壁厚度不致过厚。过厚的管壁会使加工困难，并影响传热。

（4）工艺性能要好，如良好的冷弯性能、焊接性能等。

（5）在某些情况下，如在直流锅炉上还要求钢管材料的热疲劳性能要好。

对省煤器管材的要求主要有：

（1）有一定的强度。

（2）传热效率要高。

（3）有一定的抗腐蚀性能和良好的工艺性能。

（4）对省煤器管金属，还应着重考虑其热疲劳性能，以确保省煤器管金属在激烈的温度波动下，不至于因热疲劳而过早地损坏。

5-67 主蒸汽管道设监督段的目的是什么？要求是什么？

答： 主蒸汽管道设监督段的目的是更好地保证主蒸汽管道的安全运行。监督段应满足下列要求：①监督段所处地段的温度应是该主蒸汽管道上的温度最高处；②用作监督段的钢管应是该主蒸汽管道上管壁最薄的管段；③监督段的钢号、钢管规格尺寸等，应和主蒸汽管道其他部分的钢管的钢号及规格尺寸等一致，并应有关于钢管化学成分、金属组织、力学性能（有可能时还应有钢管耐热性的试验结果）及探伤结果的证件；④监督段钢管的组织性能应和该主蒸汽管道上的其他管段一致或稍差，以确保在组织性质变化上有代表性。

5-68 12Cr1MoV 钢管焊接后应选择什么样的热处理工艺? 规范是什么?

答：(1) 12Cr1MoV 钢管焊接后一般选择高温回火处理工艺。

(2) 高温回火温度为 740～710℃，当壁厚≤12.5mm 时，恒温 1h；当壁厚为 12.5～25mm 时，恒温 2h；当 25mm＜壁厚＜50mm 时，恒温 2.5h；升温、降温速度不大于 300℃/h；升温、降温过程中，温度在 300℃ 以下时可不控制。

第六章　钳工、起重、焊接技术及其工具的使用

6-1　游标卡尺的用途是什么？

答：游标卡尺是测量零件的内径、外径、长度、宽度、厚度、深度或孔距的常用量具。

6-2　手锤由哪几部分组成？

答：手锤由锤头和锤柄两部分组成。

6-3　手锤的质量分为哪几种？

答：手锤的质量分为 0.25、0.5、0.75kg 三种。

6-4　手锤的握法有哪两种？

答：手锤的握法有紧握法和松握法两种。

6-5　挥锤的方法有哪三种？

答：挥锤的方法有腕挥、肘挥和臂挥三种。

6-6　握錾方法因工作性质的不同有哪三种？

答：立握法、反握法和正握法。

6-7　錾削用的工具有哪些？

答：錾削用的工具主要是手锤和錾子。

6-8　锯条的使用与材料硬度的关系是什么？

答：锯条锯割软性材料时的往复速度要快些，锯割硬性材料的往复速度要慢些。

6-9　锉刀按截面分为哪两类？

答：锉刀按截面分为普通截面锉刀和特形截面锉刀两类。

6-10　锉刀按用途可分为哪几类？

答：锉刀按用途分，可分为普通锉刀、特形锉刀和整形锉刀三类。

6-11 锉削平面的基本方法有哪几种？

答：锉削平面的基本方法有顺向锉、交叉锉和推锉三种。

6-12 对锉刀舌的长度有何要求？

答：锉刀舌的长度，以锉刀舌能自由插入孔的 1/2 为宜。

6-13 钳工操作主要包括哪些内容？

答：钳工操作主要包括画线、锉削、錾削、锯割、钻孔、扩孔、铰孔、攻丝、套丝、矫正和弯曲铆接、刮削、研磨、修理以及简单的热处理。

6-14 台虎钳的用途及分类是怎样的？

答：台虎钳是安装在工作台上供夹持工件用的夹具，可分为固定式和回转式两类。

6-15 钻头的柄部有何用途？

答：钻头的柄部可供给装卡钻头和传递主轴用的扭矩和轴向力。

6-16 麻花钻的结构特点有哪些？

答：麻花钻的结构特点是导向作用好、排屑容易。

6-17 锯割起锯有哪两种方法？

答：锯割起锯有近起锯和远起锯两种方法。

6-18 紧握法的动作要领是什么？

答：用右手的食指、中指、无名指和小指紧握锤柄，大拇指贴在食指上，挥锤和锤击时，握紧不变。

6-19 松握法的动作要领是什么？

答：仅用大拇指和食指始终握紧锤柄，锤击时，中指、无名指、小指一个接一个地握紧锤柄，挥锤时这三个手指又以相反的次序放松。

6-20 常用的润滑剂有哪几类？

答：常用的润滑剂有润滑油、润滑脂和二硫化钼三大类。

6-21 画圆或钻孔定中心如何进行？

答：画圆或钻孔定中心时，要打冲眼，以便于钻孔时钻头对准。

6-22 钻孔前先打样冲眼的作用是什么？

答：可以减少钻头的振摆。

6-23　轴承的最高精度等级是什么？

答：轴承的最高精度等级是 E。

6-24　原始平板刮削法应采用多少块平板互相研制？

答：应采用 3 块平板互相研制。

6-25　游标卡尺的尺框上游标的"0"刻线与尺身的"0"刻度对齐时，量爪之间的距离是多少？

答：应为 0mm。

6-26　什么叫不过端？

答：塞规按最大极限尺寸做的叫做不过端。

6-27　什么叫过端？

答：卡规按最小极限尺寸做的叫做过端。

6-28　锉刀的规格用什么表示？

答：锉刀的规格用长度表示。

6-29　样冲一般用什么材料制造？

答：样冲一般用工具钢制造。

6-30　简述 0.02mm 游标读数值卡尺的读数原理。

答：游标模数为 1 的卡尺，由游标零位图可知，游标的 50 格刻线与卡尺本身的 49 格刻线宽度相同，游标的每格宽度为 49/50＝0.98mm，则游标读数值为 1－0.98＝0.02mm，因此可精确地读出 0.02mm。

6-31　铰刀铰孔时为什么不能反转？

答：手铰时，两手用力应均匀，按顺时针方向转动铰刀，并略力向下压；任何时候都不能倒转，否则切屑会挤压铰刀，划伤孔壁，使刀刃崩裂，铰出的孔不光滑、不圆，也不准确。

6-32　麻花钻刃磨时有哪些要求？

答：刃磨时，只刃磨两个后刃面，但均要求同时保证后角、顶角和横刃斜角都达到正确的角度。

6-33　简述麻花钻的刃磨方法。

答：右手捏钻身前部，左手握钻柄，右手搁在支架上作为支点，使钻身位于砂轮中心水平面，钻头轴心线与砂轮圆柱面母线的夹角为钻头顶角的1/2，然后使钻头后刀面接触砂轮进行刃磨。在刃磨过程中，右手应使钻头绕钻头轴线微量地转动，左手握住钻尾作上下少量的摆动，就可同时磨出顶角、后角和横刃斜角，磨好一面再磨另一面，但两面必须对称。

6-34 标准麻花钻的导向部分为什么要有倒锥麻花钻头？一般用什么材料制造？

答：标准麻花钻的导向部分做出倒锥，形成很小的副偏角，可以减少棱边与孔壁之间的摩擦，防止棱边磨损后形成"顺锥"而造成钻头在钻孔中被咬死，甚至出现折断现象。麻花钻头大多采用高速钢、W18Cr4V 或 W9Cr4V2 制成，也有用 T10A 或 9SiCr 钢制造焊接钻头的，柄部则采用 45 号钢或 T6 号钢制造。

6-35 安装锯条时有什么要求？

答：安装锯条时，要使锯齿的前倾面朝前推的方向。

6-36 工件上画线有什么要求？

答：画线前，要将毛坯表面清理干净，铸锻件上应刷白色涂料，半成品上应涂酒精色溶液或硫酸铜溶液，以使画出的线条清晰、醒目。

6-37 使用 V 形铁夹持圆柱工件钻孔应注意什么？

答：钻头的轴线必须对准 V 形铁中心。

6-38 使用活络扳手时应注意什么？

答：使用活络扳手时，应让固定钳口受主要作用力，以免损坏扳手。

6-39 滚动轴承配热装法的加热温度有什么要求？

答：加热温度应控制在 80～100℃，最高不得超过 120℃。

6-40 采用三块平板按一定顺序研刮成原始平板的过程分为哪几个步骤？

答：其过程分为正研法和对角研刮两个步骤。

6-41 锯割的往复速度有什么要求？

答：锯割的往复速度以 20～40 次/min 为宜。

6-42 什么叫退火？

答：将钢加热到临界温度以上，并在此温度下保温一定时间，然后缓慢冷却的过程叫做退火。

6-43 什么叫淬火?

答：将钢加热到临界点以上，并保温一定时间，然后在水、油、盐水、碱水或空气中快速冷却的过程叫做淬火。

6-44 锉削表面不可用手擦摸的原因是什么?

答：以免锉刀打滑、生锈和破坏加工表面。

6-45 在一根圆轴上画对称线时，通常应在什么上面画线?

答：通常应在 V 形铁上面画线。

6-46 钻小孔或长径比较大的孔时，对转速有何要求?

答：钻小孔或长径比较大的孔时，应取较高的转速。

6-47 用钢尺测量工件，读数时，视线与钢尺尺面的关系如何?

答：用钢尺测量工件，读数时，视线与钢尺的尺面应互相垂直。

6-48 一般情况下，錾子的后角应为多大?

答：錾子的后角是为减少后刃面与切削表面之间的摩擦而设置的，其大小一般应为 $5° \sim 8°$。

6-49 使用游标卡尺前，应如何检查其准确性?

答：使用游标卡尺前，应擦净量爪，测量面和测量刃口应平直无损；把两量爪贴合时，应无漏光现象，同时主、副尺的零线应相互对齐，副尺应活动自如。

6-50 套丝的圆杆直径怎样确定?

答：套丝过程中，板牙对工件螺纹部分的材料也有挤压作用，因此圆杆直径应比螺纹外径小一些。一般选圆杆的最小直径为螺纹的最小外径，最大直径约等于螺纹的最小外径加上螺纹外径公差的1/2。

6-51 当研磨产生缺陷时，应从哪些方面去分析原因?

答：应从清洁工作、研磨剂的选用、研具的材料和制造精度、操作方法是否正确等方面去分析原因。

6-52 滚动轴承装配后，应怎样检查装配质量?

答：滚动轴承装配后，应运转灵活，无噪声，且不出现歪斜和卡住的现象，工作温度不超过 50℃。

6-53　铰孔时产生多角形孔和废品的原因是什么？如何预防？

答：产生多角形孔和废品的原因有：①铰削余量太大，铰刀不锋利；②铰孔前钻孔不圆。预防方法有：①减少铰削余量；②铰前先用钻头扩孔。

6-54　刮削时产生刮面深凹痕印的原因是什么？

答：①刮刀刃口圆弧过小；②刮削时压力太大，以致刀痕过深；③粗刮时用力不均，造成刮刀倾斜。

6-55　钻出的孔径大于或小于规定尺寸的原因是什么？如何防止？

答：原因有：①钻头两主切削刃有长短、高低；②钻头摆动。防止方法：①正确刃磨钻头；②消除钻头摆动。

6-56　钻床代号用什么表示？标注于型号的什么位置？

答：钻床代号用汉语拼音字母 Z 表示，标注于型号的首位。

6-57　起锯时，锯条与工件的角度约为多少？

答：起锯时，锯条与工件的角度约为 15°。

6-58　游标卡尺的读数装置由哪两部分组成？

答：游标卡尺的读数装置由尺身和游标两部分组成。

6-59　钻头的后角大会对钻削产生什么样的影响？

答：钻头的后角大，切削刃锋利了，而钻削时易产生多角形。

6-60　常用的润滑脂有哪些？

答：常用的润滑脂有钙基润滑脂、钠基润滑脂和钙钠基润滑脂。

6-61　平面刮削的精度检查用什么数目来表示？

答：平面刮削的精度检查用显示点的数目来表示。

6-62　简述外径百分尺的读数原理。

答：外径百分尺是根据螺栓旋转时能沿轴向移动的原理制成的。紧配在尺架上的螺纹轴套与能够转动的测微杆是一对精密的螺纹传动副，它们的螺距 $t=0.5$mm，即测量杆转一圈，沿轴向移 0.5mm。又因微分筒与测量杆一起转动和移动，所以测微值时能借助微分筒上的刻线读出。在微分筒的前端外圆周上刻有 50 等分的圆周刻度线，微分筒每旋转一圈（50 个格），测量杆就沿轴向移动 0.5mm，若微分筒转一格，则测微杆沿轴向移动的距离就是 0.5/50＝0.01mm。

6-63　工厂常采用的装配方法具体有哪四种？

答：（1）完全互换法。装配时，各零件或部件能完全互换而不需要任何修配、选择以及其他辅助工作，装配精度由零件制造精度保证。

（2）选配法。装配前，按比较严格的公差范围将零件分成若干组分别组合，因而不经过其他辅助工作仍能保证装配精度。

（3）修配法。装配时，通过修整某配合零件的方法来达到规定的装配精度。

（4）调整法。装配时，调整一个或几个零件的位置，以消除零件间的积累误差来达到规定的装配精度。

6-64　铰削时铰刀的旋转方向是如何规定的？

答：铰削时铰刀的旋转方向应为顺时针方向，退刀时应为逆时针方向。

6-65　装配轴承紧环与松环的安装要求是什么？

答：装配平面轴承时，要确保紧环靠在转动零件的平面上，松环靠在静止零件的平面上。

6-66　钢进行退火的目的是什么？

答：钢进行退火的目的是改善切削性能和机械性能、增加塑性恢复经冷却硬化而降低的塑性，消除金相组织及化学成分的不均匀性，为淬火处理做准备，消除应力。

6-67　刮削原始平板时，在正研刮削后还需进行对角研的刮削，其目的是什么？

答：目的是为了纠正对角部分的扭曲。

6-68　修理时如何判断螺纹的规格及其各部尺寸？

答：为了弄清螺纹的尺寸规格，必须对螺纹的外径、螺距和方形进行测量，以便调换或配制。具体测量方法如下：

（1）用游标卡尺测量螺纹外径。

（2）用螺纹样板量出螺距及牙型。

（3）用游标卡尺或钢板尺量出英制螺纹每英寸的牙数，或将螺纹在一张白纸上滚压印痕，用量具测量公制螺纹的螺距或英制螺纹的每英寸牙数。

（4）用已知螺杆或丝锥与被测量螺纹接触，从而判断其所属规格。

6-69　攻丝时，螺纹乱牙产生的原因及防止方法有哪些？

答：螺纹乱牙产生的原因有：

(1) 底孔直径太小，丝锥不易切入孔口乱牙。

(2) 攻二锥时，没旋入已切出的螺纹。

(3) 螺纹歪斜过多，而用丝锥强行矫正。

(4) 韧性材料没加冷却润滑液或切屑未清理就强行攻制，把已切削出的螺纹拉坏。

(5) 丝锥刃口已钝。

防止方法有：

(1) 根据工件材料，选择合理的底孔直径。

(2) 先用手将第二锥旋入螺孔，再用铰手攻入。

(3) 开始攻入时，两手用力要均衡，并多检查丝锥与工件表面的垂直性。

(4) 韧性材料加冷却润滑液，多倒转丝锥，使切屑断碎。

(5) 用油石或砂轮修磨。

6-70　画线的作用是什么？

答：画线的作用是确定工件的加工余量、加工的找正线以及工件上孔、槽的位置，使机械加工有所标志和依据。

6-71　螺纹的六个基本要素是什么？

答：牙形、外径、螺距（或导程）、头数、旋向和精度是螺纹的六个基本要素。

6-72　研磨时对研具的材质有何要求？

答：研磨时，研具的材料硬度应比工件的材料硬度低，这样可使研磨剂的微小磨粒嵌在研具上，形成无数刀刃。

6-73　对锉刀的制作材质及硬度有何要求？

答：锉刀由碳素工具钢 T10A、T12A 或 T10、T12、T13 制成，并经热处理淬硬；锉刀的硬度为 HRC62～HRC67。

6-74　简述原始平板刮削方法。

答：原始平板的刮削，可按正研刮和对角研刮两步进行。

(1) 正研刮。先将三块平板单独进行粗刮，除去机械加工的刀痕或锈斑，然后将三块平板分别编号为 1、2、3，按编号顺序进行研刮，其研刮步骤如下：

1) 一次循环。先以 1 号平板为基准，与 2 号平板互研刮削，使 1、2 号平板贴合，再以 1 号平板为基准，与 3 号平板互研，只刮 3 号平板，使之相互贴合，然后将 2 号平板与 3 号平板互相研刮。此时，2 号平板和 3 号平板的平面度都略有提高。

2) 二次循环。在 2 号与 3 号平板互研分别刮削后的基础上，接着以 2 号平板为基准，将 1 号平板与 2 号平板互研，只刮 1 号平板，然后将 3 号平板与 1 号平板互研互刮。这时，3 号平板和 1 号平板的平面又有所提高。

3) 三次循环。在第二次循环的基础上，以 3 号平板为基础，将 2 号平板与 3 号平板互研，只刮 2 号平板，然后将 1 号平板与 2 号平板互研互刮，这时，1 号平板和 2 号平板的平面度误差进一步减小，其精度又比第二次循环提高一些。

此后，则仍以 1 号平板为基础，按上述三个顺序循环进行研刮，循环研刮的次数越多，则平面度越高，接触点数目也越多，平板就越精密。

要求三块平板中任意取两块对研，显点基本一致，而且每块平板上的接触点在 25mm×25mm 内都能达到 12 点左右。

(2) 对角研刮。正研刮虽能消除平板表面较大的起伏，但正研刮往往会使平板对角部位出现平面扭曲现象。为消除平面扭曲现象，平板在正研刮后，还应进行对角研刮。对角研刮进行到所刮面明显地显示出点子时，要根据显点修刮，直至显点分布均匀和消除扭曲，使三块平板之间，无论是正研还是对角研，显点情况均完全相同，接触点均符合要求为止。

6-75　什么叫工件的六点定位原则？

答：任何工件在空间坐标中，都可以沿 X、Y、Z 这三个坐标轴移动和绕这三个坐标轴转动。通常把这六种运动的可能性称为六个自由度，因此，要使工件在钻夹具中具有确定的位置，就必须完全限制这六个自由度。这六个自由度是依靠定位元件的六个支承点来限制的，因此称为六点定位原则。

6-76　装配滚动轴承时，外圈与箱体孔的配合、内圈与轴的配合有什么要求？

答：装配滚动轴承时，外圈与箱体孔的配合、内圈与轴的配合分别采用基轴制和基孔制。

6-77　装配平键时有哪些注意事项？

答：装配平键时，应与轴键槽两侧有一定的过盈，否则旋转时会产生松动现象,降低轴和键槽的使用寿命及工作的平稳性。

6-78 淬火的目的是什么?

答:淬火的目的是提高工件的强度和硬度,增加耐磨性;延长零件的使用寿命;为回火获得一定的机械性能;改变钢的某些物理和化学性能。

6-79 如何检查刮削平面的质量?

答:刮过的表面应细致而均匀,网纹不应有刮伤和痕迹。用边长为 $25mm \times 25mm$ 的方框来检查,其精度是以方框内刮研点数的多少来确定的。

6-80 叙述轴承合金浇铸在轴瓦上的步骤。

答:(1)轴瓦的清理。浇铸轴承合金的轴瓦表面是否清洁,极大地影响着它与合金的黏合质量。因此,浇铸前应做好轴瓦的清理工作。轴瓦上的氧化皮、污垢,可用砂布钢丝刷或用喷砂等方法加以去除。轴瓦上有油污时,可把它放入加热到 $80 \sim 90℃$ 的苛性钠溶液中,冲洗 $5 \sim 10min$,然后把轴瓦放到 $80 \sim 100℃$ 的热水中冲洗,取出后烘干以备镀锡。发现轴瓦有严重锈蚀时,可进行酸洗处理,用 $10\% \sim 15\%$ 的稀硫酸溶液酸洗 $5 \sim 10min$,酸洗后取出,立即放入热水中冲洗,然后再用冷水洗并烘干。

(2)轴瓦镀锡。

1)镀锡前的准备。镀锡前把轴瓦的非浇铸表面涂上一层保护膜,保护膜涂完后应立即烘干。镀锡表面上要涂一层助熔剂,以便锡和底瓦更好地黏合。

2)锡和锅的准备。一般常用的锡有 2 号和 3 号。锡在焙化过程中,锅内温度不得高于 $500℃$。

3)镀锡方法。镀锡的方法有涂擦法和浸锡法两种。

(3)轴承合金的浇铸。手工浇铸通常用于轴瓦直径较大、生产量最小的场合。浇铸前,首先把胎具放置于平台或铁板上,然后预热至 $250 \sim 350℃$。为了取出芯棒时方便,可在芯棒表面涂上一层石墨粉或预先镀上铬,然后把镀好的轴瓦基体放在胎具上。为了防止合金溶液在浇铸时从胎具的缝隙中漏出,可用含黏土 65%、含盐 17%、含水 18% 的涂料密封。准备完毕后,应立即将已熔化的合金溶液(温度保持在 $470 \sim 510℃$)倒入已预热到 $300℃$ 左右的铁勺内进行浇铸。把合金溶液倒入芯棒的凹槽内,待凹槽满后,合金溶液就自然沿芯棒表面均匀地流下去,再从下面缓慢而平稳地升起,这样可使空气和非金属夹渣物排出。轴瓦浇铸后,冷却应先从轴瓦背面开始,这样,浇铸过程中所出现的缩孔现象只能发生在合金的外表处,从而可保证合金的质量与黏合强度。

6-81　常用的电焊条药皮的类型有哪两大类？分别使用什么电源？

答：常用的电焊条药皮的类型有碱性和酸性两大类。其中，酸性焊条使用交流电源，碱性焊条使用直流电源。

6-82　气焊火焰有哪三种？中性焰的特点及用途是什么？

答：气焊火焰有中性焰、氧化焰和碳化焰三种。中性焰的焰芯温度大约为 900℃，内焰温度高达 3150℃，外焰温度为 1200～1400℃，适于焊接一般碳钢和有色金属。

6-83　常用的氧气表有哪两种？

答：常用的氧气表有单级反作用式和双级混合式两种。

6-84　按气体进入混合室的原理分，焊把一般有哪两类？

答：按气体进入混合室的原理分，焊把一般有等压式和射吸式两类。其中，射吸式的应用最为广泛。

6-85　割把按可燃气体与氧气的混合方式不同可分为哪几种？

答：割把按可燃气体与氧气的混合方式不同，可分为等压式和射吸式两种。

6-86　常用焊条 J422 和 J507 分别适用于焊接哪种类型的钢材？

答：常用焊条 J422 适用于焊接一般结构钢和低碳钢，J507 焊条适用于焊接较重要的结构钢和普通低碳钢。

6-87　射吸式焊把由哪几部分组成？

答：射吸式焊把由焊嘴、混合室、射吸管、喷嘴、氧气导管、乙炔导管等几部分组成。

6-88　按金属在焊接过程中所处的状态和连接方式的不同，可将焊接方法分为哪几种？

答：可分为压力焊、熔化焊和钎焊三种。

6-89　J422 焊条中的主要成分有哪些？含量分别为多少？

答：J422 焊条中的主要成分有 C、Mn、Si、S、P、Fe，含量分别为 0.12%、0.4%、0.15%、0.035%、0.05%、99.35%。

6-90　J507 焊条中的主要成分有哪些？含量分别为多少？

答：J507 焊条中主要成分有 C、Mn、Si、S、P、Fe，含量分别为 0.12%、1.0%、0.5%、0.035%、0.04%、98.3%。

6-91 Ax-320 型及 Bx-330 型两类焊机中的 320、330 分别代表什么？
答：320、330 分别代表额定电流。

6-92 中性焰的温度特点是什么？
答：中性焰的温度沿火焰的轴线变化，火焰温度最高处是在距焰芯 2～4mm 处，火焰在横断面上的温度也是不同的，断面中心温度最高，越向边缘温度越低。

6-93 电焊机按焊接种类可分为哪几种？
答：电焊机按焊接种类可分为直流电焊机和交流电焊机两种。

6-94 什么叫手工电弧焊？
答：手工电弧焊是手工操作电焊机，利用焊条和焊件两极间电弧的热量来实现焊接的一种工艺方法。

6-95 电焊条的作用是什么？
答：作电极传导焊接电流，并作焊缝的填充金属。

6-96 使用电焊机时应注意哪些安全事项？
答：①外壳接地应良好，绝缘部分无损伤；②电流调节和改变极性时，应在空载条件下进行；③合刀闸时一只手不得按在焊机上，且背对电源箱，以免弧光引起烧伤；④工作完毕后，必须切断电焊机电源。

6-97 电焊机的维护及保养方法有哪些？
答：①电焊机应尽量放在干燥、通风良好、远离高温和灰尘少的地方；②电焊机启动时，焊钳和焊件不接触，以防短路；③电焊机应在额定电流下使用，以免过烧；④保持焊接电缆与电焊机接线柱接触良好；⑤经常检查直流电焊机的电刷和整流片的接触情况，若损坏则及时更换；⑥露天使用电焊机时，应有防雨雪、防灰尘措施。

6-98 单级反作用减压器由哪几个主要部件组成？
答：主要有减压螺栓、调压弹簧、安全阀、弹性薄膜、活门顶杆、高压室、低压室、副弹簧、减压活门、高压表、低压表等。

6-99 什么叫焊接？

答：焊接是利用加热、加压或者两者兼用，并填充材料（也可不用）使两焊件达到原子间结合，从而形成一个整体的工艺过程。

6-100　J422 焊条的性能如何？

答：J422 焊条工艺性能好、成型美观，对铁锈、油脂、水分不敏感，吸潮性不大，交、直流两用，引弧容易，脱硫、磷不彻底，拉裂性差，机械性能低。

6-101　J507 焊条的性能如何？

答：J507 焊条较酸性焊条引弧困难，抗气孔性差，只用于直流电源，但抗裂性较碱性焊条好，脱硫、磷防氧较彻底，脱渣容易，焊缝成型美观，机械性能高。

6-102　怎样保护焊条？

答：①焊条必须集中管理，建立专用仓库专人负责；②库内干燥、通风良好，相对湿度在 65％以下；③焊条分门别类置于货架上，并用标签注明型号、批号、牌号、规格、数量等；④焊条合格证书应妥善保存，以便备查；⑤库内设有烘箱；⑥建立领用制度。

6-103　什么是电石？

答：电石又称碳化钙，其分子式为 CaC_2。工业电石是暗灰色或暗褐色的块状固体，其平均含有 70％的 CaC_2、24％的 CaO，余为硅铁、磷化钙和硫化钙等杂质。

6-104　什么是气割？

答：气割是利用可燃气体与助燃气体混合燃烧的火焰作为热源，将金属加热到燃点，并在氧气射流中剧烈氧化，使局部金属熔化，然后再由高压氧气射流将熔化的熔渣从切口中吹去形成割缝，使金属分开。

6-105　氧气具有什么样的特征？

答：氧气是一种无色、无味、无毒的气体，在空气中的含量为 21％。氧气不能自燃，但能助燃。工业上主要采用空气低温液化分馏法制取氧气。

6-106　乙炔具有什么样的特征？

答：乙炔是一种未饱和的碳氢化合物，由 CaC_2 和 H_2O 反应生成，在常温和大气压下为无色的可燃气体。

6-107　旋转直流电焊机使用前应注意哪些事项？

答：①直流电焊机的电动机在接入三相电源前，必须搞清楚电动机的电源电压和相应的接法；②对于长期不使用的电焊机，在启动前应进行绝缘检查；③启动前，应检查发电机与电动机的全部接线是否正确、可靠；④电焊机接入电源后第一次启动前，必须检查电焊机的转动方向；⑤应经常检查焊接电缆线是否有破损，以防短路。

6-108 电石是如何制取的？

答：工业用电石是由生石灰（CaO）和焦炭在炉中熔炼提取而得到的。

6-109 高压管道的对口有什么要求？

答：（1）高压管子焊缝不允许布置在管子弯曲部分：①对接焊缝中心线距管子弯曲起点或距汽包集箱的外壁以及支吊架边缘至少 70mm；②管道上对接焊缝中心线与管子弯曲起点的距离不得小于管子外径，且不得小于 100mm，其与支吊架边缘的距离至少为 70mm；③两对接焊缝中心线间的距离不得小于 150mm，且不得小于管子的直径。

（2）凡合金钢管子，在组合前均须经光谱或滴定分析检验，鉴别其钢号。

（3）除设计规定的冷拉焊口外，组合焊件时不得用强力对正，以免引起附加应力。

（4）管子对口的加工必须符合设计图纸或技术要求，管口平面应垂直于管子中心，其偏差值不应超过 1mm。

（5）管端及坡口的加工，以采取机械加工方法为宜，如用气割粗割再进行机械加工。

（6）管子对口端头的坡口面及内外壁 20mm 内，应清除油、漆、垢、锈等，直至发出金属光泽。

（7）对口中心线的偏值不应超过 1/200mm。

（8）管子对口找正后，应点焊固定，根据管径大小对称点焊 2～4 处，长度为 10～20mm。

（9）对口两侧各 1m 处设支架，管口两端堵死，以防穿堂风。

6-110 氧、乙炔站的管道敷设有什么安全要求？

答：氧、乙炔站内的氧气瓶及乙炔气使用台数和数量按使用高峰来确定。氧气瓶可分若干组轮流向母管供气，乙炔发生器一般为 2～4 台。对管道的要求如下：

（1）均采用无缝钢管，阀门及附件可选用锻铸铁及球墨铸铁或钢制造，乙炔气管采用钢合金，附件含铜量不得超过 70%。

（2）氧气管内径以 32～38mm 为宜，乙炔管管径不大于 50mm。

（3）管道连接必须采用焊接，乙炔管敷设完毕后必须做整体水压试验，氧气管则作脱脂处理。

（4）管道表面应涂蓝、白（或红）漆，地下埋设还应缠玻璃布，外涂沥青。

（5）室外管道的地下埋设深度为 0.7m（冻层以下），高空以不妨碍交通为准。

（6）管道敷设应有 1/500 的坡度，并有疏水装置，管道应接地。

（7）乙炔支管上装一个小集气集箱，集箱的每个出口装一个回火防止器。氧气支管小集气集箱出口管上安装气阀。

（8）氧、乙炔气管平行敷设时，两者之间的距离不小于 250mm，严禁与带电导线或高温管道平行敷设。

6-111　简述低碳钢管的气焊工艺。

答：低碳钢含碳量较低、可焊性好，一般没有特殊工艺要求。管子壁厚小于 6mm 时，适合气焊；壁厚过大时，进行气焊的难度较大，易使焊缝出熔化不良、未焊透等现象。另外，由于焊接速度减慢会造成焊缝过烧而出现严重的魏氏组织，影响焊缝金属的机械性能。低碳钢管的焊接选用材质较好、化学成分稍高的焊丝，因为使用等成分的焊丝，在焊接过程中或多或少地有烧损的可能，再加上气焊本身影响较大、综合机械性能较差，所以一般碳钢焊接均采用中性焰、右焊法，壁厚在 3mm 以下的一次成型。

6-112　焊接全过程包括哪些内容？

答：包括：①焊接加热过程；②焊接过程；③焊接冷却结晶过程。

6-113　常用的无损探伤有哪些方法？

答：常用的无损探伤可选用射线透视或超声波探伤，当壁厚小于 21mm 时，只采用超声波探伤，并且做小于 21% 探伤量的射线透照。

6-114　低碳钢、低合金钢及普通低碳钢、中高合金钢焊接时的最低允许环境温度分别为多少？

答：低碳钢、低合金钢及普通低碳钢焊接时的最低允许环境温度分别为 −20、−10、0℃。

6-115　实际操作中防止和减少电弧偏吹的最简便的方法是什么？

答：实际操作中防止和减少电弧偏吹的最简便的方法是短电弧和变焊条角度。

6-116 什么叫焊接热循环？

答：在焊接热源的作用下，焊件上某点的温度随时间变化的过程叫做焊接热循环。

6-117 焊缝中的夹杂物主要有哪些？

答：焊缝中的夹杂物主要有氧化物和硫化物。

6-118 焊接变形的种类有哪些？

答：焊接变形的种类有横纵向收缩、角变形、弯曲变形、波浪变形和扭曲变形。

6-119 什么叫同素异构？

答：同一金属材料在不同的温度下所表现出来的不同性能称为同素异构。

6-120 手工电弧焊中对电焊机的基本要求有哪些？

答：手工电弧焊中，对电焊机的基本要求有良好的动特性、陡降外特性和适当的空载电压。

6-121 M1G 和 TLG 分别表示什么？

答：M1G 表示自动熔化极氩弧焊，TLG 表示手工极氩弧焊。

6-122 什么叫低合金耐热钢？

答：具有一定的热稳定性和热强性，而合金元素总含量不超过 5% 的钢称为低合金耐热钢。

6-123 低合金高强钢焊接容器后处理的目的是什么？

答：其目的是降低冷裂倾向。

6-124 耐热钢按其金相组织分为哪几类？

答：耐热钢按其金相组织分为四类，分别是珠光体、马氏体、铁素体、奥氏体耐热钢。

6-125 烘干焊条和预热是焊接什么钢种必须采用的工艺措施？

答：焊接珠光体耐热钢。

6-126　马氏体耐热钢焊条 R707 最适于焊接哪种材料？

答：马氏体耐热钢焊条 R707 最适于焊接 Cr9Mo。

6-127　铁素体耐热钢 Cr17 的预热温度是多少？

答：铁素体耐热钢 Cr17 的预热温度是 200℃。

6-128　焊接奥氏体不锈钢时容易出现哪些缺陷？

答：焊接奥氏体不锈钢时，容易出现晶间腐蚀、应力腐蚀和热裂纹等缺陷。

6-129　焊接变压器的一次绕组具有什么特点？

答：焊接变压器一次绕组的特点是线匝多、导线细。

6-130　较大纵向收缩力受到阻碍时会产生什么现象？

答：较大纵向收缩力受到阻碍时，会产生纵向应力和横向裂纹。

6-131　哪种情况对时效裂纹有促进作用？

答：工件长时间存放对时效裂纹有促进作用。

6-132　焊接工艺的基本内容是什么？

答：焊接工艺包括焊前准备、预热、点固、焊接规范选择、施焊方法、操作技术、焊后热处理及其检验。

6-133　钢是如何进行分类的？

答：(1) 按钢中含碳量分，可分为低碳钢、中碳钢和高碳钢。

(2) 按冶炼方法分，可分为平炉、转炉和电炉三类。

(3) 按品质分，可分为普通、优质、高级优质碳素钢。

(4) 按用途分，可分为结构钢和工具钢两类。

(5) 合金钢分类：①按钢中所含合金的总量分，可分为低、中、高合金钢；②按用途分，可分为合金结构钢、合金工具钢和特殊用途钢；③按钢在正火状态下的显微组织分，可分为珠光体钢、奥氏体钢、铁素体钢、马氏体钢和贝氏体钢。

6-134　锅炉与汽轮机的铸钢牌号有哪些？

答：锅炉与汽轮机的铸钢牌号有 ZG25、ZG35、ZG22Mn 和 ZG20CrMoV。

6-135　减少焊接变形的有效措施有哪些？

答：①对称布置焊缝；②减少焊缝尺寸；③对称焊接；④先焊横缝；⑤逆向分段；⑥反变形法；⑦刚性固点；⑧锤击法；⑨散热法。

6-136　力的三要素是什么？

答：力的三要素是力的大小、力的方向和力的作用点。

6-137　起重指挥信号可分为哪几种？

答：起重指挥信号可分为口笛信号、手势信号和姿势信号三种。

6-138　滑动摩擦力如何计算？

答：物体在平面上滑动时，滑动摩擦力等于物体重量与摩擦系数的乘积。

6-139　手拉葫芦（倒链）的起吊重量有何要求？

答：手拉葫芦（倒链）的起吊重量应小于铭牌规定的起重量。

6-140　动滑车可分为哪两种？

答：动滑车可分为省力滑车和增速滑车两种。

6-141　起重时，在合力不变的情况下，分力间夹角的大小与分力大小有何关系？

答：夹角越大，分力越大；反之越小。

6-142　什么叫杠杆原理？

答：杠杆原理是指，当杠杆平衡时，重量与重心到支点距离的乘积，一定等于力与力点到支点距离的乘积，即杠杆平衡时，力×力臂＝重力×重臂。

6-143　麻绳一般用于什么场合？

答：一般用于轻型手动起重、捆绑和小滑车，以及轻型桅杆绳索。

6-144　绑结架子用的工具和绳线应如何上下传递？

答：应使用绳子上下传递，不得上下乱扔。

6-145　起重常用的工具和机具主要有哪些？

答：起重常用的工具主要有麻绳、钢丝绳、钢丝绳索卡、卸卡（卡环）、吊环与吊钩、横吊梁、地锚机具主要有千斤顶、手拉葫芦、滑车与滑车组、卷扬机。

6-146 如何用线段长短表示起重哨声长短的指挥信号？

答："准备起吊操作"为"— —"，"停止"为"——"，"起升"为"—、—"，"下降"为"— — —"。

6-147 如何用手势表示起重指挥信号的"停止"、"起升"和"下降"？

答："停止"为手左右摆动，"起升"为食指向上指，"下降"为食指向下指。

6-148 使用手拉葫芦（倒链）前应先检查什么？

答：使用手拉葫芦（倒链）时，应检查起重链子是否缠扭，如有缠扭现象，则应疏松整理好后才可使用。

6-149 不明超负荷使用脚手架时，一般以每平方米不超过多少千克为限？

答：一般以每平方米不超过 250kg 为限。

6-150 什么样的木杆不能做脚手杆？

答：杨木、柳木、桦木、油松和其他腐朽、折裂、枯节等易折断的杆不能做脚手杆。

6-151 手拉葫芦（倒链）使用前应作何检查方可使用？

答：（1）外观检查。检查吊钩、链条和轴有无变形或损坏，链条经过根部的销钉是否固定牢靠。

（2）上、下空载试验。检查链子是否缠扭，传动部分是否灵活，手拉链条有无滑链或掉链现象。

（3）起吊前检查。先把手拉葫芦稍微拉紧，检查各部分有无异常，再试验摩擦片、圆盘和棘轮圈的反锁情况（俗称刹车）是否完好。

6-152 安全带的定期试验方法与周期是如何规定的？

答：每 6 个月进行静荷重试验，试验荷重为 225kg，试验时间为 5min，试验后检查是否有变形和破裂，并做好记录。试验周期为 6 个月。

6-153 起重工作包括哪些基本操作方法？

答：起重工作的基本操作方法有撬、拨、转、捆、吊、顶与落、滑与滚。

6-154 搭设脚手架的铅丝扣有几种绑扎方法？

答：①手插绑扎法（单面十字）；②斜插绑扎法（双面十字）；③顺扣绑

扎法。

6-155　脚手架工作面外侧的栏杆和护板有何要求？

答：脚手架工作面的外侧应设 1m 高的栏杆，并应在其下部加设高 18cm 的护板。

6-156　多股钢丝绳和单股钢丝绳在使用时有何差异？

答：多股钢丝绳挠性较好，可在直径较小的滑轮或卷筒上工作；单股钢丝绳刚性较大，不易挠曲，要求滑轮或卷筒直径大。

6-157　在起重工作中，吊环和卸卡（卡环）各有什么用途？

答：吊环是某些设备用于起吊的一种固定工具，用于钢丝绳的系结，以减少捆绑绳索的麻烦。卸卡又称卡环，用作吊索与滑车组、起重吊索与设备构件间的连接工具，检修起重中应用广泛而灵巧。

6-158　电动葫芦在工作中有何要求？

答：工作中电动葫芦，不允许倾斜起吊或作拖拉工具使用。

6-159　斜背扒杆式起重机起重时，其斜背与水平面所夹的角度有何要求？

答：斜背扒杆式起重机起重时，其斜背与水平面所夹的角度不应小于 $30°$，也不应大于 $75°$。

6-160　起吊物件时，捆绑操作要点是什么？

答：（1）根据物件的形状及重心位置，确定适当的捆绑点。

（2）吊索与水平面间要有一定的角度，以 $45°$ 为宜。

（3）捆绑有棱角的物件时，物体的棱角与钢丝绳之间应垫东西。

（4）钢丝绳不得有拧扣现象。

（5）应考虑物件就位后吊索拆除是否方便。

（6）一般不得用单根吊索捆绑。

6-161　开动卷扬机前的准备及检查工作有哪些？

答：（1）清除工作范围内的障碍物。

（2）指挥人员、起重工和司机应预选确定并熟悉联系的信号。

（3）指挥人员与司机保持密切联系。对卷扬的物件，在任何位置均能看见。

（4）检查各起重零件，如钢丝绳、滑轮、吊钩和各种连接器，如有损坏，应及时修理或调整。

（5）检查转动部分有无毛病，特别是刹车装置，如不灵活可靠，应及时修理或调整。

（6）检查卷扬机的基础是否牢固可靠，基础螺栓应无松动现象。

（7）检查轴承、齿轮（或齿轮箱）、钢丝绳及滑轮等的润滑情况是否良好。

（8）如能空车转动，则设法转动一两转，看各部分的转动机构有无故障、齿轮是否啮合，再详细检查各部螺栓、弹簧、销钉等有无松脱，机器内部及周围有无妨碍运转的东西。

（9）如系电动卷扬机，应检查接地线、熔丝、电动机、启动装置和制动器等接头是否牢固。检查前应注意电源是否断开。

6-162　什么样的物件禁止使用各式起重机起吊？

答：埋在地下无法估计质量的物件，禁止使用各式起重机起吊。

6-163　使用多台千斤顶同时顶升同一物件时，有何要求？

答：使用多台千斤顶同时顶升同一物件时，要有专人统一指挥，其目的是使所有千斤顶的升降速度一致。

6-164　遇有几级以上的大风时，禁止露天进行起重工作？

答：遇有 6 级以上的大风时，禁止露天进行起重工作。

6-165　起重机械和起重工具的负荷有何规定？

答：起重机械和起重工具的负荷不允许超过铭牌规定。

6-166　钢丝绳的搓捻方法有哪几种？

答：①左同向捻；②右同向捻；③左互交捻；④右互交捻；⑤左混合捻；⑥右混合捻。

6-167　用钢丝绳起吊物件，选取安全系数时，应考虑满足哪些条件才能保证安全生产？

答：（1）有足够的强度，能承受最大负荷。

（2）有足够的抵抗挠曲和破损的强度。

（3）能承受不同方式的冲击载荷的影响。

（4）在工作环境不利的条件下也能满足上述条件。

6-168　安装卷扬机的滚筒有何要求？

答：安装卷扬机的滚筒，中心线必须与钢丝绳保持垂直，第一转向滑车到卷扬机的距离应不小于 6m。

6-169 起重机静力试验的方法是什么？

答：加最大工作荷重，提升离地面约 100mm，使其悬吊 10min，检查整个起重设备的状况和部件。

6-170 钢丝绳的报废标准是什么？

答：(1) 钢丝绳在一个节距内断丝，逆捻超过断面总丝数的 1/10 者报废，顺捻超过断面总丝数的 1/20 者报废。

(2) 钢丝绳中有断股的应报废。

(3) 钢丝绳破损或腐蚀达到或超过原直径的 40% 或受过火烧或局部电、火烧过的应报废。

(4) 钢丝绳压荷变形及表面起毛刺严重者应换新。

(5) 钢丝绳断丝数量不多，但断丝增加很快者应换新。

(6) 钢丝绳受冲击负荷后，该断钢丝绳较原来的长度延长达到或超过 0.5% 者应将该段切去。

6-171 在什么起重作业条件下需采用辅助工具调节钢丝绳的一端长度？

答：在起吊不规则物体的拆装或就位时，需采用手拉葫芦（倒链）或花篮螺栓来调节钢丝绳的一端长度。

6-172 使用液压千斤顶顶升或下落时应采取哪些安全措施？

答：(1) 千斤顶的顶重头必须能防止重物的滑动。

(2) 千斤顶必须垂直放在荷重的下面，必须安放在结实的或垫以硬板的基础上，以免发生歪斜。

(3) 不允许将千斤顶的摇（压）把加长。

(4) 禁止工作人员站在千斤顶安全栓的前面。

(5) 千斤顶升至一定高度时，必须在重物下垫以垫板；千斤顶下落时，重物下的垫板应随高度逐步移开。

(6) 禁止将千斤顶放在长期无人照料的荷重下面。

第二部分

锅炉本体设备的检修

第七章 锅炉本体设备基础知识

7-1 锅炉的作用是什么？主要由哪些设备系统组成？

答：锅炉的作用是使燃料燃烧放热，并将水变成具有一定压力和温度的过热蒸汽。锅炉主要由汽水系统、燃烧系统和附件组成。汽水系统包括省煤器、汽包、下降管、集箱、水冷壁、过热器、再热器等；燃烧系统包括炉膛、烟道、燃烧室和空气预热器等；附件主要包括水位计、安全阀、阀门、吹灰器和防爆阀等。

7-2 火力发电厂锅炉分为哪几种？

答：（1）按燃用燃料分，可分为煤粉锅炉、燃油锅炉、燃气锅炉、煤粉和油混燃炉、煤粉和气混燃炉。

（2）按压力分，可分为低压炉（$p \leqslant 1.27$MPa）、中压炉（$p = 2.45 \sim 3.82$MPa）、高压炉（$p = 9.8$MPa）、超高压炉（$p = 13.73$MPa）、亚临界炉（$p = 16.67$MPa）和超临界炉（$p \geqslant 22.1$MPa）。

（3）按燃烧方式分，可分为层燃炉、室燃炉、旋风炉和沸腾炉。

（4）按水循环特点分，可分为自然循环炉、强制循环炉和复合循环炉。

（5）按燃煤粉炉的排渣方式分，可分为固态排渣炉和液态排渣炉。

7-3 国产锅炉的型号如何表示？

答：国产锅炉的型号组成中，第一组字码是锅炉厂名称的拼音字母缩写，如哈尔滨锅炉厂为 HG，上海锅炉厂为 SG；第二组字码表示蒸发量、蒸汽压力和温度；第三组字码是产品生产序号。例如，SG－400/13.73－555/555－1 型锅炉，即表示上海锅炉厂制造、容量为 400t/h、过热蒸汽压力为 13.73MPa、过热蒸汽温度为 555℃、再热蒸汽温度为 555℃、第一次设计的锅炉。

7-4 锅炉的容量是指什么？

答：发电厂的锅炉是生产蒸汽的大而复杂的热交换设备，其每小时所产生的蒸汽量叫做锅炉的容量，单位为 t/h。

7-5 锅炉的蒸汽参数是指什么?

答:锅炉的蒸汽参数是指锅炉出口过热蒸汽的压力和温度,压力的单位为 Pa 或 MPa,温度的单位为℃。

7-6 发电厂的基本热力循环是什么?

答:发电厂的基本热力循环是朗肯循环。

7-7 什么是锅炉水循环?

答:水和汽水混合物在锅炉蒸发受热面的回路中不断流动就叫做锅炉水循环。在锅炉的水循环回路中,汽水混合物比水轻,利用这种重度差而造成的循环流动称为自然循环;利用外力(水泵)控制锅炉水循环流动称为强制循环。

7-8 自然循环锅炉的循环系统由哪几部分组成?

答:由汽包—下降管(集中降水管—分配连箱→供水管)→水冷壁(水冷壁下集箱→水冷壁→水冷壁上集箱→回汽管)—汽包这样一个循环系统组成。

7-9 自然循环锅炉有何优点?

答:自然循环锅炉的优点有:

(1)可以在运行状态对炉水进行定期排污和连续排污,以保证蒸汽品质,同时对给水品质要求不太高。

(2)由于配备有汽水容积较大的汽包,故蓄热能力大,对外界负荷与压力的扰动(外扰)不太敏感,自动化程度要求低。

(3)蒸发受热面的循环阻力不需给水泵来克服,因此给水泵电耗较小,与强制循环锅炉相比,不需要在高温条件下工作的循环泵,工作较可靠。

7-10 自然循环锅炉有何缺点?

答:自然循环锅炉的运动压头很小,给水冷壁的布置带来了一定的困难。为了减小流动阻力,必须安装水容积较大的汽包和采用大直径且管壁较厚的下降管,钢材消耗大。另外,由于汽包壁较厚,为了防止出现较大的温差而发生变形,自然循环锅炉的启动时间较长。

7-11 什么叫蒸发受热面?

答:锅炉炉膛内的高温火焰会向周围大量辐射热量,故在炉膛四周墙壁上应装设吸收火焰辐射热的受热面,称为蒸发受热面,也称水冷壁。

7-12 什么是燃烧?

答:燃料中的可燃物质与空气中的氧气发生的强烈的化学反应称为燃料。

7-13 燃烧应具备哪些条件?

答:燃烧应具备的条件有:①必须供给足够的空气;②需要一定的温度;③空气与燃料必须有良好的混合;④具有足够的燃烧时间。

7-14 锅炉热损失有哪些?

答:①排烟热损失;②化学不完全燃烧热损失;③机械不完全燃烧热损失;④锅炉散热损失;⑤灰渣物理热损失。

7-15 影响排烟热损失大小的因素有哪些?

答:排烟量的大小和排烟温度的高低。

7-16 什么是着火速度?

答:着火总是从局部开始,逐渐向四周蔓延开来。火焰的传播速度即称着火速度。

7-17 影响着火速度的因素有哪些?

答:(1)煤的挥发分越低,火焰传播速度越低,火焰也越不稳定。

(2)煤的挥发分越高,火焰传播速度越低。

(3)煤粉越粗,火焰传播速度越低。

(4)挥发分越低、灰分越高的煤,最佳气粉比越低。

7-18 着火太早或太迟各有什么不好?

答:煤粉气流最好能在离燃烧器 200~300mm 处着火。着火太迟,会使火焰中心上移,从而易造成炉膛上部结焦、过热蒸汽温度偏高、不完全燃烧损失增大,严重时可能造成锅炉灭火;着火太早,则可能烧坏燃烧器,或使燃烧器周围结焦。

7-19 锅炉常用的润滑油脂有哪几种? 其特性如何?

答:锅炉常用的润滑油有机油、透平油、黄油和二硫化钼等。

机油和透平油的燃点高,可防止温度高时着火;凝固点低,可防止冬天冻结或流动性差;无水分;灰分、机械杂质、残碳少,以免增加设备磨损;酸性小,以免腐蚀机件。机油黏度大,用于转速低、负重大、温度高、冲击力大而又常启停的机械中(磨煤机大瓦及减速机),以便形成较厚的油膜，既耐压又耐温。透平油黏度小，用于高转速、不常启停的设备（如汽轮机），以便形成较薄油膜，易于渗进摩擦面，加快流动，利于散热及减少阻力。

7-20 油是如何起润滑作用的？

答： 润滑油之所以能对轴承起润滑作用，主要是因为它可以填满轴承内互相摩擦的凹凸不平的面，在表面形成油膜，使相互摩擦的表面不能直接接触，减小摩擦系数，使摩擦生成的热量减少。油的流动还能带走一部分热量，具有冷却作用，同时可以减少摩擦的功率损耗和防止生锈。油膜形成的好坏，主要取决于油的黏度。黏度大则耐压性好，可以形成较厚的油膜。油的黏度是随着温度变化的，当温度升高时，油会变稀；黏度小的，轴承里的油膜就会遭到破坏，且油变稀后，经过间隙的泄漏量也会增加，所以油温不能过高，一般保持在 30～40℃为宜。

7-21 材料受力变形的基本形式有哪几种？

答： 有拉伸、压缩、剪切、扭转、弯曲五种。

7-22 20 号钢与 45 号钢相比有哪些不同？

答： 20 号钢的机械强度低，塑性、韧性高，冷加工性能好。

7-23 国家法定计量单位规定的压力、温度和热量的单位各是什么？

答： 压力的单位为 Pa，温度的单位为℃，热量的单位为 J。

7-24 20 号钢使用上限温度为多少？应用在锅炉的哪些部位？

答： 20 号钢主要用在壁温低于 480℃的受热面管子和壁温低于 430℃集箱及管座上，一般应用在锅炉的省煤器、水冷壁、顶棚过热器、低温过热器、给水管、下降管及其相应的集箱上。

7-25 12Cr1MoV 使用上限温度为多少？应用在锅炉的哪些部位？

答： 12Cr1MoV 多用于壁温低于 580℃的受热面管子和壁温低于 570℃的联箱及蒸汽管道上，应用在锅炉的屏式过热器、对流高温过热器以及集箱、联络管、主蒸汽和再热蒸汽管上。

7-26 1Cr18Ni9Ti 使用上限温度为多少？应用在锅炉的哪些部位？

答： 1Cr18Ni9Ti 多于用于温度低于 650℃的长期工作的受热面及构件上，应用在高温对流过热器、再热器管、温度表座、门芯、化学采样管、减温器的喷嘴等。

7-27 什么叫锅炉排污? 排污的方式、位置和目的各是什么?

答:锅炉中放走部分含盐炉水的方法叫做排污。排污方式有定期排污和连续排污两种。定期排污是在锅炉水冷壁下集箱处间断进行的,目的是排除积聚在锅炉下部的水渣和磷酸盐处理后形成的软质沉淀等。连续排污是在汽包中炉水表面连续不断地将浓度最大的炉水排出,目的是降低炉水中的含盐量和碱度,防止在炉水中浓度过高而影响蒸汽品质。

7-28 什么是锅炉低温对流受热面的低温腐蚀?

答:燃料中的硫分,燃烧后生成二氧化硫,其中小部分还会生成三氧化硫,与烟气中的水蒸气结合形成硫酸蒸汽。当受热面壁温低于硫酸蒸汽的露点时,就会凝结在壁面上腐蚀受热面。另外,二氧化硫直接溶于水,当壁温达到水的露点时,部分水蒸气将凝结生成亚硫酸,对金属产生腐蚀。低温受热面的腐蚀与低温粘灰是相互促进的。

7-29 锅炉停运后的保护方法有哪些? 分别适用于哪种情况?

答:(1)干燥保护法,又可分为烘干法和干燥剂法,分别适用于锅炉检修期间的防腐和小容量中低压锅炉的长期停运保护。

(2)充氮法,适用于短期停运锅炉的保护。

(3)联氨法,适用于停运时间较长或者备用的锅炉,但对于再热器不适用。

(4)给水压力法,适用于短期停运锅炉,冬季时应注意防冻。

7-30 《电力工业锅炉监察规程》要求"锅炉结构必须安全可靠",其六点基本要求是什么?

答:(1)锅炉各受热面均应得到可靠的冷却。

(2)锅炉各部分受热后,其热膨胀应符合要求。

(3)锅炉各受压部件、受压元件应有足够的强度与严密性。

(4)锅炉炉膛、烟道应有一定的抗爆能力。

(5)锅炉承重部件应有足够的强度、刚度与稳定性,并能适应所在地区的抗震要求。

(6)锅炉结构应便于安装、维修和运行。

第八章　锅炉本体设备结构及工作原理

8-1　常说的锅炉"四管"是指什么？

答：常说的锅炉"四管"是指水冷壁、省煤器、过热器和再热器。

8-2　DG1065/17.4-Ⅱ12型锅炉的汽、水流程是怎样的？

答：给水自省煤器入口集箱引入锅炉，流经省煤器蛇形管、省煤器中间集箱、省煤器吊挂管和省煤器出口集箱后由连接管引入汽包，与炉水混合，经下降管、引入管进入炉膛，水通过受热的水冷壁向上流动并且产生蒸汽，形成汽水混合物后引入汽包，经过汽包中的旋风分离器进行汽水分离，分离出来的水与给水混合后进入炉膛水冷壁进行再循环，分离出来的饱和蒸汽则依次经顶棚过热器、包墙过热器、低温过热器、全大屏过热器、屏式过热器和高温过热器。从低温过热器至高温过热器各级过热器之间采用大口径管道轴向混合，屏式过热器至高温过热器连接管左右交叉布置，有利于减少屏间及管间的热偏差。

8-3　钢管式空气预热器的热量传递方式是什么？

答：钢管式空气预热器的热量传递方式是典型的对流传热。

8-4　锅炉炉膛内的传热方式主要是什么？

答：锅炉炉膛内的传热方式主要是辐射传热。

8-5　折焰角具有什么作用？

答：（1）可增加水平烟道的长度，多布置过热器受热面。

（2）可改善烟气对屏式过热器的冲刷，提高传热效果。

（3）可使烟气沿燃烧室高度方向的分布亦趋均匀，增加了炉前上部与顶棚过热器前部的吸热。

8-6　水冷壁具有什么作用？

答：（1）直接接收燃料燃烧时放出的辐射热量，把炉水加热和蒸发为饱和蒸汽。

（2）水冷壁管覆盖着炉墙，可以保护炉墙免受高温烟气烧坏。

（3）主要依靠辐射传热，提高了传热效率，节省了大量的金属材料。

（4）可降低炉膛出口烟气温度，防止锅炉结焦。

8-7 可用于制作水冷壁的管子有哪些？

答：可用于制作水冷壁的管子有普通无缝钢管（光管）、鳍片管和内螺纹管。

8-8 膜式水冷壁的结构是怎样的？

答：膜式水冷壁由轧制的鳍片管或光管加焊鳍片板相连接，用电焊焊成整体，并加敷管炉墙、保温、外墙皮、钢性带等组成。

8-9 膜式水冷壁的优点是什么？

答：（1）保证炉墙密封性，减少燃烧室漏风。

（2）实现燃烧室全水冷，在强化燃烧的情况下有利于防止结焦。

（3）蓄热能力小，燃烧室升温快，冷却也快，可缩短锅炉启动和停炉冷却时间。

（4）适宜采用敷管炉墙，从而大大减轻了锅炉构架负荷，便于悬吊。

（5）与光管相比，提高了管子的吸热能力。

（6）提高了锅炉部件的预组合程度，方便并减少了安装工作量。

8-10 什么是凝渣管？`

答：凝渣管是锅炉水冷壁管的一种，即将炉膛后墙均匀密集排列的水冷壁管，在炉膛出口处拉稀成3～4排，使节距为原节距的2～4倍。

8-11 凝渣管为什么能防止结渣？

答：炉膛出口处的水冷壁管被拉稀后，使出口烟气流动畅通，并能够进一步冷却烟气，使炉膛出口烟温低于煤灰熔点（软化温度）50～100℃。这样，烟气中半熔融状态的灰渣便能迅速凝固下来，从而防止在炉膛出口和过热器入口产生结渣而堵塞烟道。

8-12 过热器具有什么作用？

答：过热器是将饱和蒸汽加热成具有一定过热度的过热蒸汽的热交换器。它可提高发电厂的热效率，减小汽轮机最后几级的蒸汽湿度，避免叶片被水浸蚀。

8-13 过热器和再热器有哪几类？

答：（1）按传热方式分，可分为对流式、辐射式、半辐射式过热器。

（2）按烟气与蒸汽的相互流向分，有顺流、逆流、双逆流和混合流式。

（3）按布置方式分，有立式和卧式。

（4）按管圈数量分，可分为单管圈、双管圈和多管圈式。

8-14　对流式过热器和再热器的布置和组成是怎样的？

答：对流式过热器和再热器是布置在对流烟道内，主要用来吸收烟气单位对流热量的受热面，一般由蛇形管受热面及其出入口集箱组成。

8-15　什么是包墙管过热器？

答：包墙管过热器是布置在水平烟道和垂直烟道墙上的过热器，其作用在于简化烟道部分的炉墙。

8-16　逆流布置的过热器和再热器的特点是什么？

答：逆流布置的过热器和再热器的特点是传热温差大、传热效率高、金属耗量少，但蒸汽出口处为烟气和蒸汽温度最高的地方，工作环境非常恶劣。

8-17　大型锅炉的过热器和再热器管圈如何选材？

答：大型锅炉的过热器和再热器一般根据各段管圈壁温来选用相应的材质，能大量节省高级的合金钢材。而所选用的材质应具备如下特性：

（1）足够高的蠕变极限、持久强度和良好的持久塑性。

（2）高的抗氧化性能和耐腐蚀性能。

（3）足够的组织稳定性。

（4）良好的工艺性能，特别是焊接性能好。

8-18　垂直式过热器的优、缺点各是什么？

答：垂直式过热器支吊简单、方便、安全，积灰、结焦的可能性也小；缺点是疏水不易排出，停炉时管内积水，容易腐蚀管壁金属。另外，升火时，若管内空气排不尽，则容易烧坏管子。

8-19　水平式过热器的优、缺点各是什么？

答：水平式过热器的优点是不易积水，疏水、排汽方便，但容易积灰、结焦，影响传热，而且其支吊架全部放在烟道内，容易烧坏，需要较好的金属材料。

8-20 什么是再热器？

答：在锅炉中对蒸汽进行再加热升温的设备称为再热器。

8-21 再热器具有什么作用？

答：再热器是将在汽轮机高压缸做过功的蒸汽，再返回锅炉加热到具有新蒸汽温度的过热蒸汽，然后送到汽轮机低压缸继续做功。

8-22 什么是省煤器？

答：利用锅炉排烟中的余热加热给水的热交换器称为省煤器。

8-23 锅炉为什么要装省煤器？

答：省煤器安装在尾部竖井烟道内，可以降低排烟温度，提高锅炉效率，并能提高进入汽包的给水温度，确保锅炉正常的水循环，并使蒸发受热面增加产汽量。此外，由于给水温度的提高，避免了冷水与汽包壁接触，改善了汽包的工作条件。

8-24 省煤器有哪些类型？其结构如何？

答：根据出口工质的相态，省煤器可分为沸腾式和非沸腾式两种。沸腾式省煤器的出口工质是被加热到工作压力下饱和温度的饱和水和饱和蒸汽的混合物。在中压以下锅炉中，因水的汽化潜热较大，故需布置较大面积的蒸发受热面。为了解决蒸发受热面增多而使烟温降低的问题，设置了沸腾式省煤器。非沸腾式省煤器出口是有一定欠焓的水，可使水冷壁入口不致汽化，保证供水的均匀性。省煤器一般采用20号碳钢管材弯制成蛇形管排水平布置在尾部（竖井）烟道内，有顺列布置的，也有错列布置的。为了检修和清灰方便，大容量省煤器可分为几个管组分级布置。

8-25 省煤器再循环的作用是什么？

答：锅炉在升火初期或停炉后往往需要停止进水，省煤器的水也停止流动，但这时省煤器仍处于受热状态，如果得不到冷却，可能过热烧坏；同时，也可能使省煤器中的水沸腾、汽化，甚至产生过热蒸汽，这样，当向锅炉进水时，就会产生汽水冲击现象。为了保护省煤器的安全，在省煤器的入口和汽包之间加装了再循环管和再循环门。当锅炉停止进水后，必须将省煤器再循环门打开，使汽包的水经再循环流入省煤器，再经省煤器流回汽包，形成一个自然循环回路，以冷却省煤器。但在向汽包进水时，必须将再循环门关闭，否则会使给水短路而直接经再循环管进入汽包。省煤器仍会因得不到冷却而过热烧坏，同时还可能因给水和炉水的温差过大而使汽包壁产生裂纹。

8-26　什么是空气预热器？

答：利用锅炉排烟余热加热燃烧用空气的热交换器称为空气预热器，有回转式空气预热器与管式空气预热器之分。

8-27　安装空气预热器的作用是什么？

答：（1）吸收排烟余热，提高锅炉效率。

（2）提高空气温度，强化燃烧，降低损失，减少过剩空气量，节约电能。

（3）以廉价的空气预热器材料代替一部分优质承压部件材料。

8-28　管式空气预热器的结构形式如何？

答：管式空气预热器由一定尺寸的薄钢管与错列开孔的上下管板焊接而成，共同组成立体管箱。烟气在管内流动，空气在管外与烟气成直角流过，形成交叉换热。管式空气预热器常用于中压以下锅炉。

8-29　什么是回转式空气预热器？

答：回转式空气预热器也称蓄热（再生）式空气预热器，其结构形式有受热面回转式和风罩回转式两种；按其产品分，又有双分仓（烟气、二次风）和三分仓（烟气及一、二次风）等之分。回转式空气预热器的受热面或外壳可以旋转，烟气的热量通过内部的蓄热板释放给被加热的空气。

8-30　回转式空气预热器与管式空气预热器相比有哪些优点？

答：（1）传热元件两面受热和冷却，传热能力强，外形小，金属耗量少，烟气和空气量的流动阻力小。

（2）受热面的壁温较高（比较接近烟气温度），烟气低温腐蚀的危险性稍小，而且即使发生受热面腐蚀，也不会因此增加漏风。

（3）传热元件允许有较大的磨损，磨损达质量的20％才更换。

（4）便于运行中吹灰（包括水力冲洗）。

8-31　回转式空气预热器的密封结构有哪几种？

答：回转式空气预热器的密封结构有径向、环向、轴向和纵向四种。

8-32　什么是回转式空气预热器的直接漏风和携带漏风？

答：直接漏风是指空气通过密封间隙进入烟气侧，漏风大小与密封间隙和风、烟侧的压差有关。密封间隙大、压差也大，则漏风量也大；反之，漏风量就小。携带漏风是指受热元件随转子转动而将空气带到烟气侧,其漏风大小与转子转速有关。转速高,漏风大;转速低,漏风小。

8-33　暖风器的作用是什么?

答:暖风器又称前置空气预热器或蒸汽加热式空气预热器,它利用汽轮机的低压抽汽作为汽源,通常布置在空气预热器入口风道处,可将空气预热器入口冷风加热到 80℃以上,减轻低温段预热器的低温腐蚀和堵灰。

8-34　汽包的作用是什么?

答:汽包是自然循环锅炉的关键部件,它的工作好坏直接关系到锅炉水循环的安全和输出蒸汽的品质,其作用主要体现在以下几个方面:

(1)是加热、蒸发和过热三个过程的连接枢纽。

(2)在负荷变化时起蓄热器和蓄水器的作用,可以减缓汽压变化的速度,确保水循环的安全。

(3)装有汽水分离设备,可有效进行汽水分离、蒸汽清洗、排污等,保证蒸汽品质,并可进行锅内水处理。

(4)装有压力表、水位表和安全阀等附件,用于控制汽包压力,监视锅内水位,保证锅炉安全,防止汽轮机过水。

8-35　汽包内集中下降管口处加装格栅的作用是什么?

答:防止产生下漩涡带汽。

8-36　常用的减温器有哪几类?

答:减温器有表面式和喷水式两类,大型锅炉均采用喷水式减温器。

8-37　什么是喷水式减温器?

答:用给水直接雾化喷到过热蒸汽中,使之良好混合,以降低蒸汽温度的减温装置称为喷水式减温器。

8-38　表面式减温器与喷水式减温器的优、缺点各是什么?

答:表面式减温器的优点是冷却水与蒸汽不接触,水中杂质不会混入蒸汽,但也有结构复杂、易损坏、调节不灵敏等缺点。喷水式减温器的优点是结构简单、调节灵敏、时滞小、汽温调节幅度大,但对引入的冷却水质量要求较高。

8-39　热风再循环有什么作用?

答:用于提高空气预热器的进风温度,使运行中的预热器壁温(金属温度）高于烟气露点温度，以防止低温酸腐蚀和堵灰。

8-40 锅炉为什么要排污？

答：锅炉运行时，给水带入锅内的杂质只有很少一部分会被饱和蒸汽带走，大部分仍留在锅水中。随着运行时间的增长，炉水中的含盐量及杂质就会不断增加，进而影响蒸汽品质，危及锅炉安全。因此，运行中锅炉必须经常排出部分含盐和杂质（水渣）浓度大的炉水，即排污。

8-41 什么是连续排污？

答：连续排污可连续地从汽包中排出含盐和含硅量大的炉水，以防止污染蒸汽，同时还可排出一部分炉水中悬浮的杂质。

8-42 什么是定期排污？

答：定期排污是定期从锅炉水循环系统的最低处排出部分锅水里排出的下部沉淀杂质。

8-43 汽包事故放水管的管口应设在哪里？

答：应设在汽包最低安全水位和正常水位之间。

8-44 锅炉汽包内采用分段蒸发的目的是什么？

答：目的是为了减少排污量。

8-45 汽水分离装置是利用什么原理进行工作的？

答：汽水分离装置一般是利用自然分离和机械分离的原理进行工作。

8-46 水冷壁分成多个单循环回路的目的是什么？

答：防止边角处及受热差的管子内水流停滞。

8-47 什么是煤粉燃烧器？

答：煤粉燃烧器是煤粉炉的主要燃烧设备，其作用是携带煤粉的一次风和不带煤粉的二次风喷入炉膛，并在炉膛中很好地着火燃烧。

8-48 燃烧器的作用是什么？有哪几种类型？

答：①炉内输送煤粉和煤粉燃烧所需的空气；②合理组织，使煤粉和空气得到充分的混合；③保证燃料进入炉膛内能够迅速、稳定着火和完全燃烧。常见的煤粉燃烧器分为直流式和旋流式两种。直流式煤粉燃烧器的出口由一组矩形、圆形或多边形等形状的喷口组成，携带煤粉的一次风和助燃用的二次风，以及制粉乏气（三次风）均以直流形式通过各自的喷口进入炉膛。直流式煤粉燃烧器一般不可以单支独立燃烧，需与四角的其他燃烧器一起在炉膛中心的一个或两个轴线上的假想切圆共同组成燃烧中心区。旋流式煤粉燃烧器的出口均为圆形，其一次风可以直流或旋流形式进入炉内，二次风则以旋流形式绕燃烧器轴线旋转进入炉膛，以达到风粉充分混合的目的。旋流式煤粉燃烧器可以单支独立燃烧，由于其出口均为圆形，故也称圆形燃烧器。

8-49　直流喷燃器的布置分哪几种？

答：直流喷燃器多为四角布置切圆燃烧方式，通常有以下几种布置：①单切圆布置，即四角喷燃器一、二次风的几何轴线相切于炉膛中心的一个同径圆；②两角对冲，两角相切；③双切圆（或多切圆）布置；④八向（或六向）切圆；⑤双炉膛切圆布置。直流喷燃器二次风口的布置大致可以分为均等配风和分级配风两种。均等配风方式是一、二次风口相向布置，即在一次风口与一次风口的每一个间距内都均等布置一个或两个二次风口，其特点是一、二次风口间距相对较近，两者很快得到混合，一般运用于烟煤和褐煤。分级配风方式中，通常将一次风口比较集中地布置在一起，而二次风口和一次风口之间保持一定的距离，以此来控制一、二次风间的混合，一般运用于烟煤和低质烟煤。

8-50　什么是锅炉点火装置？其组成和作用是什么？

答：锅炉点火装置主要用于锅炉启动时引燃煤粉气流，另外，运行中当负荷过低或煤种变化而引起燃烧不稳时，也可用于维持燃烧稳定。点火装置由油雾化器和配风器组成。油雾化器又称油喷燃器或油枪，其作用是将油雾化成极细的油滴。配风器的作用是及时给火炬根部送风，使油与空气能充分混合，形成良好的着火条件，以保证燃油能迅速而完全地燃烧。

8-51　燃烧过程分为哪几个阶段？

答：燃烧过程大致可分为三个阶段：

（1）预热阶段。煤粉进入炉膛后，炙热的烟气流对煤粉气流进行加热。随着温度的升高，煤粉中的水分首先开始蒸发，接着挥发分析出，煤粉温度升高到着火温度时，就会起焰着火。

（2）燃烧阶段。这是整个过程中最重要的环节。煤粉着火以后，开始时挥发分首先着火燃烧，并放出大量热，其中部分热量用来对焦炭进行直接加热，使焦炭也迅速燃烧起来。该阶段的特点是燃烧剧烈，放出大量热量。

（3）燃尽阶段。就是剩余的固定碳的继续燃尽，这一阶段是燃烧的最后阶段。该阶段的特点是焦炭的燃尽和灰渣的形成。由于该阶段的氧气供应不足、炉温较低，因而该阶段需要时间较长。

8-52   油燃烧器的分类及其作用是什么？

答：油燃烧器一般按照油雾化方式进行分类，一般分为压力式、蒸汽式和空气式三种，其作用是把油雾化成细小的油滴送入炉膛进行助燃或燃烧。

8-53   一次风的作用是什么？

答：输送煤粉到炉膛并供给挥发分着火所需的氧量。

8-54   二次风的作用是什么？

答：①补充空气量，助燃；②使煤粉和空气混合均匀，强化燃烧过程，保持燃料燃烧完全。

8-55   三次风的作用是什么？

答：当燃用无烟煤、贫煤和劣质烟煤时，为了保证稳定着火，往往采用热风送粉。磨煤制粉乏气由单独布置的喷口排入炉膛，即为三次风。三次风中含有燃煤量10%左右的细粉，将它排入炉膛的目的是为了提高经济性。

8-56   燃煤发电厂锅炉燃烧系统的组成及其作用是什么？

答：锅炉的燃烧系统主要由炉膛、燃烧器、点火油、风、粉、烟道等组成，其作用是使燃料燃烧发热，产生高温火焰和烟气。

8-57   性能良好的燃烧器应具备何种特性？

答：①一、二次风出口截面要保证适当的一、二次风速比；②有足够的扰动性，即能使风粉很好地混合；③煤粉气流着火稳定，火焰在炉膛中的充满度好；④风阻小；⑤扩散角可在一定范围内任意调整，以适应燃料种类的变化；⑥沿出口截面的煤粉分布均匀。

8-58   什么是锅炉本体的重要附件？

答：膨胀指示器是锅炉本体的重要附件。

8-59   什么是锅炉构架？构架包括哪些部件？

答：支承汽包、各个受热面、集箱、炉墙重量的钢结构或钢筋混凝土结构称为锅炉构架。构架包括立柱、横梁平台和梯子。

8-60   锅炉炉墙的结构形式可分为几种？

答：根据炉墙的承受方式及单位面积（或体积）质量的不同，炉墙的结构形式可分为重型炉墙、轻型炉墙和敷管式炉墙三种。

8-61 锅炉常用的耐热材料有哪些？

答：锅炉常用的耐热材料包括耐热混凝土、耐火砖、红砖、耐火塑料等。

8-62 锅炉常用的保温材料有哪些？它们的使用条件如何？

答：锅炉常用的保温材料有水泥珍珠岩制品、水泥蛭石制品、微孔硅酸钙制品和岩棉等。在 400℃ 以下，岩棉的绝热性能优于微孔硅酸钙；在 400℃ 以上，微孔硅酸钙的绝热性能优于岩棉，故主蒸汽管道上一般都采用微孔硅酸钙制品，而膜式水冷壁的炉墙和风烟道上可采用岩棉制品，这样不但保证了绝热性能，而且大大减轻了管道和风烟道的质量，可大量节省支吊架的钢材耗量。

8-63 对水冷壁管材的要求是什么？

答：对水冷壁管材的要求主要有：①要求水冷壁管传热效率高；②有一定的抗腐蚀性能；③水冷壁管的金属具有一定的强度，以使得管壁厚度不致过厚，过厚的管壁会使加工困难并影响传热；④工艺性能好，如冷弯性能、焊接性能等；⑤在某些情况下，如在直流锅炉上还要求钢管材料的热疲劳性能好。

8-64 对省煤器管材的要求是什么？

答：对省煤器管材的主要要求有：①有一定的强度；②传热效率高；③有一定的抗腐蚀性能和良好的工艺性能；④对省煤器管金属，还应着重考虑其热疲劳性能，以便省煤器管金属在激烈的温度波动工作条件下，不致因热疲劳而过早地损坏。

8-65 电厂过热器管的用钢要求如何？

答：（1）过热器管金属要有足够的蠕变强度、持久强度和持久塑性，通常在进行过热器管强度计算时，以高温持久强度极限为主要依据，再以蠕变极限来校核。过热器管的持久强度高，一方面可以保证在蠕变条件下的安全运行；另一方面，还可以避免因管壁过厚而造成加工工艺和运行上的困难。

（2）要求过热器管金属在长期高温运行中组织性质和稳定性良好。

（3）要有良好的工艺性能，特别是焊接性能要好，对过热器管还要求有良好的冷加工性能。

（4）要求钢的抗氧化性能高，通常要求过热器管在金属运行温度（即管壁温度）下的氧化深度应小于 0.1mm/年。

8-66 电厂热动设备上的哪些零件对抗氧化性和耐磨性有一定要求？

答：锅炉的过热器、水冷壁管、汽轮机汽缸、叶片等长期在高温下工作，易产生氧化腐蚀，这些部件的材料应有良好的抗氧化性能。风机叶片、磨煤机等在工作过程中都会受到磨损，所以应选用耐磨性能好的材料。

8-67 单元机组设置再热器的目的是什么？

答：（1）提高机组的经济性。蒸汽在汽轮机内所做的有效功的大小决定于蒸汽的参数（压力、温度），参数越高，蒸汽所做的有效功越多，因而循环效率就越高。将高压缸做过功的蒸汽重新送回锅炉中，利用烟气再行加热，提高蒸汽温度，然后再到中、低压缸内做功，比由高压缸排出的蒸汽直接到中、低压缸内做功要经济。一般采用烟气再过热后，总的热经济性提高可达 6%～8%。

（2）提高机组的安全性。由于钢材限制蒸汽温度的提高，当蒸汽初压力很高时，汽轮机排汽湿度很大，这对汽轮机低压级叶片是很危险的。排汽中的水滴流速较低，会打到叶片背面，不仅不能推动叶片做功，反而起制动作用，损坏叶片。再热器的设置，可使低压级蒸汽的湿度减小，不会引起汽轮机最后一两级叶片的过度浸蚀，提高了安全性。

8-68 汽包内水清洗装置的洗硅原理是怎样的？

答：汽包内的水清洗装置只能减少蒸汽带水，而不能减少蒸汽的溶解携带。二氧化硅在蒸汽中的溶解能力很强，并随汽包内蒸汽压力的升高而显著增加。为了获得良好的蒸汽品质，国产高参数锅炉汽包内大都装有蒸汽洗汽装置。蒸汽清洗就是使饱和蒸汽通过杂质含量很少的清洁水层。经过清洗的蒸汽，其二氧化硅和其他杂质含量要比清洗前低得多，基本原因是：

（1）蒸汽通过清洁的水层时，它所溶解携带的二氧化硅和其他杂质以及在清洗水中的杂质，将按分配系数在水和汽两相中重新分配，使蒸汽中原有溶解携带的二氧化硅和其他杂质一部分转移至清洁水中，这样就降低不了蒸汽中溶解携带的二氧化硅和其他杂质的量。

（2）蒸汽中原有的含杂质量较高的锅炉水水滴在与清洗水接触时会转入清水中，而由清洗水层出来的蒸汽虽然也会带走一些清洗水滴，但水滴内含有的二氧化硅和其他杂质的量比锅水水滴要少得多，所以蒸汽清洗能降低蒸汽中二氧化硅和其他杂质的含量。清洗后，蒸汽中二氧化硅和其他杂质含量的降低值占清洗前含量的百分率，称为清洗效率（国产 200MW 机组清洗装置的清洗效率经热化学试验测得为 70% 左右）。

8-69　选择电厂高温用钢时应考虑哪些因素?

答：高温部件是在高温高压腐蚀介质中长期工作的，根据上述高温部件的工作特点，选择高温用钢时，应从如下几个方面进行考虑：

（1）钢的耐热性能指标，要有较高的蠕变极限、持久强度和持久塑性等。

（2）高温长期运行过程中的组织稳定性要好。

（3）钢材表面在相应介质（空气、蒸汽、烟气）中的抗腐蚀性能要高，特别是钢的抗高温氧化的能力要高。

（4）钢的常温性能指标，要有较好的强度、塑性和韧性。

（5）要有良好的工艺性能（如焊接性能、切削加工性能等）。

（6）选用的钢在技术上要合理，在经济上也要合理。

8-70　锅炉管式空气预热器的热量传递过程是怎样的?

答：$\underset{\text{(热流体)}}{\text{烟气}} \xrightarrow{\text{对流换热}} \underset{\text{(预热器管)}}{\text{内壁}} \xrightarrow{\text{导热}} \underset{\text{(预热器管)}}{\text{外壁}} \xrightarrow{\text{对流换热}} \underset{\text{(冷流体)}}{\text{空气}}$

第九章　锅炉本体设备的检修

9-1　检修后的管式空气预热器允许漏风量的要求是什么？

答：检修后的管式空气预热器允许的漏风量应不超过理论空气量的 5%。

9-2　停炉冷却过程中为什么不允许快速降压？

答：锅炉在停炉冷却过程中，为了使汽包上、下壁的温度均匀，温差不超过 40℃，防止汽包的弯曲变形，以及厚壁集箱和受热面管子与厚壁的汽包、集箱的焊口因冷却不均而产生裂纹损坏，停炉后应慢慢进行冷却。

9-3　锅炉停炉后应进行什么保养？

答：锅炉停炉期间的腐蚀主要是来自空气中氧的腐蚀。针对这一点，应采取避免氧与金属直接接触和使金属表面干燥或使金属面钝化等措施，以减轻氧化腐蚀的程度。

9-4　炉顶为何容易造成漏风现象？

答：锅炉部件在热态下的膨胀量很大，在结构上又有复杂的管束交叉穿插、各面炉墙的并靠，这使得敷管式炉墙在结构上形成了许多接头和孔缝，往往会造成漏风。

9-5　热力管道上为什么要加装膨胀补偿器？

答：火力发电厂中的汽水管道从停运状态到投入运行，温度变化很大，如果管道布置和支吊架配置不当，管道由于热胀冷缩产生很大的热应力，就会使管道发生损坏，所以，对膨胀量大的、自然补偿不满足要求的管道，要安装膨胀补偿装置，以确保热应力不超过允许值。

9-6　常用的补偿器有哪几种形式？

答：常用的补偿器有Ⅱ型、Ω型、Z型、L型和波纹型等。

9-7　过热器集箱的进、出口连接方式有哪几种？哪种方式的热偏差

最小?

答：过热器集箱的进、出口连接方式有 Z 型、Ⅱ型、多点引入型、双Ⅱ型和多点引入引出型。流量分布最均匀、热偏差最小的是多点引入引出型。

9-8　锅炉检修前应如何清扫受热面?

答：锅炉检修前应彻底清除受热面管外壁的结焦和积灰。清扫受热面一般用压缩空气吹掉浮灰和脆性的硬灰壳，对于黏结于受热面管子上吹不掉的灰垢，可用刮刀、钢丝刷及机械化清扫工具予以清除。清扫应顺烟气流向进行，并启动引风机予以配合，把烟尘吸出。清扫中发现管排中有砖头、铁块等杂物时要及时拾出，发现发亮或磨损的管子应做出记号，以便测量和检修。炉膛内的清焦应自上而下进行，但可以从炉外打开人孔门、看火孔等用铁棍进行清焦，待能进入到炉膛中时再进一步清焦。清焦时要有可靠的安全措施，避免焦块坠落伤人或损坏下部水冷壁管。

9-9　锅炉水冷壁管应重点检查哪些问题?

答：锅炉水冷壁管应重点检查有无磨损或吹损减薄、过热胀粗鼓包、腐蚀减薄、砸伤凹痕和变形等。

9-10　锅炉过热器管和再热器管应重点检查哪些问题?

答：锅炉过热器管和再热器管应重点检查有无磨损或吹损减薄、烧损减薄、胀粗、表面裂纹、氧化皮厚度、膨胀受阻和管子乱排等。

9-11　怎样对过热器和再热器进行蠕胀检查与测量?

答：检修时，应先对管排进行宏观检查，观察管子的颜色、胀粗和鼓包情况，对发现异常的部位应重点检查；对高温过热器、再热器的监视管段，由专人进行测量并登记在专用的表格上；对过热器和再热器，一般用游标卡尺或测厚仪测量蠕胀。

9-12　碳素钢受热面管子的胀粗更换标准是什么?

答：胀粗超过管外径的 3.5% 时应予以更换。

9-13　合金钢受热面管子的胀粗更换标准是什么?

答：胀粗超过管外径的 2.5% 时应予以更换。

9-14　水冷壁管胀粗或磨损超过多少时应进行更换?

答：胀粗超过管外径的 3.5% 时应予以更换。

9-15　对水冷壁吊挂、挂钩及拉固装置的检查有哪些内容?

答：检修时，要详细检查非悬吊结构的水冷壁挂钩有无拉断、焊口开裂及螺母脱扣等缺陷。检查拉固装置的波形板有无开焊、变形，拉钩有无损坏，膨胀间隙有无杂物，膨胀是否受阻，直流锅炉的吊挂带有无烧坏、螺栓松动等缺陷。每次停炉前后要做好膨胀记录，判断膨胀是否正常，如发现异常，要及时查找原因。通过检修，要保证水冷壁的各种固定装置完好无损，并能自由膨胀。

9-16 省煤器的磨损超过管子的壁厚多少时应进行处理？

答：省煤器的磨损超过管子壁厚的 1/3 时应进行处理。

9-17 省煤器管排的哪些部位易发生磨损？

答：省煤器上部管排、边排管、弯头与炉墙的夹缝部位、管卡附近、烟气走廊两侧、炉内吊挂管及炉墙漏风部位。

9-18 省煤器的防磨装置有哪些？分别应用于什么位置？

答：(1) 防磨罩，扣在省煤器管子和管子弯头处。

(2) 保护板或均流板，应用在"烟气走廊"的入口和中部。

(3) 护帘，在"烟气走廊"处将整排直管或整片弯头保护起来。

(4) 用耐火材料把省煤器弯头全部浇注起来。

(5) 用水玻璃加石英粉涂在管子磨损最严重的管子表面。

(6) 在管子磨损最严重处焊防磨圆钢。

(7) 采用防磨喷涂技术，适用于各个部位。

9-19 过热器、再热器的磨损或烧损超过管子的壁厚多少时应进行处理？

答：过热器、再热器的磨损或烧损超过管子壁厚的 1/4 时应进行处理。

9-20 过热器和再热器管排磨损严重的部位在什么区域？为什么这些部位容易磨损？磨损的更换标准是什么？

答：过热器和再热器管排磨损严重的部位主要集中在：①屏式过热器下端和折焰角紧贴的部分；②水平烟道的过热器两侧及底部；③烟道转弯处的下部；④水平烟道流通面积缩小后的第一排垂直管段；⑤管子处于疏形卡接触的部分；⑥穿墙管处；⑦吹灰器通道；⑧管子弯头部位；⑨烟气入口管束（顺列布置的管束要注意烟气入口第 3～5 排管子，错列布置的为烟气入口第 1～3 排管子）。这些区域有烟气，烟气流速极高，有时可比平均流速大 3～4 倍，因此磨损就要增大几十倍。检查时，若局部磨损面积大于 2cm²，磨损厚度超过管壁厚度的 1/4，则应更换新管。

9-21　再热器的防磨装置有哪些？

答：再热器的防磨装置有防磨护板、阻流板、均流板和吹灰器处防磨护板。

9-22　大修中水冷壁的检修项目包括哪些？

答：大修中水冷壁的检修项目包括：

(1) 清理管子外壁焦渣和积灰。

(2) 进行防磨防爆检查，检查管子外壁的磨损、胀粗、变形和损伤，割管检查水冷壁内部状况，更换少量管子。

(3) 检查管子支吊架、拉钩及集箱支座，检查膨胀间隙及膨胀指示器。

(4) 打开集箱手孔或割下封头，检查清理腐蚀、结垢，清除手孔、胀口泄漏。

9-23　大修中过热器和再热器的检修项目包括哪些？

答：(1) 清理管子外壁积灰。

(2) 检查管子磨损、胀粗、弯曲变形情况。

(3) 清扫或修理集箱支座。

(4) 打开集箱手孔或割下封头，检查腐蚀结垢情况，清理内部。

(5) 测量温度在 450℃以上的蒸汽集箱的胀粗。

(6) 割管检查，更换少量管子。

(7) 检查清理混合式减温器集箱、进水管和喷嘴。

9-24　大修中省煤器的检修项目包括哪些？

答：(1) 清理管子外壁积灰。

(2) 检查管子磨损、变形、腐蚀，必要时进行割管检查。

(3) 检查支吊架、管卡及防磨装置。

(4) 检查、清扫、修理集箱支座和调整膨胀间隙。

(5) 消除手孔盖泄漏和焊口泄漏。

9-25　大修中管式空气预热器的检修项目包括哪些？

答：(1) 清理各处积灰和堵灰。

（2）检查处理部分腐蚀和磨损的管子、钢板。

（3）更换部分防磨套管。

（4）做漏风试验，检查并修理伸缩节。

9-26　省煤器检修的质量标准是什么?

答:（1）管子表面无积灰、浮灰和杂物。

（2）消除漏风情况。

（3）磨损超过管壁厚的 1/3 应换新管，轻微磨损可以补焊。

（4）防磨瓦应紧贴在被保护管子上部 1/3 处的弧上。

（5）割管位置与弯头起弧点间的距离应大于 100mm，两焊口间的距离大于 200mm。

（6）坡口为 $30°±2°$，钝边厚度为 0.5～1mm，对口间隙为 2～2.5mm。

（7）管子对口错口不大于 0.5mm。弯管曲率半径要大于管径的 2.5 倍，弯头应做通球试验，通球直径应为管内径的 85％以上。

（8）配制的新管要做水压试验，试验压力为管座压力的 1.25 倍。

（9）支撑省煤器的空心梁应保证伸缩自由。

（10）集箱中心蛇形管弯头端部长度误差为±10mm。

（11）管子更换后的纵向和横向节距，其偏差应小于 4mm，不平面度小于 6mm，弯头沿长度偏差小于 6mm。

9-27　水冷壁检修的质量标准是什么?

答:（1）受热面应清洁，无挂焦、夹焦。

（2）管子胀粗超过原直径的 3.5％时应更换。

（3）管子局部鼓包外径超过原直径的 3.5％时应更换。

（4）割取的管子应注明根数和部位，并做好记录。

（5）割管位置与弯头起弧点间的距离应大于 100mm，两焊口的间距大于 200mm。

（6）弯管曲率半径要大于管径的 2.5 倍，弯头椭圆度小于管径的 15％；弯管后要做通球试验，通球直径应为管内径的 85％以上。

（7）坡口为 $30°±2°$，钝边厚度为 1mm，对口间隙为 2.5～3.0mm。

（8）水冷壁管对口中心垂直偏差不超过 2/1000。

（9）坡口内外无锈垢、油漆。

（10）两坡口对焊不应出现错口、马蹄口。

（11）管子突出不平度为±5mm，管子中心与钢架间距离的误差为±2mm，两管子中心距误差为±2mm。

9-28　过热器检修的质量标准是什么？

答：（1）合金钢管蠕胀直径超过原直径的 2.5% 时应换新管，碳钢管直径超过原直径的 3.5% 时应换新管。

（2）磨损超过管壁厚的 1/4 时应更换。

（3）管壁弯头应无浮灰、积灰。

（4）防磨装置应完好。

（5）割管部位做好详细记录。新管要打光谱，进行材质鉴定。

（6）坡口为 30°±2°，钝边厚度为 0.5～1mm，对口间隙为 2～2.5mm。错口不超过管径的 2/1000，配管长度 $L > 300$mm。

9-29　再热器检修的质量标准是什么？

答：（1）合金钢管蠕胀直径超过原直径的 2.5% 时应换新管，碳钢管直径超过原直径的 3.5% 时应换新管。

（2）磨损超过管壁厚的 1/3 时应更换。

（3）管壁弯头应无浮灰、积灰。

（4）防磨装置应完好。

（5）割管部位做好详细记录。新管要打光谱，进行材质鉴定。

（6）坡口为 30°±2°，钝边厚度为 0.5～1mm，对口间隙为 2～2.5mm。错口不超过管径的 2/1000，配管长度 $L > 300$mm。

9-30　管式空气预热器检修的质量标准是什么？

答：（1）伸缩节无裂纹和脱焊。

（2）内部无杂物堵塞，表面无积灰杂物，管子应畅通无阻。

（3）堵管数量不超过 5%，管子堵死数目超过整组的 1/5 时应更换新管组。

（4）防磨套管应齐全、平整，套管纵向缝必须与管孔泄漏处错开半个圆周。

9-31　管式空气预热器内部及其上方工作时应注意什么？

答：（1）检修工作中注意不要把工具、杂物吊入预热器管孔内。

（2）清理、拆除保温及进行其他检修工作时，应在管板上铺上席子，遮蔽管孔；工作完毕后，应仔细检查将杂物清理出去。

（3）用水冲洗预热器后，必须待预热器干燥后再投入运行。

（4）运行中省煤器漏水后，不但要处理泄漏的管子，还要及时组织人力清理预热器堵灰。

9-32　回转式空气预热器由哪些辅助设备组成？各设备的作用是什么？

答：（1）空气预热器吹灰系统。作用：清除积灰、积油，防止空气预热器差压升高，防止空气预热器着火。

（2）转子驱动装置（包括电动机、气动马达和变速器）。作用：驱动转子。

（3）红外温度探测装置。作用：检测空气预热器内部是否着火。

（4）密封装置（包括径向、环向、周向密封）。作用：减少空气预热器烟/风侧之间的漏风。

（5）轴承润滑油系统（包括支承轴承润滑油系统、导向轴承润滑油系统）。作用：提供轴承润滑、冷却。

（6）服务水冲洗管道。作用：空气预热器停运检修时对空气预热器受热面进行清洗。

（7）消防水系统。作用：灭火。

9-33　回转式空气预热器的检修项目有哪些？

答：（1）检修上下轴承及减速器油泄漏情况。

（2）检修转子密封状况及间隙尺寸，并进行适当的调整。

（3）检修传热板。烟灰堵塞的传热板应通过冲洗的方法进行清理，磨损严重的传热板应更换。

（4）检修冲灰器及冲洗喷嘴，对堵塞的喷嘴要进行清理。

（5）更换磨损严重的密封件。

9-34　回转式空气预热器检修的质量标准是什么？

答：（1）热端径向密封间隙、冷端径向密封间隙、轴向密封间隙、旁路密封间隙调整在设计范围内。

（2）扇形板固定牢固、吊挂牢靠。

（3）轴承内外圈及滚珠无锈迹、裂纹、斑点和剥皮等现象。轴承滚珠滚道无重皮、裂纹、过热及划痕。

（4）减速机内部各部件清洗干净，无任何油污、轴承变色、脱皮、保持架损坏等现象，有明显磨损的应予以更换；齿轮牙齿磨损超过 1/4 的应予以更换，各结合面无裂纹、麻孔及划痕，否则用油石修磨；各轴承与轴颈的配合间隙为 0.015～0.02mm；装入的丁形油封要完整，弹簧应完好，齿轮应

光滑无损，牙齿磨损超 1/4 的应予以更换。

（5）吊出蓄热元件与装入传热元件时，要对称进行，以免转子偏斜。

（6）水冲洗及灭火装置的喷嘴畅通，无堵塞；过滤器滤网必须清洁，无损坏。

9-35　回转式空气预热器更换传热元件时有何具体要求？

答：传热元件装入扇形仓内后不得松动，否则应增插波形板或定位板；转子传热元件安装在试转合格后进行，施工中应注意转子的整体平衡，并防止传热元件之间有杂物堵塞。

9-36　直流喷燃器检修的质量标准是什么？

答：直流喷燃器的检修质量标准如下：

（1）一次风喷嘴固定牢固，内外光滑，无凹凸；风道磨损部分应补焊严密。

（2）一、二次风进入炉膛的角度符合图纸要求，以保证切圆直径。

（3）二、三次风喷嘴无变形，所修补的地方焊接牢固。各法兰连接严密，不漏风、粉。

（4）各喷嘴标高误差不大于±5mm；各喷嘴中心线对齐，左右误差不大于 2mm。

（5）当二、三次风喷嘴设计为水平布置时，不水平度应小于 2mm；当设计下倾角时，角度误差不大于±1°。

（6）摆动式火嘴上下摆动的角度应达到图纸要求，且刻度指示正确。

9-37　受热面管子的监视管应在什么时间检查？

答：应在大修中检查。

9-38　省煤器入口管定期割管主要检查什么情况？

答：省煤器入口管定期割管主要检查管内壁的氧腐蚀情况。

9-39　为了解腐蚀及结垢情况，水冷壁割管一般选在什么位置？

答：为了解腐蚀及结垢情况，水冷壁割管一般选在热负荷较高处。

9-40　检修中水冷壁割管取样的意义何在？

答：为了解掌握水冷壁的腐蚀结垢情况，大修时要进行水冷壁管检查，由化学监督人员用酸洗洗垢法算出结垢量，以确定是否进行锅炉化学清洗。

9-41 大修时检修人员如何割取水冷壁化学取样管?

答:(1)割管根数不少于两根(其中一根为监视管),每根的长度不小于 1m。

(2)割管部位由下列顺序选择:

1)若发生爆管的,在爆破口附近处(包括爆破口)割取;

2)经外观检查,在有变色、胀粗和鼓包处割取;

3)用测厚仪测量,在发现管壁有明显减薄处割取。

如无上述情况,则应从热负荷最高处或水循环不良处割取;若为分段蒸发的锅炉,则割取的管段应包括盐段、净段炉管在内。

(3)对割取的管段应做好标记,贴好标签,准确标明管段在炉膛内所在的位置、标高、向火面、背火面及水流方向,然后送交化学检测人员。

9-42 更换水冷壁管的一般步骤及注意事项是什么?

答:水冷壁蠕胀、磨损、腐蚀、外部损伤产生超标缺陷或运行中发生泄漏时,均需要更换水冷壁管。换管步骤如下:

(1)确定水冷壁管的泄漏位置或超标缺陷位置,并检查周围的管子有无因泄漏造成的其他冲刷受损的管子。

(2)根据泄漏位置拆除炉墙外部保温,并根据需要搭设脚手架或检修吊篮。

(3)划线切管,注意在割鳍片管时不要割伤管子本身。

(4)领取质量合格的管子,按测量好的尺寸下料,分别制好两端坡口,两端破口可留 2mm 的间隙。

(5)对接焊口,应采用全氩弧焊接或氩弧打底,电焊盖面。焊接鳍片间密封时要用与母材相符的焊条。焊接时,不可单面焊,断焊不可留有孔洞或锯齿,更不能咬伤管子母材,以免影响寿命。

(6)焊口质量检验,合格后上水进行水压试验,水压试验合格后恢复炉墙外保温。

在水冷壁换管过程中,必须十分注意防止铁渣或工具掉进水冷壁管内,最好采取即割即封的方法加以封堵。一旦掉入东西,应及时汇报和采取措施,设法将掉入的东西取出,避免运行中造成管子过热爆管。

9-43 水冷壁发生磨损的部位在检修中应怎样处理?

答:检修中应仔细检查易发生磨损的部位,检查防磨结构、部件是否损坏,如损坏则及时修复。若检查发现水冷壁管磨损严重,则要查找原因,予以清除。当磨损超过管壁厚度的 1/3 时,应更换新管。

9-44 何谓省煤器"翻身"做法？

答：为了节省检修费用，允许利用管排钢材的使用价值，检修中可采用一种省煤器"翻身"的做法，即将省煤器蛇形管整排拆出，经过详细检查后，再"翻身"装回去，使已磨薄的半个圆周处于烟气流的背面，而未经磨损、基本完整的半圆周处于烟气流正面，承受磨损。这样，翻身后的管子又可使用相当于第一个周期的 60%～80%的时间，既保证了设备的健康水平，又节省了钢材。

9-45 集箱找水平如何测量？

答：集箱找水平一般用 U 形管水平仪进行测量。

9-46 高温段过热器出口集箱、减温器集箱、集汽集箱在大修中应重点检查什么？

答：大修中应根据金属监督工作的安排，对高温过热器出口集箱、减温器集箱、集汽集箱进行仔细的检查，特别要注意检查表面裂纹和孔洞周围处有无裂纹，必要时进行无损探伤。若发现裂纹，则要进行返修处理。运行多年后，应有计划地割开检查孔堵头，检查集箱内部是否清洁，有无杂物或氧化物堆积，集箱内部腐蚀是否严重，疏水管是否畅通。同时，还要测量集箱的弯曲度，集箱允许的弯曲度一般在 3/1000 以下，若发现类集箱弯曲变形严重，则要查找原因并消除。

9-47 锅炉受热面集箱更换后应符合什么要求？

答：（1）集箱的支座和吊环在接触角 90°内，圆弧应混合，接触良好，个别间隙不大于 2mm。

（2）支座与横梁接触应平整、严密。支座的预留膨胀间隙应足够，方向应正确。

（3）吊挂装置的吊耳、吊杆、吊板和销轴等的连接应牢固，焊接工艺应符合设计要求。吊杆紧固应注意负荷分配均匀。

（4）膨胀指示器应安装牢固、布置合理、指示正确。

（5）集箱的安装允许误差为：标高±5mm，水平 3mm，相互距离±5mm。

9-48 若受热面蛇形管发生泄漏，在紧急情况下可采用什么方法进行处理？

答：若受热面蛇形管发生泄漏，在紧急情况下可采用走短路换管的办法进行临时处理。

9-49 根据高温过热器氧化皮的厚度，应进行哪些必要的检查？

答：高温过热器氧化皮的厚度超过 0.3～0.4mm 时，应作覆膜金相的检查，确定珠光体球化等级；氧化皮厚度超过 0.6～0.7mm 时，应割管作金相检查，氧化裂纹深度超过 3～5 个晶粒者，应换管。

9-50 怎样通过过热器管子外表面颜色及氧化皮层判断其氧化程度？

答：若过热器管子外表面呈紫红色，则表明管子运行中发生了氧化；若外表产生氧化皮层，且脱落后呈暗灰色并夹杂亮点，则表明管子运行中超温或严重超温，发生了氧化与脱碳。

9-51 锅炉受热面管子弯管时对椭圆度有什么要求？

答：弯曲半径 $R<2.5D_w$（管子外径）时，椭圆度不应超过 12%；弯曲半径 R 为 $(2.5～4)$ D_w 时，椭圆度不应超过 10%；弯曲半径 $R>4D_w$ 时，椭圆度不应超过 8%。

9-52 如何计算管子的椭圆度？

答：管子椭圆度＝（最大外径－最小外径）/公称外径。

9-53 管子热弯时对弯曲半径有什么要求？

答：管子热弯时，弯曲半径不得小于管子外径的 3.5 倍。

9-54 做管子的通球试验时对选用的钢球有什么要求？

答：选用钢球的直径为管内径的 80%～85%。

9-55 锅炉承压部件更换新管时，对坡口端面偏斜值有什么要求？

答：管子坡口的偏斜值应小于 1mm，最大不允许超过 1.5mm。

9-56 大修中要对过热器和再热器进行全面的检修，具体检修项目有哪些？

答：过热器和再热器大修的检修项目如下：

(1) 清扫管子外壁积灰。

(2) 检查管子的磨损、胀粗、弯曲变形情况。

(3) 清扫或修理集箱支座。

(4) 打开集箱手孔或割下封头，检查腐蚀结垢情况，清理内部。

(5) 测量温度在 450℃ 以上的蒸汽集箱的蠕胀。

(6) 割管检查，更换少量管子。

(7) 检查修理混合式减温器集箱、进水管和喷嘴。

(8) 表面式减温器抽芯检查或更换减温器管子。

9-57 对受热面管子的焊接接头位置有什么要求？

答：受热面管子的焊接接头位置应符合以下要求：

(1) 焊口不应布置在管子的弯曲部分。

(2) 为便于施焊、探伤、热处理等原因，要求焊缝中心距管子弯曲起点或汽包、集箱外壁及支吊架边缘的距离不小于 70mm。

(3) 两对接焊缝中心间的距离不得小于 150mm，且不得小于管子直径。

9-58 锅炉管道及受热面管子的对接焊缝应避免布置在什么部位？

答：应避免布置在管子的弯曲部位。

9-59 锅炉管道及受热面管子的对接焊缝之间的距离有什么要求？

答：不小于 150mm 且不小于管子外径。

9-60 防磨防爆检查中发现焊口有问题时应标明什么？

答：在防磨防爆检查中发现焊口有问题时，记录上应标明焊口是厂家焊口、安装焊口还是检修焊口。

9-61 焊接管子对口前应做哪些工作？

答：焊接管子对口前，管子端头的坡口及其端部内外壁 10～15mm 范围内均应清除油漆、油、锈、垢等，并打磨至发出金属光泽，以保证焊接质量。

9-62 焊口焊后热处理对任意两点的温差有什么要求？

答：任意两点的温差不得超过 50 ℃。

9-63 组合焊件时应避免什么？

答：组合焊件时，不得强力对正，以免引起焊口的附加应力。

9-64 对 V 形坡口管端有什么要求？

答：V 形坡口管端应加工成 30°～45°的斜边。

9-65 管子对口焊接前对坡口表面有什么要求？

答：管子端头的坡口及其端部内外壁 10～15mm 范围内均应清除油漆、油、锈、垢等，并打磨至发出金属光泽，以保证焊接质量。

9-66 对受热面管子的对接焊缝进行热处理的目的是什么？

答：(1) 减小焊接所产生的残余应力。

(2) 改善焊接接头的金相组织和机械性能。

(3) 防止变形。

(4) 提高高温蠕变强度。

9-67 大小修停炉冷态时，对各部位膨胀指示器应校对什么？

答： 应校对零位。

9-68 为什么要作超温记录？

答： 任何金属材料的受热面都有一个极限使用温度。当金属的实际壁温超过允许温度时，金属的组织性能就会发生很大的变化，从而加速并导致承压部件的损坏。因此，主蒸汽管道、集箱、过热器、再热器等高温部件都要做好超温记录，统计超温时间以及超过允许温度的最高温度，从而对管子的寿命进行监督。

9-69 锅炉为什么要进行水压试验？

答： 对于新装和大修后的锅炉，受热面、汽水管道的连接焊口成千上万，管道材料不可能完全合乎标准，各个汽水阀门的填料、盘根等也需作动态检验。因此，在机组热态运行前，需要对系统进行冷态的水压试验，以检验各承压部件的强度和严密性，然后根据水压试验时发生的渗漏、变形和损坏情况，查找到承压部件的缺陷并及时加以处理。

9-70 水压试验分为哪几种？

答： 水压试验分为工作压力的水压试验和超水压试验两种。

9-71 水压试验的试验压力和合格的标准是什么？

答： 水压试验的压力规定值如下：

(1) 汽包炉的试验压力为其汽包额定工作压力的 1.25 倍。

(2) 直流炉的试验压力为过热器出口集箱压力的 1.25 倍。

(3) 再热器的试验压力为工作压力的 1.5 倍。

(4) 工作压力的水压试验压力值等于其工作压力。

水压试验合格的标准如下：

(1) 压力达到试验压力后，关闭上水门或停止给水泵运行，压力可保持 5min 不下降。

(2) 保持工作压力进行检查，所有焊口、法兰无渗水和漏水现象。

(3) 试验结束后，所有承压部件无残余变形。

9-72 锅炉在什么情况下需要做超压试验？

答：（1）运行中的锅炉，每六年应进行一次。

（2）安装或迁装后的锅炉。

（3）停炉一年以上的锅炉投运之前。

（4）水冷壁管或炉管拆换总数达 50％以上时。

（5）过热器管或省煤器管全部更换时。

（6）部分更换承压部件的钢板时。

（7）除受热面管子外，锅炉承压部件在焊接或进行较大面积的焊补以后。

（8）汽包、过热器集箱或水冷壁集箱经过更换后。

（9）根据具体情况，需要进行超水压试验时。

9-73 汽包检修质量不好对锅炉有什么影响？

答：汽包检修质量不好会影响水循环、蒸汽品质和锅炉安全。

9-74 检修汽包时应注意什么？

答：（1）彻底除垢并检查有无垢下腐蚀。

（2）保证清洗板水平，防止清洗水层破坏，保证蒸汽品质。

（3）保证旋风分离器进口法兰接合面的严密性，防止汽水混合物短路。

（4）严格避免杂物落入下降管。

（5）检查预焊件焊口。

（6）认真检查汽包的环焊缝、纵焊缝、下降管座焊口和人孔加强圈焊口有无裂纹。

9-75 汽包在大修中的检修项目是什么？

答：汽包在大修中的检修项目如下：

（1）检查和清理汽包内部的腐蚀与结垢。

（2）检查汽水分离等装置的严密性，拆下汽水分离器进行清洗和修理。

（3）检查并清理水位表连通管、压力表管接头后加药管。

（4）检查清理活动支吊架，测量汽包倾斜和弯曲。

（5）检查水位指示计的准确性。

（6）根据金属监督的安排，拆保温层，检查环焊缝、纵焊缝、集中下降管管座焊缝和人孔加强圈焊缝等。

9-76 汽包检修常用的工具和材料有哪些？

答：汽包检修常用的工具有手锤、钢丝刷、扫帚、锉刀、錾子、刮刀、活扳手、风扇、12V行灯和小撬棍等，常用的材料有螺栓、黑铅粉、棉纱、砂布、人孔门垫片和煤油等。常用的其他物品还有开汽包人孔门专用的专用扳手、吹灰用的胶皮管和盖孔用的胶皮垫。

9-77 汽包内使用的电源有哪些要求？

答：（1）汽包内禁止放置电压超过24V的电动机，电压超过24V的电动机只能放在汽包外。

（2）行灯电压不允许超过36V，在汽包内工作时，行灯电压不允许超过12V。

9-78 汽包检修工作完毕后应做什么？

答：汽包检修工作结束后，工作负责人应清点人员和工具，检查确实无人和工具留在汽包内后方可关闭人孔门。

9-79 汽包的弯曲度和倾斜度应在什么时间测量？

答：应在大修中测量。

9-80 汽包的弯曲度是怎样规定的？

答：汽包弯曲度的最大允许值为长度的0.2%，且全长偏差不大于15mm。

9-81 检查汽包弯曲度时可利用什么进行判断？

答：检查汽包弯曲度时，可利用汽包的膨胀指示进行判断。

9-82 对汽包和人孔门盖的接触面有何要求？

答：汽包和人孔门的接触面应平整，两接触面要有2/3以上的面积吻合。

9-83 汽包炉在水压试验及启停过程中有何要求？

答：进行锅炉水压试验时，为防止锅炉脆性破坏，水温不应低于锅炉制造厂所规定的水压试验温度。在启动、运行和停炉过程中，要严格控制汽包壁温度上升或下降的速度。高压炉不应超过60℃/h，中压炉不应超过90℃/h，同时，尽可能使温度均匀变化。对已投入运行的、有较大超标缺陷的汽包，其温升、温降速度还应适当降低，尽量减少启停次数，必要时可视具体情况，缩短检查的间隔时间或降参数运行。

9-84 盐酸化学清洗锅炉的步骤是什么？

答：①系统试验、清水冲洗；②碱洗；③水顶碱冲洗；④酸洗；⑤清水顶酸冲洗和漂洗；⑥钝化；⑦酸洗废液处理。

9-85 检修时不允许在构架上做哪些工作？

答：检修时，现场的立柱、横梁、梯子、平台不得随便切割、挖洞、延长和缩短。若更换受热面时确需割断部分平台梯子及护栏，则应经安全和技术部门审批，并做好相应的安全措施，检修结束后立即恢复。

9-86 如何进行锅炉水压试验？

答：锅炉水压试验的步骤如下：

（1）检查汽水系统，无影响水压试验的问题。记录膨胀指示器数据。

（2）上水冲洗汽水系统。注意上水温度不应高于80℃，水温与过热器壁温的温差不能大于50℃。

（3）上水。密切监视空气阀冒气、水的情况，冒水后及时关闭空气。如不冒气或冒水，应及时检查排空管是否堵塞，并记录上水后膨胀指示器数据。

（4）升压。应均匀缓慢，控制升压速度不大于$0.2\sim0.3$MPa/min。达到工作压力后应暂停升压，工作压力的水压试验完成。此时，应对承压部件进行全面检查，确认无异常后方可继续升压，做超水压试验。

（5）超水压试验。在工作压力的水压试验基础上继续升压。应注意：①安全阀应暂时解列；②水位计退出试验系统；③升压速度不大于0.1 MPa/min。

（6）降压。检查结束后，按照$0.3\sim0.5$MPa/min的速度降压到零，并打开空气阀、疏水阀和放水阀，将炉水放尽。

9-87 如何进行再热器水压试验？

答：首先，在汽轮机高压缸出口蒸汽管上加装打压堵阀，然后在汽轮机允许的情况下用再热器冷段事故喷水或减温水给再热器上水。上水前，应关闭汽轮机中压缸入口电动阀和再热器疏水阀，打开再热器空气阀（见水后关闭）。当压力升到1MPa时暂停升压，并通知有关人员进行检查，无问题后继续升压直至额定，期间应严防超压。检查完毕后，应按照规定的压降速度降压到零，并打开空气阀及疏水阀，放尽炉水。

9-88 为什么要对大修后的锅炉进行漏风试验？

答：锅炉本体的漏风会造成锅炉的出力下降、排烟量及排烟热损失增大、热效率降低，底部漏风严重时，会影响炉内燃烧工况，出现结渣和掉焦等不安全情况，因此必须对大修后的锅炉进行漏风试验。

9-89　锅炉的漏风试验应具备什么条件?

答：锅炉的漏风试验应具备以下条件：

(1) 锅炉本体安装结束，烟、风道工作完成，各部保温未装设。

(2) 引风机、送风机及回转式空气预热器分部试运合格。

(3) 与漏风试验有关的风门挡板调试合格。

(4) 本体炉墙及看火孔、检查孔、人孔和防爆阀等已严密封闭。底部水封补水试验良好，已可靠密封。

(5) 风烟系统及除尘器等所有人孔和防爆阀已封闭，各部水封已完好投运。

(6) 炉膛负压表计已正确投运。

9-90　如何进行锅炉的漏风试验?

答：对于具备漏风试验条件的锅炉，试验前需启动引风机、送风机，调整维持炉膛负压在 $+50\sim+200$Pa 的工况下运行。

9-91　怎样做好锅炉受热面管子的监督工作?

答：(1) 安装和检修换管时，要鉴定钢管的钢种，以保证不错用钢材。

(2) 检修时，应有专人检查锅炉受热面管子有无变形磨损、刮伤、鼓包胀粗及表面裂纹等情况，发现问题要及时处理，并作记录。当合金钢管的外径胀粗 $\geqslant2.5\%$，碳钢管的外径胀粗 $\geqslant3.5\%$，表面有纵向的氧化微裂纹，管壁明显减薄或严重石墨化时，应及时更换管子。

(3) 选择具有代表性的锅炉，在壁温最高处设监督管定期取样，检查壁厚、管径、组织碳化物和机械性能的变化。

9-92　高压管道的对口有什么要求?

答：(1) 高压管道焊缝不允许布置在管道弯曲部分：①对接焊缝中心线距管道弯曲起点或距汽包集箱的外壁及支吊架边缘至少 70mm；②管道上对接焊缝中心线与管道弯曲起点的距离不得小于管子外径，且不得小于 100mm，其与支架边缘的距离则至少为 70mm；③两对接焊缝中心线间的距离不得小于 150mm，且不得小于管道的直径。

(2) 凡合金钢管道，在组合前均须经光谱或滴定分析检验，以鉴别其钢号。

(3) 除设计规定的冷拉焊口外，组合焊件时不得用强力对正，以免引起附加应力。

(4) 管道对口的加工必须符合设计图纸或技术要求，管口平面应垂直于管道中心，其偏差值不应超过 1mm。

（5）管端及坡口的加工以采取机械加工方法为宜，如用气割粗割再作机械加工。

（6）管道对口端头的坡口面及内外壁 20mm 内应清除油、漆、垢、锈等至发出金属光泽。

（7）对口中心线的偏值不应超过 1/200mm。

（8）管道对口找正后，应点焊固定，即根据管径大小对称点焊 2～4 处，长度为 10～20mm。

（9）对口两侧各 1m 处设置支架，管口两端堵死，以防穿堂风。

9-93　简述受热面管子的清扫方法。

答：受热面的清扫一般是用压缩空气吹掉浮灰和脆性的硬灰壳，而对粘在受热面管子上吹不掉的灰垢，则用刮刀、钢丝刷、钢丝布等工具来清除。

9-94　受热面管子清扫后应达到什么要求？

答：要求个别管子的浮灰积垢厚度不超过 0.3mm，通常用手锤敲打管子，不落灰即为合格。对不便清扫的个别管子外壁，其硬质灰垢的面积不应超过总面积的 1/5。

9-95　管子的胀粗一般发生在哪些部位？

答：一般发生在过热器、再热器高温烟气区域的管排上，特别是烟气入口的头几排管子，以及管内蒸汽冷却不足的管子。水冷壁管也有可能发生胀粗。

9-96　检查管子磨损时重点应放在什么区域？

答：重点应放在磨损严重的区域，必须逐根进行检查，特别注意管子弯头部位，顺列布置的管束要注意烟气入口处第 3～5 排管子，错列布置的管束要注意烟气入口处第 1～3 排的管子。

9-97　管子磨损的判废标准是什么？

答：对于省煤器、水冷壁管，磨损超过管壁厚度的 1/3 时应判废；对于过热器、再热器管子，磨损超过管壁厚度的 1/4 时应判废。

9-98　弯管椭圆度的两种表示方法是什么？

答：（1）用毫米表示：最大直径—最小直径。

（2）用百分数表示：（最大直径—最小直径）/原有直径×100%。

第十章　故障分析及处理

10-1　提高自然循环锅炉水循环安全性的措施有哪些？

答：（1）减少并联管子的吸热不均。循环回路中，并联上升的吸热不均是造成水冷壁事故的主要原因，如果把并联的上升管分成几个独立的循环回路，每一个回路有单独的下降管和集箱，可减小每个回路吸热不均。在截面为矩形的炉膛中，可把炉角上的 1～2 根管子去掉或设计成八角形炉膛。

（2）减小汽水集管和下降管中的流动阻力，如增加管子的流通面积、采用大直径、减小管子的长度和弯头数量等。同时，减少下降管带汽也可降低下降管流动阻力，因为下降管带汽会减小回路的运动压头，降低水循环安全性。

（3）对于大容量锅炉，不应采用直径过小的上升管，以防止上升管出口含汽率过高而造成第二次传热危机。

10-2　造成水循环失常的原因有哪些？

答：（1）由于受热不均，使并联管组中各个管运动压头不同，从而造成循环停滞或循环倒流，与结构及运行情况有关。

（2）由于负荷波动引起压力急剧变化，影响下降管与上升管压差的负向变化，造成循环减弱。

（3）由于浇灰水故障或用水打焦等原因，使受热面局部急剧冷却，水循环停滞而易造成爆管。

（4）汽包水位降低或下降，管入口处产生漩涡，造成下降管带汽，影响水循环。

（5）循环回路中个别管子由于焊接或杂物造成阻力过大，此管循环破坏。

（6）排污操作不正确。

（7）汽水分层发生在比较水平的管内或循环流速过低，当水循环失常时，连续流经蒸发管内壁的水膜受到破坏，管子得不到足够的冷却而过热，造成鼓包或爆管。

10-3　汽包水位过低时有何危害？

答：汽包水位过低时，可能引起锅炉水循环破坏，使水冷壁的安全受到威胁。严重缺水时，如果处理不当，很可能造成炉管爆破等恶性事故，给人民生命和国家财产带来严重损害。因此，汽包正常水位（即 0 位）一般是在汽包中心线以下 50～150mm，其正常负荷变化范围为±50mm，最大不超过±75mm。

10-4　锅炉负荷变动时对锅炉内部有哪些影响？

答：锅炉运行中，由于外界用电量和用汽量经常变动，锅炉的负荷（即蒸发量）也是在一定范围内变动的，因此，燃料的消耗量、炉内辐射传热和对流传热、锅炉燃烧、蒸汽温度、蒸汽压力、给水流量也经常随负荷的变动而发生变化，这对锅炉的热效率和负荷分配，以及锅炉的安全性和经济性都有很大影响。

10-5　运行中的锅炉机组可能发生哪些严重事故？

答：（1）锅炉水位事故，包括缺水、满水和汽水共腾等。

（2）锅炉燃烧事故，包括炉膛灭火和烟道再燃烧。

（3）转动机械事故，全部引风机或送风机或排粉机故障、跳闸或停电、给粉机及直吹式制粉系统给煤故障。

（4）锅炉汽水管损坏事故，包括水冷壁管爆破、过热器和再热器管损坏、省煤器管损坏。

（5）锅炉负荷骤减事故。

（6）厂用电中断事故。

（7）制粉系统的故障。

10-6　强化燃烧的手段有哪些？

答：①提高空气预热温度；②限制一次风的数量；③合理送入二次风；④选择适当的气流速度；⑤选择适当的煤粉细度；⑥在着火区保持高温；⑦在强化着火阶段的同时，必须强化燃烧阶段本身。

10-7　燃料在炉内燃烧会产生哪些派生问题？

答：①受热面的积灰和结渣；②污染物，如氧化氮（NO_x）等的生成；③受热面外壁的高温腐蚀；④蒸发段水动力工况的安全性；⑤火焰在炉膛内的充满程度。

10-8　保证燃料在炉内完全燃烧的条件有哪些？

答：①保证着火的及时和稳定；②控制好燃烧速度，并保证燃料在炉内有足够的燃烧时间。稳定着火是燃烧过程的良好开端，成分燃尽是实现锅炉经济燃烧的关键。

10-9 受热面管内结垢有什么危害？

答：①影响传热，降低锅炉热效率，浪费燃料；②引起金属受热面过热，损坏设备，缩短使用寿命；③破坏正常的锅炉水循环；④产生垢下腐蚀。

10-10 锅炉结渣的成因是什么？影响结渣的因素有哪些？

答：（1）受热面的结渣发生于呈熔融态的灰粒与壁面的碰撞。产生结渣的基本条件有两个：①灰粒与壁面碰撞；②灰粒在碰撞壁面时呈熔融态，能够黏附在壁面上。炉膛火焰中心的温度一般很高，有相当一部分灰粒呈熔融或半熔融状态，而近炉壁区域温度较低。炉内的煤粉及灰粒随气流运动，或从气流中分离出来。分离过程中，颗粒的温度会随它从高温区域到达壁面的速度和周围温度而改变。如果存在足够的冷却，则在与壁面碰撞前原呈熔融状态的颗粒会重新固化，失去黏附能力，不产生结渣；反之，如果没有得到充分冷却，颗粒仍呈熔融或半熔融状态，就会结渣。

（2）锅炉结渣与煤质特性，炉内温度场、速度场，煤粉或者说灰粒的粒度密切相关。炉内气流的贴壁冲墙既影响燃烧过程，又会促进颗粒与壁面的碰撞；气流速度与流向的突变，促使颗粒从气流中分离出去，增加与壁面碰撞的机会。在相同的流动状态下，气流中越粗、越重的颗粒越容易分离出去，碰撞壁面的机会也更多。因此，在煤粉炉中都需要进行空气动力场试验，通过调整各喷嘴出口风速、风量来保证气流不贴壁冲墙；保证在近壁区域的速度梯度是小的。如果空气动力场、煤炭燃烧特性、炉内受热面吸热能力三者所决定的炉内温度场是高温区域与壁面有一定距离，近壁面区域温度较低，则从气流中分离的颗粒就具有被冷却固化的较大可能性，产生结渣的可能就小。当然，结渣还与分离颗粒在此区域的停留时间（即运动速度）、煤炭灰的熔融特性和灰粒度相关。较大的灰粒比热容大，冷却固化不易。锅炉热负荷增大，炉内总体及近壁面温度水平提高，对灰粒的冷却能力随之减弱，容易导致结渣。受热面的清洁程度影响近壁面温度水平，从而容易导致结渣。煤炭灰的熔融特性与煤粉细度、煤炭的偏析度、煤炭的燃烧特性、煤炭灰的组成和炉内燃烧气氛等有关。氧化性气氛下熔融温度高，还原性气氛下熔融温度低，因此炉内燃烧的组织及过量空气系数也影响结渣。

10-11 燃煤锅炉的积灰和结渣对锅炉运行有何危害？

答：①恶化传热，加剧结渣过程；②换热量减少，出口烟温升高，热偏差增大；③水冷壁结渣、积灰较多时，易造成高温腐蚀；④降低锅炉效率；⑤结渣严重时，大块渣落下易砸坏水冷壁，造成恶性事故。

10-12 如何防止受热面结渣？

答：(1) 布置足够多的受热面以充分冷却烟气，使贴近受热面的烟温降低到灰的熔点以下，防止产生贴壁"熔渣"现象。

(2) 组织好炉内空气动力工况，保证火焰不直接冲刷受热面，即产生所谓的"飞边"、"冲墙"现象。

(3) 尽可能燃用灰熔点温度较高的煤种，或采用其他措施设法提高灰熔点。

10-13 锅炉受热面有哪几种腐蚀？如何防止受热面的高低温腐蚀？

答：(1) 锅炉受热面腐蚀有高温腐蚀和低温腐蚀两种。

(2) 防止受热面高温腐蚀的措施：控制好过热器、再热器出口汽温，定期吹灰；防止受热面低温腐蚀的措施：利用暖风器或热风再循环，适当提高进入预热器的冷空气温度。

10-14 燃煤锅炉管式空气预热器的哪些部位最易磨损？

答：管式空气预热器磨损最严重的部位是在管道入口$(1.5\sim2.0)d$，其中d为管径。这是由于烟气从较大截面平行气流突然流入多个较小截面，使烟气流出现收缩和膨胀的结果。

10-15 什么是超温和过热？

答：超温是指锅炉运行中，由于调整不当而使过热器管温度超过允许温度。过热的含义与超温相同。超温是对运行而言，过热则对爆管而言。超温是过热的原因，过热是超温的结果。

10-16 超温和过热对锅炉钢管寿命有何影响？

答：超温运行会使钢管寿命明显缩短。严重超温时，钢管在内部介质的压力作用下会很快发生爆裂。

10-17 受热面管子长期过热爆管时爆口有何特征？

答：长期过热爆管是在超温幅度不太大的情况下，在应力作用下管子发生较快的蠕变直到破裂的过程。其爆口形貌表现为：爆破前管径已胀粗很多，胀粗的范围也较大，金属组织变化，破口并不太大，断裂面粗糙不平整，边钝不锋利，破口附近有众多平行于破口的轴向裂纹，管子外表出现一层较厚、较脆和易剥落的氧化皮。

10-18　受热面管子短期过热爆管时爆口有何特征?

答: 短期过热爆管是在极大幅度超温的情况下,受应力作用管子局部胀粗速度非常快,如同高温拉伸一样,直到爆破的过程,多发生在炉内直接和火焰接触或直接受辐射热的管子上。其爆口形貌表现为:破口附近管子胀粗较大,破口张嘴很大,呈喇叭状,破口边缘锐利减薄较多,断裂面光滑,破口两边呈撕薄撕裂状,在水冷壁管的短期过热爆管破口内壁,由于爆管时管内汽水混合物急速冲击而显得十分光洁,并且短期过热爆管的管子外壁一般呈蓝黑色。

10-19　如何判断锅炉"四管"泄漏?

答: 判断锅炉"四管"泄漏的方法有:

(1)仪表分析。根据给水流量、主蒸汽流量、炉膛及烟道各段温度、各段汽温、壁温、省煤器水温和空气预热器风温、炉膛负压、引风机调节挡板开度、电流等的变化及减温水流量的变化综合分析。

(2)就地巡回检查。泄漏处有不正常的响声,有时有汽水外冒;省煤器泄漏,省煤器灰斗处有灰水流出;泄漏处局部正压。

(3)炉膛部分泄漏,燃烧不稳,有时会造成灭火。

(4)锅炉烟气量增加。

(5)再热器管泄漏时,机组负荷下降(在等量的主蒸汽流量下)。

10-20　什么是锅炉低温对流受热面的低温腐蚀?

答: 燃料中的硫分燃烧后会产生二氧化硫,其中一小部分还会生成三氧化硫,与烟气中的水蒸气形成硫酸蒸气。当受热面壁温低于硫酸蒸气的露点时,就会凝结在壁面上腐蚀受热面。另外,二氧化硫直接溶于水,当壁温达到水露点,遇水蒸气凝结会生成亚硫酸,从而对金属产生腐蚀。低温受热面的腐蚀与低温粘灰是相互促进的。

10-21　防止低温腐蚀的措施有哪些?

答: (1)提高预热器入口风温,可采用热风再循环或加装暖风器的方法来实现。

(2)采用高温低氧的燃烧方式,减少 SO_3 的生成。

(3)人为地划分出空气预热器的冷端,便于检修时及时更换。

(4)空气预热器的"冷端"采用耐腐蚀材料,如瓷套管等。

10-22　水冷壁管爆破的原因有哪些?

答: ①管内结垢和腐蚀;②管外磨损和腐蚀;③锅炉缺水时处理错误;

④锅炉启动方式不当；⑤锅炉水循环失常；⑥锅炉结焦、掉焦而损坏水冷壁；⑦吹灰角度不对；⑧安装或检修质量不良。

10-23　水冷壁发生磨损的原因有哪些？通常发生在哪些部位？

答：灰粒、煤粉气流、漏风或吹灰器工作不正常而发生的冲刷及直流喷燃器切圆偏斜均会导致水冷壁的磨损。水冷壁管子的磨损常常发生在喷燃器喷口、三次风喷口、观察孔、炉膛出口处的对流管和冷灰斗斜坡水冷壁管等处。

10-24　如何预防水冷壁管爆破？

答：（1）保证给水和炉水的品质合格。

（2）汽包水位计应保持完好，定期冲洗，保持清晰、准确。

（3）汽包水位应保持稳定，水位低于极限值的应立即停炉。

（4）分段蒸发锅炉，应特别注意盐段水循环的可靠性。盐净段之间的水位差不能过大。

（5）炉膛喷燃器必须对称运行，保持炉膛火焰中心，避免锅炉长时间低负荷运行。

（6）保持锅炉汽压稳定，不能猛升猛降。

（7）加强燃烧调整，防止水冷壁结焦，结焦后应及时清除。

（8）应按规定对每一循环回路进行定期排污。

（9）为了检查管子内部有无结垢腐蚀情况，停炉时应选择热负荷最大的部位进行割管检查。

（10）防止水冷壁垢下腐蚀。

10-25　过热器与再热器常见的损坏形式有哪些？

答：过热器与再热器常见的损坏形式为超温过热、蠕胀爆管及磨损。

10-26　过热器损坏的原因有哪些？

答：（1）过热器各管间蒸汽流量分配不均，有的管子壁温长期超过设计值，使金属组织发生变化而造成损坏。

（2）燃烧调整不当，使过热器管壁温度经常波动或严重超温。如锅炉升火时，赶压过快或发生热偏差造成过热器超温等，都可引起管子的胀粗和爆裂。

（3）过热器管卡子未固定牢，使卡子与管子长期摩擦而损坏。

（4）内、外部腐蚀及机械损伤等。

（5）由于结焦和积灰等原因堵塞了部分烟道，使未堵部分烟气流速加快，磨穿管子。

(6) 管子本身缺陷，如裂纹、重皮和壁厚差超过规定标准等。

(7) 安装和检修质量不好，如错用钢材、焊接质量不良，甚至油杂物落进过热器管子内造成堵塞。

(8) 蒸汽品质差，过热器管内结垢。

(9) 燃料中的硫、钒、钾、钠等有害元素对过热器产生高温腐蚀，使管子损坏。

(10) 吹灰器安装的角度或使用不当而吹坏过热器管。过热器的损坏，主要是由于管壁温度过高，金属过热变软，在蒸汽压力的作用下管子直径胀粗，然后在胀粗处发生爆破，裂缝的大小随着壁温的升高而增大。爆裂后，蒸汽从裂缝处以很高的速度喷入烟道，还会吹坏邻近的一些管子。

10-27 如何预防过热器管爆破？

答：(1) 锅炉点火或停炉过程中，应及时开启过热器疏水阀或向空排汽阀，使过热器得到充分冷却。

(2) 在锅炉点火时，应严格按照规程控制升压速度，避免过热器管壁温度急剧升高。

(3) 点火期间，应控制过热器出口蒸汽温度低于额定值。

(4) 调整好燃烧中心，保持稳定的蒸汽温度，严禁过热蒸汽温度超过规程的允许值运行。

(5) 注意减温系统的正常运行，防止因减温器工作不良而引起过热器管过热或结垢。

(6) 检修中应对过热器进行详细检查，发现问题及时消除。

(7) 保持良好的炉水和蒸汽品质，以防过热器结垢。

(8) 认真做好停炉防腐保养。

10-28 过热器管为什么会发生外部腐蚀？

答：过热器的腐蚀是指在高温烟气条件下外部金属的腐蚀。金属在炉烟和空气的作用下发生烟气腐蚀，其表面形成氧化膜或氧化皮，这种氧化膜在达到一定温度之前可以防止氧化过程的继续发展，起到暂时保护金属的作用，但在高温情况下腐蚀过程就加剧了，特别是在燃用多硫燃料的锅炉上，腐蚀更为剧烈。

10-29 过热器的哪些部位最容易发生腐蚀？

答：蛇形管的弯头、集箱焊接部分和焊缝区等，都是最大的腐蚀区段。

这些地方由于冷加工或热加工后具有最大应力，虽然经过处理，但还存在残余应力，加上表面粗糙、壁厚变形、停炉时弯头积水等，因此最容易腐蚀损坏。

10-30　影响省煤器飞灰磨损的主要因素有哪些?

答：高速烟气流携带飞灰对省煤器产生磨损，是省煤器在运行中遇到的主要问题之一。影响磨损的主要因素有：①烟气的流动速度；②气流的运动方向；③管壁的材料和管壁温度；④灰粒的特性；⑤管束的排列和冲刷方式；⑥烟气的化学成分；⑦烟气走廊的设计和安装；⑧运行调整因素。

10-31　减少和防止省煤器磨损的措施有哪些?

答：①合理选择烟气流速；②安装管排防磨装置；③采用鳍片管、膜式管和螺旋肋片管式等新型省煤器；④设计和安装合理的烟气走廊，转弯处加装导向板，烟气走廊入口加装梳形板和护瓦等；⑤加强运行调整，合理调配过剩空气量，维护烟道严密性，减少漏风。

10-32　省煤器管损坏的原因有哪些?

答：①由于给水温度变化频繁，金属疲劳发生裂纹而爆管；②管子内、外壁腐蚀；③由于管材或管子焊口质量不良而引起爆管；④飞灰对管子的磨损，使管壁变薄而爆破。

10-33　如何预防省煤器管爆破?

答：(1) 运行中应尽可能保持给水流量和温度的稳定，避免给水猛增猛减。

(2) 点火时应及时开启和关闭省煤器再循环门。

(3) 运行中发现省煤器两侧烟气温差增大时，应查明原因，若省煤器管发生泄漏，则应尽快停炉处理，以免吹损其他管子。

(4) 保持合格的给水品质，防止省煤器管腐蚀。

(5) 严格执行焊工考试制度和打钢印制度。对原制造厂的焊口，应查明原割试样检验证书，发现焊接质量有怀疑时，应割试样检查。

(6) 停炉检修时，应将省煤器内的积水全部放尽、烘干，以防腐蚀。停炉备用时，应认真进行锅炉保养。

(7) 堵塞制粉系统及各处的漏风，以降低烟气速度。

(8) 对于易被磨损的管子，可采取加防磨瓦和防磨涂料等措施。

(9) 停炉检修期间，应对易磨损的省煤器管子进行检查，发现有被磨损严重的管子应及时更换。

10-34　省煤器管为什么会发生腐蚀？

答： 造成省煤器管内部腐蚀的原因，主要是给水中含有腐蚀性气体（如氧气和二氧化碳），设计时虽然考虑并采用了除氧器，但也不可能将给水中的腐蚀性气体完全除去。当省煤器中水的流速很低时，腐蚀性气体就可能从水中分离出来，"停留"在水平的管子上，因此引起内部腐蚀。这种现象多发生在管子的局部，故称为局部腐蚀。如果给水的 pH 值过低，水呈酸性，就会使金属的氧化保护层溶解，从而使腐蚀加快。这种腐蚀发生于省煤器管内所有的金属内壁上，故称为全部腐蚀。

10-35　如何预防省煤器管内壁的腐蚀？

答： 为了预防省煤器管内壁的腐蚀，首先，要保证给水的除氧质量，保持给水中较高的 pH 值；其次，要求省煤器中水的流速不能过低，因此要求非沸腾式省煤器管中水的流速应大于 0.5m/s，沸腾式省煤器管中水速度应大于 1m/s。因为水的流速过低，会增加腐蚀性气体在管壁上停留的机会，促使管壁腐蚀；水的流速较高时，水中气体就容易被水流带走，不至于积聚在管壁上，这就可以减轻腐蚀。

10-36　省煤器在什么情况下应考虑结构改进？

答： 省煤器管子局部磨损速度大于 0.1mm/年的部位必须加防磨瓦，均匀磨损速度大于 0.25mm/年的省煤器应考虑结构改进。

10-37　为什么要对省煤器进行保护？保护的方法有哪些？

答： 汽包锅炉启动时，给水是间断进行的。停止供水时，省煤器会因无连续的冷却而造成管壁超温甚至爆管，所以要对省煤器进行保护。省煤器的保护方法一般有：①再循环管路保护法。从汽包下降管与省煤器入口连接再循环管，使之形成汽包—下降管—再循环管—省煤器—汽包的类似自然循环的回路。②选择合理的出口水温。根据锅炉的容量和压力参数，选择采用沸腾式或非沸腾式省煤器。

10-38　什么是受热面的磨损？

答： 煤粉炉的烟气中带有大量的飞灰粒子，这些飞灰粒子都具有一定的动能，当烟气冲刷受热面时，飞灰粒子就不断地冲击管壁，每一次冲击，都从管子上削去极其微小的一块金属，这种现象就叫做受热面的磨损。

10-39　受热面的磨损与哪些因素有关？

答： （1）烟速。金属被磨去的数量，正比于灰粒子的动能和单位表面上被冲击的次数。灰粒子的动能正比于烟速的平方，而冲击次数又正比于烟速的一次方，这样，受热面的磨损量就正比于烟速的三次方，即烟速增加一倍，磨损量就增加七倍。为了减轻省煤器的磨损，要求省煤器的烟速不大于 $9m/s$。

（2）烟气中灰粒的浓度。灰分越多，磨损越严重。

（3）气流冲刷受热面的角度。对横向冲刷的第一排管子，磨损最严重的是偏离迎风气流 $30°\sim40°$ 处。

（4）管束排列情况，磨损的轻重和磨损部位都不相同。错列管束较顺列管束严重些，而第二排管束又比其他各排严重些，因为烟气进入管束后流通截面收缩，流速会增加 $30\%\sim40\%$，而且气流方向急剧改变，冲刷作用加强。在以后各排管子上，则因灰粒经前两排碰撞后丧失了大部分动能，磨损减轻。

（5）烟气中灰粒的性质对磨损也有相当的影响。灰粒的重度、硬度、颗粒大小、外形和总灰分及颗粒尺寸的分布都与磨损有关，这些因素都决定于燃料的性质和燃料磨制的加工方式。

10-40　灰对受热面的磨损与烟气流速有什么关系？

答：灰对受热面的磨损与烟气流速的三次方成正比。

10-41　运行中管式空气预热器常见的缺陷有哪些？

答：运行中管式空气预热器常见的缺陷有磨损、烟气侧腐蚀、管子堵灰等。

10-42　空气预热器为什么会发生低温腐蚀？

答：空气预热器的冷端易出现低温腐蚀。受热面的温度低于烟气的露点时，烟气中的水蒸气与燃烧生成的三氧化硫，组合生成硫酸，凝结在受热面上，造成受热面的腐蚀。

10-43　管式空气预热器堵灰的原因有哪些？

答：（1）燃料中的硫分在燃烧后形成二氧化硫及三氧化硫，与烟气中的水蒸气形成硫酸蒸汽。当烟气温度低于酸露点时，大量硫酸蒸汽凝结形成硫酸液。硫酸液的存在与受热面上的积灰化学反应后引起积灰硬化，堵塞管子。

（2）管子里掉进杂物及保温材料等。

（3）烟道内管子漏水。

（4）检修时用水冲洗受热面后尚未干燥便点火运行。

10-44　空气预热器的腐蚀与积灰是如何形成的？有何危害？

答：（1）当燃用含硫量较高的燃料时，生成二氧化硫和三氧化硫气体，与烟气中的水蒸气生成亚硫酸或硫酸蒸汽，在排烟温度低到使受热面壁温低于酸蒸汽露点时，硫酸蒸汽便凝结在受热面上，对金属壁面产生严重腐蚀，称为低温腐蚀。同时，空气预热器除正常积存部分灰分外，酸液体也会黏结烟气中的灰分，越积越多，易产生堵灰。因此，受热面的低温腐蚀和积灰是相互促进的。

（2）低温腐蚀和积灰的后果是易造成受热面的损坏和泄漏。当泄漏不严重时，可以维持运行，但使引风机负荷增加，限制了锅炉出力，严重影响锅炉运行的经济性。另外，积灰使受热面传热效果降低，增加了排烟热损失，使烟气流动阻力增加，甚至造成烟道堵塞，严重时还会降低锅炉出力。

10-45　回转式空气预热器正常运行时电动机过电流的原因是什么？

答：①电动机过载或传动装置故障；②密封过紧或转子弯曲卡涩；③异物进入，卡住空气预热器；④导向或支持轴承损坏。

10-46　回转式空气预热器常见的问题是什么？

答：回转式空气预热器常见的问题主要有漏风和低温腐蚀。回转式空气预热器的漏风主要有密封（轴向、径向和环向密封）漏风和风壳漏风。回转式空气预热器的低温腐蚀是由于烟气中的水蒸气与煤燃烧后生成的三氧化硫结合成硫酸蒸汽进入空气预热器时，与温度较低的受热面金属接触，并可能产生凝结而对金属壁面造成腐蚀。

10-47　回转式空气预热器漏风大的主要原因是什么？

答：回转式空气预热器漏风大的主要原因是预热器变形，引起密封间隙过大。装满蓄热元件的空气预热器转子或静子热态时，由于热端温度高，转子或静子径向膨胀大，转子或静子冷端温度低，径向膨胀小，同时由于中心轴向上膨胀，热端相对膨胀得多，中心部上移多，外缘小，再加上自重下垂，形成蘑菇状变形，以致扇形密封板与转子、静子端面密封间隙和插端外缘比冷端大很多，从而形成三角状的漏风区。冷端则相反，比冷态时减少。

10-48　回转式空气预热器有哪几种密封？扇形板间隙大小有何危害？

答：回转式空气预热器的密封分为径向密封、轴向密封和环向密封。除空气预热器热端密封（属径向密封）的间隙在运行中由泄漏控制系统（LCS）自动调节外，其他密封间隙均在空气预热器投运前由机务人员人工调整到位。密封间隙过大，会使漏风量加大，导致六大风机出力损耗大，机组运行经济性下降；密封间隙过小，不仅会使驱动电动机电流增大，同时易引起空气预热器转子卡涩，威胁空气预热器本身及机组的安全运行。

10-49　如何防止锅炉尾部受热面积灰？

答：（1）定期吹灰。尾部受热面一般都装有吹灰器或吹灰挡板，应有定期吹灰的制度。

（2）提高烟气流速可以减轻积灰，锅炉低负荷时的烟气流速应不小于 $5.5\sim6.5\text{m/s}$。

（3）管式空气预热器和除尘器进出口段的烟道水平部位最容易积灰堵塞，对锅炉运行的影响也很大，因此在停炉检修期间应将这些部位的积灰清除。

10-50　清扫受热面时，对浮灰和脆性的硬灰壳一般采用什么方法？

答：清扫受热面时，对浮灰和脆性的硬灰壳一般采用压缩空气将其清除掉。

10-51　管式空气预热器在管子进口段产生磨损的原因是什么？

答：这是由于烟气从较大截面突然流入多个较小截面，使烟气流出现收缩和膨胀的结果。

10-52　怎样解决管式空气预热器管子的磨损？

答：一般通过加装防磨套管或在管子上部浇灌 50mm 左右的耐火水泥来防止管子的磨损。

10-53　管式空气预热器运行中发生严重振动的危害是什么？怎样消除振动？

答：管式空气预热器在运行中易产生振动和很大的噪声，长时间振动将使管子、风道壁板、各管部焊口等发生断裂，而刺耳的噪声则不利于人的身心健康。解决振动问题的办法是在空气侧介于各个管箱之间都加装一层防振隔板，这层防振隔板把管组交界处的高度和宽度完全隔开，但不要求这层防振隔板本身的一些接缝焊得严密。

10-54　回转式空气预热器转子停转可能由哪些原因造成？如何处理？

答：（1）原因：前几级受热面构件脱落后卡住转子；径向、轴向密封构件脱落后卡住转子；转子受热不均匀，造成变形；上、下轴承损坏；传动装置脱扣或损坏；驱动电动机损坏。

（2）处理方法：传动装置及驱动电动机故障时，应及时投入备用的传动装置并处理故障的装置，投入备用；其他原因造成的空气预热器停转，应停炉处理。

10-55　哪些原因会造成空气预热器下轴承损坏？如何处理？

答：（1）原因：主轴装配不当；下轴承缺油或油系统故障后未及时处理；下轴承润滑油变质，油中进入较多杂质或油的牌号使用不当；轴承受到意外应力。

（2）处理方法：立即停止锅炉运行，关闭风烟挡板，使空气预热器自然冷却。

10-56　巡回检查中如何检查和判断煤粉管道受堵？

答：检查和判断煤粉管道受堵主要从以下几个方面入手：

（1）手摸煤粉管道温度，并与相邻管道比较。运行正常的煤粉管道应是热的或略烫的，如果手摸运行着的煤粉管道不热或与相邻管道比较温度明显低，则应怀疑该煤粉管道受堵。

（2）用阀门钩敲打该管道，并与相邻管道比较。若敲打声音明显沉闷，则基本确定此管道受堵。

（3）检查煤粉喷嘴着火情况。受阻或受堵的燃烧器喷嘴没有火焰或气流强度减弱。检查该喷嘴的火检状况，一般应出现无火检信号或信号不稳、偏弱等。

10-57　润滑油油质变坏的原因是什么？

答：空气、水分、温度和粉尘是造成润滑油油质变坏的主要因素。

（1）油与空气中的氧接触，在一定条件下会发生化学变化，生成有机酸类等氧化物；酸与金属作用后生成的皂化产物，更能加速油的氧化。

（2）温度对油质劣化的影响也很大，当平均温度升高 $10℃$ 时，油的劣化速度就会增加 $1.5 \sim 2$ 倍。油的氧化起始温度为 $60 \sim 70℃$，所以，规程规定润滑油油温不得超过 $60℃$，因为油温越高，油的氧化速度越快。

（3）有些轴承油箱内还装有冷却水管，当水管泄漏时，油水混合能加快油的氧化和胶化，腐蚀金属设备，破坏油的润滑作用。

第三部分

锅炉管阀检修

第十一章　汽水系统管道及特点

11-1　什么叫锅炉汽水管道系统？

答：锅炉的汽水管道系统是指锅炉炉膛外的不受热的管道系统，一般包括给水系统、主蒸汽系统、再热蒸汽系统、减温水系统、疏放水系统。

11-2　主蒸汽管道系统的工作特点是什么？

答：主蒸汽管道系统的工作特点是高汽温、高汽压和大管径，因此都采用含有铬、钼、钒等微量金属元素的合金钢厚壁管道。

11-3　给水系统的作用是什么？

答：给水系统的作用是将水从除氧器经给水泵加压，通过高压加热器升温后送入锅炉省煤器。

11-4　给水管道系统的工作特点是什么？

答：给水管道系统的工作特点是高压力（压力可达 23MPa）、中温度（温度不超过 250℃），因此都采用碳钢厚壁管道。

11-5　疏放水系统的作用是什么？

答：疏放水系统的作用是排除汽包、水冷壁、过热器、省煤器和各种集箱的积水，或设备检修时排出锅内的凝结水，并为减少工质损失而回收。

11-6　高压疏排水系统管道的工作特点是什么？

答：高压疏排水系统管道的工作特点是：正常运行情况下不疏水，其中的蒸汽停滞不动，有时会变成凝结水；疏水时，先排走凝结水，而后排走蒸汽，管壁温度会急剧上升，属于高温高压管道，多采用小直径合金钢管。

11-7　锅炉排污水系统管道的工作特点是什么？

答：锅炉排污水管包括从汽包引出的连续排污管和从水冷壁下集箱引出的定期排污管。高压锅炉的排污管从压力方面看属于高压管，但工作温度不高，同时排污水都有含有水渣和具有一定碱性的炉水，所以这部分管道多采用小直径碳钢管道。

11-8 什么叫管道的公称压力？

答：公称压力是由国家标准规定的，用来表示管道在规定温度下允许承受的以压力等级表示的压力，用符号 PN 表示，单位为 MPa。例如，公称压力为 1.0MPa，则记作 PN1.0MPa。管道所承受的工作压力会随着管道的材料和管内介质温度的不同而变化，同一材料管道的最大允许工作压力是随着介质温度的升高而降低的。

11-9 什么叫管道的公称直径？

答：在实际生产活动中，为了设计、制造和选用管子的方便，国家规定了若干管道元件的名义尺寸作为其计算的内径，称为公称直径。这只是一种名义的计算内径，不是管道的实际内径。在我国，公称直径的范围为 1～4000mm，共分为 54 级。

11-10 管道如何分类？

答：管道有两种分类方法，即按介质分类和按介质温度分类。

11-11 什么叫管件？

答：管件是用来连接管道的各种连接件，包括异径管、三通、弯头、法兰、伸缩节以及焊缝。异径管又叫大小头，是电厂汽水管道连接附件用的重要部件。特别是进口机组，由于长时间运行，阀门底结合面损坏严重，在设备国产化后，阀门与管道连接应用得较多。这种异径管分同心和偏心两种。三通也称丁字弯，主要用来为管道分支，一般分为同径三通和异径三通。弯头又称肘弯，是用来改变管道走向的常用管件。法兰是中低压管道与附件相连的常用管件。伸缩节又称补偿器，是为了补偿由于冷热而引起的管道长度变化而设置的管件。

11-12 管道系统金属监督的范围和任务是什么？

答：（1）管道系统金属监督的范围是：工作温度高于或等于 450℃ 的高位管道和附件，如主蒸汽管道、高位再热器管道、阀门、三通、螺栓等，以及工作压力高于或等于 6MPa 的承压管道和部件，如给水管道、100MPa 以上机组低温再热蒸汽管道。

（2）管道系统金属监督的任务是：做好上述范围内各管道和部件在检修材料和焊接质量方面的监督以及金属化验工作；检查和掌握部件在使用过程中的金属组织变化、性能变化和缺陷发展情况，及时采取防爆、防断、防裂措施，参加事故的调查和原因分析，并提出处理对策。

11-13　给水管道的监督检查内容是什么?

答：对投产运行 5 万 h、工作压力为 10MPa 以上的主给水管道，应对三通、阀门进行宏观检查；对弯头作宏观和厚度检查；对焊缝和应力集中部位进行宏观和无损探伤检查；对阀门后管段进行测厚。200MW 以上机组的给水管道运行 10 万 h 后，应对该管系和支吊架进行检查和调整。

11-14　管道系统的布置原则是什么?

答：管道系统的布置原则包括确定管道走向、管道应力和强度计算、设计热伸长的补偿方法、支吊架的形式和位置、附件安装位置、传动装置形式和操作位置、管道坡度、疏放水和排气位置、检修平台的位置和尺寸等。

11-15　提高钢的耐腐蚀性能的方法有哪些?

答：①在钢中加入铝、锰、硅等；②提高钢的电极电位；③使钢的组织为单相固溶体，以减少微电池数目。

11-16　什么叫短时超温爆管?

答：锅炉受热面管子在运行过程中，由于冷却条件恶化等原因，部分管壁温度在短时间内突然上升，以致达到钢临界点以上的温度，这时钢的抗拉强度急剧下降，管子产生大量塑性变形，管径胀粗，管壁减薄，随后产生剪切断裂而爆破，这就是短时超温爆管。

11-17　钢铁材料中所含的铬、钼、钒、铝元素对其性能有何影响?

答：(1) 铬。铬能提高钢的硬度、弹性和淬透性，特别是耐热性，可降低钢的过热敏感性，略降低塑性，较大地降低抗冲击性。

(2) 钼。钼可增加钢的硬化性，使钢具有更好的机械性能，降低钢的回火脆性和过热敏感性。

(3) 钒。对钢的性能改善最为良好，能同时提高钢的温度、弹性、硬度、热处理工艺性和冲击性。

(4) 铝。可提高钢的耐热性能。

11-18　常见的三通有哪些形式?

答：三通又称丁字弯，一般用于管道分支，按主支管径分为等径三通、异径三通；按分叉交角分为直三通、斜三通和 Y 形三通；按压力等级分为高压、中压和低压三通；按制造特征分为普通焊接式、壁厚加强的各种焊接式、单筋加强式、披肩加强式和蝶式加强式三通，以及由制造厂家提供的锻制三通、热压三通、热拔三通和铸造三通等；按几何形体分为管状三通、小方形三通和球形三通；按连接方式分为法兰三通、焊接三通和丝扣三通；按材质分为碳钢三通和合金钢三通等。

11-19　销的作用是什么？可分为哪几类？

答：销主要用来连接和固定零件或在装配时作定位用。常用的有圆柱销和圆锥销两类。

11-20　螺纹可分为哪几类？各是什么？

答：螺纹按用途分，可分为两大类，即连接螺纹和传动螺纹。常见的连接螺纹有粗牙普通螺纹、细牙普通螺纹和管螺纹三种；常见的传动螺纹为梯形螺纹，有时也用锯齿形螺纹，其目的是用来传递动力和运动。

11-21　碳钢按含碳量如何分类？

答：碳钢按含碳量分类，可分为：①低碳钢，含碳量小于 0.25%；②中碳钢，含碳量为 $0.25\% \sim 0.6\%$；③高碳钢，含碳量大于 0.6%。

11-22　对主蒸汽管道和高温再热蒸汽管道的三通缺陷处理有何要求？

答：（1）有裂纹等严重缺陷时，应及时采取处理措施。

（2）已运行 20 万 h 的铸造三通，其检查周期应缩短到 2 万 h，根据检查结果决定是否采取更换措施。

（3）碳钢和钼钢焊接三通，当发现石墨化达到四级时，应予以更换。

11-23　对主蒸汽管道和高温再热蒸汽管道的弯头缺陷处理有何要求？

答：（1）已运行 20 万 h 的铸造弯头，其检查周期应缩短到 2 万 h，根据检查结果决定是否采取更换措施。

（2）碳钢和钼钢焊接弯头，当发现石墨化达到四级时，应予以更换。

（3）发现外壁有蠕变裂纹时，应予以更换。

11-24　对主蒸汽管道和高温再热蒸汽管道的阀门缺陷处理有何要求？

答：阀门存在裂纹或粘砂、缩孔、折叠、夹渣、漏焊等降低强度和严密性的缺陷时，应及时进行处理和更换。

11-25　根据什么因素选择管道材料？

答：在使用中，应根据输送介质的特性、温度、压力、流量、允许温度降、允许压力降等因素来确定管道的材质、管径的大小和壁厚等。

11-26　管道上的阀门根据什么选择？

答：管道上的阀门根据用途、压力、介质、温度及流量等因素选择。

11-27　热力管道上的支座有哪几种？

答：热力管道上的常用支座有活动支座和固定支座两种。

11-28　热力管道上的支座有什么作用？

答：支座是热力管道上的主要附件，用来承受管路所产生的力，并将其传递到支承结构或地面上。

11-29　管道支吊架根据什么选择？

答：支吊架的选择主要应该考虑管道的强度、刚度、介质的温度、工作压力、管材的线膨胀系数、管道在运行后的受力状态和管道安装的实际位置状况，同时还应考虑经济成本。

11-30　管道支吊架的作用是什么？

答：管道支吊架的作用是固定管子，并承受管道自身及其内部流体的重量。此外，支吊架还应满足管道热补偿和位移的要求以及减少管道的振动。

11-31　常用的支吊架有哪几种形式？

答：常用的支吊架有固定支架、滑动支架、导向支架和吊架四种。

11-32　滑动支架的作用是什么？

答：滑动支架除承受管道重量外，还限制管子的位移方向，即当温度变化时，使其按规定的方向移动。

11-33　恒力弹簧吊架的作用是什么？

答：恒力弹簧吊架常用于管道垂直热位移值偏大或需限制吊荷变化的吊点，它不直接以弹簧承重，有比较复杂的结构，它也不限制吊点管道的热位移，而且在管道很大的垂直热位移范围内，吊架始终承受基本不变的载荷，并因此承载有近似恒定值而得名。

11-34　对管道吊架吊杆有哪些要求？

答：对管道吊架吊杆的要求是：吊杆的每节长度不得超过 2m，选用时应首先采用标准长度。吊杆中如需要数根吊杆相连接时，只允许其中一节为非标准长度，吊杆丝扣长度必须有足够的调整余量，如吊杆只需要一根且长度又小于 2m，则也可直接用非标准件。吊杆加长的连接方式应按标准进行，不应是两吊杆直接对焊而成。刚性吊架的吊杆直径可按结构形式的最大载荷确定，而弹簧吊架的吊杆必须按弹簧组件要求的吊杆直径配置。

11-35 对弹簧支吊架的弹簧有哪些技术要求？

答：(1) 钢丝表面不得有裂纹、折叠、分层和严重氧化等缺陷。

(2) 弹簧两端应有不少于 3/4 圈的拼紧圈。两端应磨平，磨平部分不少于 3/4 圈。

(3) 弹簧的节距应均匀，且在允许压缩值范围内弹簧工作圈不得相碰。

(4) 弹簧两端应与轴线垂直，弹簧倾斜度不应超过自由高度的 2%。

(5) 弹簧在允许压缩值范围内，其荷重与设计荷重的偏差不应超过 $\pm 10\%$。

11-36 如何预防锅炉管道和阀门冻坏？

答：为了防止锅炉管道和阀门冻坏，在冬季到来前，要做好防冻措施，将室外的水管、阀门加以保温，停用设备内的水必须放尽，如不能放尽，要让其常流不息。有必要安装伴热装置的管道，可装有蒸汽伴热管道，并提前投入运行。

11-37 蒸汽管道上为什么要安装膨胀补偿器？

答：火力发电厂中的汽水管道从停运到投入运行，温度变化很大，如果管道布置和支吊架配置不当，管道由于热胀冷缩产生很大的热应力，就会使管道损坏，所以对膨胀量大的、自然补偿不满足要求的管道，要安装膨胀补偿装置，以使热应力不超过允许值。

11-38 电厂管道通常采用的补偿方式有哪几种？

答：有热补偿和冷补偿两种。

11-39 管道补偿器的作用是什么？

答：管道补偿器的作用是为了补偿由于热胀冷缩而引起的管道长度变化而设置的。

11-40 受热面管为什么要进行通球试验？

答：通球试验能检查管内有无异物、弯头处椭圆度的大小和焊缝有无焊瘤等情况，以便在安装时消除上述缺陷，防止管内堵塞而引起爆管，保证蒸汽流通面积，防止增加附加应力，使管壁温度偏差小。

11-41 蒸汽管道上为什么要装疏水阀？

答：蒸汽管道在暖管和运行过程中将产生凝结水，如凝结水不能及时排出，将造成管道内水冲击现象而引起管道落架甚至破裂，因此在蒸汽管道上要装疏水阀。

11-42　管道焊接时，对焊接位置有什么具体要求？

答：管道焊接时，对焊接位置有以下具体要求：

（1）管子接口与弯管弯曲起点的距离不得小于管子外径，且不小于 100mm。

（2）管子两个接口的间距不得小于管子外径，且不小于 150mm。

（3）管子接口不应布置在支吊架上，至少应离开支吊架边缘 50mm。

（4）对需焊后热处理的焊口，该距离不得小于焊缝宽度的 5 倍，且不小于 100mm。

（5）管子接口应避开疏水、放水及仪表管的开孔位置，一般距开孔的边缘不得小于 50mm，且不得小于孔径。

（6）管道在穿过隔墙、楼板时，位于隔墙、楼板内的管段不得有接口。

11-43　合金钢焊口焊后进行热处理的目的是什么？

答：合金钢焊口焊后进行热处理的目的是：

（1）减小焊接所产生的残余应力。

（2）改善焊接接头的金相组织和机械性能（如增强焊缝及热影响区的塑性、改善硬脆现象和提高焊接区的冲击韧性）。

（3）防止变形。

（4）提高高温蠕变强度。

11-44　吹灰器的作用是什么？

答：吹灰器的作用是清除受热面上的结渣和积灰，维持受热面的清洁，以确保锅炉的安全经济运行。

11-45　吹灰器按结构特征可分为哪几种？

答：吹灰器按结构特征可分为简单喷嘴式、回转固定式、伸缩式和摆动式四种。

11-46　可使用的吹灰介质有哪些？

答：吹灰介质可使用过热蒸汽、饱和蒸汽、排污水及压缩空气。

11-47　短吹灰枪的作用是什么？

答：短吹灰枪的作用是清除水冷壁管上的结渣和积灰，维持水冷壁管的清洁。

11-48　长吹灰枪的作用是什么？

答：长吹灰枪的作用是清扫水平烟道和竖井烟道内各受热面上的结渣和

积灰，维持其受热面的清洁。

11-49　吹灰枪密封空气的作用是什么？

答：通往壁盒的密封空气可防止锅炉烟气从壁盒逸出，同时防止流向空气释放阀的气进入到提升阀内，以吹除当吹灰枪不工作时进入其内的有腐蚀作用的烟气。

11-50　吹灰枪提升阀的压力是如何调节的？

答：通过改变提升阀体内的一个带槽压力控制盘的位置来实现。

11-51　什么是保温材料？

答：习惯上把热导率低于 0.2W/（m·K）的材料称为保温材料。保温材料的性能主要是指热导率、密度和耐热性能。

11-52　保温材料为什么要注意保持干燥？

答：保温材料是多孔的，由于孔隙很小，其中的空气不流动，所以能起到隔热保温作用。若水渗入到保温材料的孔隙中，由于水的热导率比空气大20 倍，而且水的热导率随温度升高而增大，因此，保温层的潮湿会使保温材料的热导率大大增加，绝热性能大大降低。所以，保温材料在储存中应注意保持干燥。

11-53　热力管道保温的作用是什么？

答：高温蒸汽流过管道时，一定有大量热能散布在周围空气中，这样不但会造成热损失，降低发电厂的经济性，而且会使厂房内温度过高，造成运行人员和电动机工作条件恶化，并有人身烫伤的危险。因此，电力工业法规规定，所有温度超过 50℃的蒸汽管道、水管、油管及这些管道上的法兰和阀门等附件均应保温。保温层表面温度在周围空气温度为 25℃时不应高于 50℃。

11-54　热力管道的保温结构由哪几层组成？

答：热力管道的保温结构由防锈层、主保温层、保温壳和防水层组成。

11-55　锅炉常用的保温材料有哪几种？

答：锅炉常用的保温材料有水泥珍珠岩制品、水泥蛭石制品、微孔硅酸制品和超细玻璃棉。

11-56　管道散热损失有什么危害？

答：管道中高温流体在流动时，不可避免地要通过金属管壁和保温层向四周空气散热，这样会造成管道内流体温度下降和热损失增加。

11-57 为什么要规定保温层的外壁温度？

答：规定保温层的外壁温度可保证在节省材料的基础上达到最少的热损失，同时也不会由于保温外层温度高而烧伤工作人员。

11-58 锅炉保温层的外壁温度一般规定为多少？

答：锅炉保温层的外壁温度一般规定为 35～45℃。

11-59 锅炉管道和阀门为什么会冻坏？

答：一般物质都是受热膨胀，受冷收缩，但水则不同。水在 4℃ 时体积最小，温度高于或低于 4℃ 时体积都会增大。这就是说，水积成冰，体积会增大，所以管道和阀门内的水遇冻后体积增大，会把管道和阀门胀坏。

11-60 对管道保温材料的基本要求是什么？

答：对管道保温材料的基本要求是热导率及密度小，并具有一定的强度。

11-61 锅炉汽包水位计有什么作用？

答：汽包水位是锅炉运行中必须严密监视和控制的重要项目之一，水位计是用来指示锅炉汽包内水位高低的重要附件。

11-62 水位计是根据什么原理制成的？

答：水位计是根据连通器原理制成的。在两个互相连通的容器里，水面上的压力相同，水面高度必然一致。为了使水位计中的水面位置正确地反映水位的高低，应保证汽、水两个连通管水平、畅通。

11-63 汽包的正常水位在什么地方？

答：汽包的正常水位（即 0 位）一般是在汽包中心线以下 50～150mm 处。

11-64 水位计的汽水连通管为什么要保温？

答：锅炉汽包的实际水位比水位计指示的水位略高一些，这是因为水位计中的水受大气冷却低于炉水温度，密度较大，而汽包中的水不仅温度较高，而且有很多气泡，密度较小。为了减小水位指示的误差，水位计与汽包的连接管必须进行保温，这是为了防止蒸汽连通管受冷时产生过多的凝结水，以及水连通管过度冷却而出现太大的密度偏差，尤其是水连通管的保温，对指示的准确性更为重要。

11-65 汽包水位过高和过低分别有什么危害？

答：当汽包水位过高时，由于汽包蒸汽空间高度减小，会增加蒸汽的带水，使蒸汽品质恶化，容易造成过热器管内结盐垢，使管子发生过热损坏。严重满水时，将造成蒸汽大量带水，使汽温急剧下降，严重时还会引起蒸汽管道和汽轮机内发生严重的水冲击，甚至打坏汽轮机叶片。当汽包水位过低时，可能引起锅炉水循环破坏，使水冷壁的安全受到威胁。严重缺水时，如果处理不当，很可能造成炉管爆破等恶性事故。

11-66 汽包的正常允许水位波动范围是多少？

答：汽包的正常允许水位波动范围是$-50\sim+50$mm。

11-67 水位计的检修质量标准是什么？

答：（1）云母片应透明、平直均匀，无斑点皱褶、裂纹、弯曲、断层、折角和表面不洁现象。

（2）水位计本体及压板应平整；汽水阀门开关应灵活，严密不漏。

（3）检修后投入的云母片可见度高并严密不漏。

（4）汽水连通管洁净、畅通。

（5）水位计正常水位线与汽包正常水位线一致，并在罩壳上准确标出正常水位线和最低水位线。

11-68 锅炉排污扩容器有什么作用？

答：锅炉排污扩容器有连续排污扩容器和定期扩容器两种，它们的作用是：当锅炉排污水排进扩容器后，容积扩大、压力降低，同时饱和温度也相应降低，这样，原来压力下的排污水在降低压力后，就有一部分热能释放出来，这部分热量作为汽化热被水吸收而使部分排污水汽化，从而可以回收一部分蒸汽和热量。

11-69 新建锅炉投运前为什么要进行吹管？

答：锅炉汽水系统中的部分设备，如减温水管路系统、启动旁路系统、过热器管路系统、再热器管路系统等，由于结构、材质、布置方式等原因不适合化学清洗，所以新装锅炉在正式投运前需用物理方法清除内部残留的杂物，故利用本炉产生的蒸汽对汽水系统及设备进行吹管处理。

11-70 新建锅炉为什么要进行蒸汽严密性试验？

答：为了进一步检验锅炉焊口、人孔、手孔、法兰盘、密封填料、垫料，以及阀门、附件等处的严密性，检查汽水管道的膨胀情况，校验支吊架、弹簧的位移、受力收缩情况有无妨碍膨胀的地方，故必须对新建锅炉进行蒸汽的严密性试验。

11-71 如何对高温高压管道系统进行寿命管理？

答： 对高温高压管道进行寿命管理，首先要了解在设计计算中所假定的数据，如实际的壁厚、直径、压力及温度的变化规律，变负荷的次数（启停次数），外部力和椭圆度等，其次要了解是否有扩张现象。此外，了解晶体结构的状态也是很重要的。

要想取得以上数据，必须有一定的测量方法。

（1）通过测量，必要时采用超声波法确定部件的尺寸。

（2）对部件运行承受的压力和温度负荷进行分析，归入相应的压力和温度等级。

（3）确定外力和部件承受的主要应力时，考虑实际尺寸、位置变化、弹簧支架的受力偏差、支架的弯曲、汇合管之间的温度偏差、热膨胀阻碍和实测的温度及壁温偏差等因素。

（4）通过机械测量仪器或超声波法测量管道、弯管、异形件及阀门的椭圆度和壁厚。

（5）通过晶体结构印痕法检查晶体结构的状态。

通过以上测量和测试得出的数据，计算部件承受的应力，并与计算应力比较，确定其寿命。

第十二章　阀门基本知识

12-1　什么叫阀门?

答: 安装在压力容器、受压设备及连接管道上,用于控制介质流向的、具有可动机构的机械产品的总称叫做阀门。

12-2　常用的阀门基本参数有哪些?

答: 常用的阀门基本参数有阀门公称直径和公称压力。

12-3　什么是阀门的公称直径?

答: 阀门的公称直径是阀门与管道及所有其他附件连接处管道的名义直径,用 DN 表示,单位为 mm。

12-4　阀门的型号由哪几个单元组成?

答: 阀门的型号由阀门的类型、传动方式、连接形式、结构形式、阀座密封面或衬里材料、公称压力和阀体材料七个单元组成。

12-5　管道中阀门的作用是什么?

答: 管道中的阀门主要用于控制流体的流量,降低流体的压力或改变流体的流动方向。

12-6　阀门的分类方法有哪几种?

答: ①按用途分;②按压力分;③按温度分;④其他分类方法,如按材质分、按驱动方式分等。

12-7　阀门按用途可分为哪几类? 各自的作用分别是什么?

答: (1) 关断阀类。这类阀门只用于切断或接通介质流动,如截止阀、闸阀等。

(2) 调节阀类。这类阀门用来调节介质的流量或压力,如调节阀、节流阀和减压阀等。

(3) 保护阀类。这类阀门起某种保护作用,如安全阀、止回阀及快速关闭阀等。

12-8　阀门按温度可分为哪几类？

答：阀门按工作温度分类：①工作温度高于 450℃的为高温阀；②工作温度高于 120℃且低于或等于 450℃的为中温阀；③工作温度高于－40℃且低于或等于 120℃的为常温阀；④工作温度低于－40℃的为低温阀。

12-9　阀门按压力可分为哪几类？

答：①低压阀，公称压力 PN≤1.6MPa；②中压阀，公称压力 PN 为 1.6～6.4MPa；③高压阀，公称压力 PN 为 6.4～80.0MPa；④超高压阀，公称压力 PN>100MPa。

12-10　阀门按驱动方式可分为哪几类？

答：阀门按驱动方式可分为手动阀、电动阀、气动阀和液动阀等。

12-11　阀门材质的选用以什么为标准？

答：阀门的材质是根据工作介质的性质、压力和温度来进行选择的。

12-12　手轮安装在阀门阀杆螺母上有何优点？

答：电站阀门一般都要求手轮安装在阀杆螺母上，这样，在阀门动作时，阀杆只作轴向运动而不产生旋转，可使阀杆阻力和对填料的磨损最小。

12-13　120℃以下的低压汽水管道的阀门外壳通常采用什么材质制成？

答：采用铸铁制成。

12-14　为了提高阀杆表面耐腐蚀和耐擦伤性能，一般应对其表面作什么处理？

答：应对阀门的阀杆表面进行强化处理。

12-15　阀门的主要承压部件是什么？对其有哪些要求？

答：阀体、阀盖是阀门的主要承压部件，并承受介质的温度、腐蚀以及管道和阀杆的附加作用力，所用材料应具有足够的强度和韧性、良好的工艺性，并耐介质的腐蚀。

12-16　什么是阀门的工作压力？

答：阀门在工作状态下的压力称为阀门的工作压力，用 p 表示。

12-17　阀门的工作压力与温度之间是什么关系？

答：阀门所能承受的压力与阀门的材质和工作温度有关，相同材质的阀门，其工作压力随使用温度的升高而降低。

12-18   什么是阀门的密封试验压力？如何试验？

答：密封试验压力是阀门密封面密封程度的检验压力，试验介质、试验方法和允许泄漏量由技术条件规定。对一般阀门，试验压力等于公称压力，试验介质为水。

12-19   什么叫静密封？什么叫动密封？

答：相对静止的两接合面之间的密封叫做静密封，如管道法兰间的石棉垫、高压阀门的齿形垫等；被密封的两个接合面有相对运动的密封叫做动密封，如给水调整门上的盘根等。

12-20   为什么将截止阀的阀体制成流线形？

答：为了减小流体在阀门中的流动阻力，截止阀的阀体应制成流线形。

12-21   止回阀的作用是什么？

答：止回阀是用来防止介质倒流的安全装置，当介质倒流时，阀瓣能自动关闭。

12-22   止回阀按结构分为哪几类？各自的结构特点如何？

答：止回阀按结构分为升降式和旋转式两类。

（1）升降式止回阀。阀瓣沿着阀体的垂直中心线移动，这类止回阀又有两种：一种是卧式，装于水平管道上，阀体外形与截止阀相同；另一种是立式，装于垂直管道上。

（2）旋转止回阀。阀瓣围绕座外的销轴旋转，这类阀又有单阀、双瓣和多瓣之分，但原理是相同的。

12-23   止回阀应装在何处？

答：止回阀不能单独安装在管道上，而应与截止阀相连。管内介质应依次流经止回阀和截止阀。

12-24   止回阀的工作原理是什么？

答：止回阀是一种能自动动作的阀门，阀门的开闭借助于介质本身的能力来自行动作。当介质按规定方向流动时，阀瓣被介质冲开或抬起而离开阀座，介质流通；当介质停止流动或倒流时，阀瓣就下降到阀座上而将通道关闭。

12-25   什么是疏水阀？

答：疏水阀又叫疏水器或阻气排水阀，它是一种自动阀门，可供蒸汽设备或管道加热器、散热器自动排出冷凝水，防止蒸汽泄漏或损失，以提高热能的利用。

12-26 常用的疏水阀有哪几种？

答：常用的疏水阀有浮筒式、钟罩式、热力式及波纹式四种。

12-27 节流阀阀体的结构分为哪两种？

答：节流阀阀体的结构分为直通式和直角式两种。

12-28 节流阀的作用是什么？

答：节流阀也叫针形阀，外形与截止阀并无区别，但阀瓣形状不同，用途也不同，它以改变通道面积的形式来调节流量和压力。

12-29 常见的节流阀有哪几种？

答：常见的节流阀有沟形、窗形和针形三种。

12-30 调节阀的作用是什么？

答：调节阀的作用是调节介质的流量和压力。

12-31 蝶阀的作用是什么？

答：蝶阀一般适用于大管径、低压头的流体介质管道的截断或流量调节。

12-32 蝶阀的结构特点是什么？

答：蝶阀的蝶板安装于管道的直径方向。在蝶阀阀体的圆柱形通道内，圆盘形蝶板绕着轴线旋转，旋转角度为 0°～90°，旋转到 90°时，阀门则呈全开状态。常用的蝶阀有对夹式蝶阀和法兰式蝶阀两种。

12-33 蝶阀具有什么优缺点？

答：蝶阀结构简单、体积小、质量小，只由少数几个零件组成，而且只需旋转 90°即可快速启闭，操作简单；同时，蝶阀还具有良好的流量控制特性。蝶阀处于完全开启的位置时，蝶板厚度是介质流经阀体时唯一的阻力，因此通过该阀门所产生的压力降很小，所以具有较好的流量控制特性。

12-34 自密封阀门的作用是什么？

答：自密封阀门的作用是利用阀门内介质的压力使密封填料受力压紧，以达到密封的目的。

12-35 闸阀的作用是什么？

答：闸阀的作用是切断流体的流动。

12-36　闸阀具有哪些优缺点？

答：闸阀主要用于切断和接通介质的流动，不能作为调节阀使用。闸阀必须处于全开和全关的位置，不改变介质流动的方向，因此流动阻力较小，但密封面易磨损和泄漏，且开启行程大，检修较为困难。

12-37　闸阀的适用范围如何？

答：闸阀通常安装在管道直径大于 100mm 的汽水管路中。

12-38　闸阀的密封原理是什么？其动作特点如何？

答：闸阀也叫闸板阀，它是依靠闸板密封面与阀座密封面高度光洁、平整与一致，相互贴合来阻止介质流过，并依靠顶楔来增加密封效果，其关闭件沿阀座中心线的垂直方向移动。

12-39　闸阀由哪些部件组成？各部件的作用是什么？

答：闸阀主要由阀体、阀盖、支架、阀杆、阀座、闸板及其他零部件组成。阀体是放置阀盖、阀座、连接管道的重要部件；阀盖与阀体形成耐压腔体，上部有填料室，并与支架和压兰连接。高压电动闸阀没有阀盖，而用自密封活塞与阀体组成阀腔，上部用六分环和提升螺母固定自密封活塞；支架用来支撑阀杆和传动装置；阀杆又称门杆，是用来连接闸板与传动装置的重要部件；阀座利用镶嵌工艺技术，将密封面固定在阀体上，与闸板相互贴合形成密封状态；闸板的两侧有密封面，用来开闭闸阀的介质通道，也称关闭件，分为楔式、平行式、单闸板、刚性闸板和弹性闸板等。

12-40　截止阀具有哪些优缺点？

答：截止阀具有严密性好、检修维护方便等优点，但流动阻力大、开关困难，所以一般用于直径小于 100mm 的管道上，作为启闭装置。直径小于 30mm 的截至阀可以用作节流装置。

12-41　截止阀的适用范围如何？

答：截止阀一般用于直径大于 100mm 的管道上。

12-42　减压阀的作用是什么？

答：减压阀的作用是将设备和管路内介质的压力降低到所需压力。它依靠其敏感元件（膜片、弹簧片等）改变阀瓣的位置，增加管道局部阻力，使流速及流体的动能改变，造成不同的压力损失，从而达到减压的目的。

12-43　安装减压阀时应注意哪些问题?

答：安装减压阀时应注意：

(1) 减压阀应垂直安装在水平的蒸汽管道上，同时还应有旁通管。

(2) 减压阀的前后必须装有压力表；低压侧还应装安全阀，以便使低压侧的气压可靠地控制在许可的数值内，保证安全。

(3) 减压阀应根据锅炉蒸汽压力的大小、所需的压降和减压阀可能调压的范围来进行选择，并注意不要将阀门的方向装反。

12-44　多级涡流式调节阀有何特点?

答：多级涡流式调节阀具有严密的关断性能、无漏流量、噪声低、运行平稳、抗冲刷，同时还具有调节性能良好、便于维护和易损件少的特点。

12-45　阀门填料的作用是什么?

答：阀门填料的作用是保证阀杆与阀盖的密封。

12-46　常用的阀门填料有哪几种?

答：①油浸棉、麻软填料；②油浸石棉填料和橡胶石棉填料；③纯氟塑料；④散状石棉填料；⑤柔性石墨填料。

12-47　柔性石墨材料的优点有哪些?

答：柔性石墨材料是一种不含任何黏结剂的纯石墨制品，其优点是：

(1) 回弹性好，切口填料能弯曲到 90°以上。

(2) 可在 $-200\sim1600℃$ 下工作。

(3) 使用压力可达 31.36MPa。

(4) 耐磨、防腐蚀性能好，摩擦系数低，自润滑性良好，而且具有良好的不渗透性。

12-48　阀门垫片具有什么作用?

答：垫片的作用是保证阀门、阀体与阀盖相接触处的严密性，防止介质泄漏。

12-49　阀门密封面材料的选用要求有哪些?

答：阀门密封面作为阀门密封的关键部位，首先要求其必须具备足够的强度和良好的耐介质腐蚀性能及工艺性能。对于密封面有相对运动的阀门，还要求密封面有耐擦伤性能，摩擦系数也要小。而对于高速介质冲刷的阀门，则要求有足够强的抗冲蚀性能。高温和低温阀门要有良好的热稳定性，以及与连接材料相近的线膨胀系数。

12-50　阀门常用的密封面材料有哪些？

答： 阀门常用的密封面材料有 1Cr18Ni9Ti、1Cr18Ni2Mo2Ti 和 38CrMoAOA（氮化）。

12-51　如何选用阀门阀杆的常用材料？

答： 阀杆是阀门的主要运动件和受力件，常与密封填料摩擦，浸泡于介质中。因此，要求阀杆材料有足够的强度和韧性，能耐介质、大气及填料的腐蚀，耐热，耐磨以及具有良好的工艺性能。

12-52　阀门阀杆的常用材料有哪些？

答： 阀门阀杆的常用材料有 38CrMoA1A（氮化）、20Cr1Mo1V1A（氮化）和 2Cr13。

12-53　如何选用阀门阀体、阀盖的常用材料？

答： 阀门阀体、阀盖是阀门中主要的受力部件，承受着介质高温与腐蚀和管道与阀杆的附加作用力的影响，选用的材料应具有足够的强度和韧性、良好的工艺性及耐腐蚀性。

12-54　阀门阀体、阀盖的常用材料有哪些？

答： 阀门阀体、阀盖常用的材料有 QT40-17、ZG25Ⅱ、12Cr1MoV、15Cr1Mo1V、ZG15Cr1Mo1V、1Cr18Ni9Ti 和 ZG1Cr18Ni9Ti。

12-55　影响阀门密封性能的因素有哪些？

答： 影响阀门密封性能的因素主要有：①密封面质量；②密封面宽度；③阀门前后的压差；④密封面材料及其处理状态；⑤介质性质；⑥表面的亲水性；⑦密封油膜的存在；⑧关闭件的刚性和结构特点。

12-56　什么叫阀门的电动装置？

答： 电力驱动阀门是常用的驱动方式的阀门，这种驱动装置形式的驱动装置通常称为阀门电动装置。

12-57　阀门电动装置的特点是什么？

答：（1）启闭迅速，可以大大缩短启闭阀门所需的时间。

（2）可以大大减轻操作人员的劳动强度，特别适用于高压、大口径阀门。

（3）适用于安装在不能手动操作或难以接近的位置，易于实现远距离操纵，而且安装高度不受限制。

（4）有利于整个系统的自动化。

（5）电源比气源和液源容易获得，其电线的敷设和维护也比压缩空气和液压管线简单得多。

（6）阀门电动装置的缺点是构造复杂，在潮湿的地方使用更加困难，用于易爆介质时，需要采取隔爆措施。

12-58 阀门电动装置如何进行分类？

答：阀门电动装置按所驱动的阀门类型的不同，可分为 Z 型和 Q 型两大类。Z 型阀门电动装置的输出轴可以转出很多圈，适用于驱动闸阀、截止阀、隔膜阀等；Q 型阀门电动装置的输出轴只能旋转 90°，适用于驱动旋塞阀、球阀和蝶阀等。阀门电动装置按其防护类型分，可分为普通型、隔爆型（以 B 表示）、耐热型（以 R 表示）和三合一型（即户外、防腐、隔爆三合一，以 S 表示）。

12-59 阀门电动装置的组成部分有哪些？

答：阀门电动装置一般由传动机构（减速器）、电动机、行程控制机构、转矩限制机构、手动—电动切换机构和开度指示器等组成。

12-60 阀门电动装置中转矩限制机构的作用是什么？

答：作用有两个：一是关严阀门；二是在出现事故性过转矩（阀门被卡住，不能开启）时，切断电动机的电源，以保护电动装置。

12-61 阀门电动装置中行程控制机构的作用是什么？

答：阀门电动装置中设置行程控制机构的目的是为了保证阀门开启到要求的位置，当阀门开启的行程（输出轴的转圈数）达到规定值时，行程开关动作，切断电动机的电源。

12-62 电动阀门对驱动装置有什么要求？

答：（1）应具有使阀门进行开关的足够转矩，电动装置的最大输出转矩与配用阀门所需的最大操作转矩应匹配。

（2）应能保证开阀和关阀具有不同的操作转矩。对于绝大多数阀门来说，阀门关严后再次开启时所需的操作转矩比关严阀门所需的操作转矩大，因此，为可靠地开启已关闭的阀门，电动阀门应具有足够的开阀操作转矩。

（3）能提供关阀时所需的密封力。对于强制密封的阀门，关阀时，在阀门的启闭件和阀座接触后，为了保证密封面不漏，必须继续向阀座施加一个大小一定的力，以保证密封面的密封。

（4）应能保证阀门操作时要求的行程。

（5）应具有合适的操作速度。

（6）应能适应阀门的总转圈数。

（7）应具有手动操作的机构。

（8）应能适应生产过程的环境条件。

（9）应有力矩保护和行程限位装置。

12-63 气动阀门和液动阀门的特点是什么？

答：气动阀门和液动阀门是以一定压力的空气、水或油作为动力源，利用气缸（或液压缸）和活塞的运动来驱动阀门，一般气动的空气压力低于0.8MPa，液动的水压或油压为 2.5～25MPa。液动装置的驱动力大，适用于驱动大口径阀门，如用于驱动旋塞阀、球阀和蝶阀时。

12-64 手动阀门的特点是什么？

答：手动阀门是最基本的驱动阀门，它包括用手轮、手柄或扳手直接驱动和通过传动机构进行驱动两种。当阀门的启动力矩较大时，可通过齿轮或蜗轮传动进行驱动，以达到省力的目的。齿轮传动减速比小，适用于闸阀和截止阀；蜗轮传动减速比较大，适用于旋塞阀、球阀和蝶阀。

12-65 锅炉安全阀的作用是什么？

答：安全阀是锅炉的重要附件，其作用是当锅炉压力超过规定值时，能自动排出蒸汽，防止压力继续升高，以确保锅炉及汽轮机的安全。

12-66 按开启高度可将安全阀分为哪几类？高压锅炉一般装设哪种安全阀？

答：按开启高度可将安全阀分为全启式和微启式两类，高压锅炉一般都装设全启式安全阀。

12-67 什么叫安全阀的回座压力？

答：安全阀的回座压力是指安全阀达到排放状态后，介质压力下跌至一定值，阀瓣重新与阀座接触，亦即开启高度变为零时阀门进口处的静压力。

12-68 什么叫安全阀的整定压力？

答：安全阀在运行条件下开始开启的预定压力称为安全阀的整定压力。在该压力下，开启阀瓣的力与使阀瓣保持在阀座的力平衡。

12-69　什么叫安全阀的启闭压差？

答：安全阀整定压力与回座压力之差称为安全阀的启闭压差，通常用整定压力的百分数来表示，只有当整定压力很低时，才用 MPa 表示。

12-70　什么叫安全阀的排放压力？

答：安全阀整定压力加上超过压力（超过压力是指超过安全阀整定压力的那部分压力，通常用整定压力的百分数来表示）即为安全阀的排放压力。

12-71　什么叫安全阀的密封压力？

答：安全阀处于关闭状态，密封面间无介质泄漏时的压力叫做安全阀的密封压力。

12-72　锅炉上为什么要装设安全阀？

答：为了保证锅炉在不超过规定压力的压力下安全工作，以及防止锅炉超压而发生爆炸，锅炉上必须装设安全阀。

12-73　锅炉装设安全阀的个数和排放量有何规定？

答：每台锅炉至少装两个安全阀，汽包和过热器上所装的全部安全阀排汽量的总和必须大于锅炉最大连续蒸发量。再热器进、出口安全阀的总排汽量为再热器的最大设计流量。

12-74　对装设在锅炉汽包和过热器上的安全阀的总排放能力有什么要求？

答：总的排汽量应等于或略大于锅炉的最大连续蒸发量，以保证外界发生事故时，能将送不出的全部蒸汽及时从安全阀排出，确保锅炉的安全。

12-75　正常工作的安全阀应满足哪些要求？

答：（1）当达到最高允许压力时，安全阀能可靠地开启到应达到的高度，并排放出规定量的工作介质。

（2）在达到开启压力时，安全阀能迅速开启并达到规定的高度。

（3）安全阀在开启状态下排放时稳定，无振荡现象。

（4）安全阀压力稍低于容器内工作压力时，能及时、有效地关闭。

（5）在正常工作压力下，能保持良好的密封性能。

12-76　锅炉安全阀的基本技术要求有哪些？

答：（1）安全阀应能防止排出的介质直接冲蚀弹簧。

（2）蒸汽用安全阀必须带有扳手，当介质压力达到整定压力的 75% 以上时，能利用扳手将阀瓣提升，且该扳手对阀的动作不应造成阻碍。

（3）为防止调整弹簧压缩量的机构松动，以及随意改变已调好的压力，必须设有防松装置并加铅封。

（4）阀座应固定在阀体上，不得松动；全启式安全阀应设有限制开启高度的机构。

（5）安全阀即使有部分损坏，仍应能达到额定排量，当弹簧破损时，阀瓣等零件不会飞出阀体外。

12-77 安全阀在什么情况下需要校验？

答：①长期存放或第一次使用之前；②定期校验；③大修后或严重损坏和锈蚀的阀修理后；④阀门铭牌丢失时；⑤阀门发生铅封损坏时。

12-78 安全阀的校验原理是什么？

答：将带压力的介质通入被校验安全阀的进口处，待介质压力上升到安全阀开启状态时，测得此时的压力，即位开启压力并进行调整至规定的开启值后即完成开启压力的校验。然后，当压力下降至规定值（开启压力的90%）时，用观察压力表或其他法定方法检查其有无介质泄漏，即进行密封性校验。

12-79 高压安全阀热态校验时有哪些特点和注意事项？

答：（1）安全阀开启时声音很大，特别是大口径的安全阀。

（2）安全阀开启时振动较大。

（3）安全阀开启时反冲力很大，故法兰连接处材料要好。

（4）安全阀弹簧调节不能很大，只能微调（高压安全阀弹簧较粗）。

12-80 对安全阀的密封面有什么要求？

答：安全阀故障主要是安全阀密封面的泄漏，所以对安全阀密封面材料有较高的要求，基本要求是：①有较高强度，可以承受较高的密封比压；②有一定的抗冲击韧性，可以承受阀芯快速起跳回座的冲击；③有较高的硬度，可以承受介质冲蚀；④不能生锈，否则很快泄漏；⑤要耐高温，适用于蒸汽等介质，不致高温变软；⑥要耐腐蚀，可以承受酸碱等的侵蚀。

12-81 什么叫安全阀的振荡？安全阀振荡有什么不良影响？

答：安全阀振荡是指阀门处于迅速不断开关的状态。它会使安全阀排放能力降低并使压力升高，同时造成阀座和阀瓣密封面的损坏。

12-82 按作用在阀瓣上的载荷形式分可将安全阀分为哪几类？

答：可分为杠杆重锤式和弹簧式两类。

12-83 按安全阀关闭件开启的高度分可将安全阀分为哪几类？

答：可分为微启式和全启式两类。微启式安全阀是指阀瓣开启的高度为阀座直径的 1/20～1/15，其排量的截面积为阀瓣和阀座的密封面之间形成的环状间隙，适用于排量不大的情况，主要用于液体介质。全启式安全阀是指阀瓣开启的高度为阀座直径的 1/4～1/3，它限制排量的截面积，也就是阀座的最小截面积，主要用于蒸汽和气体介质。

12-84 按安全阀的作用原理分可将安全阀分为哪几类？

答：可分为直接作用式和非直接作用式两类。直接作用式安全阀是在工作介质压力的直接作用下开启，非直接作用式安全阀的主安全阀的开启是借助于专门的驱动能源来实现。

12-85 脉冲式安全阀的工作原理是什么？

答：脉冲式安全阀一般由一个主安全阀和另一个小的辅助安全阀及连接管道组成。辅助安全阀相当于一只小型弹簧式杠杆安全阀。不同的是，杠杆尾部带有电磁吸铁线圈，连接电气控制回路。正常情况下，主安全阀被弹簧和高压蒸汽压紧，严密关闭。当蒸汽压力达到动作值时，辅助安全阀首先动作，并将脉冲汽源送至主安全阀的活塞上面，由于活塞受压面积大于阀瓣受压面积，因此可以克服蒸汽和弹簧的作用力，将主阀打开。当压力降到一定值后，脉冲阀关闭，活塞上的汽源切断，主阀关闭，而活塞上的余汽还可以起缓冲作业，使主阀缓慢关闭，以免阀瓣与阀座因冲击而损伤。

12-86 重锤式安全阀的工作原理是什么？

答：重锤式安全阀的工作原理是：在最大允许压力以下时，流体压力作用在门芯上的力小于重锤通过杠杆施加在门芯上的作用力，安全阀关闭，一旦流体压力超过规定压力，流体作用于门芯的力将增大，门芯即被顶起而使流体喷出，安全阀动作。

12-87 弹簧式安全阀的工作原理是什么？

答：弹簧式安全阀的动作原理是：正常运行时，弹簧向下的作用力大于流体作用在门芯上的向上的作用力，安全阀关闭，一旦流体压力超过允许压力，流体作用在门芯上的向上的作用力就将增加，门芯被顶开，流体溢出，安全阀动作。待流体压力下降至弹簧作用力以下后，弹簧又压住门芯迫使其关闭。

第十三章　管道及连接件、附件检修

13-1　管道及附件的连接方式有哪几种？

答：管道及附件的连接方式主要有焊接、法兰连接和丝扣连接三种。

13-2　高压和超高压管道及附件采用何种连接方式？

答：高压和超高压管道及附件通常采用焊接连接。

13-3　常用的弯管方法有哪几种？

答：常用的弯管方法有两种，即热弯和冷弯。

13-4　什么是热弯？

答：热弯就是用干净、干燥且具有一定大小的砂子充满被弯管内，经振打使砂子填实，然后加热管子，采用人工方法，将原直管弯成一定弧度的弯管。

13-5　如何进行管子的热弯？

答：（1）首先检查管子的材质、质量、型号等，再选择不掺有泥土等杂质并经过水洗和筛选的砂子进行烘烤，使砂子不掺有水分。

（2）将所选用的砂子装于管子中，然后经管子振打捣实，并在管子两端加堵。

（3）将装好砂子的管子运至弯管场地，根据弯管长度在管子上作出标记。

（4）缓慢加热管子及砂子。在加热过程中，要注意转动或上下移动管子，当管子加热到1000℃左右时（管子呈橙黄色），用两根插销固定管子的一端，在管子的另一端加上外力，把管子弯成所需的形状。

13-6　什么是冷弯？

答：冷弯就是按直径和弯曲半径选用弯管机胎具，在弯管机上将管子弯成所需要的角度。对于大直径厚壁管，也可采用加热后在弯管机上弯制的方法。

13-7　如何进行管子的冷弯？

答：冷弯管常用弯管机弯制，弯管机有手动、手动液压和电动三种。手动弯管机一般固定在工作台上，弯管时把管子卡在夹子中，用手搬动把手，使滚轮围绕工作轮则转动，即可将管子弯成所需的弯头。电动弯管机通过一套减速机构，使工作轮转动，工作轮则带动管子移动并被弯成弯头，而滚轮只在原地旋转而不移动。冷弯时，要根据管径和弯曲半径选用规范化胎具。

13-8　冷、热弯管的弯曲半径必须符合什么要求？

答：冷弯弯头的弯曲半径一般为公称直径的 4 倍以上，热弯弯头的弯曲半径为公称直径的 3.5 倍。

13-9　对弯管外弧部分的壁厚有什么要求？

答：弯管外弧部分的实测壁厚不得小于设计计算壁厚。

13-10　热弯管时对温度有什么要求？

答：热弯管时，加热温度不得超过 1050℃，其最低温度对碳素钢是 700℃，对合金钢是 800℃。

13-11　冷弯管时采用什么工具？

答：冷弯管时所用的弯管机有两种，一种是电动弯管机，一种是手动弯管机。

13-12　合金钢弯管时有哪些要求？

答：（1）合金钢管弯管时，加热温度不得超过 1050℃。

（2）升温时要均匀，使管子壁温同砂子温度达到一致。

（3）弯管过程中严禁向管子浇水。

（4）当温度下降到 750℃ 以下时，应停止弯管，重新加热后再弯。

（5）弯好的管子必须放在干燥的地方。

（6）管子的弯曲部分应进行正火和回火热处理，还要作金相和硬度检查。

13-13　为什么弯管时弯曲半径不能太小？

答：弯管时，若弯曲半径太小，则会使管子出现裂纹，严重影响管子的使用寿命。

13-14　影响弯管椭圆度的因素有哪些？

答：影响弯管椭圆度的因素很多，其中，主要因素有管子的弯曲角度、弯曲半径、管子直径和管壁厚度等。一般来说，弯曲角度越大，弯曲半径越小，直径越大，管壁越薄，弯曲产生的椭圆度就越大；反之，产生的椭圆度越小。

13-15　弯头弯曲部分的椭圆度允许值范围是如何确定的？

答：弯头弯曲部分的椭圆度（即在同一截面测得的最大半径与最小半径之差与公称外径之比），对于公称压力≥9.8MPa 的管道，不得大于 6％；对公称压力＜9.8MPa 的管道，则不得大于 7％。

13-16　锯管道时锯条容易折断的主要原因是什么？

答：（1）锯条装得过松或过紧。

（2）工件加持不牢或抖动。

（3）锯缝歪斜，纠正过急。

（4）行程过短卡死锯条或在旧锯条缝中使用新锯条。

（5）操作不熟练或不慎。

13-17　用无齿锯切割管道时有哪些注意事项？

答：（1）为保证安全，砂轮片上必须装有能罩 180°以上的保护罩。

（2）砂轮片中心轴孔必须与砂轮片外圆同心。

（3）砂轮片装好后要检查其同心度。

（4）被切割材料应固定牢固。

13-18　什么是攻丝、套丝？使用的工具有哪些？

答：用丝锥在孔中切出内螺纹的操作称为攻丝，使用的工具有丝锥、丝锥扳手。用板牙在圆杆上切出外螺纹的操作称为套丝，使用的工具有板牙和板牙架。

13-19　常用的管道补偿器有哪几种？

答：常用的管道补偿器有Ⅱ型、Ω型、Z型、L型及波型等。

13-20　Ω型、Ⅱ型补偿器和波纹型补偿器的结构及优缺点是怎样的？

答：Ω型和Ⅱ型补偿器是用管子经弯曲制成的，它具有补偿能力大、运行可靠和制造方便等优点，适用于任何压力和温度的管道，其缺点是尺寸较大，蒸汽流动阻力也较大。波纹型补偿器是用 3～4mm 厚的钢板经压制和焊接而成，其补偿能力不大，每个波纹为 5～7mm，波纹数为 3 个左右，最多不超过 6 个。这种波纹型补偿器只用于介质压力为 0.7MPa、直径 150mm 以下的管道。

13-21　蒸汽管道上的疏水阀应装在哪些部位?

答：蒸汽管道上的疏水阀应装在以下部位：

(1) 管段的最低位。

(2) 若具有两道阀门的管段，则装在第二道阀门前（按蒸汽流动方向）。

(3) 若阀门各有上升的垂直管段，则装在垂直管段和阀门之间。

13-22　蒸汽管道在运行中发生水冲击的特征有哪些?

答：水冲击的特征是：

(1) 蒸汽温度急剧下降。

(2) 电动主闸阀、自动主汽阀、调速汽阀的阀杆等处冒白汽或溅出白点。

(3) 蒸汽管路产生冲击声，或产生振动。

(4) 汽动推力轴承回油温度及推力瓦块温度急剧上升，轴向位移急剧增加。

(5) 机组负荷下降，声音变沉，振动增大或伴有金属摩擦声。

13-23　安装主蒸汽管道时，对法兰连接装置、管道冷拉应检验哪些内容?

答：对法兰连接装置，应当检查下列检验指标：①法兰安装是否正确；②垫片尺寸和材质；③法兰断面倾斜度；④螺栓及螺母的材质和规格等。管道冷拉应当检验冷拉位置和冷拉量。

13-24　对管子焊接坡口有哪些要求?

答：管子对口，其坡口面及内外壁 $10\sim15\text{mm}$ 范围内均应消除油漆、垢、锈，直至出现金属光泽。

13-25　管道焊接时，焊接坡口有哪几种?

答：主要有 V 形、X 形、U 形和双 V 形四种。

13-26　安装直径为 150～300mm 的管道时，两相邻支吊架的距离是多少?

答：一般为 $5\sim8\text{m}$。

13-27　汽水管道检查项目有哪些?

答：(1) 检查管子及管道零部件外壁腐蚀、裂纹及异常情况。

(2) 管子壁厚测量。

(3) 法兰、螺栓套损伤及异常情况。

13-28　大修中应对中低压汽水管道进行哪些检查？

答：对有法兰连接的管道，可将法兰螺栓拆开，检查管道内部的腐蚀和结垢现象。对无法兰连接的管道，应根据检修经验，选择腐蚀磨损严重的管段钻孔割管进行检查。腐蚀厚度超过原壁厚1/3的、疏水阀门后腐蚀厚度超过原壁厚1/2的，均应更换。对汽水管道，还要检查保温有无脱落、裂缝，石棉是否完整，最外层的铁皮有无开裂损坏。

13-29　中低压管道拆除时有哪些注意事项？

答：中低压管道拆除时应注意以下几点：

（1）管道割断后的支撑如果距支吊架较远，则应采取防止管子下坠变形的措施。

（2）对于可以重复使用的保温材料，应避免损坏。

（3）检查拆下管子的内外腐蚀和磨损情况。需取样送化学或金相检验的，要保管好管子。

13-30　中低压管道更换时应注意什么？

答：中低压管道一般使用碳钢管，更换工作比较简单，但更换时也要注意以下几点：

（1）新管子的水平管段倾斜方向、倾斜度与原管子一致。

（2）管道连接时不得强力对口。

（3）管子接口应符合要求。

（4）新管道内应清理干净，中途停工应封口。

（5）管道更换后应及时恢复保温，并清理现场，需要刷色漆的按要求刷漆。

13-31　大修时如何对高压管道进行检查？

答：（1）表面有裂纹的，应由检修人员配合金属监督人员对管道、阀门以及其他附件、焊缝，用着色探伤、磁粉探伤进行检验。

（2）内部检查用来确定内壁上存在的缺陷，判断内壁上有无沉积物或异物附着，以及检查内壁的冲蚀或腐蚀，可通过打开专用的封头、附件上的盖子或拆除阀门附件等方法来检查。

（3）外部目测则是先用目测法检查焊缝以外区域氧化层的外部形态，检查有无疲劳裂纹。

（4）超声波探伤既可检验出部件表面的缺陷，又可探测出内部表面的缺陷。

（5）壁厚测量是用测厚仪测量管子的壁厚，做到对管子的壁厚状况心中有数。

（6）检查时，还可采用 X 射线或 γ 射线进行透视检查。

13-32　高压管道焊接对口时要注意哪些问题？

答：更换高压管道或管件，特别是大口径管道或管件时，应对标高、坡度和垂直度进行调整。对口时，可在管端装对口卡具，以便调节中心，同时用人力或倒链移动管子，调节焊口间隙直至符合焊接要求。

13-33　高压管道对口的要求是什么？

答：高压管道对口的要求如下：

（1）管子接口到弯管弯曲起点的距离不小于管子外径，且不小于 100mm。

（2）管子两个接口间的距离不小于管外径，且不小于 150mm。

（3）管子接口不应布置在支吊架上，而应离开支吊架 50mm。

（4）需要进行焊后热处理的焊口，热处理长度不小于焊缝宽度的 5 倍，且应不小于 100mm。

（5）管子接口应避开疏、放水及仪表管等的开孔位置，到边缘的距离不得小于 50mm，且不得小于孔径。

（6）穿过墙壁、楼板时不得有接口。

13-34　高压管道及附件焊接时应注意哪些技术要求？

答：（1）焊件下料应采用机械方法切割，对淬硬倾向较大的合金钢材，用热加工法下料后，切口部分要进行回火处理。

（2）不同厚度的焊件对口时，其厚度应作内、外壁的过渡处理。

（3）焊接时，低碳钢允许的最低环境温度为 $-20℃$，低合金钢为 $-10℃$。工作压力高于 6.4MPa 的管道，应采用钨极氩弧焊打底。直径大于 194mm 的管子，应采用两人对焊，以减少焊接应力及变形。

（4）壁厚大于 30mm 的低碳钢管子和管件及合金管子和管件，焊后应进行热处理。

13-35　主蒸汽管的检修内容有哪些？

答：主蒸汽管道的检修内容主要有：

（1）主蒸汽管道的蠕胀测量。高压锅炉的主蒸汽管道长期在高温高压条件下工作，管壁金属会产生蠕胀。因此，每次大修都要对主蒸汽管的蠕胀情况进行测量，以便于监督和保证安全运行。

（2）椭圆度测量、壁厚测量、焊口无损探伤。对于运行超过 10 万 h 的管道，应按金属监督规程要求做材质鉴定试验。

（3）主蒸汽管道的金相试验。对主蒸汽管道印膜进行金相组织的检查，也是监视主蒸汽管和保证安全运行的有力措施。

（4）支吊架检查和检修，主要包括支吊架和弹簧有无裂纹，吊杆有无松动和断裂，弹簧压缩度是否符合设计要求，弹簧是否压死；固定支吊架的焊口和卡子底座有无裂纹和位移现象；滑动支架和膨胀间隙有无杂质影响管道自由膨胀；弹簧吊架的弹簧盒是否有倾斜现象；支吊架根部无松动，本体不变形。

（5）保温检修。检查保温是否齐全，凡不完整的地方，应进行修复。

13-36 为什么要对主蒸汽管道进行蠕胀测量？

答：主蒸汽管道长期在高温高压条件下工作，管子会由弹性变形最后变成永久变形，当压力和温度都不存在时，这种变形也不会消失。这种变形规定，在运行 10 万 h 后，也不允许超过原直径的 1%。如果超过该规定，则说明管子已经胀粗，再继续使用就很不安全了。因此，要求检修工人对主蒸汽管道进行蠕胀测量，对管道健康状况做到心中有数。

13-37 蒸汽管道蠕变监督标准有哪些？

答：（1）蠕变恒速阶段的蠕变速度不应大于 1×10^{-7} mm/（mm·h）。

（2）总的相对蠕变变形量达 1% 时，进行试验鉴定。

（3）总的相对蠕变变形量达 2% 时，更换管子。

13-38 蒸汽管道蠕变测量的注意事项有哪些？

答：（1）蠕变测量的结果和计算的结果均需详细地登记在专用表格上。

（2）对蒸汽管道的蠕变测量工作，要做到"三及时"，即"及时测、及时算、及时复测"。

（3）对蠕变测点要精心保护，不允许有磨损、敲击或其他的损伤。

13-39 主蒸汽管道安装验收的主要内容和要求是什么？

答：（1）检查施工图纸资料的记录是否齐全、正确，如焊口位置、焊口探伤报告、合金钢管光谱检查等记录，以及支吊架弹簧安装高度记录与设计图纸是否一致。

（2）膨胀指示器按设计规定正确装设，冷态时定在零位。

（3）管道支吊架应受力均匀，符合设计要求，弹簧无压死现象。

（4）蠕胀测点应装设良好，每组测点应装设在管道的同一横断面上，沿圆周等距离分配，并应进行蠕胀测点的原始测量记录。

（5）应按规定装设监察管段，检查管段上不允许开孔及安装仪表插座，不得装设支吊架。

（6）管道保温应良好，符合要求。

13-40　新管道及附件使用前应作哪些检查？

答：（1）管道及附件必须具有厂家的合格证书，其指标应符合国家和部颁的技术标准。

（2）管子管件应符合设计要求，并核对其规格、型号、材质。

（3）管子管件应检查表面无裂纹、缩孔、夹渣、折叠、重皮等缺陷，锈蚀、凹陷不得超过壁厚的负偏差。

（4）管子外径和壁厚的尺寸应符合部颁的标准。

（5）法兰的密封面应平整、光滑，无毛刺及径向沟槽。法兰螺纹部分应完整，无损坏。凸凹面能自然嵌合，凸面的高度大于凹面的高度。

（6）螺栓及螺母的螺纹完整，无伤痕、毛刺。两者配合良好，无卡涩和松动的现象。

13-41　管道附件使用前必须确认符合国家或主管部颁技术标准的项目有哪些？

答：①直接与管子焊接的附件的化学成分；②承压附件（包括铸、锻、焊接件）经热处理后的机械性能；③合金钢附件（包括铸、锻、焊接件）的金相分析结果，也可用热处理状态说明代替。

13-42　管道系统的严密性试验有哪些要求？

答：（1）管道系统一般通过试水压进行严密性试验，试验时应将系统内空气排尽，试验压力如无设计规定时，一般采用工作压力的 1.25 倍，但不得低于 0.196MPa（2kgf/cm²）；对于埋入地下的压力管，应不低于 0.392MPa（4kgf/cm²）。

（2）管道系统进行严密性水压试验时，当压力达到试验压力后应保持 5min，然后压降至工作压力进行全面检查，若无渗漏现象，即认为合格。

（3）管道系统进行严密性水压试验时，禁止再拧紧各接口的连接螺栓，试验过程中发现泄漏时，应降压消除缺陷后再进行试验。

13-43　管道系统水压试验前应做好哪些准备工作？

答：（1）管道安装完毕，符合设计要求和规范的有关规定。

（2）支吊架安装完毕，经核算需加的临时支吊架加固工作已完成。

（3）热处理工作完毕并经检验合格。

（4）试验用的压力表（应不少于两个）经校验合格。

（5）有完善的试验技术措施、安全措施和组织措施，并经审核批准。试压的临时管道已按措施完成，与试验范围以外的系统确已隔离、封堵。

（6）所有受检部位均应裸露，现场已进行清理，各支吊架弹簧均已锁定并处于均衡受力的刚性吊状态。

（7）高压管道应在试压前对下列资料进行审查：管子及管件的制造厂家合格证明书、管道安装前的检验及补偿试验结果、阀门试验记录、焊接检验及热处理记录、设计变更及材料变更文件和管道组装的整套原始记录。

13-44　管道系统严密性水压试验的合格标准有哪些？

答： 管道系统严密性水压试验的合格标准为：当压力达到试验压力后要保持 5min，然后降至设计压力，对所有受检部位进行全面检查，若整个试验系统除了泵和阀门填料压盖以外都无渗水或泄漏的痕迹，且目测检查各管线部位无变形，则认为合格。

13-45　管道系统清洗的目的是什么？

答： 管道系统清洗的目的是：清除管道系统内部的污垢、泥沙、锈蚀物、气割金属氧化物、焊渣、铁屑和其他可能混入管道内的异物，保证管道内部清洁，对各管道系统应按设计要求采取各种方式进行清洗。

13-46　管道系统清洗的方式、方法有哪些？

答： 有安装前清洗和安装后清洗两种方法，相应的方法包括水流冲洗、化学清洗、喷丸、蒸汽吹洗及脱脂处理等。

13-47　管子使用前应作哪些检查？

答： （1）用肉眼检查管子的内外壁，其表面应光洁，无裂纹、重皮、磨损凹陷等缺陷。清除后的管壁厚度不得小于允许后的最小值，其允许的深度：冷拉管不大于壁厚的 4%，最大深度不大于 0.3mm；热拉管不大于壁厚的 5%，最大深度不大于 0.5mm。

（2）用卡尺或千分尺检查管径和管壁厚度。检查时，可沿管子全长取 3~4 点测量管子外径，在管头端部取 3~4 点测量管壁厚度，根据管子的不同用途，尺寸偏差应符合标准。

（3）椭圆度和管径的检查。检查时用千分尺和自制硬板，从管子全长选择 3~4 个位置来测量，被测界面的最大直径与最小直径之差称为管子的绝对椭圆度，绝对椭圆度与管子的公称直径之比率称为相对椭圆度，通常要求相对椭圆度不超过 0.05。

（4）有焊缝的管子需进行通球检查，球的直径为公称直径的 80%～85%。

（5）各类管子在使用前应按设计要求核对其规格，并查明钢号。根据出厂证件，检查其化学成分、机械性能和应用范围。对合金钢要进行光谱分析，检查化学成分是否与钢号相符合。对于要求严格的部件，对管材还应作压偏试验和水压试验。

13-48 管道支吊架应作哪些检查？

答：（1）支吊架根部设置牢固，无歪斜倒塌，构架刚性强，无变形。当为固定支架时，管道应无间隙地安置在托枕上，卡箍应紧贴管子支架，无位移。

（2）当恒力作用支吊架时，规格和安装应符合设计要求，安装焊接牢固，转动灵活。当为滑动支架时，其支架滑动面清洁，热位移应符合设计要求。

（3）当为弹簧吊架时，吊杆应无弯曲现象，弹簧的压缩度符合设计要求，弹簧和弹簧盒应无倾斜或被压缩而无层间间隙的现象。吊杆焊接牢固，吊杆螺纹完整，与螺母配合。

（4）当为导向支架时，管子与枕托紧贴无松动，导向槽焊接应牢固，枕托位于导向槽内，间隙均匀，且滑动接触良好无阻。

（5）所有固定支架、导向支架和活动支架，构件内不得有任何杂物。当为滚动支架时，支座与底板和滚珠（滚柱）接触良好，滚动灵活。

13-49 管道支吊架弹簧的外观检查及几何尺寸应符合哪些要求？

答：（1）弹簧表面不应有裂纹、分层等缺陷。

（2）弹簧尺寸的公差应符合图纸的要求。

（3）弹簧工作圈数的偏差不应超过半圈。

（4）自由状态下，弹簧各圈的节距应均匀，其偏差不得超过平均节距的 ±10%。

13-50 管道支吊架的安装要求是什么？

答：管道支吊架通常固定在梁、柱或混凝土结构的预埋铁件上。不论生根何处，必须保证牢固。不同特点的支吊架，均应符合下列要求：

（1）固定支架。这种支吊架受力最大，它不但承受管道重量，而且还承受管道温度变化时所产生的推力或拉力。安装时，一定要保证托架和管箍跟管道紧密接触，并且把管子卡紧，使管子没有转动、窜动的可能，使之成为管道膨胀的死点。

（2）滑动支架。应能保证管子轴向自由膨胀，而将其他方面的活动限制在一定范围内。安装时，应留出热位移量，即在冷态时托铁中心线和支架中心线不重合，偏置在跟热位移方向相反侧一定距离处，此距离应为该处热位移量的1/2。

（3）吊架的吊杆在冷态安装时，需留出预倾斜量，倾斜角度应使管箍与支吊点的垂直距离为该处热位移量的1/2。

（4）不得在没有补偿器的直管段上同时装两个以上的固定支架。

（5）活动支吊架的活动部分必须裸露，不得为水泥及保温层覆盖。

（6）安装弹簧支吊架时，需根据弹簧压缩量预先把弹簧压紧，并用钢筋把上、下盘点焊成一体，或以螺栓固定其上、下盘，待安装结束后再松开。热态时，对弹簧压缩量根据设计要求逐只进行调整。

（7）支吊架、吊杆、管箍应根据管带内介质的不同选用不同的材料。

13-51　对给水小旁路、减温水管道，应重点检查哪些项目？

答：应重点检查的项目有：①各阀门出口短节管、对角式调整门出口短节管及局部冲刷和测厚；②三通、弯管等部位的测厚和冲刷情况；③三通焊缝有无裂纹和泄漏。

13-52　对排污、取样、加药、疏水、空气管等小直径管道，应重点检查哪些项目？

答：应重点检查的项目有：①割取样管并将其破为两半，检查内部有无腐蚀坑点；②检查各角焊缝有无裂纹和泄漏现象；③对易冲刷部位的测厚检查；④管道是否有堵塞现象。

13-53　什么情况下可以使用虾米腰弯头？

答：下列情况下可以使用虾米腰弯头：①管子直径太大；②管子壁太薄；③由于位置紧凑，要求弯曲半径很小；④允许弯管上有焊缝的、不重要的管道。

13-54　管道冷拉前应检查哪些项目？

答：（1）冷拉区域各固定支架安装牢固，各固定支架间的所有焊口焊接完毕（冷拉口除外），焊缝均经检查合格，应作热处理的焊口已作热处理。

（2）所有支吊架已装设完毕，冷拉口附近支吊架的吊杆应预留足够的调整余量，弹簧支吊架的弹簧应按设计值预压缩，并临时固定。

（3）法兰与阀门的连接螺栓已拧紧。

（4）应作热处理的冷拉焊口须经检验合格，热处理完毕后，才允许拆除冷拉时所装的拉具。

13-55　新安装主蒸汽管蒸汽吹扫的要求及合格标准是什么？

答：主蒸汽管的蒸汽吹扫，应结合锅炉过热器的吹扫进行，吹扫应达到下列要求：

（1）吹扫压力的选定，应能保证吹扫时蒸汽对管壁的冲刷力大于额定工况下蒸汽对管壁的冲刷力。

（2）吹扫效果用装于排汽管内或出口处的靶板进行检查。靶板可用铝制板制成，宽度为排汽管内径的 $5\%\sim8\%$，长度纵贯管子内径。在保证上述冲刷力的前提下，连续两次更换；靶板上冲击斑痕的粒度不可大于 1mm，且肉眼可见斑痕不多于 10 点。若满足以上要求，即认为吹扫合格。

13-56　管道安装的要点有哪些？

答：（1）管道垂直度要进行检查（用吊线锤法或用水平尺检查）。

（2）管道要有一定的坡度，汽水管道的坡度一般为 2%。

（3）焊接或法兰连接不得强制对口（冷拉除外）；管道最后一次连接的法兰应后焊，以消除张口现象。

（4）汽管道的最低点应装疏水管及阀门，水管道的最高点应装放汽管及放汽阀。

（5）管道密集的地方应留足够的间隙，以便保温及留有膨胀余地；油管路不能直接和蒸汽管道接触，以防油系统着火。

（6）蒸汽温度高于 300℃、管径大于 200mm 的管道，应装有膨胀指示器。

13-57　主蒸汽管安装验收的具体要求有哪些？

答：（1）检查施工图纸、资料和记录是否齐全、正确，如焊口位置、焊口探伤报告，合金钢管光谱检验及支吊架弹簧安装高度与设计图纸是否相符等。

（2）膨胀指示器按设计规定正确装设，冷态时应在零位。

（3）管道支吊架应受力均匀，符合设计要求，弹簧无压死现象；蠕胀测点应装设良好，每组测点应装设在管道的同一横断面上，沿圆周等距离分配，并应进行蠕胀测点的原始测量工作。

（4）应按规定装设监察管段，监察管段上不允许开孔及安装仪表插座，不得装设支吊架。

(5) 管道保温应良好，符合要求。

13-58 怎样进行汽包中心线水平测量及水位计零位校验？

答：(1) 锅筒中心线水平测量必须以锅筒两侧的圆周中心为基准。

(2) 锅筒水位及零位校验须根据锅筒中心线水平偏差值来进行零位校验。

(3) 锅筒水平偏差一般不大于 6mm。

13-59 水位计的螺栓有几种紧法？

答：根据现场经验，水位计的螺栓有四种紧法：

(1) 两头紧，即先从中间紧两条，再按数字顺序一对一紧下去。

(2) 交叉紧，即先从中间紧两条，再按数字顺序交叉紧下去。

(3) 一头紧，即先从头上紧一条，再按数字顺序紧下去。

(4) 平面紧，即先从头上紧一条，再按数字顺序紧下去（适用于有 8 对以上螺栓的水位计）。

13-60 锅炉设备大修后应达到什么要求？

答：(1) 消除设备缺陷。

(2) 恢复锅炉出力和各转动机械设备出力。

(3) 消除泄漏现象。

(4) 安全保护装置和自动装置动作可靠，主要仪表、信号及标志正确。

(5) 保温层完整，设备现场整洁。

(6) 检修技术记录正确、齐全。

(7) 检修质量达到规定的标准。

13-61 锅炉和压力容器一般采用哪一类钢材？

答：工作温度低于 500℃时，可采用碳素钢低合金结构钢；高于 500℃时，则采用低合金热强钢和奥氏体不锈钢。在相同载荷条件下，结构质量可减轻 20%～30%。低合金热强钢是在高温条件下具有足够的持久强度和抗氧化性能，如 15CrMo、12CrMoV 等。奥氏体不锈钢具有良好的高温强度和高温抗氧化性能，工作温度可达到 600℃以上，常用的有 1Cr18Ni9Ti 和 0Cr18Ni9Ti。

13-62 压力容器的外部检查有哪些？

答：(1) 容器的防腐层、保温层及设备的铭牌是否完好。

(2) 容器外表面有无裂纹、变形、局部过热等现象，排放装置是否正常。

(3) 容器的连接管焊缝、受压元件有无泄漏。

(4) 安全附件是否齐全、灵敏、可靠。

(5) 紧固螺栓是否完好，基础有无下沉、倾斜的异常表现。

13-63 压力容器监检的范围有哪些?

答：①管子（直管）；②管件，包括弯管、弯头、三通、异径管、接管座、堵头、法兰等；③管道附件，包括支吊架、垫片、密封片、紧固件等；④蠕变监督段及蠕胀测点；⑤安全附件及阀门。

13-64 高温合金钢螺栓使用前应进行哪些检查?

答：高温合金钢螺栓使用前必须100%进行光谱复查，并核对钢号。M32以上的高温合金钢螺栓使用前必须100%作硬度检查。大修时，对大于M36的合金钢螺栓进行无损探伤。使用2万～5万h应做金相机械性能抽查，抽查的结果应符合下列要求：①硬度HB≤300；②金相组织无明显网状组织。

13-65 为什么不能将高温螺栓的初紧应力取得过高?

答：高温螺栓的初紧应力一般选用30～35kg/mm。根据螺栓材料的抗松弛特性分析，初紧力过高时，应力松弛速度加快，工作一定时间后的剩余应力与初紧应力较低的剩余应力相比所差无几。也就是说，加大初紧应力对提高剩余应力无明显效果，反而会缩短螺栓的总寿命，因此不能将高温螺栓的初紧应力取得过高。

13-66 吹灰器解体检修的主要内容和要求是什么?

答：(1) 减速机解体。检查齿轮的磨损接触情况，齿轮应无毛刺、裂纹等，磨损不超过原厚度的1/3，接触良好。检查测量轴、轴承、滚珠、珠架及内外套，应无麻点、起皮，内套与轴的装配不应松动，轴承各部间隙应符合标准要求，轴承和箱体应用煤油清洗干净。

(2) 检查喷嘴头，应完好不变形，无磨损，喷射气流角度正确。

(3) 检查修理汽阀，使阀门动作灵活、关闭严密不漏，检查供汽管的冲刷、腐蚀情况，局部减薄不应超过原壁厚的30%。

(4) 对于长杆吹灰器，应检查传动链条、链轮的磨损等，确保符合质量要求；对于短杆吹灰器，检查杠杆机构，应动作灵活，符合要求。

13-67 锅炉经水压试验合格的条件是什么?

答：(1) 停止上水（在给水阀不漏的情况下）5min后压力下降值不超过0.3MPa。

（2）保持压力进行检查，承压部件无漏水及渗水现象。

（3）试验结束后，所有承压部件无残余变形。

13-68 锅炉水压试验的步骤是怎样的?

答：（1）当压力升至工作压力的 10% 时，暂时停止升压进行设备的全面检查。如果没有渗漏，即可继续升压。

（2）如果当压力升至工作压力的 50% 时发现有轻微渗漏，则可继续升压，如渗漏严重，则停止升压进行处理。

（3）当压力升至工作压力的 80% 时停止升压，检查进水阀的严密性。

（4）继续升压至试验压力，升压速度不超过 0.2MPa/min，停止上水，保持压力，对承压部件进行全面检查，并记录 20min 时间内的压力下降值。

（5）试验完毕降压时，降压速度要缓慢，不超过 0.3～0.5MPa/min。

13-69 锅炉大修后进行超压试验前的准备工作有哪些?

答：（1）清除受热面内外的水垢和积灰，并将检查部位的保温或其他绝热装置拆除。

（2）进行压力表的校验与加铝封工作。为了防止误将试验压力升高，在压力表试验压力刻度处画上临时红线，以示醒目。

（3）准备好水压试验所需的水。

（4）所有有关的阀门全装上。

（5）锅炉放水管应畅通无阻。

（6）准备好检查必备的工具，如手电筒、小锤、尺子等。

（7）锅炉各部位的空气阀、压力表连通阀、水位计连通阀应开启，其他阀应关闭。

（8）如进行超压试验，则应将安全阀暂时压死。

（9）如在冬天进行水压试验，应根据室内情况，事先做好防冻工作。

13-70 锅炉超水压试验的步骤是怎样的?

答：（1）超水压试验应在工作压力试验合格后继续升压进行；超压试验前应解列安全阀和水位计。

（2）超压试验压力保持 5min 后降至工作压力，然后再进行设备的安全检查。

（3）检查结束后，打开空气阀、疏水阀、防水阀，将炉水放尽。

13-71 如何进行再热器的水压试验?

答：首先，在汽轮机高压缸出口蒸汽管上加装打压堵板，然后用再热器冷段事故喷水或减温水给再热器上水。上水前，应关闭再热器疏水阀，打开再热器空气阀（见水后关闭）。当压力升到 1MPa 后暂停升压，通知有关人员进行检查，无问题后继续升压至额定值。在此期间应严防超压，检查完毕后，应按照规定的降压速率降压到零，并打开空气阀和疏水阀，放尽炉水。

13-72　水压试验时的注意事项有哪些？

答：（1）上水要缓慢进行，如给水温度高，可反复上水和放水，防止汽包上、下壁温差过大。

（2）升压速度应控制在 0.3MPa/min 以下。

（3）升压前，应检查炉膛内、烟道内和省煤器内无人。

（4）升压过程中不可作任何检查。

（5）做超压试验，未降到工作压力不许对承压部件进行检查。

（6）蒸汽母管运行时，应确认该炉与运行系统完全隔绝，且主蒸汽压力不宜超过蒸汽母管压力。

（7）进行水压试验时，必须有专人监视和控制压力。

第十四章 阀 门 检 修

14-1 管阀设备检修常用的工具有哪些？

答：管阀设备检修常用的工具有手锤、改锥、各种规格的扳手、手电筒、锯弓、撬棍、研磨用的研磨工具、电动工具及剩余电流动作保护装置、搬运阀门的搬用小车。较大的阀门还要提前搭设脚手架或工作平台，备有倒链、绳索、大锤，以及针对该阀门加工的专用工具、照明用灯、阀门零部件放置用的工具盒或工具袋。

14-2 阀门检修要准备哪些材料用品？

答：检修阀门时，要准备好新的填料、更换用的螺栓、研磨膏、研磨砂、各种型号的砂布、抛光用的砂纸、浸泡螺栓用的煤油或螺栓松动剂、阀门封口用的堵板、法兰门，还要准备好新的垫片材料。

14-3 如何制订阀门检修的工作方案？

答：阀门检修目的是阀门检修的主要内容，不论什么样的阀门在运行工况下发生了故障，都需要去处理故障。在正确分析出故障原因、故障部位后，应确定是否需要解列系统，是否需要阀门全部解列，能不能带压处理以及如何准备工作工具。在以上各条件落实清楚后，按工艺要求一步一步地操作到工作前确定的部分，将故障排除。

14-4 如何制订阀门检修前的安全措施？

答：（1）针对现场实际，做好防止人身伤害的安全措施，如正确使用防止触电用的剩余电流动作保护装置和防止高空坠落适应的安全带等。

（2）系统和管道内彻底泄压和放水。

（3）电动阀门的电动装置停电。

（4）与公用系统及母管制相连的设备应加入堵板，防止窜汽。

（5）禁止该炉打压、上水。

（6）根据以前曾经发生过的事故，大型锅炉在放水 24h 内原则上不要进行阀门的解体工作，防止由于系统内温度没有降下来而造成余汽烫伤工作人员。

14-5 阀门检修人员应掌握哪些基本知识和技能?

答:阀门检修工作人员应掌握以下知识和技能:

(1) 最基本的阀门基本知识。

(2) 了解所解体的阀门的结构,最好是了解该阀门在机组运行中的使用特性和工作状况。

(3) 阀门的检修工艺和质量标准。

(4) 本次检修的目的以及自己在检修工作中的任务。

(5) 举办识图的基本知识。

(6) 阀门常用备件的名称、规格和使用知识。

(7) 看懂汽水系统图。

(8) 会正确使用电钻、磨光机和研磨机。

14-6 阀门检修前技术措施的制订原则有哪些?

答:(1) 首先让工作人员熟悉阀门结构,掌握阀门特性。

(2) 了解阀门检修工艺要求,并能在实际操作中正确使用。

(3) 结合规程要求定出阀门修后的质量标准。

(4) 检修过程工器具的使用要求。

(5) 对调料的配置要求。

(6) 对工作人员的岗级要求。

14-7 阀门检修前对现场有什么要求?

答:由于电厂锅炉的设计不同,阀门的安装位置也各不相同。另外,由于阀门的安装数量较大,并且是随着系统布置分布在锅炉的各个操作平台及楼梯过道上,小型阀门还比较容易检修,而较大的电动阀门就需要有足够的地方放置零部件和检修用具。因此,检修前应做到以下几点:①拆除阀门部位的保温;②搭设合适的脚手架;③清扫阀门上的灰尘;④装设临时照明;⑤阀门螺栓浸泡。

14-8 阀门检修时应注意哪些事项?

答:(1) 阀门检修当天不能完成时,应采取防止杂物掉入的安全措施。

(2) 更换阀门时,在焊接新门前,要把该阀门开 2~3 圈,以防阀头温度过高胀死、卡住或把阀杆顶高。

(3) 阀门在研磨过程中要经常检查,以便随时纠正角度磨偏的问题。

(4) 用专门的卡子做水压试验时,在试验过程中,有关人员应远离卡子处,以免伤人。

（5）对每一条合金钢螺栓都应在组装前经过光谱和硬度检查，以确保使用中的安全。

（6）更换新合金钢阀门时，对新的阀门各部件均应打光谱鉴定，防止发生以低带高的差错，造成运行中的事故。

14-9　一般阀门解体检修的质量标准是什么？

答：（1）阀体与阀盖表面有无裂纹、砂眼等缺陷；阀体与阀盖结合面是否平整，凹口和凸口有无损伤，其径向间隙是否符合要求。

（2）阀瓣与阀座的密封面有无锈蚀、刻痕、裂纹等缺陷。

（3）阀杆弯曲度不应超过 $0.1\sim0.25$mm，表面锈蚀和磨损深度不应超过 $0.1\sim0.2$mm，阀杆螺纹应完好，与螺纹套筒配合要灵活。不符合上述要求时应更换，所用材料要与原材料相同。

（4）填料压盖、填料盒与阀杆的间隙要适当，一般为 $0.1\sim0.2$mm。

（5）各螺栓、螺母的螺纹应完好，配合适当，不缓扣。

（6）平面轴承的滚珠、滚道应无麻点、腐蚀、剥皮的缺陷。

（7）传动装置动作要灵活，各配合间隙要正确。

（8）手轮等要完整，无损坏。

14-10　阀门检修前应做好哪些准备工作？

答：（1）准备阀门。锅炉所用的阀门都要准备一部分，既可购置一些新阀门并经重新拆装，也可以利用经修复的旧阀门。

（2）准备工具。包括各种扳手、手锤、錾子、锉刀、撬棍、各种研磨工具、螺钉旋具、套管、大锤、换盘根工具等。

（3）准备材料。包括研磨料、砂布、盘根、螺栓、各种垫子、松动剂及其他消耗材料。

（4）准备现场。有些大阀门和大流量法兰检修很不方便，可以在检修前搭好脚手架，使检修工作顺利进行。为了便于拆卸，检修前先对阀门螺栓喷上一些松动剂。

（5）准备检修工具袋。高压锅炉阀门大部分是就地检修，将所用的工具、材料、零件装入工具袋，随身携带方便。

（6）"三不落地"。现场铺设胶皮等物时，材料、备品、工具不落地，并摆放整齐。

14-11　阀门如何解体？

答：解体前，确认该阀门所连接的管道已从系统中断开，管道内无压力，阀门才能解体，其步骤如下：

(1) 用刷子和棉纱将阀门内外污垢清理干净。

(2) 在阀体及阀盖上做上记号，然后将阀门开启。

(3) 拆下传动装置或手轮螺母，取下手轮。

(4) 卸下填料压盖螺母，退出填料压盖，清除填料盒中的盘根。

(5) 拆下门盖螺母，取下阀盖，铲除垫料。

(6) 旋出螺杆，取下阀瓣。

14-12 阀门如何组装？

答：(1) 把阀瓣装在阀杆上，使其能自由移动，但锁紧螺母不可松动。

(2) 将阀杆装入填料盒内，再套上填料压盖，旋入螺纹套中，至开足位置。

(3) 将阀体吹扫干净，阀瓣和阀座擦拭干净。

(4) 将垫片装入阀体和阀盖的法兰之间，将阀盖正确地扣在阀体上，对称旋紧螺栓，并使法兰四周间隙一致。

(5) 填加盘根（填加盘根前，应使阀门处于关闭状态）。

14-13 阀门的组装要求是什么？

答：(1) 所有的阀件经清洗、打磨、检查、修复或更换后，尺寸精度、相互位置精度、粗糙度以及材料性能和热处理等均符合技术要求。

(2) 清楚配合性质，杜绝猛敲乱打。要做到操作有序，先里后外，自上而下。一般遵循的是"先拆的后装、后拆的先装"原则。

(3) 要求配合恰当、连接正确、阀件齐全、螺栓紧固、开关灵活、指示准确、密封可靠、适应工况。

14-14 什么是阀门的研磨？

答：利用研磨材料的硬度颗粒，在研磨工具和被研磨工件之间垫一层研磨材料，将工件磨光的过程称为研磨。

14-15 阀门研磨的方法有哪几种？

答：阀门的研磨方法有两种，即用研磨砂和研磨膏进行研磨以及用砂布进行研磨。深度在 0.5mm 以内的麻点或小孔一般用研磨砂和研磨膏进行研磨。

14-16 简述用研磨砂或研磨膏研磨阀门的步骤。

答：研磨分为粗磨、中磨和细磨三个阶段。

(1) 粗磨。利用研磨头和研磨座，用粗研磨砂先将阀门的麻点或小坑磨去。

(2) 中磨。更换一个新研磨头和研磨座,用比较细的研磨砂进行手工或机械化研磨。

(3) 细磨。用研磨膏将阀门的阀瓣对着阀座进行研磨,直至达到标准。

14-17　简述用砂布研磨阀门阀座的步骤。

答: 有严重缺陷的阀座应用砂布研磨,一般分三个步骤进行:

(1) 用 2 号砂布把麻坑磨掉。

(2) 用 1 号或 0 号砂布磨去粗纹。

(3) 用抛光砂布磨一遍即可。

对于阀座一般缺陷,可先用 1 号砂布研磨,再用 0 号砂布或抛光砂布研磨直至合格。

14-18　简述砂布的规格分类及含义。

答: 按磨料的粒度划分,如 P60 为 2 号砂纸,P100 为 1 号砂纸,P120 为 0 号砂纸,P150 为 00 号砂纸。

14-19　简述研磨砂的规格分类及含义。

答: 研磨砂的规格是根据其颗粒大小编制的,按粗细分为磨粒、磨粉和微粉。其中,磨粒主要为 10、12、14、16、20、24、30、36、46、54、60、80、90,磨粉主要为 100、120、150、180、220、280、320,微粉主要为 M28、M20、M14、M10、M7、M5。阀门密封面的研磨,除个别情况用 280、320 号磨粉外,主要是用微粉。

14-20　简述研磨膏的规格分类及含义。

答: 研磨膏是用油脂类(石蜡、甘油、三硬脂酸等)和研磨微粉合成的油膏。研磨膏一般为细的研磨料,分为 M28、M20、M14、M10、M7 和 M5 等,通常有黑色、淡黄色和绿色的。

14-21　简述研磨机的特点和发展方向。

答: 阀门研磨工具有行星式平板研磨机、振动式平板研磨机、阀体研磨机、旋塞式研磨机以及球面研磨机和小型研磨机。近年来,随着时代的发展,研磨工具也在进行着升级换代。但无论哪一种研磨机,都遵循着前几种的原理,只是向着更小型化、便携式、操作和安装更简单的方向改进。特别是随着电厂单机容量的加大、焊接式阀门的大量应用,出现了一种组合式结构的研磨机,主机为一把可变速的电钻,再配上部分夹具和研磨头就可以研磨各类阀门。新式的研磨机具有质量小、体积小、携带安装方便和操作简单的共同特点。

14-22 阀门检修时对研具材料的要求有哪些？

答：在研具加工中，对研具材料的要求有两条：①研具材料要容易嵌入磨粒；②研具材料要能较长久地保持研具的集合形状精度。研磨阀门密封面时，研具的材料习惯采用灰铸铁。灰铸铁研具适合研磨各种金属材料的密封面，它能获得较好的研磨质量和较高的生产率。铸铁、铜、奥氏体不锈钢的密封面一般用 HB120～HB160 的灰铸铁做研具；硬质合金、淬硬钢密封面使用 HB150～HB190 的灰铸铁。常用的灰铸铁牌号为 HT150 和 HT200。

14-23 常用的阀门密封面研磨工具有哪些？有什么要求？

答：阀门在研磨密封面时不能用阀头和阀座直接研磨，而是采用各种研磨工具去研磨。研磨工具可分为平面密封面研磨工具、锥面密封面研磨工具、球形密封面研磨工具和研磨机。所用材料的硬度应低于阀门的阀头和阀座的硬度。

14-24 如何对阀门的阀瓣进行研磨？

答：对于阀门的阀瓣，当缺陷较大时，可以先用车床车光，不用研磨即可组装，也可以用抛光砂布放到研磨床上研磨一次即可，同时还可用磨床进行磨光，磨后可以直接组装。阀瓣多次将车床车光或者一次因麻点较深车去较多时，若接合面堆焊层已没有，则应及时更换新阀瓣。

14-25 什么叫阀门的粗磨？

答：阀门研磨时，粗磨就是用较粗的研磨砂，再利用研磨工具先把麻点、刻痕等磨去，使用压力一般为 0.15MPa。

14-26 阀门研磨的质量标准是什么？

答：阀头和阀座密封面部分应接触良好，表面无麻点、沟槽、裂纹等缺陷，接触面应在全宽的 2/3 以上。

14-27 阀门密封填料的选择有什么要求？

答：阀门阀杆和阀盖间是依靠填料来密封的，填料的选用应根据介质压力和温度的不同来确定。

14-28 阀门添加盘根时有什么要求？

答：阀门添加盘根时，盘根接口处应切成 45°，相邻两圈盘根的接口要错开 90°～120°。

14-29　阀门填料如何放置和紧固？有什么要求？

答：阀门盘根每放入两圈，应用填料压盖紧一次。填好阀门盘根后，在压紧阀门填料压盖时，应留有以后压紧盘根的间隙，以便热态或泄漏时再紧一次，其间隙一般为：公称直径 100mm 以上的阀门间隙为 30～40mm，公称直径 100mm 以下的阀门间隙为 20mm。

14-30　简述更换阀门盘根的方法。

答：更换盘根时，应用锋利的刀子沿着 45°角把每圈盘根切开，并分层压入，相邻两圈盘根的接口要错开 90°～120°。压紧压盖时不应倾斜，并应留有供继续压紧盘根的间隙；压紧填料时，应同时转动阀杆，以便检查填料紧固阀杆的程度和阀门开关是否灵活；压盖压入盘根室的深度不能小于盘根室的 10％，也不能大于 20％。

14-31　阀门垫片的材料如何选择？

答：阀门垫片的材料是保证阀门密封性的关键因素之一。对它的要求是：在介质的压力、温度作用下具有一定的强度，耐介质腐蚀，工艺性好；对于密封面有相对运动的阀类，还要求耐擦伤性好、摩擦系数小、耐磨损；对于受高速介质冲刷的阀门，还要求抗冲蚀性能强；对于高温和低温阀门，要求有良好的热稳定性和与相接材料基体相近的线胀系数。

14-32　对阀门垫片的基本要求有哪些？

答：对选用的垫片，应进行细致检查。橡胶石棉板等非金属垫片，其表面应平整和致密，不允许有裂纹、折痕、皱纹、剥落、毛边、厚薄不均和搭接等缺陷。金属和金属缠绕垫片应表面光滑，不允许有裂纹、凹痕、径向划痕、毛刺、厚薄不均以及影响密封的锈蚀点等缺陷。对齿形垫、梯形垫、透视垫、锥面垫以及金属制的自紧密封件，除有以上技术要求外，还应进行着色检查，若进行试装后有连续不间断的印影，则认为合格。对于接触不良的，应对不平的密封面进行研磨或铲刮，对这些垫片的粗糙度，除齿形垫可高一些外，其他垫片应为 1.6～0.4。

14-33　如何拆卸垫片？

答：首先要接触附加在垫片上的预紧力，松开全部螺栓。密封面打开后，用专用刀具插入垫片和面封面之间，对称地拨动，使垫片松动后取出。垫片在槽中不动时，可敲打、振动、松动后取出。无论使用哪一种工具，都要用力均匀，不能性急，以防划伤密封面。

14-34　如何使拆下来的旧紫铜垫重新使用?

答：若检查旧紫铜垫表面无沟槽、贯穿紫铜垫内外径 1/3 无其他缺陷，则将紫铜垫加热至红色，放到冷水中急速冷却，再用细砂布擦亮即可使用。

14-35　对解体后的阀门应作哪些检查?

答：(1) 工作温度≥450℃的阀门，对其内部合金钢部件应进行光谱复查。

(2) 检查阀座与阀壳接合是否牢固，有无松动现象。

(3) 检查阀芯与阀座的接合是否吻合、接合而无缺陷。

(4) 检查阀杆有无弯曲锈蚀，阀杆与填料压盖相互配合松紧是否合适，以及阀杆上螺纹有无断丝等缺陷。

(5) 检查阀杆与阀芯的连接是否灵活、可靠。

(6) 检查阀盖法兰机的接合情况。

(7) 对节流阀，尚应检查其开闭行程及端位置，并尽可能做出标志。

14-36　自密封阀门的解体检修有哪些特殊要求?

答：(1) 检查阀体密封六合环及挡圈应完好无损，表面应光洁，无裂纹。

(2) 阀盖填料座圈、填料盖板应完好，无锈蚀，填料箱内应清洁、光滑，填料压盖、座圈外圈与阀体填料箱内壁的间隙应符合标准。

(3) 密封填料或垫圈应符合质量标准。

14-37　高压闸阀检修的质量标准是什么?

答：(1) 阀芯及阀座不应有裂纹。

(2) 阀门表面磨损厚度不超过 2mm。

(3) 磨损、腐蚀、残留不超过密封面径向的 1/2。

(4) 研磨后表面为镜面，粗糙度为 0.2 以下。

(5) 接合面硬度为 HB600～HB700，阀芯、阀座密封面接触 50%。

(6) 传动装置无卡涩，磨损厚度不超过原厚度的 1/2，阀杆、丝扣各部件无损坏，铜套丝扣良好。

14-38　高压球形阀的检修质量标准有哪些?

答：(1) 阀芯及阀座不应有裂纹、腐蚀和麻点，贯穿不超过密封面的 1/2。

(2) 门芯接触面麻点、腐蚀、沟槽的大小不超过 0.05～0.2mm。

(3) 研磨好的接合面为镜面，粗糙度为 0.2，表面硬度为 HB600～HB700。

（4）门芯、门座密封面接触 70% 以上且均匀分布，接触线为整圈不断线。

（5）研磨盘材料应采用铸铁。

14-39　柱塞式给水调节阀解体检查的主要内容和要求是什么？

答：（1）阀芯。检查阀芯表面损伤情况；测量阀芯各部配合间隙；检查测量阀芯的弯曲情况；检查修理阀芯的工作面，对磨损及缺陷做好原始记录，如损坏较严重，要先进行补焊，然后再加工到要求的规格；检查阀芯调孔是否磨损，磨损严重时，应更换调孔垫片或焊补修理。

（2）阀座。检查阀座接合面有无沟槽、麻点，如有轻微的沟槽、麻点，可用专用工具研磨去掉；检查上、下定位套，若有腐蚀时，用砂布擦光磨亮；测量阀座各部尺寸，做好记录；检查法兰面是否平整，法兰螺栓是否损坏。

（3）检查修理横轴、法兰密封圈、压兰压套及法兰螺栓：检查横杆有无磨损、弯曲，配合是否松动；检查压兰密封圈、压兰套内垫是否光滑，有无磨损及沟槽，配合间隙是否符合要求；检查压兰螺栓是否完好，有无变形、裂纹、锈死等现象。

（4）检查修理调舌，有裂纹应更换，磨损严重时可以进行焊补修理。

（5）测量调舌与阀芯调孔的配合间隙。

（6）检查阀盖与阀底盖上口是否平整，有无腐蚀，发现沟槽、麻点等缺陷应修整。另外，还要检查阀芯与阀座的接触线：在阀芯、阀座接合面上涂上一层红丹粉进行压线试验。若有断线或接触不良，则用研磨砂反复对磨数次，直到均匀为止。

14-40　回转式给水调节阀基本的检修质量标准是什么？

答：①窗口要对正且符合要求；②阀瓣径向间隙控制在一定范围内，一般为 0.05～0.15；③无杂物堵住传动部位，传动装置灵活、可靠。

14-41　为什么调节阀允许有一定的漏流量？检修完毕后要做哪些试验？

答：调节阀一般都有一定的漏流量（即调节阀全关时的流量），这主要是由于阀芯与阀座之间有一定的间隙。如果间隙过小，则容易卡涩，使运行操作困难，甚至损坏阀门。当然，阀门全关时的漏流量应很小，一般控制在总流量的 5% 以内。

检修完毕后，调节阀应做开关校正试验。调节阀投入运行后，应做漏流量、最大流量和调整性能试验。

14-42 高压阀门如何检查修理？

答：（1）核对阀门的材质，不得错用；阀门更换零件材质时，应经金相光谱检验人员同意，并做好记录。

（2）清理检查阀体是否有砂眼、裂纹和腐蚀，若有缺陷，可采用挖补焊接的方法处理。

（3）阀门密封面要用红丹粉进行接触试验，接触点要达到80%，小于80%时需要研磨；对于结合面上的凹面和深沟，要采用堆焊方法处理。

（4）阀杆弯曲度、椭圆度应符合要求，阀杆丝扣和丝母配合要符合要求，无松动、过紧和卡涩现象。

（5）检查阀芯有无裂纹、麻点、腐蚀现象，阀芯调节是否灵活，锁紧螺母丝扣是否配合良好，如有缺陷，应及时修理或更换。

（6）清理打磨阀体、阀盖、填料室、固定圈、填料压盖、螺栓及各部件，达到干净并呈现出金属光泽。

（7）测量各部间隙，直至符合要求。

14-43 更换高压阀门时对其对口有何要求？

答：高压阀门的安装均为焊接，其对口有较为严格的要求。首先，吊到安装位置时，应对标高、坡度或垂直度等进行调整；其次，对口时可在管端装设对口夹具，依靠对口夹具上的螺栓调节阀门的轴线位置，使其与管口同心，同时依靠链条葫芦和人力移动，使对口间隙符合焊接要求。对口调节好后即可进行对口焊接，这时应注意两端的临时支撑与固定，避免阀门质量落在焊缝上，同时避免强力对口。

14-44 公称压力为 19.6MPa（200kgf/cm²）的碳素钢阀门是否可以用在最高压力为 2.45MPa（25kgf/cm²）、介质温度为 540℃ 的蒸汽管道中？为什么？

答：不可以。因为碳素钢阀门的最高允许使用温度为450℃，而该蒸汽管道的介质温度为540℃，超过了其温度使用极限。

14-45 简述电动阀门驱动装置解体检修的步骤和要求。

答：（1）联系运行人员将电动装置停电，取下熔断器并挂牌后，拆除电动机。

（2）将驱动装置与阀门固定部位的螺钉旋下，拆除驱动装置置于合适的场地。

（3）记录阀门原行程圈数，调整情况，以便检修后对电动阀门进行调整。

（4）打开齿轮箱盖，取下蜗轮、蜗杆进行检查，其磨损不应超过齿厚的1/3，啮合部分不应有裂纹及啮合不良现象。

（5）检查轴承有无磨损及转动不灵活或有异常响声等，轴承间隙应符合标准。

（6）试验手动装置是否灵活，啮合是否可靠，各部位均不得有卡涩现象。

（7）检查电动机的联轴器啮合部分是否完整、可靠。

（8）箱体各密封面应清理干净，依次装复，蜗轮、蜗杆等箱体内加润滑油脂后，将箱盖盖好。

（9）阀门组装完毕后，用手检查转动应灵活，内部无异常响声，手动、电动应保证可靠。手动及电动试验，应能较快地将阀门开启或关闭。

14-46　如何进行阀门的水压试验？

答：水压试验充水时，应将阀门中的空气全部放出，进水应当缓慢，不可有突进和冲击现象。试验压力为实际工作压力的1.5倍。在试验压力下保持5min，再把压力降到试际工作压力进行检查，若发现不严密处，应进行再次检修，然后再重新做水压试验。水压试验后，应将阀门中的水全部放掉，并擦干净。

14-47　阀门检修后进行水压试验时，对有法兰的阀门和无法兰的阀门应各自采用什么垫片？

答：水压试验时，对于有法兰的阀门，应采用石棉橡胶垫片；对于无法兰的阀门，则采用退过火的软钢垫片。

14-48　给水调节阀在锅炉运行中的作用是什么？

答：给水调节阀是用来调节锅炉给水量和保持汽包水位正常的装置。检修时，应尽量减少调节阀的漏流量，保证调整曲线呈线性关系，能在全范围内调节流量，调节时应尽量保证灵活、可靠。

14-49　给水调节阀的检修有什么要求？应如何达到这一要求？

答：检修时要注意：①窗口要对正且符合要求；②阀瓣径向间隙控制在一定范围内，一般为0.05～0.15mm；③无杂物堵住传动部位，传动装置灵活、可靠。

14-50　安全阀动作试验的要求有哪些？

答：①单独做安全阀水压试验时，密封面应严密不漏；②安全阀校验时，起跳压力允许误差为±1.0%；回座压力允许为起跳压力的93%~96%，最低不低于起跳压力的90%。

14-51　安全阀研磨时有哪些注意事项？

答：(1) 绝对不可以把阀瓣和阀座一起对磨。

(2) 每次更换新研磨膏时，都要将阀瓣阀座和研磨平板清理一次。

(3) 研磨时，研磨膏只能薄薄地涂一层，涂得过多将有害无益。

(4) 研磨时，要轻缓地转动平板进行修正；平板有磨损或损伤时，要用校正平板进行修正。

(5) 应避免平板同心旋转研磨。

14-52　安全阀阀瓣的结构有什么特点？

答：采用了目前国际上高温高压安全阀普遍采用的弹性阀瓣结构，其蒸汽冲刷面呈锥体喉舌形，阀瓣密封面内侧边缘留有0.1~0.2mm的间隙。这种结构的阀瓣富有弹性、受热均匀、变形小。阀瓣的母材选用韧性好、强度高的合金钢（PLATNAM），而阀瓣的密封面堆焊有0.11~0.30mm厚的硬质合金，该厚度小于0.1mm时，阀瓣报废。

14-53　安全阀导向套的作用是什么？

答：安全阀导向套在阀瓣启座和回座时与阀瓣座配合起导向作用，可保证阀瓣的顺利启座及阀门回座后的严密性。

14-54　安全阀导向套与阀瓣之间的间隙标准是什么？

答：0.3~0.4mm，为防止发热胶着，两者选用不同的材料。

14-55　安全阀阀杆弯曲度应符合的标准是什么？

答：小于0.1mm。

14-56　安全阀升阀组件的作用是什么？

答：可定期检验安全阀的动作情况，也可以用作紧急保安装置。

14-57　汽包安全阀调节螺杆在结构上有什么特点？

答：(1) 调节螺杆的衬套与上部阀盖之间嵌装了一只推力轴承。

(2) 调节螺杆的调整通过与其螺纹连接的衬套的调整进行。

(3) 衬套的旋转通过以键固定在其上的大齿轮与调节小齿轮的啮合实现。当小齿轮顺时针旋转时，与之啮合的大齿轮逆时针旋转（既衬套逆时针旋转）；当调节螺杆的旋转被限制时，弹簧被压缩。

14-58 汽包安全阀调节螺杆结构有什么优点？

答：减小了调整时的摩擦阻力，特别有助于热态调整。

14-59 安全阀导向套位置的高低为什么对回座压力有影响？

答：导向套能挡住喷出的蒸汽并使其向下喷射，使阀瓣受到反作用力而充分提升。改变导向套位置的高低，可控制蒸汽流动的方向，起到启座及回座的调节作用。导向套位置高，蒸汽喷出的汽流较平坦，蒸汽升力小，回座压差就小，即回座压力高；反之，回座压力低。

14-60 脉冲安全阀的检修项目有哪些？

答：脉冲安全阀的检修项目主要有：

（1）全部解体进行检查清理。

（2）修理研磨阀芯密封面。

（3）弹簧进行探伤机压缩试验。

（4）各处法兰结合面进行刮研、找平。

（5）更换衬垫及易损件。

（6）安全阀进行热态校验。

14-61 脉冲安全阀有哪几种结构？

答：脉冲安全阀一般有重锤杠杆式或弹簧式两种结构，其开启压力是通过调整重锤位置和弹簧紧力来实现的。脉冲阀一般都装有压力继电器和电磁铁组成的电气自动开启、回座系统，也可以在控制盘上用电气开关远距离操作。在正常情况下，为使脉冲阀关闭更严密，回座电磁铁一般都通有电流，使阀瓣受到一个附加的作用力。

14-62 脉冲安全阀解体后应对哪些部件进行检查？如何检查？

答：（1）检查弹簧，宏观检查有无裂纹、折叠等现象。

（2）测量弹簧自由高度。检查活塞环（胀圈）有无缺陷，并测量其接口间隙：活塞环放入活塞室不准漏光，活塞内间隙为 0.20～0.30mm，活塞外自由状态时间隙为 1mm。同时，检查活塞与活塞室有无裂纹、沟槽和麻坑等。

（3）检查阀头与阀座的密封面有无沟槽和麻坑等缺陷。

（4）检查主阀的阀杆有无弯曲，可将阀杆夹在车床上用千分表检查其弯曲度。

（5）检查杠杆式副阀杠杆支点、"刀口"有无磨损、磨钝等缺陷。

（6）检查法兰螺栓有无裂纹、拉长、丝扣损坏等缺陷，并由金相检验人员作进一步检查。

14-63 锅炉安全阀的启座压力是如何规定的？

答：锅炉安全阀的启座压力应根据 DL 612—1996《电力工业锅炉压力容器监察规程》的有关规定进行调整校验，具体规定见表 14-1（制造厂有特殊规定的除外）。

表 14-1　　　　　安全阀启座压力

锅炉类型、参数	控制安全阀	工作安全阀
汽包锅炉工作压力<5.9MPa	1.04 倍工作压力	1.06 倍工作压力
汽包锅炉工作压力≥5.9MPa	1.05 倍工作压力	1.08 倍工作压力
直流锅炉过热器出口	1.08 倍工作压力	1.10 倍工作压力
再热器		1.10 倍工作压力
启动分离器		1.10 倍工作压力

14-64 简述盘形弹簧安全阀的热态校验方法。

答：（1）安全阀的热态校验是在锅炉点火启动后进行的，其校验方法、程序及注意事项由检修负责人组织有关人员制定。

（2）盘形弹簧安全阀校验时，其上部的外加负荷装置先不安装，待安全阀校验完后，再将其安装上。

（3）安全阀的校验可以由低值向高值依次进行。校验某一安全阀时，应将其余安全阀用 U 形垫板卡在定位圈上，并将定位圈向上旋紧，这样，其他安全阀就不会动作。待安全阀全部校验结束后，取下所有安全阀的 U 形垫板，并将定位圈向下旋松到规定位置。

（4）当压力升到待校验安全阀的规定动作值时，应调整弹簧螺母，使安全阀动作。为了便于动作值的调整，待压力升高到接近于规定动作值时，压力升高要缓慢、平稳，待安全阀回座后，再次升压，检验记录其启座压力、回座压力是否符合要求。启座压力与安全阀规定的动作值误差不超过±0.05MPa 为合格，回座压力应为启座压力的 4%～7%，最大不得超过 10%。

14-65 锅炉有几种保护装置？各起什么作用？

答：（1）安全阀。当锅炉压力急剧升高直至超过最高允许值时，安全阀就自动开启，将蒸汽排至大气而降低锅炉压力。

（2）排汽阀。当锅炉蒸汽参数超规范而危及设备安全或汽轮机大量甩负荷时，可将排汽阀开启卸压，并保护过热器。

（3）锅炉汽包压力表、水位计和水位报警器。设置有超压报警和高水位报警信号，当锅炉出现超压现象或水位异常时能发出警报，并通过连锁装置控制燃烧，如停止供应燃料、停止通风，使司炉人员能及时采取措施，以免造成锅炉超压或缺水、满水事故。

（4）事故放水阀。当锅炉汽包水位异常升高时，开启事故放水阀，以降低汽包水位。

（5）锅炉防爆阀。当锅炉灭火发生爆炸或受热面爆破时，炉膛和烟道各部防爆阀即自动开启或破裂卸压，保证设备不致损坏。

（6）锅炉连锁装置。使锅炉各转动机械按照一定生产流程启动和停止，在事故情况下，能按生产流程自动跳闸，防止事故扩大。

（7）灭火保护装置。当锅炉发生灭火时，自行切断锅炉燃烧的供给，防止锅炉打炮。

（8）排污和加药装置。保持汽、水品质合格，减少设备的结垢和腐蚀。

（9）省煤器再循环装置。锅炉停炉后，尾部受热面区域温度还很高，省煤器内会产生汽泡，打开再循环阀后，所产生的蒸汽流向汽包形成水的循环，起到保护省煤器的作用。

14-66　简述检查安全阀弹簧的方法。

答：检查安全阀弹簧时，可用小锤敲打，听其声音，以判断有无裂纹。若声音清亮，则说明弹簧弹簧没有损坏；若声音嘶哑，则说明弹簧有损坏，应仔细查处损坏的地方，然后再由金属检验人员选1～2点作金相检查。

14-67　安全阀的整定试验有什么意义？

答：锅炉的安全阀是保证锅炉安全运行的重要附件，可以有效地避免由于外部和内部原因造成的锅炉超压而损坏设备。安全阀的动作压力值不可过高，也不可过低，否则不仅起不到保护锅炉的作用，还会影响到锅炉的正常运行，因此必须进行安全阀的整定试验将安全阀的动作压力值调整到合适的范围。

14-68　安全阀修好后为什么要进行冷态校验？

答：冷态校验可以缩短校验的整体时间，保证热态校验一次成功，同时减少了热态校验时锅炉超过额定压力的运行时间，保证了锅炉设备的安全。

14-69　安全阀的启座压力如何调整？

答：安全阀的启座压力是通过调整弹簧的调整螺杆来进行调整的。调整之前，先将调整螺杆锁紧螺母旋松至适当位置，顺时针旋转调整螺杆，弹簧被压缩，启座压力将升高；反之，逆时针旋转调整螺杆，弹簧放松，启座压力将降低。安全阀从初次启座到第二次启座，其启座压力由于各部件温度的变化而有所变化，一般在±0.2MPa 内为正常。

14-70 安全阀热态校验前应做好哪些准备工作？

答：（1）对安全阀进行外观检查处理，看其有无裂纹，检查安全阀本体各处焊口、螺栓连接处有无不正常情况。

（2）安全阀装置及其他有关设备检修工作全部结束后，工作票收回并注销。

（3）做好防超压事故预想及处理措施。

（4）准备好调试工具及通信工具（如电话、对讲机、耳塞等）。

（5）检查各对空排汽、事故放水电动门开关灵活、可靠。

（6）不参加校验的安全阀应锁定。

（7）校验前应对照就地压力表及远方压力表，确保压力表计指示准确。

14-71 安全阀的热态校验原则有哪些？

答：（1）安全阀的校验一般应在不带负荷时进行，并采用单独启动升压的方法；需带负荷校验时，应制订具体实施措施。

（2）安全阀校验的顺序一般按压力由高到低的原则进行。

（3）安全阀校验前必须制订完善的校验措施；校验时应有专职人员指挥，专职人员操作。

（4）一般以就地压力表为准。

14-72 简述安全阀的热态整定方法。

答：（1）用顶杆（或压紧螺母）将非调整安全阀压死。

（2）整定前，将点火排汽阀由电动控制切换为现场手动控制。

（3）调整燃烧及点火排汽阀控制汽压，使之缓慢上升，当压力接近动作压力时，应保持压力稳定，缓慢升至整定压力；如超过启座压力仍不启座，则应及时开启点火排汽阀，降低锅炉汽压，或着用阀杆上的手柄强制排汽降压后调整启座压力，再次试排。

（4）启座后，要监视回座压力，便于调整回座压力。

（5）当压力符合要求后，再做一次试排。

（6）调整完一个后，再调整下一个。

14-73 安全阀热态整定的要求是什么？

答：（1）对空排汽阀可作压力调整用。

（2）接近启座压力时，务必缓慢升压。

（3）安全阀调整时，应加强对汽温、汽压和水位的监视，调整要细心，尽量减少单只安全阀的动作次数。

（4）安全阀调整压力以就地压力表为准，其启座压力、回座压力应认真做好详细记录。

（5）要保证炉上人员与控制室人员的通信和联系畅通。

14-74 各类阀门安装方向如何考虑？为什么？

答：（1）闸阀方向可以不考虑，闸阀结构是对称的。

（2）对小直径截止阀，安装时应正装（即介质在阀门内的流向从下往上），开启时省力，而且在阀门关闭时阀体和阀盖间的衬垫和填料都不致受到压力盒温度的影响，可以延长使用寿命，同时可在阀门关闭的状态下更换或增添填料；对于直径为 100mm 的高压截止阀，安装时应反装（使介质自上而下流动），这样是为了使截止阀在关闭状态时介质压力作用于阀芯上方，以增加阀门的密封性能。

（3）止回阀安装方向，应使介质流向与阀体标记方向一致，一般介质的流动方向是自上而下，升降式止回阀应安装在水平管道上。

14-75 为什么管阀的检修难度比安装组合大？

答：（1）随着管材运行时间的增长，材质可能发生变化，从而给检修工作增加了难度。

（2）检查裂纹或蠕变等材料损伤的范围时，利用现有的无损探伤方法，并不完全可靠。

（3）对已安装好的管阀系统要进行检查、检修及热处理，往往受到空间、温度及灰尘等环境条件的限制；最后，在检修中工期往往比较紧，使检修工作受到限制。

因此，管阀的检修难度比安装大。为使检修顺利进行，必须执行具体的检修计划，否则将有可能造成检修质量不合格。

第十五章　阀门管道故障及处理

15-1　冷弯管子时易发生什么现象？对模具有什么要求？

答：用冷弯方法弯出的弯头，常常产生过大的椭圆变形，即在弯制时由于管子截面的水平直径方向受到很大压力而直径变小，垂直直径变大，从而使截面变成椭圆形。为了防止椭圆变形，在设计工作轮的轮槽时，应使之与管子密切贴合，滚轮的轮槽宽度在垂直方向和管子直径相等，水平方向则可留1～2mm的间隙，从而防止管子成形后产生大的椭圆变形。

15-2　如何处理给水管道内的水冲击事故？

答：（1）当给水管道内发生冲击时，可适当关小给水阀门，若还不能消除，则改用备用给水管道供水。如果无备用给水管道或采用其他措施无效时，应立即停炉。

（2）如果是锅炉给水阀门的给水管道发生水冲击，则可以关闭给水阀门，开启省煤器与锅炉的再循环阀门，而后再缓缓开启给水阀门。

（3）开启给水管道上的空气门，排除给水管道内的空气或蒸汽。

（4）检查给水管道上的止回阀和给水泵是否正常。

（5）保持给水压力和温度的稳定。若锅炉给水管道没有固定好，在锅炉间断给水时也会引起晃动，这不是给水管道内水冲击造成的，应注意区别。

15-3　就地水位计指示不准确的原因有哪些？

答：（1）水位计的汽水连通管堵塞，会引起水位计水位上升，如汽连通管堵塞，水位上升较快；水连通管堵塞，则水位逐渐上升。

（2）水位计的放水门泄漏，就会引起水位计内的水位降低。

（3）水位计有不严密处，使水位指示偏低；汽管泄漏时，使水位指示偏高。

（4）水位计受到冷风侵袭时，也能使水位低一些。

（5）水位计安装不正确。

15-4　管子的调直方法有哪些？

答：管子的调直方法有冷调和热调两种。冷调是在常温状态下将管子调直，一般适用于管子弯曲程度不大、管径较小（φ50 以下）的情况；热调是在加热状态下（500～800℃）将管子调直，一般适用于管子弯曲程度较大和管径较大（φ50 以上）的情况。

15-5　常见的焊接缺陷有哪些？

答：（1）未焊透，即填充金属互相未熔合、一一层间未焊透，又叫黏合。而填充金属与母材金属间未熔合，则有根部未焊透和边缘未焊透。

（2）外表有缺陷。外形尺寸不符合要求，有咬边、满溢、焊瘤、过烧等。

（3）夹渣。夹渣是由于母材中的灰渣混入焊缝中，焊条药皮中难熔物及坡口边缘氧化皮和渣壳未清理干净而滞留在熔化金属间，以及焊接过程中的冶金产物，如氧化物、硫化物、氮化物等在熔化的金属中凝固较快，来不及浮出，残留在焊缝中。

（4）气孔。因为焊缝金属吸取了过多气体，金属冷却时，气体在金属中的溶解度下降，气体要形成气泡外逸，外逸受阻时残留在焊缝中，便形成了气孔。

（5）裂纹。裂纹是焊缝结晶过程中出现的，有热裂纹和冷裂纹两种。

15-6　什么叫冷裂纹？

答：焊缝在较低温度下（低于 200～300℃）产生的穿晶开裂叫做冷裂纹。

15-7　产生冷裂纹的原因有哪些？

答：产生冷裂纹的原因有三个：①焊缝及热影响区收缩产生了大的应力；②淬硬的显微组织；③焊缝中有相当高的氢浓度。

15-8　防止产生冷裂纹的措施有哪些？

答：防止产生冷裂纹的措施有：①选用能降低焊缝金属扩散氢的低氢焊条；②焊条严格按要求烘干；③适当预热；④增大焊接热输入；⑤使用碳含量低的钢材；⑥焊后立即进行热处理；⑦减小焊缝拘束度；⑧保持坡口清洁。

15-9　用堆 812 焊条堆焊高温高压阀门密封面时应采取什么焊接措施？

答：焊条经 150℃烘焙 1h 左右时，按阀门大小和材质类别，需经 300～600℃预热，采用小电流短弧焊，焊后经 600～700℃回火 1h 后，再缓冷或将阀门立即放入干燥和热的砂箱中缓冷。

15-10 当阀门由于研磨产生缺陷时，可从哪些方面去分析原因？

答：①清洗工作；②研磨剂的选用；③研磨具的材料和制造精度；④操作方法是否正确。

15-11 在管道水压试验升压过程中，如发现压力上升非常缓慢或升不上去，应从哪几方面查找原因？

答：应从三方面查找原因：①巡视系统各部位有无泄漏；②是否有未能排尽的空气；③试压泵是否有故障。

15-12 阀门常见的故障有哪些？

答：阀门常见的故障有：①阀门本体漏；②阀杆及与其配合的螺纹套筒的螺纹损坏或阀杆头折断，阀杆弯曲；③阀盖结合面泄漏；④阀瓣（闸板）与阀座密封面泄漏；⑤阀瓣腐蚀损坏；⑥阀瓣与阀杆脱离造成开关不灵；⑦阀瓣阀座有裂纹；⑧阀瓣与阀壳间泄漏；⑨填料盒泄漏；⑩阀杆升降不灵或开关不动。

15-13 阀门本体泄漏的原因和消除方法有哪些？

答：（1）主要原因：制造时铸造不良，有裂纹和砂眼，阀体补焊中产生应力裂纹。

（2）消除方法：对泄漏处用 4% 硝酸溶液浸蚀便可显示出全部裂纹，然后用砂轮磨光或铲去有裂纹和砂眼的金属层，进行补焊。

15-14 大修后的阀门仍不严密是什么原因造成的？

答：研磨后的阀门仍不严密可能是因为研磨过程中有磨偏现象，手拿研磨杆不垂直、东歪西扭所造成的，也可能是因为在制作研磨头或研磨座时，尺寸、角度和阀门的阀座、阀头不一致所造成的。

15-15 阀门内、外部泄漏主要发生在哪些部位？

答：阀门外部泄漏常见于填料箱和法兰连接部位，阀门内部泄漏主要发生在损坏的密封面处。

15-16 阀门外部泄漏产生的原因有哪些？

答：阀门外部泄漏主要是填料箱泄漏，填料箱泄漏产生的主要原因有：

（1）填料与工作介质的腐蚀性、温度、压力不相适应。

（2）装填方法不对，尤其是整根填料盘旋放入时最易产生泄漏。

（3）阀杆加工精度不够，或表面粗糙度过高，或有椭圆度，或有刻痕。

（4）阀杆已发生点蚀，或因露天缺乏保护而生锈。

（5）阀杆弯曲。

（6）填料使用太久，已经老化。

（7）操作太猛。

15-17　消除阀门外部泄漏的方法有哪些？

答：阀门外部泄漏主要是填料箱泄漏，消除填料泄漏的方法主要有：

（1）正确选用填料。

（2）按正确的方法进行装填。

（3）阀杆加工不合格的，要修理或更换，表面粗糙度最低要达到 3.2；较重要的，表面粗糙度要达到 0.4 以下，且无其他缺陷。

（4）采取保护措施，防止锈蚀，已经锈蚀的要更换。

（5）阀杆弯曲要校直或更新。

（6）填料使用一定时间后要更换。

（7）操作要平稳，缓开缓关，防止温度剧变或介质冲击。

15-18　阀门密封面在使用中容易产生哪些损伤？如何处理？

答：阀门在使用中经常产生擦伤、碰伤、压痕、冲刷、腐蚀等损伤。当这些缺陷深度超过 0.3mm 时，可采用磨削、车削的方法来修复。

15-19　阀门阀瓣与阀座密封面泄漏的原因和消除方法有哪些？

答：（1）没有关严，应改进操作，重新开启后关闭。若为电动门，应重新调整阀门限位，使其能关闭严密。

（2）研磨质量差，应改进研磨方法，重新解体研磨。

（3）阀瓣与阀杆间隙过大，造成阀瓣下垂或接触不好，应重新调整阀瓣与阀杆间隙，或更换阀瓣并帽。

（4）密封面材料不良或杂质卡住，应重新更换或堆焊密封面，清除杂质。

15-20　造成阀门阀杆开关不灵的原因有哪些？

答：阀门阀杆开关不灵的主要原因有：

（1）操作过猛使螺纹损伤。

（2）缺乏润滑或润滑剂失效。

（3）阀杆弯扭。

（4）表面粗糙度过高。

（5）配合公差不准，咬得过紧。

（6）阀杆螺母倾斜。

（7）材料选择不当，如阀杆和阀杆螺母为同一材质，轻易咬住。

（8）螺纹被介质腐蚀（指暗杆阀门或阀杆螺母在下部的阀门）。

（9）露天阀门缺乏保护，阀杆螺纹沾满尘砂，或者被雨露霜雪所锈蚀。

15-21 预防阀门阀杆开关不灵的方法有哪些？

答：（1）精心操作，关闭时不要使猛劲，开启时不要到上死点，开够后将手轮倒转一两圈，使螺纹上侧密合，以免介质推动阀杆向上冲击。

（2）经常检查润滑情况，保持正常的润滑状态。

（3）不要用长杠杆开闭阀门，习惯使用短杠杆的工人要严格控制用力分寸，以防扭弯阀杆（指手轮和阀杆直接连接的阀门）。

（4）提高加工或修理质量，达到规范要求。

（5）材料要耐腐蚀，适应工作温度和其他工作条件。

（6）阀杆螺母不要采用与阀杆相同的材质。

（7）采用塑料作阀杆螺母时，要验算强度，不能只考虑耐腐蚀性好和摩擦系数小，还须考虑强度问题，强度不够就不要使用。

（8）露天阀门要加阀杆保护套。

（9）常开阀门，定期转动手轮，以免阀杆锈住。

15-22 阀杆及其装配的螺纹损坏或阀杆头折断、阀杆弯曲的原因是什么？

答：主要原因有：①操作不当，用力过猛，或用大钩子关闭小阀门；②螺纹配合过紧或过松；③操作次数过多，使用年限过久。

15-23 高温高压阀门、阀体、阀盖砂眼、裂纹产生的原因有哪些？

答：①制造时铸造不良，产生裂纹或砂眼；②阀体补焊中产生应力裂纹；③运行中温度发生变化。

15-24 高压阀门的阀体和阀盖上出现砂眼和裂纹时应怎样进行处理？

答：运行中温度发生变化或在制造时产生缺陷时，高压阀体和阀盖上会产生裂纹，此时应及时处理。修补前，应在裂纹方向前 $3\sim5$mm 的地方用 $\phi5\sim\phi8$ 的钻头钻一个孔，用来防止裂纹的扩大；然后打磨坡口，厚壁的打双 V 形坡口或 U 形坡口。对大而厚的碳钢阀门、合金钢阀门，无论大小，补焊前都要预热。

15-25 阀瓣和阀杆脱离造成开关不灵的原因和排除方法有哪些？

答：（1）原因：①修理不当或未加并帽垫圈，运行中由于汽水流动，使螺栓松动，而弹子落出；②运行时间过长，使销钉磨损或疲劳损坏。

（2）消除方法：提高检修质量，阀瓣与阀杆的销钉要合乎规格，材料质量要合乎要求。

15-26   阀门在运行中产生振动和噪声的原因有哪些？

答：阀门在运行中产生振动和噪声的主要原因有：

（1）介质压力波动、流体冲刷阀件、驱动装置运动等，都会引起机械振动。这种振动一般较小，但产生在其自振频率下的共振则会导致高的应力，使零件受到破坏。

（2）汽蚀。

（3）由于高速气体通过时的冲刷、收缩和扩张，引起冲击波和湍流运动，形成气体动力噪声，这是噪声的主要来源。

（4）阀门的突然启闭会引起直接液击，产生振动和噪声，严重时会导致泄漏或阀件损坏。

15-27   如何减少阀门在振动中产生的振动和噪声？

答：减少振动和噪声的方法有：

（1）引进结构设计，以减少机械振动。主要零件要有足够的刚性，阀杆和导向套等运动件的配合间隙要控制适当，并采用耐磨、耐热材料，防止间隙扩大；应用压力平衡结构以减少不平衡力；利用弹性圈密封和减震。

（2）减少汽蚀。

（3）改进通道结构设计，以减小气体流速和湍流范围。此外，还可以加装消声器。

（4）控制阀门的启闭时间，以减少液击。

15-28   脉冲安全阀误动作的原因有哪些？如何解决？

答：脉冲安全阀误动作的主要原因及解决办法为：

（1）脉冲式安全阀定值不准或弹簧失效，使定值改变；应重新校验或更换弹簧。

（2）压力继电器定值不准，或表计摆动，使其动作；应重新校验定值或采用压力缓冲装置。

（3）脉冲安全阀的严密性较差，当回座电磁铁停电或电压降低吸力不足时，阀门漏汽，使主阀动作；修研安全阀密封面，使之不漏。

（4）脉冲安全阀严重漏汽；应研磨检修脉冲安全阀。

（5）脉冲安全阀出口管疏水阀、疏水管道堵塞，或疏水管与压力管道相连通；应使疏水管畅通，并通向大气。

15-29 安全阀达到设定的启座压力而未动作的原因何在？如何处理？

答：运行状态下，安全阀达到设定的启座压力而未动作，往往是因为阀瓣座与阀导管的间隙处黏附着垃圾，或是因为阀杆弯曲引起弹簧负载变化所造成的，这种情况需拆开进行清洗和检修。

15-30 安全阀开启滞后可能造成什么后果？

答：可能导致系统压力大大超过强度条件所允许的数值，从而引起容器或管道的破裂以及其他危险情况。

15-31 什么叫安全阀的前泄？

答：当蒸汽压力即将达到安全阀启座值时，安全阀在将启座而未启座之际产生的微量泄漏现象叫做安全阀的前泄。

15-32 安全阀工作不稳定（即阀瓣振荡）的主要原因是什么？

答：（1）安全阀的排放能力超过进入阀阀的介质量，则系统中的压力将降低下来，很快达到安全阀的回座压力，安全阀就关闭，但产生紧急排汽的原因并未消除，导致压力重新升高，安全阀再次开启，阀瓣开始振荡。

（2）弹簧刚度过大或阀瓣上方腔体内产生的压力超过设计的背压时，也可能导致安全阀在压力高于初始开启压力的情况下关闭，引起阀瓣的振荡。

（3）外界的干扰作用也会引起安全阀的振荡。

15-33 安全阀的密封面损坏后会出现什么情况？

答：安全阀的密封面工作条件极其苛刻。早期泄漏会吹损密封面，受热不均易引起阀瓣挠曲，装配歪斜、作用外力不对中、密封面不平整均会引起周围密封压力不均匀而发生泄漏，启座排放时间过长易吹损，回座时不及时截断流动介质或夹带杂质都将会损伤密封面。

第四部分

锅炉辅机检修

第十六章　锅炉辅机检修基础知识

16-1　制图时标注尺寸的三要素是什么？

答：一个完整的尺寸应包括尺寸界线、尺寸线和尺寸数字三个要素。

16-2　装配图的装配尺寸包括哪几种？

答：包括配合尺寸、连接尺寸、相互位置尺寸和装配时需加工的尺寸。

16-3　机械制图中三视图之间的投影规律是什么？

答：三视图的投影规律是：主俯视图长对正，主、左视图高平齐，俯、左视图宽相等。

16-4　什么叫画线？画线的种类有哪些？

答：根据图样或实物的尺寸，在工作表面上准确地画出加工界线的操作称为画线。画线分平面画线和立体画线。

16-5　什么叫锉削？

答：用锉刀对工件表面进行切削加工，使其尺寸、形状、位置和表面粗糙度达到要求的操作称为锉削。

16-6　什么叫剖视图？

答：假想用剖切面剖开机件，将处在观察者和剖切面之间的部分移去，而将其余部分向投影面投影所得的图形，称为剖视图。

16-7　什么叫钻孔？钳工常用的钻孔机具有哪些？

答：用钻头在工件实体部分加工出孔的操作称为钻孔。钳工常用的钻孔机具有台式钻床、立式钻床、摇臂钻床和手电钻等。

16-8　什么叫公差？什么叫配合？

答：公差为最大极限尺寸与最小极限尺寸代数差的绝对值。基本尺寸相同的、相互结合的孔和轴公差带之间的关系称为配合。

16-9　装配图一般包括哪些内容？

答：①一组视图；②必要的尺寸；③必要的技术要求；④零件编号及明细栏；⑤标题栏。

16-10 零件图公差配合的种类有哪几种？配合制度有哪几种？

答：配合的种类有间隙配合、过盈配合和过渡配合；配合制度有基轴制和基孔制。

16-11 解释螺纹代号 M24 和 M24×1.5 左的含义是什么？

答：M24 表示公称直径为 24mm 的粗牙普通螺纹；M24×1.5 左表示公称直径为 24mm，螺距为 1.5mm，旋向为左旋的细牙普通螺纹。

16-12 装配图中一般只需标注哪些尺寸？

答：①规格性尺寸；②装配尺寸；③安装尺寸；④外形尺寸；⑤其他重要尺寸。

16-13 锅炉大修后哪些辅机为全厂大修后的验收项目？

答：全厂大修后的验收项目有送风机、引风机、排粉风机、磨煤机、给粉机和空气预热器等。

16-14 锅炉的转动设备包括哪些？

答：（1）制粉设备，如磨煤机、给煤机、密封风机。

（2）燃烧设备，如一次风机、燃油泵、油枪冷却风机。

（3）通风设备，如送风机、引风机。

（4）除灰设备，如捞渣机、碎渣机、冲灰水泵、灰浆泵、电除尘鼓风机。

（5）其他转动机械设备，如空气预热器。

16-15 锅炉常用的下料方法有哪些？

答：锅炉常用的下料方法有正棱锥体下料、天圆地方下料、虾米腰下料和煤粉分配器下料等。

16-16 热力学第一定律的实质是什么？

答：热力学第一定律的实质是能量转化与守恒定律，它告诉我们，不同形式的能可以相互转换，但转换前后的总量不变。

16-17 锅炉检修常用的量具有哪些？

答：锅炉检修常用的量具有大、小钢板尺，钢卷尺，游标卡尺，千分尺，百分标，塞尺，深度尺，水平尺，水平仪和测振仪等。

16-18 框式水平仪按其工作面的长度可分为哪几种?

答:可分为 4 种,分别是 100mm、150mm、200mm、250mm。

16-19 锅炉辅机检修需要哪些扳手?

答:常用扳手有活扳手、开口固定扳手、闭口固定扳手、梅花扳手、电动扳手、液压扳手和管钳等。

16-20 设备发生问题后,检修之前应弄清的问题是什么?

答:①损伤的原因;②是个别缺陷还是系统缺陷;③若未发现的缺陷造成进一步的损伤,是否会危及安全,即是否会造成人身事故或较大的设备事故。

16-21 弹性联轴器对轮找正允许偏差(轴向、径向)是多少?

答:找正偏差根据转动机械的转速而定。当转速为 750r/min 时,不超过 0.10mm;当转速为 1500r/min 时,不超过 0.08mm;当转速为 3000r/min 时,不超过 0.06mm。

16-22 什么叫弹性变形和塑性变形?

答:构件在外力作用下,形状及体积的改变叫做变形。当外力卸去后,构件能恢复原来形状的变形称为弹性变形;当外力卸去后,构件不能恢复原来形状的变形称为塑性变形。

16-23 滚动轴承的拆卸要求是什么?

答:(1)拆卸时施力部位要正确。从轴上拆下轴承时要在内圈施力,从轴承室取出轴承时要在外圈施力。

(2)放力时应尽可能平稳、均匀、缓慢,最好用拉轴承器。

16-24 测量振动的仪器有哪些?

答:测量振动的仪器有振动位移传感器、振动速度传感器、振动加速度传感器等。

16-25 转动机械检修中需要记录哪些主要项目?

答:①轴承的质量检查情况;②滚动轴承的装配情况;③轴承各部分间隙的测量数值;④转动部分的检查情况;⑤减速部分的检测情况;⑥联轴器检查情况及找中心的数值;⑦易磨损部件的检查情况。

16-26 电焊条的作用有哪些?

答:电焊条可以作为电极用于传导焊接电流,并作焊缝的填充金属及焊接熔池的保护材料。

16-27　力的三要素是什么？

答：力的三要素是力的大小、方向和作用点。

16-28　对待事故的四不放过原则是什么？

答：①事故原因不清不放过；②事故责任者和广大群众未受到教育不放过；③事故责任者没有受到处理不放过；④没有防范措施不放过。

16-29　起重常用的工具和机具主要有哪些？

答：起重常用的工具主要有麻绳、钢丝绳、钢丝绳索卡、卡环（卸卡）、吊环与横吊梁、地锚，机具有千斤顶、手拉葫芦、滑车与滑车组、卷扬机。

16-30　防火的基本方法有哪些？

答：控制可燃物、隔绝空气、消除着火源、阻止火势及爆炸的蔓延。

16-31　人体触电的伤害程度与哪些因素有关？

答：人体触电的伤害程度与电流大小、电压高低、人体电阻、电流通过人体的途径、触电时间的长短和精神状态等六种因素有关。

16-32　焊接工艺的基本内容包括哪些？

答：焊接工艺的基本内容包括焊前准备、预热、点固焊接规范选择、施焊方法、操作技术、焊后热处理及检验。

16-33　齿轮传动的主要优点有哪些？

答：①传动比准确；②传动的功率范围广；③适应的速度范围广；④传动效率高；⑤结构紧凑，工作可靠，使用寿命长。

16-34　常用的量具有哪些？

答：常用的量具有简单量具、游标量具、微分量具、测微仪和专用量具。

16-35　选择画线基准的原则是什么？

答：①画线基准尽量和设计基准一致；②根据工件形状和工件加工情况确定。

16-36　机械制图中线性尺寸的数字方向如何确定？

答：一般应为水平尺寸数字头向上，垂直尺寸数字头向左，倾斜尺寸数字头有向上的趋势。

16-37　锯割工作时起锯的方法有哪些？操作要点是什么？

答：起锯的方法有远起锯和近起锯两种。起锯的操作要点是行程短、压力小、速度慢、起锯角度正确。

16-38　识读零件图的步骤有哪些？

答：①看标题栏；②视图分析；③尺寸分析；④技术要求的识读；⑤总结归纳。

16-39　钢尺、刀口尺、角尺、卡尺、塞尺等五种常用简单量具的用途分别是什么？

答：（1）钢尺可直接测量物体的尺寸，也可用于检测毛坯工件表面和粗加工表面的平面度。

（2）刀口尺用来测量工件的平直度和平面度，可和塞尺配合使用。

（3）角尺用来测量工件内、外角的垂直度，常与塞尺配合使用。

（4）卡尺用来测量工件的内、外尺寸。

（5）塞尺用于测量两结合面的间隙。

16-40　套丝时螺纹太瘦的原因及防止方法有哪些？

答：（1）原因：①板牙摆动太大或由于偏斜、多次纠正、切割过多而使螺纹中径变小；②起削后仍使用压力扳动。

（2）防止方法：①摆移板牙用力要均衡；②起削后去除压力只用旋转力。

16-41　錾子的两刀面与切削刃是在砂轮机上磨出来的，磨削时有什么要求？

答：要求如下：①切削刃与錾子的中心线垂直；②两刀面平整且对称；③楔角大小适宜。

16-42　在工件上冲眼时有哪些要求？

答：在工件上冲眼时应注意以下几点：①冲眼位置要准确，不可偏斜；②冲眼大小适度、均匀；③冲眼间距均匀、适当。

16-43　工件画线操作应注意什么？

答：①工件支持要稳定，以防滑倒或移动；②在一次支承中应把需要画出的平行线画全，以免再次支承补画而造成误差；③应正确使用画针、画线盘及直角尺等画线工具，以免产生误差。

16-44　零件图应具备哪些内容?

答:①一组视图;②完整的尺寸;③必要的技术要求;④标题栏。

16-45　对装配图的技术要求包括哪些方面?

答:①装配要求;②试验要求;③使用要求;④表面质量要求;⑤其他要求。

16-46　联轴器有哪几种?

答:联轴器一般有刚性联轴器、挠性联轴器和半挠性联轴器三种。

16-47　装配滚动轴承对加热温度有什么要求?

答:将轴承置于油中缓慢加热,加热温度控制在 80~100℃,最高温度不允许超过 120℃。

16-48　轴承轴向或径向间隙的测量可用什么方法?

答:轴承轴向间隙可以用塞尺和百分表进行测量,径向间隙,可以用塞尺直接测量或用压铅丝的方法进行测量。

16-49　滑动轴承轴瓦间隙检查有哪两种方法? 各自的使用范围是什么?

答:间隙检查方法有两种,即压铅丝检查法与塞尺检查法。压铅丝检查法可测量径向顶部间隙。塞尺检查法可测量径向侧间隙、整体式滑动轴承径向顶间隙及滑动轴承轴向间隙。

16-50　螺纹连接件锈死的拆卸方法有哪些?

答:①用平口錾子剔螺母;②用钢锯沿外螺纹切向将螺母锯开后再剔出;③对于已断掉的螺栓,用反牙丝攻取出;④焊六角螺母拆卸。

16-51　滚珠轴承的检查项目有哪些?

答:滚珠轴承的检查项目有:①检查滚珠及内外圈有无裂纹、起皮和斑点等缺陷,并检查其磨损程度;②检查滚珠轴承外圈与轴承座、内圈与轴颈之间的配合情况。

16-52　设备底座加垫时应注意什么?

答:首先应将垫片及底座基础清理干净,然后在调整加垫时,厚的放在下面,薄的放在中间,较薄的放在上面,加垫数不允许超过 3 片。

16-53　消除轴承箱漏油的方法有哪几种?

答:①轴承座与上盖应结合紧密;②制定合适的油位线;③检查轴承座

壳体与油位计结合面有无漏油现象；④采取适当措施，尽量减少油位面的波动；⑤在轴承座壳体结合面开回油槽，在轴上加设甩油盘；⑥更换合格轴封。

16-54 螺栓连接的防松装置有哪几种？

答：①锁紧螺母；②开口销；③串联铁丝；④止退垫圈；⑤圆螺母用止退垫圈。

16-55 拆装联轴器螺栓时应注意什么？

答：拆对轮螺栓前，应检查确认电动机已切断电源；拆前在对轮上做好装配记号，以便在配螺栓时，螺栓孔不错乱，保证装配质量；拆下的螺栓和螺母应配装在一起，以便装螺栓时不错乱。

16-56 销钉取出方法有哪几种？

答：拧螺母拔出；取下紧固螺母，用木锤打出；用丝对拔出或撬出。当销钉锈死时，可用电钻将销钉钻掉，重新铰孔配制新销。

16-57 滑动轴承轴瓦间隙有哪几种？各起什么作用？

答：滑动轴承间隙是指轴颈与轴瓦之间的间隙，它有径向间隙和轴向间隙两种。径向间隙又分顶部间隙和侧间隙。设置径向间隙，主要是为了使润滑油流到轴颈和轴瓦之间形成楔形油膜，从而达到减少摩擦的目的。轴向间隙是指轴肩与轴承端面之间沿轴线方向的间隙。轴向间隙又分推力间隙和膨胀间隙。推力间隙能允许轴在轴向有一定的窜动量，膨胀间隙是为转动轴膨胀而预留的间隙。轴向间隙的作用是防止轴咬死，留有适当的活动余地。

16-58 锅炉检修后的验收程序有哪些？

答：（1）施工工艺比较简单的工作一般由检修人员自检，班组长重点进行帮助，并全面掌握检修质量。

（2）重要工序由总工程师按检修工艺的复杂性和部件的重要性确定，分别由班组、车间、厂（处）负责验收。重要工序的零星验收、分段验收项目和技术监督项目，应填写零星验收单和分段验收单，其内容有验收项目、技术记录及资料、验收意见、质量评价及验收人员的签名等。

（3）有关各项技术人员监督的验收项目应由专业人员参加验收。

16-59 如何用压铅丝法检查滑动轴承的轴瓦间隙？

答：将直径为顶部间隙的 1.5～2 倍、长度为 10～40mm 的软铅丝分别放在轴颈上和上下瓦的结合面上，因轴表面光滑，为了防止铅丝脱落，可用黄油粘住。轴颈上的铅丝应放在最上部而结合面上的铅丝要与轴颈上的铅丝相对应，如图 16-1 所示，然后把上瓦轴承盖扣上，对称而均匀地拧紧螺栓，再用塞尺检查轴瓦接合面的间隙是否均匀、相等，最后打开轴承盖，用千分尺量出已被压扁的软铅丝的厚度。

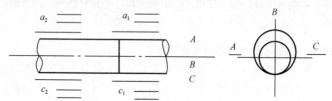

图 16-1 压铅丝法检查滑动轴承轴瓦间隙的原理示意

轴颈上铅丝的厚度要取最上部的数值，从而可以用下面的公式计算出顶部间隙的平均值，即

$$\delta = \frac{b_1 + b_2}{2} - \frac{a_1 + a_2 + c_1 + c_2}{4}$$

式中　　δ ——轴承平均顶部间隙；

　　b_1、b_2 ——轴颈上铅丝压扁后的厚度；

a_1、a_2、c_1、c_2 ——轴瓦接合面各段铅丝压扁后的厚度。

一般轴承顶部间隙规定为$(0.001\ 8 \sim 0.002)d$，其中 d 为轴承直径。实际测得的顶部间隙小于规定的数值时，应在上下轴瓦接合面上加垫片；实际测得的间隙大于规定的数值时，应减去垫片或切削接合面。铅丝的个数可根据轴承的大小来决定。

16-60　转子找静平衡的方法和步骤是什么?

答: 一般在静平衡台上分两部进行。

(1) 找转子显著不平衡。

1) 将转子分成 8 等份或 16 等份，并标上序号。

2) 使转子转动（力的大小、转动的圈数多少都无要求），待转子停止时记录其最低位置，如此连续 3~5 遍。

3) 再按反方向使其转动 3~5 遍，观察、记录其最低位置。

4) 如果多次试验结果均表明静止时的最低点都是在同一位置，则此点即为转子的显著不平衡点。找出转子显著不平衡点后，可在其相反方向试加平衡质量（可用黄泥或腻子），再用前述方法进行试验，直至转子在任何位置均可停止时即告结束。

（2）找转子剩余不平衡。

1）将转子分成6～8等份，并标上序号。

2）回转转子，使每两个与直径相对应的标号（如1—5、2—6、3—7、4—8）顺次位于水平面内。

3）将适当重物固定在与转子中心保持相当距离的各个点内，调整重物重量起直至转子开始在轨道上回转为止。称准并记下重物的重量。按照同样的方法，顺次重复上述1）、2）、3）项的试验，找出每点所加重量并画出如图16-2所示的曲线。

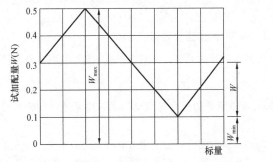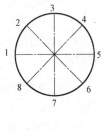

图16-2　转子找静平衡的方法示意

4）根据曲线可以求出转子的不平衡位置（在W_{min}处）。为了使转子平衡，必须在直径相对位置内（即W_{max}处）加装一平衡重量。平衡重量的数值$Q = \dfrac{W_{max} - W_{min}}{2}$。

16-61　联轴器找正有什么意义？

答：联轴器找正的目的是使两转轴的中心线在一条直线上，以保证转子运转平稳，不振动。

16-62　联轴器的找正方法是什么？

答：联轴器找正方法如下：

（1）找正时一般以转动机构（如风机、泵）为基准，待转动机械固定后再进行联轴器的找正。

（2）调整电动机，使两联轴器端面间隙在一定范围之内，端面间隙大小应符合有关技术规定。

（3）将钢板尺放在联轴器圆周平面上进行初步找正。

（4）用一只联轴器螺栓将两只联轴器连接起来，再装找正的夹具和量具（百分表）。旋转联轴器，每旋转 90°，用塞尺测量一次卡子与螺钉间的径向、轴向间隙或从百分表上直接读出（见图 16-3），并做好记录。一般先找正联轴器平面，后找正外圆。

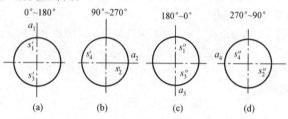

图 16-3　四组测量数据记录图

（5）确定电动机各底脚下垫片的厚度，可根据相似三角形进行计算（计算过程略）。

16-63　滑动轴承轴瓦与轴承盖的配合与滚动轴承与轴承盖的配合有何区别？为什么？

答：滑动轴承轴瓦与轴盖的配合一般要求有 0.02mm 的紧力。紧力太大，易使上瓦变形；紧力过小，运转时会使上瓦跳动。滚动轴承与轴承盖的配合一般要求有 0.05～0.10mm 的间隙。因为滚动轴承与轴是紧配合，在运转中由于轴向位移滚动轴承要随轴移动。如果无间隙，会使轴承径向间隙消失，轴承滚动体卡住。

16-64　检修班组设备台账的主要内容一般包括哪些？

答：设备台账的主要内容一般包括：①设备的名称和铭牌；②设备投运日期、安装部位及生产厂家；③历次设备检修的类别和日期；④发生并消除的较大设备缺陷；⑤对设备的较大改进及材料变更情况；⑥工作负责人及检修所用工时情况；⑦每年设备评级的结果。

16-65　机组大修后整体验收时应提交哪些文件？

答：机组大修后整体验收时应提交的文件有：大修项目表、大修综合进度表、大修计划和实际工时汇总表、大修技术记录、大修材料汇总表、大修分段验收报告和大修中进行改造的工程及竣工图纸。

16-66　特殊检修项目施工组织措施的内容包括哪些？

答：（1）编制检修施工计划。

（2）编制有关的施工进度表。

（3）编制技术措施、组织措施、安全措施。

（4）准备好材料、备品配件、工具、起重搬运设备、试验设备等。

（5）按项目填写检修卡片，并认真组织学习。

（6）做好劳动日的安排。

16-67 检修质量符合哪些条件可以评为"优"？

答：（1）全部完成大修计划项目。

（2）按时或提前完成规定的检修工作。

（3）完成或超额完成计划工时，无返工。

（4）检修工艺和质量标准全部符合工艺规程的要求。

（5）设备缺陷已消除。

（6）检修技术记录、工时记录、材料消耗记录及节约记录准确无误。

（7）设备及现场整齐、清洁，标志和指示正确、清晰。

（8）验收人员满意，提不出检修质量工艺作风方面的意见。

16-68 转动机械分部试运前应具备哪些条件？完工验收应具备哪些文件？

答：分部试运前应具备下列条件：

（1）设备基础混凝土已达到设计强度，二次灌浆的混凝土的强度已达到基础的设计标准。

（2）设备周围的垃圾已清扫干净，脚手架已拆除。

（3）有关地点照明充足，并有必要的通信设备。

（4）有关通道平整、畅通。

（5）附近没有易燃易爆物，并有消防设施。

工程验收应有以下记录或签证：

（1）设备检修和安装记录。

（2）润滑油牌号或化验证件。

（3）分部试运签证。

16-69 选择铰孔余量的原则是什么？

答：选择铰孔余量的原则如下：

（1）孔径大，余量大；孔径小，余量小。

（2）材料硬余量小，材料软余量大。

（3）铰前加工方法精确度高，余量小；铰前加工方法精确度低，余量大。

（4）机铰余量大，手铰余量小。

16-70　刮削原理是什么？

答：刮削是在工件或标准工具上涂上一层显示剂，经过对研，使工件较高的部位显示出来，然后用刮刀刮去较高部位的金属层，经过反复的显示和刮削，使工件表面的研点数不断增加，这样，工件的加工精度和表面粗糙度就可达到预期要求。

16-71　什么是形状公差？形状公差包括哪几项？

答：形状公差是指实际形状对理想形状所允许的变动量。基本的形状公差项目有直线度、平面度、圆度、圆柱度、线轮廓度和面轮廓度六项。

16-72　装配图在装配部门、检验部门、检修部门的作用分别是什么？

答：在装配部门，根据装配图所示零件中的相互关系和要求，装配成部件或完整的机器。在检验部门，根据装配图上标注的技术要求，逐条进行鉴定验收。在检修部门，根据装配图及零件图进行拆装和修理。

16-73　常用千分尺的工作原理是什么？

答：千分尺是根据螺旋副工作原理制成的。螺旋副中任何一个构件的回转运动，都能同时引起它沿着另一个构件轴线作相对直线移动，转角越大，直线移动的距离越大。

16-74　在机械制图中按国家标准标注各部分尺寸的意义是什么？

答：机械制图中每一个零件只能通过图形表达零件的形状，零件各部分的真实大小及相对位置必须依靠标注尺寸来确定。零件有了尺寸，就可以根据尺寸数字进行统一生产，否则会引起混乱，并给生产带来损失。

16-75　粗刮、细刮、精刮和刮花的目的分别是什么？

答：粗刮的目的是消除较大缺陷，如较深的加工纹、锈斑和较大面积的凹凸不平等。细刮的目的在于增加接触点，进一步改善刮削面不平的现象。精刮的目的是进一步增加研点数目，提高工件的表面质量，使刮削精度和表面粗糙度达到要求。刮花的目的一是增加刮削面的美观，二是使滑动件之间有良好的润滑条件。

16-76　公差与配合在图样上怎样标注？

答：（1）尺寸公差的标注形式有三种：①注基本尺寸与公差带代号；②基本尺寸右侧注上、下偏差；③基本尺寸右侧注公差带代号，在公差带代号右侧的圆括号内注上、下偏差值。

（2）配合的标注：①以注尺寸的形式，在孔轴相配合的位置注出其基本尺寸，右侧用分数形式表示出孔和轴的公差带代号；②分子表示孔的公差代号，用大写字母书写，分母表示轴公差带代号，用小写字母书写。

16-77　什么是设备修理的装配？

答：设备检修的装配就是把经过修复的零件、重新制造的零件、外购件和其他全部合格的零件按照一定的装配关系、一定的技术要求依次装配起来，并达到规定精确度和使用性能的整个工艺过程，它是全部修理过程中很重要的一道工序。

16-78　铰削余量对铰削质量有什么影响？

答：铰削时，铰削余量应适当。铰削余量过大，不但孔铰不光，而且易磨损铰刀；铰削余量过小，则不能去掉上道工序留下的刀痕，达不到所要求的表面粗糙度。

16-79　如何判断尺寸基准？

答：尺寸基准的判断方法如下：

（1）凡两个以上的尺寸箭头从某处引出时，该处必为尺寸基准。利用几何形状特点判断尺寸基准，如轴线、对称轴线等一般均为尺寸基准。

（2）独立尺寸处为重要尺寸，必有尺寸基准。

（3）联系尺寸两端均为尺寸基准。

（4）端面、重要底面或较大的加工面往往是尺寸基准。

（5）加工精度要求较高的面，包括配合面、接触面、重要工作面等多为尺寸基准。

16-80　减速机的装配技术要求有哪些？

答：（1）零件和组件必须安装在规定位置，不得装入图样上未规定的垫圈、衬套等零件。

（2）在轴线之间应有正确的相对位置，如平行度、垂直度等。

（3）旋转件必须能灵活地转动，轴承游隙合适，润滑良好，不漏油。

（4）固定连接牢固、可靠。

（5）啮合零件的啮合应符合技术要求。

16-81　使用拉轴承器拆轴承时应注意什么？

答：（1）拉轴承时，要保持拉轴承器上的丝杆与轴的中心一致。

（2）拉出轴承时，不要碰伤轴的螺纹、轴颈和轴肩。

（3）装置拉轴承器时，顶头要放钢球；初拉时动作要缓慢，不要过急过猛；在拉板中不应产生顿跳现象。

（4）拉轴承器的拉爪位置要正确，拉爪应平直地拉住内圈；为防拉爪脱落，可用金属丝将拉杆绑在一起。

（5）各拉杆间距离及拉杆长度应相等，否则易产生偏斜和受力不均。

16-82　如何用三点法找动平衡？

答：三点法的特点是精度较高，适合于轴流式风机。

（1）启动风机运行，当风机达到工作转速时测得风机两个端面的原始振幅，数值为 A_0，记录下来。

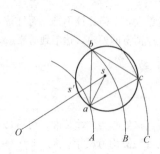

图 16-4　三点法找动平衡
原理示意

（2）停止风机运行，将风机可加配重块的圆周均匀分为 1、2、3 三点，在 1 点添加配重 M_0，然后启动风机，待风机达到工作转速并测得风机振幅后将该点配重取下，安放在 2 点，然后是 3 点，这样就可以测得风机在上述三点添加相同配重 M_0 时的振幅 A_1、A_2、A_3。

（3）如图 16-4 所示，以 O 为圆心，取适当的比例以 A_1、A_2、A_3 为半径画三段弧 A、B、C，在 A、B、C 三段弧上分别取三点 a、b、c，使得三角形 abc 为等边三角形，作三角形外接圆，圆心为 s，连接 Os，与圆周相交于 s' 点，s' 点即为平衡重量应加的位置。

M 的数值由下式求得

$$M = M_0 Os/sa \qquad (16-1)$$

式中　M_0——添加配重，g；

　　　Os——两个圆心之间的距离，mm；

　　　sa——三角形外接圆的半径，mm。

16-83　如何用两点法找风机动平衡？

答：首先测量出风机在工作转速下两轴承的原始振动 A_0，在幅值较大一侧的转子上某点试加质量，测量振动值，将该质量在相同半径上移动，测得振动值，再选择适当比例按三振幅作相应的相位图，求出相应加平衡重的大小和位置，见图 16-5。

按相应作图法作 $\triangle ODM$，使 OM：

$OD:DM = A_0:\dfrac{A_1}{2}:\dfrac{A_2}{2}$，延长 MD，使

$CD = DM$，并连接 OC，以 O 为圆心，以 OC 为半径作圆，延长 OO 交圆 O 于 B，延长 MO 交圆 O 于 S，则平衡质量

$m_a = m\dfrac{OM}{OC}$，单位为 g。

量得 $\angle OOS$ 为 α，则平衡质量应加在第一次试加质量位的逆转向 α 和顺转向角 α 处，具体方位由试验定。

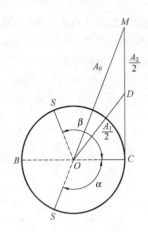

图 16-5　两点法找风机动平衡原理示意

16-84　如何用画线法找风机动平衡？

答：（1）在振动较大的轴承附近的轴上选择一段，长为 $50\sim60$mm，如图 16-6 所示。先检查这段轴的椭圆度，然后对这段轴进行除油、除锈处理，然后擦净轴的表面。

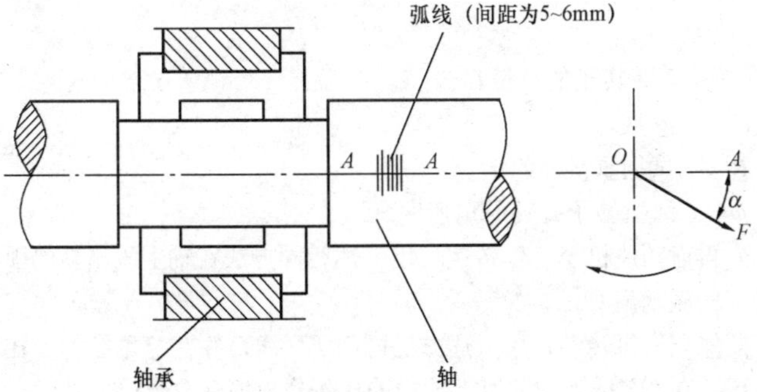

图 16-6　弧线的画定

（2）启动风机至工作转速，在这段轴上用削尖的红、蓝铅笔画出几条弧线，各弧线间距离为 $5\sim6$mm，动作要轻微、迅速，以尽量使画出的弧线短一些。同时，用测振表测出风机的振幅，并做好记录。

（3）停止风机转动，在轴上找出各段弧线的中心并连成一条直线 AA，这条线就表示在这个方向上轴心偏移值为最大。

（4）作转子动平衡的记录图。在画弧线一侧的叶轮外缘处画一配重圆，

在圆周上标出 A 点的位置。A 点位置的确定方法为：延长 AA 线与叶轮端面相交，通过该交点作出配重圆的半径与配重圆的交点即为 A 点。将测得的振动值按一定比例放大，延 OA 线作出振动向量 Oa，如图 16-7 所示。

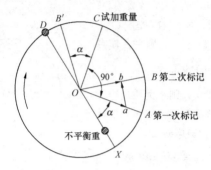

图 16-7　转子找动平衡记录图

根据转子不平衡重量产生的离心力与轴心偏离中心的最大值之间有一相位角的关系，可以从配重圆上 A 点沿转子旋转的反方向转 90° 至 C 点，在 C 点固定一试加重块，其重量为 M_c'，可由下式求得

$$M_c' = KG/\omega^2 R \tag{16-2}$$

式中　G——1/2 转子的重量；

　　　　K——系数，一般取 0.1～0.2；

　　　　R——试加重量处的半径，m；

　　　　ω——风机转子旋转的角速度。

（5）再启动风机至工作转速，用上述相同方法在轴上画出新的弧线，并测出轴承的振动值 Ob。

（6）停止风机转动，用上述方法画出 BB 线，并在配重圆上定出相应 B 点的位置。在 OB 线上按照以上同样的比例作出振动向量 Ob。

由 $\triangle Oab$ 可知，向量 ab 是代表在转子 C 点加了试加重块后所产生的，而向量 Ob 是向量 Oa 与向量 ab 相加的结果。

过圆心 O 作平行于 ab 的线交配重圆周于 B' 点。OC 与 OB' 的夹角 α，称为转子的相位角。

从 OA 线按转子的旋转方向作 $\angle AOX$ 等于相位 $\angle COB'$。所得 OX 线即为转子不平衡重量所产生的作用在轴承上的离心力方向，它表示在所选择的这个转子端面上不平衡重量位于半径 OX 上。OX 的反向延长线与圆周交于 D 点，OD 即为转子真正要添加平衡重量的半径。如果添加平衡重量点的半

径与试加重块点 C 的实际半径相等，则平衡重量 M' 由下式求得

$$M' = M'_c Oa/Ob$$

(16-3)

式中　Oa——第一次风机转动时测量的振动值，mm；

　　　Ob——由 $\triangle Oab$ 所决定的振动值，mm。

（7）将平衡重量 M' 加在所确定的位置 D 上，然后再次启动风机，如果转子的振动符合要求，则说明动平衡已经找好；如果不符合要求，则需要在 D 点附近的圆周上，改变平衡重量 M' 的位置，找出最佳点。必要时还可以在最佳点处改变平衡重量，以求得更好的效果。

16-85　如何对滑动轴承的轴瓦进行检查？检查内容包括哪些？

答：轴瓦由瓦壳和乌金组成。滑动轴承解体后，用煤油清洗干净，检查轴瓦乌金，表面应光滑，不得有麻点、砂眼、裂纹、深的槽痕、变形及乌金脱壳等缺陷。检查乌金与瓦壳结合面的严密性，可用敲打的方法检验，声音应清楚；敲打时，放在乌金与瓦壳结合面上的手指不应感到振动。最准确的方法是做渗油试验，即将轴瓦浸于煤油中，经 3～5min 后取出擦干，再在瓦壳与乌金结合缝处用粉笔涂上白粉，停一会儿后观察涂白粉处是否有油线出现。若未出现油线，则表明乌金与瓦壳结合良好；若有油线出现，则表明结合不好。情况严重时应重浇乌金。

检查内容包括以下三个方面：

（1）冷却水室做水压试验时，一般压力为（0.2～0.4）×0.98MPa 持续 5min，不允许出现渗漏现象。

（2）油室内应清除铸造时黏附的砂粒等杂物，并做渗油试验，在油位

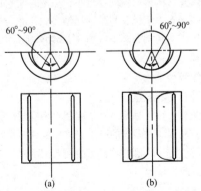

图16-8　色印法检查轴瓦与轴颈的接触情况

(a) 正确；(b) 不正确

计、放油堵头等处不应出现渗漏现象。

（3）用色印法检查轴瓦与轴颈的接触情况。轴颈与下轴瓦的接触角在 $60°\sim90°$ 内。一般风机，转速高的接触角可小些，转速低、负荷重的接触角可大些，且应处在下轴瓦的正中。但必须注意接触角与非接触部分之间不应有明显的界限，如图 16-8 所示。接触角部分的接触要均匀，每 $1cm^2$ 至少有两点接触色印。

16-86　写锅炉设备总结报告时的简要文字总结应包括哪些内容？

答：简要文字总结包括以下内容：

（1）大修中消除的设备重大缺陷及采取的主要措施。

（2）设备重大改进的内容及效果。

（3）人工和费用的简要分析（包括重大特殊项目的人工及费用）。

（4）大修后尚存在的主要问题及准备采取的对策。

（5）试验结果的简要分析。

（6）其他。

16-87　怎样刮削轴瓦？刮瓦时的注意事项有哪些？

答：检查轴瓦与轴颈的接触情况，具体做法如下：先将轴瓦内表面和轴颈擦干净，再在轴颈上涂上薄薄的一层红铅油（红丹粉与机油的混合物），将轴瓦压在轴颈上，同时沿圆周方向对轴颈作往复滑动，往复数次后将轴瓦取下，检查接触情况，就会发现轴瓦内表面有红油点、黑点、亮光点，也有沾染不着红油的地方。无红油处表明轴瓦与轴颈没有接触且间隙较大；有红油处表明轴瓦与轴颈没有接触，但间隙较小；黑点表明它比红油点高，轴瓦与轴颈略有接触；亮光点表明轴瓦与轴颈接触最重，亦为最高处。

轴瓦的刮削多使用三角刮刀和柳叶刮刀，每次刮削都是针对各个高点，越接近刮削完时，越得轻轻刮削。刀痕这一遍与上遍要呈交叉状，从而保证轴承运行时润滑油的流动不致倾向一方。轴瓦每刮削一次，用上述色印法检查接触情况，直到符合要求为止。

刮削轴瓦时应注意：在接触角之外，应刮出相应的间隙，以便形成楔形油膜；不可用砂布擦瓦面，因砂布的砂子很容易脱落并附在瓦面上，运转中将造成轴和轴瓦损伤；同一风机的轴瓦当由两人刮削时，要相互配合好，以免刮削处轻重不一而产生误差。

16-88　检修计划应包括哪些内容？

答：（1）电业检修规程和上级有关指示。

（2）设备存在的缺陷。

（3）上次检修未能解决的问题和试验记录。

（4）零部件磨损、腐蚀和老化的规律。

（5）设备安全检查记录和事故对策。

（6）有关反事故措施。

（7）技术监督要求及采取的改进意见。

（8）技术革新建议和推广先进经验项目。

（9）季节性工作要求。

（10）检修工时定额和检修材料消耗记录。

16-89　何为轴瓦的烧瓦？主要原因是什么？

答：烧瓦即轴瓦乌金剥落、局部或全部熔化，此时轴瓦温度及出口润滑油温度升高，严重时熔化的乌金流出瓦端，轴头下沉，轴与瓦端盖摩擦，划出火星。烧瓦的主要原因是缺油或断油。此外，装配时工作面间隙过小或落入杂物也是烧瓦的一个原因。

16-90　轴瓦在装配中应注意哪些问题？

答：轴瓦在装配中应注意以下几点：

（1）轴瓦在设备上的位置必须重新找正。

（2）带油环不允许有磨痕、碰伤及砂眼，装好后应为精确的圆形。

（3）填料油封的压紧力要适当，窝槽两边的金属孔边缘同转轴之间的间隙应保证在 1.5～2mm。

（4）壳内冷却器应作水压检查，校正凹处小于 5mm，并用压缩空气吹扫。

16-91　什么是滚动轴承的脱皮剥落？产生的原因是什么？

答：脱皮剥落是指轴承内、外圈的滚动体表面金属呈片状或颗粒碎屑状脱落，其主要是由于内圈与外圈在运转中不同心，轴承调心时产生反复变化的接触应力而引起的；另外，振动过剧、润滑不良或制造质量不好也会造成轴承的脱皮剥落。

16-92　螺纹组装时应注意哪些事项？

答：螺纹组装时的注意事项包括以下几个方面：

（1）组装前应对螺纹部位进行认真的刷洗，清除牙隙中的锈垢，有缺牙、滑牙、裂纹及弯曲的螺纹连接不允许再继续使用。

（2）螺纹配合的松紧应以用手能动动为准，过紧容易咬死，过松容易滑牙。重要的螺纹连接件应用螺纹千分尺检查螺纹直径，以保证螺纹的配合间隙。

（3）组装时，为了防止螺纹咬死或锈蚀，对一般的螺纹连接件在螺纹部分应抹上油铅粉（机油与黑粉的混合物），重要的螺纹连接件则应采用铜石墨润滑剂或二硫化钼润滑剂。

（4）设备内部有油部位的螺纹连接件在组装时不要使用铅粉之类的防锈剂。

（5）室外设备或经常与水接触的螺纹连接件最好用镀锌制品。

（6）锅炉辅机安装中地脚螺栓不垂直度不得大于其长度的1/100。

16-93　热套前应进行哪些检查？

答：仔细检查、清除干净装配部位的毛刺、伤痕及锈斑，并检查和磨去边缘的尖角。新换的零件，各部尺寸应与原件一致，尤其是要精确测量零件的孔径，与轴套装配部位的直径要符合热套的要求。如过盈值过小，就达不到紧配合的要求；过盈值过大，热套冷却后零件的轮毂收缩应力可能增大而使其破裂。此外，还需检查键槽与键的配合，若是新零件或新开制的键槽，应检查键槽与零件（或轴）中心的平行偏差。

16-94　直轴前的准备工作有哪些？

答：直轴前的准备工作包括：

（1）检查最大弯曲点区域是否有裂纹。轴上的裂纹必须在直轴前消除，否则在直轴时会延伸扩大。如裂纹太深，则考虑该轴是否应该报废。

（2）如弯曲是因摩擦引起，则应测量和比较摩擦较严重部位和正常部位的表面硬度，若摩擦部位金属已淬硬，则在直轴前应进行退火处理。

（3）如轴的材料不能确定，则应取样分析。取样应从轴头处钻取，质量不小于50g，但要注意不能损伤轴中心孔。

16-95　晃动测量工作中应注意哪几点？

答：晃动测量工作中应注意以下两点：

（1）在转子上编序号时，按习惯以转体的逆转方向顺序编号。

（2）晃动的最大值不一定正好在序号上，所以应记下晃动的最大值及其具体位置，并在转体上打上明显记号，以便检修时查对。

16-96　毛毡式密封的安装有什么特殊要求？

答：毛毡式密封是以两半式进行安装。更换前，新的毛毡应泡在热油里，或者泡在比黏度比轴承中使用油稍高一些的润滑剂里，或是泡在机油与动物油成 2∶1 比例、温度为 80～90℃ 的混合油里，捞出后将多余的油甩掉，安装后要确定毛毡无间隙，刚好轻绕轴径，并无受到挤压。

16-97 简述轴的弯曲测量方法。

答：轴的弯曲测量应在室温下进行。在平板或平整的水泥地上，将轴颈两端支撑在滚珠架或 V 形铁上，轴的窜动量限制在 0.10mm 以内。测量步骤为：

（1）将轴沿轴向等分，应选择整圆没有磨损和毛刺的光滑轴段进行测量。

（2）将轴的端面 8 等分，并作永久性记录，如图 16-9 所示。

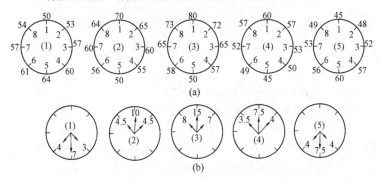

图 16-9 测量记录相位图

(a) 测量记录；(b) 相位

（3）在各测量段都装一只千分表，测量杆垂直轴线并通过轴心；将表的大针调到"50"，小针调到量程中间，缓缓盘动轴一圈，表针应回到起始点。

（4）将轴按同一方向缓慢盘动，依次测出各点读数并作记录。测量时应测两次，以便校对。每次转动的角度应一致，读数误差应小于 0.005mm。

（5）根据记录计算出各断面的弯曲值。取同一断面内相对两点差值的一半，绘制相位图。

（6）将同一轴向断面的弯曲值列入直角坐标系，纵坐标为弯曲值，横坐标为轴全长和各测量断面间的距离。由相位图的弯曲值可连成两条直线，两直线的交点为近似最大弯曲点，如图 16-10 所示，然后在这两边多测几点，将测得的各点连成平滑曲线与两直线相交的直线。若不是两条相交的直线，则有两个可能：测量有差错或轴有几个弯。经复测证实测量无误时，应重新测其他断面的弯曲图，求出该轴有几个弯及弯曲方向和弯曲值。

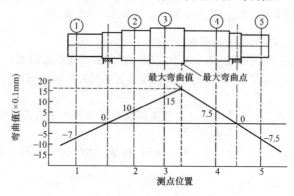

图 16-10 轴的弯曲曲线

16-98 简述内应力松弛法直轴的步骤。

答：内应力松弛法直轴是将轴的最大弯曲处的整个圆周加热到低于回火温度，在轴的凸起部位加压，使其产生一定的弹性变形，并在高温作用下逐渐转变为塑性变形而将轴较直。用此法较直后的轴具有良好的稳定性，尤其适合高合金钢锻造焊接轴的校直。直轴步骤为：

（1）设置加压装置、测量装置及加热设备。加压装置由拉杆、横梁、压块及千斤顶组成，测量装置由百分表及吸附架组成，加热设备采用工频感应加热装置最好，也可用氧乙炔加热装置，但只限于小容量转子轴。

（2）计算加力。如图 16-11 所示，实际操作中通过监测轴的挠度来验证外加力是否恰当。计算时把轴当作一个双点的横梁，公式为

加力 $$P = \frac{\sigma WL}{ab} \quad \text{(N)} \tag{16-4}$$

轴挠度 $$f = \frac{Pa^2b^2}{3EJL} \quad \text{(mm)} \tag{16-5}$$

$$W = 0.1d^3 \tag{16-6}$$

$$J = 0.05d^4 \tag{16-7}$$

式中 L、a、b——支点间和支点至最大弯曲点的距离，mm；

W——轴的抗弯矩断面模数，mm^3；

J——轴的惯性矩，mm^4；

σ——直轴时所采用的应力，取 $50\sim70MPa$；

E——弹性模量，取 $15\times70MPa$；

d——轴的直径。

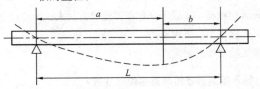

图 16-11 轴的挠度示意

（3）直轴用顶丝将承压支架顶起，使轴颈离开滚动支架 2mm，以 $80\sim100℃/h$ 的速度升温至 650℃左右恒温，用油压千斤顶压轴最大弯曲点并加力，到预定压力后恒压。当轴的挠度变化极其缓慢或不变时，停止加压，松开千斤顶和顶丝，使轴落在滚动支架上，缓慢地将轴转动，待上下温度均匀后再测轴弯曲。如需再次校直，则应在允许范围内适当提高加热温度或压力，否则效果不好。最后，轴应过直 $0.04\sim0.06mm$，进行稳定的热处理，其温度要控制在比轴运行状态下的温度高 $75\sim100℃$。

（4）直轴后的检查。直轴后应检查加压、加热部位表面是否有裂纹，还应测量加压、加热部位表面的硬度是否有明显下降。因直轴后的剩余弯曲度及方向与轴弯曲有差异，故应对转子进行低速动平衡试验或找静平衡。

16-99　简述局部加热法直轴的方法。

答：对于弯曲不大的碳钢或低合金钢轴，可采用局部加热法直轴。将轴的凸起部位向上放置，不受热的部位用保温制品隔绝，加热段用石棉布包起来，下部用水浸湿，上部留有椭圆形或长方形的加热孔。加热要迅速、均匀，应从加热孔中心开始，逐渐扩展至边缘，再回到中心。当温度达到 $600\sim700℃$ 时停止加热，并立即用石棉布将加热孔盖上。待轴冷却到室温时，测量轴的弯曲情况，可重复直轴一次。最后的轴校直状态，要求过直值达到 $0.05\sim0.075mm$。此过直值在轴退火后将自行消失。轴较直后，应在加热处进行全周退火或整轴退火。

16-100　转动机械检修后试运时从人身安全上应注意些什么？

答：首先应检查转动机械的安全，防护装置应牢固、可靠方可启动；启动时，除运行操作人员外，其他人员应先远离，站在转动机械的轴向位置，以防止转动部分飞出伤人。

16-101　轴承箱地脚螺栓断裂的原因有哪些？

（1）轴承箱长期振动过大，地脚螺栓疲劳损坏。

（2）传动装置发生严重冲击、拉断。

（3）地脚螺栓松动，造成个别地脚螺栓受力过大。

（4）地脚螺栓太小、强度不足。

（5）地脚螺栓材质有缺陷。

16-102　轴承箱地脚螺栓断裂后如何处理？

答：（1）对地脚螺栓选择太小的，应重新选择予以更换。

（2）其他原因断裂的，应先消除断裂的因素，对断裂的螺栓可焊接处理或换新。焊接方法：先将折断的螺栓清理干净，不得有油污、锈蚀等杂质，并打磨光亮，然后将接口制成45°斜接口，并打好坡口。焊接前用烤把预热500~550℃，焊后用石棉灰进行保温，使其缓冷后进行回火处理。

16-103　滑动轴承损坏的原因有哪些？

答：（1）润滑油系统不畅通或堵塞，润滑油变质。

（2）乌金的浇铸不良或成分不对。

（3）轴颈和轴瓦间落入杂物。

（4）轴的安装不良、间隙不当或振动过大。

（5）冷却水失去或堵塞。

16-104　轴瓦和轴颈配合有何要求？

答：（1）要有一定的接触角，一般为$60°~90°$；在接触角范围内，每平方厘米上的接触点不小于两点。

（2）接触角两侧要加工出舌形油槽或油沟。

（3）轴瓦或轴承套与轴颈间要有一定的径向间隙，以形成锲形油膜。

（4）要留有一定的轴向间隙。

16-105　风机出力不足，叶片要加长时应如何核算加长量？

答：风机出力不足时，在叶片出口宽度不变、转速不变的情况下，其叶轮直径由 D 变化 D'，流量由 Q 变为 Q'，功率为 P 变为 P'，则其流量变化符合 $Q'/Q=(D'/D)^2$ 其功耗变化 $P'/P=(D'/D)^4$，这时应核算电动机容量是否满足要求，以确定实际加长量。

16-106　轴承的工作条件对轴承钢的性能有什么要求？

答：滚动轴承工作时承受着高压，而且集中着周期性交变负荷；同时，滚珠与轴套之间的接触面极小，工作时不但存在着转动，而且由于滑动还产生了极大的摩擦，因此对轴承钢的要求是：具有高而均匀的硬度和耐磨性、高的弹性极限和接触疲劳度，有足够的韧性和淬透性，同时在大气或润滑剂中具有一定的抗蚀能力。

16-107　直轴方法的要点是什么？

答：直轴法通常有锤击法、局部加热法和内应力松弛法三种。

（1）锤击法。用手锤敲打弯曲的凹下部分，使锤打处轴表面金属产生塑性变形而伸长，从而达到直轴的目的。此法仅用于轴颈较细、弯曲较小的轴上。

（2）局部加热法。主要是通过加热，人为地在钢材局部地区造成超过屈服点的应力而形成塑性变形，冷却后便可校正直轴的弯曲度。

（3）内应力松弛法。利用金属部件在高温和应力作用下保持总变形不变，金属内部的应力随着时间的推移逐渐减小，最后全部消失的这种松弛现象进行直轴。

16-108　减速器主轴如何检查修理？

答：（1）轴颈上的轴承应配合紧密，紧力为 $0.015\sim0.02$mm，弹夹、滚珠、滚柱内外钢圈应完整、无麻点、剥落、锈蚀和裂痕。轴承间隙应为 $0.1\sim0.15$mm。

（2）齿轮应光滑、无磨损，牙齿结合面应在 90% 以上；齿轮牙齿磨损 $1/4$ 时需要调换。

（3）轴的弯曲度不大于 0.10mm，轴的轴封处应完整、光滑、无磨损，表面应光洁。

（4）如有磨损应喷涂，否则应换新。

（5）主轴装复后锁紧帽打紧，并上紧保险圈。

（6）主轴装复后，应有 $0.03\sim0.05$mm 的松动，盘动主轴应无卡涩，转动应灵活。

16-109　滑动轴承和滚动轴承各有什么优点？

答：滚动轴承的摩擦系数较滑动轴承小，消耗功率小，启动力矩小，易于密封，能自动调整中心以补偿轴弯曲及装配误差，径向尺寸大，转动时噪声大，成本高；滑动轴承与滚动轴承相比，轴颈与轴瓦接触面积大，故承载能力强，径向尺寸小，精度高，抗冲击载荷能力强。

16-110　滑动轴承的接触角和接触面如何检查？

答：接触面的检查为：轴瓦或轴承套必须与轴颈贴合良好，要求每平方厘米上的接触点不少于两点。接触角一般要保持在 $60°\sim90°$。

16-111 滚动轴承常见故障和故障原因是什么？

答：滚动轴承常见的故障有脱皮剥落、磨损、过热变色、锈蚀、裂纹、破碎等。故障原因：脱皮剥落的原因是安装或配置不良、轴承箱和滚道变形、润滑不良及振动过剧；轴承磨损的原因是轴承滚道中落入杂物、润滑不良、装修和运行不当；过热变色的原因是供油不足或中断、釉质不良、冷却水系统故障和安装间隙不当；裂纹或破碎的原因是轴承与轴或轴室配合不当、装配不良。

16-112 滚动轴承有哪几种拆装方法？装配时应注意哪些配合？

答：滚动轴承的拆装方法有铜冲和手锤法、套管和手锤法、加热拆装法和压力机拆装法。装配时，应注意轴承与轴间的配合、轴承与轴承室的配合、轴承与轴的配合等。

16-113 对乌金瓦的检查项目有哪些？

答：(1) 用煤油或汽油将瓦面清理干净，检查乌金有无裂纹、砂眼及烧损现象。

(2) 检查轴颈有无伤痕。

(3) 用红丹粉检查轴瓦与轴颈的接触面及触点。

(4) 检查进油槽是否有足够的间隙，保证进油畅通。

(5) 检查瓦顶间隙，使其在合格范围内。

(6) 用渗油试验的方法检查乌金瓦有无脱壳现象。

16-114 滑动轴承间隙有哪几种？各起什么作用？

答：滑动轴承间隙是指轴颈与轴瓦之间的间隙，它有径向间隙和轴向间隙两种。径向间隙又分顶部间隙和侧间隙。径向间隙主要是为了使润滑油流到轴颈和轴瓦之间形成楔形油膜，从而达到减少摩擦的目的。轴向间隙是指轴肩与轴承端面之间沿轴线方向的间隙。轴向间隙又分推力间隙和膨胀间隙。推力间隙允许轴在轴向有一定的窜动量。膨胀间隙是为转动轴膨胀而预留的间隙。轴向间隙的作用是防止轴咬死，而留有适当的活动余地。

16-115 离心泵的轴向推力是怎样产生的？推力方向如何？

答：由于叶轮外形的不对称性，加之叶轮液体存在压差，从而形成了轴向推力，推力方向指向吸入侧。

16-116　转动机械轴承温度高的原因有哪些？

答：（1）油位低，缺油或无油。

（2）油位过高，油量过多。

（3）油质不合格。

（4）冷却水不足或中断。

（5）油环不带油或转不动。

（6）轴承有缺陷或损坏。

16-117　锅炉的一、二、三次风各有什么作用？

答：（1）一次风是用来输送煤粉的，使煤粉通过一次风管送入炉膛，同时满足挥发分的着火燃烧。

（2）二次风一般是高温，配合一次风搅拌煤粉，提供煤粉燃烧所需的空气量。

（3）三次风一般是制粉系统的乏气从单独布置的喷口送入炉膛，以利用未分离掉的少量煤粉燃烧产生热量。

第十七章　锅炉通风系统检修

17-1　风烟系统的作用是什么？

答：通过送风机克服送风流程的阻力，并将空气预热器预热的空气送至炉膛，以满足燃料燃烧的需要；通过引风机克服烟气流程的阻力，将燃料燃烧后产生的烟气送入烟囱，排入大气。

17-2　送风机、排粉机、引风机的标准检修项目有哪些？

答：（1）修补磨损外壳、衬板、叶片、叶轮及轴承保护套。

（2）检修轴承及冷却装置。

（3）检修润滑油系统。

（4）控制系统检查测试。

（5）风机叶轮动平衡校验。

17-3　轴承一般分为哪两种？滑动轴承常见的故障象征有哪些？

答：轴承一般分为滚动轴承和滑动轴承两种。滑动轴承常见的故障象征有轴承温度高、润滑油温度高、振动加剧。

17-4　送风机的作用是什么？

答：（1）通过空气预热器向炉膛输送燃烧所需的热空气。

（2）通过一次风机和空气预热器向制粉系统提供干燥和输送煤粉所需的热空气。

17-5　风机型号是如何表示的？

答：离心式风机的型号由基本型号和补充型号组成。风机的基本型号相同而用途不同时，为方便区别，在基本型号前加"G"或"Y"等符号。"G"表示锅炉送风机，"Y"表示锅炉引风机。补充型号由两位数字组成。第一位数字表示风机进口吸入形式，以"0"、"1"、"2"表示，其中"0"代表双引风机，"1"代表单引风机，"2"代表两级串联风机。第二位数字代表设计序号。风机型号完整的表示方法包括名称、型号、机号、传动方式、旋转方向、出口位置等部分。

17-6 锅炉常用风机有哪些类型？各有什么特点？

答：锅炉常用风机均属叶片式，它又分为两大类，即离心式与轴流式。

在离心式风机中，气流由叶轮轴向进入，在旋转叶轮的驱动下，一方面随叶轮旋转；另一方面在离心力的作用下提高其能量，然后沿叶片径向离开叶轮。在轴流式风机中，气流也是沿轴向进入旋转的叶轮，在叶道内气体受到叶片的推挤而升压，然后仍沿叶轮轴向排出风机而进入风道。

轴流式风机的特点是产生的压头较小，但流量大。与离心式风机相比较有以下优点：

（1）在相同流量下，轴流式风机的体积比离心式风机小，因而占地面积小，便于布置。

（2）风机效率高，而且高效工况区域宽，使风机的调节范围增大。

（3）叶轮上的叶片可做成活动的，调节时可改变动叶及静叶的角度，从而使调节过程中的能量损失减小。

（4）气流轴向流动，风机可直接装到风道上，从而节省了场地及金属材料。

（5）目前，我国电站锅炉使用的风机仍以离心式为主，在大容量锅炉中，已有不少采用了轴流式风机。

17-7 离心式风机的叶片形式有哪几种？

答：离心式风机的叶片，按其出口安装角的大小可分为后弯式、前弯式、径向三种形式。后弯式叶片的弯曲方向与叶轮旋转方向相反，出口安装角小于$90°$；径向叶片的出口方向为径向，出口安装角等于$90°$；前弯式叶片的弯曲方向与叶轮旋转方向相同，出口安装角大于$90°$。

其他条件相同时，前弯式叶片产生的总压头较径向叶片、后弯式叶片大些，但其动压头在总压头中所占的份额较大，流道能量损失大，效率较低。后弯式叶片产生的总压头较小，但静压头在总压头中所占的份额较大，流道能量损失小，效率较高，故锅炉风机一般多采用后弯式叶片。

当风机转速、流量及产生的压头相同时，前弯式叶片和后弯式叶片之间，因其结构简单，不易积灰，多用于排粉机或引风机。

17-8 锅炉引风机和送风机的主要事故有哪些？

答：（1）轴承温度高，超过厂家规定值，甚至烧坏。据统计，这类故障约占风机故障的60%。

（2）轴承振动超标。

（3）大型锅炉的风机、烟道、风道振动有可能造成烟风道撕裂、加强筋振脱、保温层坍落、噪声增大，甚至需要被迫降低负荷运行。

（4）风机磨损，主要是引风机和排粉机磨损。风机磨损后使振动加剧，使用寿命缩短。

（5）风机叶轮"飞车"损坏。叶轮"飞车"损坏是风机的恶性事故，这主要是由于叶片严重磨损、断裂或严重积灰，使转子失去平衡，引起强烈振动，或其他机械原因而导致的。

17-9　风机产生振动的原因有哪些？

答：风机振动超标是引起风机故障的主要因素之一，而引起风机振动的原因是多方面的，主要有：

（1）转子动、静不平衡引起的振动，这除了与制造、安装、检修的质量有关外，运行中发生的不对称的腐蚀、磨损和叶片不均匀的积灰，转轴弯曲，转子原平衡块位移或脱落，以及双侧进风风机两侧风量不均衡，都有可能引起振动。

（2）风机、电动机对轮找中心不准，没能使两轴线互为平滑的延续线而产生振动。

（3）转子的紧固件松动或活动部分间隙过大，如轮或联轴器与轴松动；轴承间隙过大，滚动轴承固定螺母松动等，都会使振动加剧。

（4）基础不牢固或机座刚度不够，如基础浇注质量不良或二次灌浆不实，地脚螺栓或垫铁松动；机座连接不牢或连接螺母松动；机座结构刚度太差等。

（5）由烟、风道或空气预热器引起的振动波及风机，也能使之产生振动。

17-10　风机轴承温度偏高的原因有哪些？

答：轴承温度超标是造成轴承损坏的重要因素之一。引起轴承温度偏高的主要原因有以下几点：

（1）润滑质量不良。润滑的目的是使动、静部分不直接接触产生摩擦，而形成固体与液体之间的摩擦。如果润滑油数量不足或质量不良，会使动、静部分直接摩擦发热，或热量不能通过润滑油带走而使轴承温度升高。

（2）滚动轴承装配质量不良，如内套与轴的紧力不够，外套与轴承座间隙过大或过小。

（3）轴承质量不良。滑动轴承刮研质量不良，乌金接触不好或脱胎；滚动轴承滚动体面有裂纹、碎裂、剥落等，都会破坏油膜的稳定性与均匀性，从而使轴承发热。

（4）密封毛毡过紧而发热。

（5）轴承振动过大而承受冲击负载，严重影响润滑油膜的稳定性。

（6）轴承冷却水量不足或中断，影响热量的带出，从而使轴承温度升高。

17-11　什么是风机的流量？

答：风机的流量是指单位时间内流过风机进口的气体的体积，用 q_V 表示，单位为 m^3/s 或 m^3/h，q_{Vj} 是指标准进口状态下（$p_a = 10.13 \times 10^4 Pa$，$t=20℃$，相对湿度为 50%，$\rho=1.2kg/m^3$）气体的体积。

17-12　什么是风机的全压？

答：风机的全压是指单位体积气体从风机进口截面经叶轮到风机的出口截面所获得的机械能，用 p 表示，单位为 Pa。

17-13　什么是风机的静压？

答：风机的全压减去风机出口截面处的动压（通常将风机出口截面处的压力作为风机的动压），称为风机的静压，用 p_{st} 表示。

17-14　什么是风机的功率？

答：风机的功率通常是指风机的输入功率，用 P_{sh} 表示，单位为 kW。

17-15　什么是风机的全压效率和全压内效率？

答：全压效率是指风机的全压有效功率和轴功率之比，全压内效率等于全压有效功率与内功率之比。

17-16　什么是风机的静压效率和静压内效率？

答：静压效率是指风机的静压有效率功率和轴功率；静压内效率等于静压有效功率与内功率之比。

17-17　什么是风机的转速？

答：风机的转速是指风机的轴每分钟的转速，单位为 r/min。

17-18　风机如何分类？

答：（1）按全压高低分，可分为通风机（全压低于 $11.375kPa$）、鼓风机（全压为 $11.3 \sim 241.6kPa$）、压气机（全压高于 $241.6kPa$）。

（2）按工作原理不同分，可分为叶片式风机，包括离心式风机、轴流式风机和混流式风机；容积式风机，包括往复式风机、回转式风机（罗茨风机和压气机）；其他类型风机。

17-19 分析风机特性曲线上工作点不稳定的原因有哪些?

答: 如图 17-1 所示,当其工作点在 A 点时,若稍有干扰,A 点就会移动。当流量稍有增大、工作点右移时,风机产生的压头也随之增大,这时将会产生的压头也随之增大,从而使流量进一步增大,工作点继续右移直至 M 点。当在 A 点风机流量稍有减少时,A 点左移,这时风机压头下降,使流量进一步下降,工作点继续左移,直至流量为零。无论左移还是右移,工作点均不能再回到 A 点,所以 A 点不稳定。

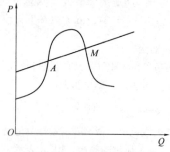

图 17-1　风机特性曲线

17-20 列出工程中常用的四个叶片式泵与风机的切割定律。

答:

$$\frac{q'_V}{q_V} = \frac{D'_2}{D_2} \tag{17-1}$$

$$\frac{H'}{H} = \left(\frac{D'_2}{D_2}\right)^2 \tag{17-2}$$

$$\frac{p'}{p} = \left(\frac{D'_2}{D_{2,}}\right)^3 \tag{17-3}$$

$$\frac{p'_{sh}}{p_{sh}} = \left(\frac{D'_2}{D_2}\right)^4 \tag{17-4}$$

17-21 风机的主要特性曲线有哪些?

答: 风机的主要特性曲线有流量与全压曲线、流量与功率曲线、流量与效率曲线、流量与静压曲线、流量与净效率曲线。

17-22 轴流式风机主要由哪些部件组成?

答: 轴流式风机主要由外壳、轴承进气室、叶轮、主轴、调节机构和密填充装置等组成。

17-23 转子找动平衡的方法主要有哪几种？

答：转子找动平衡的方法主要有画线法、两点法、三点法、闪光测相法四种，现场采用三点法较多。

17-24 液力耦合器的核心部件主要有哪些？

答：主要有泵轮体、涡轮体、转动外壳及勺管装置。

17-25 液力耦合器的作用是什么？

答：实现风机（水泵）的变速调节，以改变风量（水泵）流量，使风机（水泵）在最高效率点工作，从而达到节能降耗的目的。

17-26 液力耦合器的调速原理是什么？

答：液力耦合器的调速原理是：当勺管径向滑移至外壳油泵最大直径处时，耦合器的工作腔不充油，输出轴以低转速旋转。随着勺管径向向内滑移，耦合器工作腔中充油渐多，输出轴转速逐渐增大。当勺管径向滑移至外壳油环最小直径处时，输出的转速达到最大，故液力耦合器是通过勺管的径向滑移来实现输出轴的无级变速。

17-27 离心式风机主要由哪些部件组成？

答：离心式风机主要由叶轮、外壳、集流器、扩压器、进气箱、调节器、轴和轴承等组成。

17-28 风机外壳有什么作用？特点是什么？

答：用于收集从叶轮中甩出的气体；逐渐扩大的蜗壳，为了防止磨损，采用了适当加厚或加装内衬板的形式。

17-29 什么是轴流风机？其工作原理是什么？

答：气流的进出口方向都在轴线上，气体受旋转叶片的推力而流动，这种风机称为轴流风机。其工作原理是：当风机叶轮旋转时，气流自叶轮轴向吸入，在叶片的推挤作用下获得能量，流经导叶、扩压器进入工作管道。

17-30 简述离心风机的工作原理。

答：当叶轮在电动机带动下转动时，气体由于受到离心力而被甩向叶轮周缘，气体从叶轮中心甩出后进入机壳并获得能量。此时，叶轮进口产生负压，于是气体被源源不断地吸入叶轮，如此反复，风机不停地工作。

17-31 风机的内部损失有哪些？

答：风机的内部损失主要有机械损失、容积损失和流动损失。

17-32　什么是机械式密封？

答：靠两个经过精密加工的端面（动环和静环）沿轴向紧密接触来达到密封目的的一种密封结构，称为机械式密封。

17-33　风机出力降低的原因有哪些？

答：风机出力降低的原因有：

（1）气体成分变化或气体温度高，使密度减小。

（2）风机出口管道风门积杂物堵塞。

（3）入口管道风门或网罩积杂物堵塞。

（4）叶轮入口间隙过大或叶片磨损严重。

（5）转速变低。

17-34　风机转子振动的机械性原因有哪些？

答：（1）转子不平衡。

（2）底脚螺栓松动。

（3）轴弯曲。

（4）对轮中心不正。

（5）轴承损坏。

（6）轴承间隙过大。

17-35　主轴弯曲度如何检查？

答：把轴的两端架在 V 形铁上，再把百分表支上，使表杆指向轴心，然后缓慢转动主轴。主轴每转一周，百分表就有一个最大读数和一个最小读数，两个读数之差就是轴的晃度。晃度的一半就是轴的弯曲度。

17-36　引风机运行时造成轴承发热的原因有哪些？

答：轴承发热的原因一般有：

（1）轴承润滑油不足、过量或油质脏污。

（2）轴承冷却水不足或中断。

（3）风箱机内介质温度高。

（4）轴承故障。

（5）风机振动。

17-37　为什么要对风机转子进行动平衡校正？

答：经过静平衡校验的转子，在高速下旋转时往往仍会发生振动。因为所加上或减去的质量，不一定能和转子原来的不平衡质量恰好在垂直于转轴的同一平面上。因此，风机转子经静平衡校验后，必须再做动平衡校正。

17-38 一风机型号为 G4-73-11Np20D 右 90，说明各符号数字代表的意义。

答：G——锅炉送风机；

4—风机在最高效率点时的全压系数（0.437）乘以 10 后的化整数；

73—风机在最高效率点时的比转数；

1—单侧进风；

1—第一次设计；

Np20—叶轮外径为 2000mm；

D—悬臂布置；

右—从电动机端看，叶轮沿顺时针方向旋转；

90—风机机壳出口角度，（°）。

17-39 什么叫风机的喘振？

答：风机的喘振是指风机运行在不稳定的区域时，会产生压力和流量的脉动现象，即流量有剧烈的波动，使气流有猛烈的冲击，风机本身产生强烈的振动，并产生巨大噪声的现象。

17-40 轴承油位过高或过低各有什么危害？

答：油位过高，会使油环运动阻力增大而打滑，油分子的相互摩擦会使轴承温度升高，还会增大间隙处的漏油量和油的摩擦功率损失；油位过低时，会使轴承的滚珠或油环带不起油来，造成轴承得不到润滑而使温度升高，把轴承烧坏。

17-41 离心式风机动、静部分的间隙有哪几种？

答：（1）集流器与叶轮的轴向和径向间隙。

（2）叶轮的后盘与机壳内壁间隙。

（3）轴穿机壳处的径向间隙。

17-42 简述拆离心式风机叶轮的方法。

答：将叶轮固定，装上专用的拉轴器，用两个烤把均匀地烤叶轮轮毂处，当轮毂温度达 150～200℃时，转动专用拉轴器上的丝杠或螺母，将叶轮慢慢拉出。

17-43 离心式送风机调节挡板的质量要求有哪些？

答：（1）叶片磨损超过原厚度的 1/2 时应更换。

（2）转轴磨损不应超过 2mm。

（3）叶片两侧面的间隙不应大于 8mm。

（4）开关灵活，能够全开全关。叶片开关同步，方向一致。

17-44 离心式送风机主轴测水平的方法及注意事项有哪些？

答：（1）将框式精密水平仪置于表面光洁的轴颈上，测量轴向水平。

（2）水平误差超过标准时，应在轴承座下用加减垫片的方法进行调整。

（3）轴的弯曲度超标时，应直轴。

17-45 送风机和引风机的检修重点有何区别？为什么？

答：送风机转速较高、风压较高，但输送的介质是空气，介质温度是常温且较清洁。因此，送风机的检修重点在对轮找正和轴承间隙的调整上。

17-46 风机分部试运的程序和方法有哪些？

答：（1）拆除联轴器连接螺栓，先单独试运转电动机 2h。

（2）风机试运转前，先关闭入口挡板，待启动运转正常后再逐渐打开入口调节挡板。第一次启动风机达到全速后，用事故按钮停车，利用转动惯性观察轴承和转动部分有无其他异常。一切正常后，再进行第二次启动。

（3）试动时，注意风机的运行状态并逐步开大入口风站，监视电流表指示不得超过电动机的额定电流，检查风机各部分的轴承温度、振动、风压等情况，应停车处理。

（4）连续运行 8h 或按厂家规定执行。

17-47 离心式风机振幅超标的主要原因是什么？

答：主要原因有：叶片质量不对称或一侧部分叶片磨损严重；叶片附有不均匀的积灰或灰片脱落；翼形叶片被磨穿；灰粒钻进叶片内；叶片焊接不良，灰粒从焊缝中钻入；平衡重量与位置不相符或位置移动后未找平衡；双引风机两侧进的烟气量不均匀；地脚螺栓松动；对轮中心未找好、轴承间隙调整不当或轴承损坏；轴刚度不够、共振、轴承基础稳定性差和电动机振动偏大等均会引起风机振幅超标。

17-48 风机试运行应达到什么要求？

答：（1）轴承和转动部分试运行中没有异常现象。

（2）无漏油、漏水、漏风等现象，风机挡板操作灵活，开度指示正确。

（3）轴承工作温度稳定，滑动轴承温度不高于 65℃，滚动轴承温度不高于 80℃。

（4）风机轴承振动一般不超过 0.10mm。

17-49 轴流式引风机风轮更换的方法有哪些？

答：（1）将风轮锁片拆除，松开紧固螺母，加热后用专用顶丝或千斤顶顶出。

（2）将风轮与轮毂接合面清理干净，确保无锈皮，且平整、光滑。

（3）用加热法将新风轮加热至 200℃ 左右，并装入轮毂，紧好锁母。

（4）当风轮冷却后重新紧一遍，然后锁好锁片。

17-50 轴流式风机齿形联轴器的质量标准是什么？

答：（1）齿形联轴器端面平整、光滑。

（2）齿形联轴器销孔无损伤。

（3）齿形磨损不超过厚度的 1/3。

（4）齿面接触面积不少于齿长的 75%。

（5）润滑油充盈、清洁。

17-51 更换离心式送风机叶片的工作要点及注意事项是什么？

答：（1）用火焊割叶片时，应对称交替切割，防止变形。

（2）更换叶片时，应对称地将叶片分为几组，更换完一组叶片后，再更换下一组叶片。叶片全部点固后再进行焊接，全部焊接完一次，再进行第二次焊接；焊接时应缓慢，不可使温升过高，以防变形。

（3）用扁铲铲平焊疤。

（4）用手提砂轮，将轮盘焊缝打磨平整。

（5）叶片点焊时，应用角尺检查。

（6）焊接后将焊渣清理干净。

（7）更换叶片前后应测量转子的晃动，并做好记录。

17-52 轴流式风机动叶检修质量标准是什么？

答：（1）叶片螺钉在使用时要作探伤检查，螺纹应正常，长短要一致。

（2）叶片组装后应保持 1mm 的窜动间隙（由锁帽调整），各片要相同。

（3）叶片表面光滑、无缺陷，各片质量需一致。

（4）叶柄端面的垂直度和同心度偏差不大于 0.02mm，键槽、螺纹要完整。

（5）滑块清洗干净后，先要放在 100℃ 的二硫化钼油剂中浸泡 2h 左右，待干后再安装使用。

（6）推力轴承加润滑油脂时，每只的加油量要相等，约为 10g。

（7）各点的紧固螺钉都要根据要求的级别使用扭力扳手。

17-53 如何提高风机出力？

答：（1）合理布置烟风管道系统，减小系统阻力，减小出入口压差，提高风机流量，合理选取烟风道截面，防止风速过高，减小摩擦阻力；合理布置管道走向；减小弯头数量或采用阻力较小的转向形式，减小局部阻力；及时清除烟风道内的杂物、积灰，保持风烟道壁面光滑。

（2）加强设备检修维护，在安全范围内尽量减小口环间隙，以减小风机内的漏风损失；清理叶片及风壳积灰，保证流通截面清洁；对磨损的叶片及时进行更换和修补，以保证叶型，保持导向叶片或挡板动作同步。

（3）加长叶片，可提高风机出力。

（4）提高风机转速，可提高风机出力。

17-54 轴流式风机主要由哪几部分组成？

答：轴流式风机主要由外壳、进风箱、集流器、调节门、轴和轴承组成。

17-55 静叶调整式轴流风机导向叶片的转动角度不允许超过多少？若超过会发生什么情况？

答：导向轮叶角度位置的调整是由叶片相连的操作杆和中间齿轮机构来完成的。适当的调整连接杆的长度和铰链的位置，可改变控制环的环向转动，从而改变叶片的转动角度，达到调整风机负荷的要求。此调整必须看着叶片实际的转动角度来进行，调整范围为 $0° \sim -75°$。$-75°$ 为接近极端位置，$0°$ 为导向控制装置定点位置，$+45°$ 为最大开启状态，极限位置。整定时，导向叶片转动角度不允许超过 $45°$，否则会造成风机的损坏。因此，要重点检查和验收其限位装置是否正确、可靠。

17-56 风机 A 级检修的标准和特殊检修项目有哪些？

答：（1）风机 A 级检修的标准检修项目有：

1）检查修补磨损的外壳、衬板、叶片、叶轮及轴承保护套。

2）检修进出口挡板、叶片及传动装置。

3）检修转子、轴承、轴承箱及冷却装置。

4）检查、修理润滑油系统，检查风机、电动机、油站等。

5）检查、修理液力耦合器或变频装置。

6）检查、调整调节驱动装置。

7）风机叶轮校平衡。

（2）风机大修的特殊检修项目有：

1）更换整组风机叶片、衬板或叶轮、外壳。

2）滑动轴承重浇乌金。

17-57　如何检修离心式风机的叶轮？

答：检修离心式风机叶轮时，用卡尺、测厚规等测量工具检查其磨损情况，叶片局部磨损超过原厚度的 1/3 时，应进行焊补或挖补叶片；超过原厚度的 1/2 时，要更换新叶轮。叶轮焊口如有裂纹，则需将该处焊口铲除，重新焊接，焊接不允许有裂纹、咬边、夹渣、凹凸及未焊透等缺陷，所用焊条性能应与叶轮钢材相适应。各部位尺寸、角度、形状应符合图纸要求。叶轮应经过静平衡校正。

17-58　离心式风机风壳的检修质量标准是什么？

答：离心式风机风壳的检修质量标准为：内护板磨损超过原厚度的 2/3 时须更换；护板螺栓要完整、牢固，机壳和转子各处间隙应符合设备要求，一般叶轮前轮盘与风壳的间隙为 40～50mm，风壳与轴向的间隙为 2～3mm；风机外壳是由普通钢板焊接而成的，因此应保证钢板的化学成分和冷弯性。

17-59　如何调整动叶调整式轴流风机的叶片与叶轮的外壳间隙？

答：动叶调整式轴流风机的叶片与叶轮外壳间隙是指经过机械加工的外壳内径与叶片顶端之间的间隙。调整时，先用楔形木块将叶片根部垫足，在叶轮外壳内径顺圆周方向等分八点作为测量点，找出最长和最短的叶片，做好记号。用最长和最短的叶片测量间隙，并做好记录。当达到下列要求时为调整合格：

（1）最长叶片在外壳转动到各测量点间隙的最大值与最小值相差不大于 1.4mm。

（2）最短叶片在最小处与最大处的增加值，引风机不超过 1.9mm，送风机不超过 1.5mm。

（3）对于最长和最短叶片在八点的平均间隙，引风机为 6.7mm，送风机为 3.4mm。

（4）引风机最小间隙不小于 5.7mm，送风机最小间隙不小于 2.6mm。

调整时，为保持叶轮平衡不受影响，必须对每个叶柄的螺母进行调整。调整时，朝轴心方向不应超过 0.7mm，离轴心方向不应超过 0.8mm。调整结束后，将锁紧垫圈锁住调节螺母，同时用小螺钉将叶柄键紧固。

17-60 如何调整动叶片的角度？

答：叶片的间隙调整好后，组装好滑块，将调节盘套到导向销上，用螺帽拧紧调节盘及导环，将支持轴颈装入主轴孔中。装好液压缸，接通液压油系统，开动油泵，使液压缸带着动叶片动作。然后根据动叶片角度在 $+10°\sim+55°$ 的范围内变化，依下列步骤进行调整：

(1) 在轮毂上拆除一块叶片，将带刻度的校正指示表装在叶柄上。

(2) 转动叶片，使仪表指示在 $32.5°$。将调节轴限位螺钉调到离指示销两边相等（即指示销位于中间）的位置，调整传动臂至垂直位置，再调节传动臂上的刻度盘，使其上的刻度指示 $32.5°$ 对准指示销。继续转动叶片，使指示表的指针分别对准 $10°$、$55°$，此时指示销的指针分别对准 $10°$、$55°$。如有偏差，需移动刻度盘的位置，并把限位螺钉分别在 $10°$、$55°$ 的位置上与指示销相碰，使 $10°$ 及 $55°$ 刚好是极限。反复几次，如无变化，则可将叶片位置固定。

17-61 风机日常维护主要有哪些内容？

答：风机日常维护的主要内容有：

(1) 建立检查、维护记录本，详细记录每台风机的缺陷及处理情况；每台风机的加油时间及数量一定要准确、详细。

(2) 每日检查风机运行中的噪声、振动值及各仪表指示是否正常。

(3) 每日检查油系统的工作情况、压力、流量是否正常，并记录滤油器的污染堵塞指示器的数值，以便及时更换滤芯。

(4) 每月至少更换并清洗一次油过滤器，同时做油化验。检查油中是否含水或油是否变质。如发现油中含水或油已变质，风机应立即停止运行，彻底换油，同时要查清带水或变质的原因（油冷却器是否漏水）。这一点对动叶可调式风机尤为重要。

17-62 检查风机是受迫振动还是基础共振的方法是什么？

答：检查的方法是将振动表放在机座上，测量风机的转速对振动影响。若转速降低时振动消失，则一般是由基础共振产生的；若转速降低时振动也随之减少，则一般为受迫振动；若振动频率是转动频率的 2 倍，则可能是联轴器找正不对，应重新找正。

第十八章　制粉系统检修

18-1　制粉系统的任务是什么？

答：制粉系统的任务是将煤仓中的原煤通过给煤机均匀地送入磨煤机，原煤在磨煤机中磨成粉状，经煤粉分离器分离出合格的颗粒后，由热风通过煤粉管道送入炉膛，参与燃烧。

18-2　什么是直吹式制粉系统？通常有哪几种类型？

答：磨煤机出的煤粉，不经中间停留，直接吹送到炉膛去燃烧的制粉系统，称为直吹式制粉系统。直吹式制粉系统大多配用中速磨煤机或高速磨煤机（风扇磨或锤击磨）。

根据排粉机的安装位置不同，直吹式制粉系统又可分为正压系统与负压系统两类。

排粉机（也是一次风机）装在磨煤机之后，整个系统处于负压下工作，称为负压系统。负压系统由于煤粉全部通过排粉机，叶片磨损严重，维护费用高；系统在负压下工作，漏风量增大，会使流经空气预热器的空气量减少，排烟温度升高。这种系统的最大优点是磨煤机不会向外冒粉，工作环境比较干净。

排粉机装在磨煤机之前或空气预热器之前时，制粉系统处于正压下工作，称为正压系统。由于系统处于正压，外界空气不会漏入，锅炉运行经济性高，同时不存在排粉机磨损问题。这种系统对磨煤机及管道严密性的要求高，否则向外冒粉，既污染环境又不安全。

18-3　直吹式制粉系统有何优缺点？

答：(1) 直吹式制粉系统的主要优点有：①系统简单、设备少、管道短、投资省；②煤粉没有中间停留，气粉温度也不太高，出现爆炸的危险性较小；③制粉系统磨煤电耗较低。

(2) 直吹式制粉系统的主要缺点有：①磨煤机运行出力需随锅炉负荷变化而变化，因此不能经常处于经济出力下运行；②磨煤机故障将直接影响锅炉工作。但对于大容量锅炉来说，一台锅炉装有多台磨煤机，有事故备用与检修备用，这一缺点已不是主要问题；③直吹式制粉系统利用乏气作为一次风，温度低又含有水蒸气，对着火不利，故挥发分低、水分高的煤种不适宜采用直吹式制粉系统；④锅炉负荷变化时，给煤量的调节是通过给煤机来实现的，故时滞较大。

18-4 什么是中间储仓式制粉系统? 该系统有何优缺点?

答：磨煤机磨出的煤粉先储存于煤粉仓中，锅炉燃烧用的煤粉通过给粉机由煤粉仓中取用，这种制粉系统称为中间储仓式制粉系统。

中间储仓式制粉系统的主要优点是：①由于煤粉仓储存有煤粉，或通过螺旋输粉机利用邻炉煤粉，因此提高了锅炉运行燃料供应的可靠性；②磨煤机运行不受锅炉负荷制约，因此，磨煤机可经常处于经济工况下运行；③通过排粉机的乏气中只含有少量细煤粉，故它的磨损较负压直吹系统轻；④通过给粉机调节燃煤量，时滞小，改善了锅炉燃烧调节的性能。

中间储仓式制粉系统的主要缺点是：①系统复杂、设备多、管道长、初投资高；②磨煤电耗较高；③煤粉中间储存，故有发生爆炸的危险性；④系统多数为负压，漏风大，影响锅炉的运行经济性。

18-5 什么是中间储仓式乏气送粉系统?

答：中间储仓式制粉系统中，由细粉分离器出来的乏气经排粉机升压后，作为一次风吹送煤粉进炉膛燃烧，这种系统称为乏气送粉系统。

乏气作为一次风，其温度较低，又含有水蒸气，对煤粉气流的着火、燃烧不利。因此，它不适用于挥发分低、水分高的煤种，如无烟煤、贫煤、劣质烟煤等，也不适用于液态排渣炉，而适用于烟煤等易于点火的煤种。

18-6 什么是中间储仓式热风送粉系统?

答：中间储仓式制粉系统中，乏气经排粉机升压后，一部分直接由专用喷口送入炉膛，称为三次风；一部分返回磨煤机入口，称为再循环风。利用热空气作为一次风吹送煤粉，这种系统称为热风送粉系统。

热空气作为一次风，其温度较高，有利于煤粉气流的着火与稳定燃烧，适用于无烟煤、贫煤、劣质烟煤等煤种。

18-7 中间储仓式制粉系统包括哪些主要设备?

答：中间储仓式制粉系统的主要设备有给煤机、磨煤机、粗粉分离器、细粉分离器、煤粉仓、给粉机、排粉风机和输粉机。

18-8　常用磨煤机分哪几类？各自的工作原理是什么？

答：磨煤机的种类很多，一般根据研磨部件的转速将发电厂使用的磨煤机分为以下三类：

（1）低速磨煤机，转速为 15～25r/min，如钢球筒式磨煤机。它主要以撞击、挤压、研磨原理将煤磨成粉。

（2）中速磨煤机，转速为 40～300r/min，如中速平盘辊磨、碗式磨、MPS 型磨等。中速磨煤机主要以碾压原理将煤磨成粉。

（3）高速磨煤机，转速为 500～1500r/min，如风扇磨、锤击磨等，主要以撞击原理将煤磨成粉。

18-9　简述钢球筒式磨煤机的结构、工作原理及优缺点。

答：钢球筒式磨煤机是一个直径为 2～4m、长 3～10m 的圆筒，两端为锥形端盖，连着空心轴。空心轴颈架在轴承上，通过传动装置带动筒体旋转。筒体内壁衬装有波浪形耐磨钢甲，筒内装有大量直径为 25～60mm 的钢球。端盖上空心轴一端进原煤和热风，另一端是气粉混合物出口，煤矿的干燥与磨碎同时进行。筒体转动时，钢球和煤块在离心力的作用下，被护甲带起一定高度，然后落下将煤击碎，同时还受到球与球、球与护甲之间的挤压、碾压和研磨作用，从而将煤磨碎成煤，由干燥剂从出口带出。

铜球筒式磨煤机的优点是：能磨制各种煤，对煤中杂质的敏感性较差，能长期连续工作，可靠性高；缺点是：设备笨重，耗用钢材，投资高，运行噪声大，磨煤电耗较其他磨煤机高，煤粉的均匀性指数较低。

18-10　国产钢球筒式磨煤机的型号是如何表示的？

答：国产钢球筒式磨煤机的型号为 DTM—×××/×××，其中 D 表示低速；T 表示筒式；M 表示磨煤机；×××/××× 表示一组数字，分号上面是筒体直径，单位为厘米，分号下面是筒体长度，单位为厘米。例如，DTM—320/580 即表示：磨煤机筒体直径为 3.2m，筒体长度为 5.8m。还有一种钢球筒式磨煤机的型号是 DZM 型，其中 Z 表示筒体为锥筒形。

18-11　对装入钢球筒式磨煤机的钢球直径有何要求？

答：钢球筒式磨煤机的出力不仅受钢球装载量的影响，还与钢球直径有关。要求有一定的球径及不同球径的球保持一定的比例关系，一般筒体内球径的尺寸范围为 25～60mm。如果筒体内都是大直径的球，其冲击力较大，对击碎大块煤有利，但由于球与球之间间隙大，相对表面积小，挤压、碾磨作用减弱，对磨煤机出力及煤粉细度均不利。筒体内小直径钢球太多，冲击力小，会使磨煤机出力下降，同时，由于钢球表面积相对增大，会使钢球磨损增加，磨煤电耗随之上升。

磨煤机在运行过程中，由于磨损，钢球质量及直径都在不断减小，因此需定期补入新球，以维持一定的钢球装载量。一般补入的为大直径球，补球量应根据钢球磨损率（每磨 1t 煤钢球的磨损量）及磨煤量来确定。

磨煤机运行一定时间后，筒体内小直径钢球的数量增多。因此，一般在运行约 3000h 后，需停机清理钢球，以便清除直径小于 15mm 的球及已破碎的球，同时补足新球。

18-12 双进双出钢球筒式磨煤机是怎样工作的？

答：一般的钢球筒式磨煤机，其一端是原煤与干燥剂的进口，另一端是气粉混合物的出口。双进双出钢球筒式磨煤机（BBD 型），其两端同时既是出口，又是入口，一台磨煤机具有两个对称的研磨回路。

磨煤机两端的空心轴内均装有空心圆管，空心圆管外与空心轴内壁间绕有固定的弹性螺旋输送装置，螺旋输送装置随筒体一起转动。原煤由给煤机经混料箱落入空心轴底部，经螺旋片输入筒体内。热风从设在两端的热风箱由空心圆管进入筒体内。经研磨的煤粉由干燥剂携带，通过空心轴与空心圆管之间的上部空间送出，进入上部的粗粉分离器。

18-13 双进双出筒式磨煤机的主要特点是什么？

答：（1）磨煤机进口装有螺旋输送装置，可避免因燃料水分高而引起的进口堵煤现象，运行安全、可靠。

（2）由于双进双出的效果，原煤中的一些煤粉不经研磨即可送出，使磨煤机出力提高，或在相同的出力下，体积可比普通磨煤机小，磨煤机的功率消耗将下降。

（3）煤在筒体内的轴向运动距离小，使煤粉的均匀性指数有所提高。

（4）适应锅炉负荷变化的能力强，因筒体内存有较多的煤，给煤机停止给煤后，还可继续维持 10min 向锅炉送粉。磨煤机负荷调节是通过锅炉负荷信号直接改变进口的一次风挡板实现的，调节时滞小，BBD 型磨煤机适应的锅炉负荷变化率可达 20%/min，即 15s 可改变锅炉负荷 5%。

（5）可获得稳定的煤粉细度及较小的风粉比，通常风粉比约为 1.5，而中速磨煤机为 1.7～1.8。由于风粉浓度高，因此有利于燃料着火，也为这种磨煤机用于直吹式系统创造了条件。

（6）磨煤机可正压下工作，不漏风、运行经济性高。

18-14　常用的中速磨煤机有哪几种？工作原理如何？

答：发电厂常用的中速磨煤机有以下几种形式：

（1）辊—盘式，通常称平盘辊式中速磨。它的下部是可转动的磨盘，两只锥形辊子靠弹簧压力压在磨盘上，随磨盘原位转动。

（2）辊—碗式，称碗式中速磨。近代碗式磨用浅碗形磨盘（即 RP 型磨煤机），三只锥形辊靠液压或气压压紧在磨盘上，并随之原位转动。

（3）球—环式，称中速球磨机（E 型磨煤机），下部磨盘上有弧形槽道，十个左右的大钢球置于其中，上部带有弧形槽道的上磨环，靠弹簧（或液压、气压）压在球上。

（4）辊—环式，称轮式磨或 MPS 型磨，下部磨盘上有弧形槽道，三只形同轮胎的磨辊靠弹簧压力压在其上，弹簧的压力靠液压加压系统提供。

中速磨煤机形式各异，但其基本工作原理大体相似。下磨盘都为主动，磨辊或钢球为摩擦从动。原煤加在转动的磨盘中间，在离心力的作用下被甩到两碾磨部件之间，受到挤压与碾磨作用被粉碎成粉。热风从磨盘周围的风环吹入，对煤进行干燥，并将煤粉吹送到上部的粗粉分离器。

18-15　中速磨煤机有哪些特点？

答：中速磨煤机适用于磨制烟煤和贫煤。负压下运行的小型辊磨，由于受干燥能力限制，一般要求原煤水分不超过 12％。对于 E 型磨煤机和 MPS 型磨煤机，在适当高的热风温度下，可磨制水分为 20％～25％的原煤。另外，中速磨煤机要求煤的灰分不大于 30％～40％，哈氏可磨性系数应大于 50。

中速磨煤机对煤种的适应性不如钢球筒式磨煤机广泛，但在其适用的煤种范围内，具有金属耗量少、投资省、磨煤电耗小、金属磨耗低和噪声小等优点。因此，在煤种适宜的条件下，优先选用中速磨煤机是合理的。

18-16　简述风扇式磨煤机的结构、工作原理及特点。

答：风扇式磨煤机因其外形与离心式风机相似而得名，其主要结构部件是叶轮，其上装有 8～12 片由耐磨钢制成的厚叶片，也称冲击板。外壳内装有耐磨护甲。磨煤机出口紧接着安装粗粉分离器。

原煤和干燥剂从入口引入，煤块与飞快旋转的叶轮相撞击，依靠撞击力及加热干燥过程中的脆裂作用被粉碎。

风扇式磨煤机适宜磨制水分大和可磨性系数大的褐煤及烟煤。它的主要特点是：

（1）煤在风扇式磨煤机中始终处于悬浮状态，干燥能力强，加以入口具有抽吸力，可抽取一部分炉烟，以提高干燥剂温度。因此，它适宜磨制高水分的褐煤及烟煤。

（2）风扇式磨煤机具有磨煤与通风的双重作用，磨煤的同时还能产生1500～2000Pa的风压，可以直接吹送煤粉进炉膛燃烧，使锅炉燃烧系统大大简化。

（3）结构简单紧凑，金属耗量小，磨煤电耗低。

（4）运行中叶轮磨损严重，检修周期短。部件磨损后，磨煤出力下降，煤粉变粗。不均匀磨损会使振动加剧。

18-17　粗粉分离器的作用是什么？工作原理如何？

答：粗粉分离器的作用是将由磨煤机出来的气粉混合物中的粗粒煤粉分离出来，并送回磨煤机重磨，同时还可能调节煤粉细度。分离器形式很多，发电厂使用较多的是离心式分离器，其工作原理如下：

（1）重力分离。当煤粉气流速度降低时，动能下降，粗粉颗粒即被分离出来。如煤粉气流在管道中的流速为16～20m/s，进入分离器内外锥体之间的环形空间时，流速下降至16～20m/s，粗粉粒在重力作用下首先被分离出来。

（2）惯性分离。气流方向改变时，粗粒煤粉惯性力大，能从气流中分离出来。如气流在进入折向挡板及出口管时，方向都要改变。

（3）离心分离气流进入折向挡板时，产生旋转动力，粗粒煤粉的离心力大，会从气流中分离出来。

18-18　细粉分离器的作用是什么？工作原理如何？

答：在中间储仓式制粉系统中，细粉分离器的作用是把煤粉从气流中分离出来。

细粉分离器又称旋风分离器，其工作原理是：由粗粉分离器出来的气粉混合物，多切向进入细粉分离器外圆筒的上部，旋转着向下流动，煤粉在离心力作用下被抛向筒壁落下，气流转向进入内套筒时，借惯性力再次分离出煤粉。分离出的煤粉由下部送入煤粉仓，分离后的干燥剂（乏气）由出口管引出，送往排粉机。

18-19　给煤机的作用是什么？常用的给煤机有哪几种？

答：给煤机的作用是根据磨煤机或锅炉负荷需要调节给煤量，把原煤均匀地送入磨煤机。

发电厂使用的给煤的主要形式有圆盘式、皮带式、刮板式、振动式和电子重力式皮带给煤机等。

18-20　刮板式给煤机是如何工作的？有何特点？

答：刮板式给煤机，煤从进煤管落到上台板，由移动的刮板移到左边，而后落到下台板，再由刮板刮移到右边出煤管。改变链条速度或煤层厚度，可以调节给煤量。

目前较多采用埋刮板式给煤机，其主要特点是：①给煤量调节范围大，适应煤种广，不易堵煤；②密封性能好，可在正压下工作；③在厂房内布置方便，长度可根据需要改变；④煤块过大或有杂物时易被卡住，甚至引起断链。

18-21　振动式给煤机由哪些部件组成？

答：一般由进煤斗、电磁振动器、给煤槽、给煤管及消振器五部分组成。

18-22　振动式给煤机是怎样工作的？有何特点？

答：振动式给煤机的工作原理是：振动式给煤机由煤斗、倾斜给煤槽及电磁振动器组成。在振动器的作用下，给煤槽往复运动实现连续给煤。调节振动器电压或用晶闸管改变电路电流，均可改变振动器的振幅，达到调节给煤量的目的。

振动式给煤机无转动部件，维护、检修方便，电能消耗少，调节方便，但原煤水分高、煤末多时，给煤槽两边的煤易被振实结饼，使给煤量下降甚至断煤；原煤过于干燥，再加上磨煤机为负压时，易发生自流而使调节失控。

18-23　电子重力式皮带给煤机是怎样工作的？有何特点？

答：电子重力式皮带给煤机的工作原理是：其传送方式与一般皮带给煤机一样，不同的是它能称量和指示给煤量。给煤机的称重段辊子，可称量出煤在规定皮带长度区间的质量，该质量和皮带速度可通过传感器将信号传递给计数器，然后指示出给煤率。当给煤率与锅炉要求的给煤率不符时，可自动调节皮带速度而自动改变给煤量。

电子重力式皮带给煤机不仅能按照燃烧控制系统的要求自动调节给煤，还能指示出给煤量的多少，为用正平衡法计算锅炉热效率，以及用计算机在线计算热效率创造投机条件。给煤机的金属外壳受 0.34MPa 的压力，可在正压下工作。

18-24　螺旋输粉机（绞龙）的作用是什么？

答：螺旋输粉机用于中间储仓式制粉系统，其上部与细粉分离器落粉管相接，下部有接到煤粉仓的管子。带动输粉机螺杆旋转的电动机，可以正、反方向旋转。因此，它既可把甲炉制粉系统的煤粉输往乙炉煤粉仓，也可将乙炉制粉系统的煤粉输往甲炉煤粉仓，从而提高运行的可靠性。

18-25　排粉机的作用是什么？

答：排粉机是制粉系统中气粉混合物流动的动力来源，靠它克服流动过程中的阻力来完成煤粉的气力输送。在直吹式制粉系统、中间储仓式乏气送粉系统中，排粉机还起一次风机的作用，靠它产生的压头将煤粉气流吹送到炉膛。

18-26　密封风机的作用是什么？

答：在正压状态下运行的磨煤机，不严密处有可能往外冒粉，污染周围环境；同时，还可能通过转动部分的间隙漏粉，加剧动、静部位及轴承的磨损，并使润滑油脂劣化。为此，这些部位均应采取密封措施，即送入压力较磨煤机内干燥剂压力高的空气，阻止煤粉气流的逸出。密封空气的气源，小型磨煤机一般用压缩空气，大型磨煤机则安装专用密封风机。采用冷一次风机时，冷一次风机可兼作密封风机。

18-27　制粉系统中为什么要装锁气器？哪些部位需装锁气器？为什么间断启闭的锁气器需串联两只？

答：制粉系统中，锁气器的作用是只允许煤粉通过，而阻止气流的流通。锁气器安装在细煤分离器的落粉管上、粗粉分离器的回粉管上以及给煤机到磨煤机的落煤管上。

对于间断启闭的锁气器需串联两只，其目的是：当第一只打开时，第二只还关闭着，煤粉落到第二只锁气器上待要打开时，第一只已经关闭。这样，在锁气器的启闭过程中，管道始终是不通的，可有效地阻止空气通过。

18-28　常用的锁气器有哪几种？特点是什么？

答：常用的锁气器有平板活门式（翻板式）、锥形活门式（草帽式）和电动旋转式。前两种锁气器的活门通过支点由重锤平衡，煤粉落到活门上，当其对支点的力矩大于重锤对支点的力矩时，活门打开，煤粉落下，在重锤作用下活门又关闭。电动旋转式锁气器是利用旋转的叶轮使煤粉连续通过，这种锁气器在制系统中不必串联两只。

翻板式锁气器可安装在垂直或倾斜的管段上，其严密性较差；草帽式锁气器只能安装在垂直管道上，其动作灵敏，严密性也较好，但易被木片等杂物卡住。

18-29 防爆阀的作用是什么？哪些部位需装设防爆阀？

答：制粉系统中发生煤粉自燃后，会迅速引起爆炸，其爆炸压力约可达245kPa。装设防爆阀的目的是，制粉系统一旦发生爆炸，防爆阀首先破裂，气体由防爆阀排往大气，使系统泄压，防止损坏设备，保障人身安全。

防爆阀一般按承受147kPa的压力设计，防爆薄膜用0.5mm厚的镀锌铁皮，或用0.6～1.0mm厚的铅板制作，其上刻有厚度为板厚1/2的十字沟槽。防爆薄膜也可用3～5mm厚的石棉板制作。

防爆阀应装在磨煤机进出口管道上，粗粉分离器、细粉分离器及其进出口管道上，以及煤粉仓、螺旋输粉机、排粉机前等处。按照有关规程规定，防爆阀的总面积（单位为 mm^2）不得小于制粉系统总容积（单位为 m^3）的 4%。

18-30 制粉系统中吸潮管的作用是什么？

答：在中间储仓式制粉系统中，由螺旋输粉机、煤粉仓引至细粉分离器入口的管子称为吸潮管，其作用是借细粉分离器入口的负压，抽吸螺旋输粉机、煤粉仓中的水蒸气，防止煤粉受潮结块而发生堵塞。另外，还可使输粉机及煤粉仓中保持一定负压，防止由不严密处往外喷粉。

18-31 在细粉分离器下的粉管上装设筛网的目的是什么？为什么筛网也要串联两只？

答：叶轮式给粉机易被煤粉中的片、棉丝等杂物卡住，为预先清除煤粉中的杂物（煤粉可通过筛网，杂物不能通过），筛网需定期拉出来清理所收集的杂物。当拉出上层筛网时，下层筛网还处在工作状态，从而保证在清理杂物过程中，其他杂物不会被带到煤粉仓中去。

18-32 一次风管混合器处隔板的作用是什么？

答：一次风管混合处的隔板可能防止煤粉的沉积，使风粉均匀混合，以利煤粉的输送。同时，可阻止一次风通过给煤机的下粉管冲入煤粉仓中，保证给粉机正常工作。

18-33 制粉系统中再循环风门的作用是什么？

答：中间储仓式制粉系统中，由排粉机出口至磨煤机入口的管子称为再循环管，其上的挡板称为再循环风门。通过再循环管可引一部分乏气返回磨煤机，乏气温度较低，可用来调节制粉系统干燥剂的温度；由于乏气通入，使干燥剂的风量增大，可以提高磨煤机的出力。因此，再循环风门是控制干燥剂温度和协调磨粉风量与干燥风量的手段之一。再循环风门开度的大小，需根据煤的水分、挥发分的大小和控制干燥剂温度的高低来确定。

18-34 给粉机的作用是什么？

答：给粉机的作用是按照锅炉负荷所需燃煤量，把煤粉仓中的煤粉均匀地送入一次风管中。

叶轮式给粉机，在同一转轴上装有搅拌器、上叶轮及下叶轮。煤粉先由左边上板孔落入上叶轮仓中，上叶轮将煤粉拨到右边下板孔落入下叶轮仓中，下叶轮再将煤粉拨到左边的给粉管中。该给粉机配有直流电动机，通过改变其转速，实现给粉量的调节。

18-35 叶轮式给粉机有何特点？

答：叶轮式给粉机的特点是：煤粉通道曲折，可避免煤粉自流，使供粉均匀，同时可防止一次风吹入煤粉仓而破坏正常供粉，但对煤粉中的木屑、棉丝等杂物较敏感，叶轮容易被卡死而影响正常运行。

18-36 叶轮式给粉机主要由哪些部件组成？

答：叶轮式粉机主要由轴、上叶轮、下叶轮、刮板、减速器外壳、上孔板和下孔板等组成。

18-37 叶轮式给粉机的工作原理是什么？

答：电动机经减速器带动上、下叶轮及搅拌器转动，煤粉在给粉机上部不断受到搅拌器的推、拨和扰动，并通过固定盘上一侧的下粉孔落入上叶轮槽道内，然后由上叶轮拨送至右侧下孔板，落入下叶轮的槽道内，最后由下叶轮拨送至侧面落入一次风管。

18-38 叶轮式给粉机有何优缺点？

答：叶轮式给粉机的优点是供粉较均匀，不易发生煤粉自流，并可防止一次风冲入粉仓；缺点是结构较复杂，易被煤粉中的木屑等杂物堵塞，电耗也较大。

18-39 装配滚动轴承时对温度有何要求？

答：将轴承置于油中，缓慢加热，加热温度控制在 $80\sim100℃$，最高不允许超过 $120℃$。

18-40 中速平盘磨煤机的工作原理是什么?

答：原煤从磨煤机上面的落煤管进入旋转的磨盘，在相对运动的磨辊与磨盘之间受到挤压和研磨后被粉碎。与此同时，进入磨煤机的热风将煤干燥，并将粉碎的煤粉送到粗粉分离器中，分离出的粗粉返回磨煤机重新磨制，合格的煤粉由热风送至锅炉燃烧室。

18-41 钢球磨煤机主轴承的球面要有良好、可靠的润滑，一般用于球面的润滑剂有哪些?

答：主要有黄油、机油、黄牛油与二硫化钼的混合脂、猪油拌水银润滑剂。

18-42 钢球磨煤机试运转程序可分为哪几个阶段? 每个阶段的主要内容是什么?

答：可分为三个阶段：第一个阶段为空载试运转，其内容为电动机、减速箱、大罐空运转；第二个阶段为重载试运转，其内容为大罐内加钢球后试运转；第三个阶段为投热风试运转，其内容为加煤制粉试运转。

18-43 钢球磨煤机大小齿轮发生冲击的原因有哪些?

答：（1）个别齿轮节距误差过大。

（2）大齿轮对口处接合不良或接合间隙过大。

（3）个别齿轮严重磨损或折断。

（4）基础固定螺栓松动。

（5）齿轮内嵌入杂物。

（6）润滑不好。

（7）大齿轮椭圆度超标。

18-44 钢球磨煤机大小齿轮淬火的质量标准是什么?

答：小齿轮齿面淬火硬度为 HB350～HB450，大齿轮齿面淬火硬度为 HB280～HB300。

18-45 更换钢球筒式磨煤机钢甲后应如何紧固钢甲螺栓?

答：（1）装好钢甲后紧螺栓，内锤打外边紧。

（2）空转 1～2h 后检查紧固螺栓。

（3）装球后第一次运转超过 0.5h，停运检查并紧固螺栓，紧接着转 4h 后再检查，8h 后又一次热紧。运行一周后停下来再次检查并紧固螺栓。

18-46 钢球磨煤机的标准检修项目有哪些?

答：（1）检修大齿轮、小齿轮、对轮及防尘装置。

（2）检修钢瓦，选补钢球。

（3）检修润滑系统、冷却系统、进出口螺栓套椭圆管及其他磨损部件。

（4）检修轴承。

（5）检修球磨机减速箱装置。

18-47 钢球磨煤机的转速一般在什么范围内?

答： 16～25r/min。

18-48 钢球磨煤机重车试运转的具体要求是什么?

答： 钢球磨煤机空转合格后方可进行重车试运转。钢球应分三次以上加入转筒：第一次加入总钢球量的 20%～30%；以后每运转 10～15min，再加入钢球 30%左右。每次加入钢球后，要记录试运转过程中机械各部分振动值、温度和电动机的电流值。

重车试转的具体要求为：

（1）电动机、减速机、传动机、主轴承的振动值不应超过 0.1mm。

（2）主轴承油温一般不超过 60℃，出入口油量温差不得超过 20℃。

（3）电动机的电流值符合规定，并无异常波动。

（4）齿轮啮合平稳，无冲击声和杂音。

（5）每次停车时，应认真检查齿轮啮合的正确性及基础、轴承、端盖、衬板、大齿轮等处的固定螺栓是否松动，如有松动，应及时拧紧。

（6）试运转过程中，如发现异常情况，应立即停止装球试转并查明原因，消除缺陷后才可继续试运转。

（7）试运转时不允许向大罐内加煤。

（8）试运转结束后，将所有衬板固定螺栓逐个拧紧一次。

18-49 如何拆卸钢球磨煤机大罐中的衬板?

答： 大罐中的衬板具有四排，呈楔形，其拆装程序如下：

（1）转动大罐，使任意一排楔形衬板位于大罐轴心线同一水平面上。采用顶衬板工具将衬板顶牢，再卸掉楔形衬板的连接螺栓。

（2）将大罐转 90°，使卸下螺栓的楔形衬板位于下方，并采取措施将大罐固定住，拆掉顶衬板工具，用撬棒撬出楔形衬板，再轻轻地撬出其两侧共半圈的衬板。

（3）将大罐再转 180°，剩下的半圈衬板位于下方，可自高而低地卸掉这半圈衬板和最后一块楔形衬板。如此逐圈拆卸，可将整个大罐的衬板全部拆卸掉。

（4）拆卸大罐端部的扇形衬板，只要把连接螺栓拆掉，便可将扇形衬板取下。

（5）新衬板应按图纸尺寸进行复核，然后编号更换。

18-50 钢球磨煤机的衬板如何安装？

答：（1）端盖上扇形衬板的安装。在端盖上先铺放 8～10mm 厚的石棉板，再将扇形衬板一块一块地用螺栓紧固在端盖上。安装时，要注意螺栓头露出不应过长，过长的螺栓应截短。

（2）大罐内衬板的安装。大罐内衬板安装程序如下：

1）先装大罐正下方的一排楔形衬板，再将固定螺栓穿上而不拧紧，如图 18-1（a）所示。

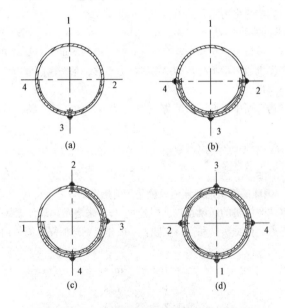

图 18-1 钢球磨煤机衬板的安装步骤示意

（a）安装大罐正下方的一排楔形衬板；（b）安装大罐下半圈的衬板；
（c）大罐转动 90°后装大罐 1/4 圈的衬板；（d）再将大罐
转动 90°后装大罐最后 1/4 圈的衬板

2）从楔形衬板两侧对称地向两边铺装衬板，衬板与大罐间要铺放 8～10mm 厚的石棉衬板。衬板的安装应半圈半圈地进行，装满半圈就在两边顶上各装一块楔形衬板，并将这两块和在正下方的一块楔形衬板的螺栓都拧紧，这样大罐下半圈衬板即完全铺满，如图 18-1 (b) 所示。

3）将大罐转过 90°，并采取措施稳住大罐，防止因重心偏向一侧而产生转动。然后用同样方法从下向上逐渐铺装 1/4 圈衬板，如图 18-1 (c) 所示。最后将最末一排衬板沿大罐长度（纵向）方向临时固定住（可用型钢从对面支撑住）。

4）再将大罐转动 90°铺装其余 1/4 圈衬板和最后一排楔形衬板（已处于侧面位置），如图 18-1 (d) 所示。按同样的方法逐渐进行，直至全部装好后，再一次紧固每一排楔形衬板的螺栓。最后拆除衬板的临时支撑或固定物。

18-51　影响钢球磨煤机出力的主要因素有哪些?

答：(1) 给煤出力不足。

(2) 钢球装载量不足或过多。

(3) 钢球质量差；小球未及时筛选；钢瓦磨损严重，未及时更换。

(4) 磨煤机通风量不足，如排粉机出力不够、系统风门故障、磨煤机入口积煤影响风量。

(5) 制粉干燥出力低，如磨煤机通风量小、入口漏冷风、煤的水分增高等。

(6) 煤粉过细，回粉量过大。

(7) 煤的可磨性差。

18-52　钢球磨煤机的最佳通风量是如何确定的?

答：钢球磨煤机的通风量以通风速度（c）来表示，最佳通风速度主要根据煤种考虑。根据实验和运行实践，一般建议钢球磨煤机筒体内的最佳风速为：

无烟煤	$c=1.2\sim1.7\text{m/s}$	(18-1)
烟煤	$c=1.5\sim2.0\text{m/s}$	(18-2)
褐煤	$c=2.0\sim3.5\text{m/s}$	(18-3)

18-53　如何测量钢球磨煤机大齿轮的径向和轴向晃动量? 若不符合要求, 应如何调整?

答：测量晃动量的方法如图 18-2 所示。

在大齿轮圈附近的适当位置，用支架固定三块百分表，百分表测头分别指向齿顶（装一块）和齿侧（在对称的位置上装两块）。转动大罐时，根据百分表上读数的变化，测量大齿轮圈的径向和轴向晃动量。将大齿轮圈一周分成若干等份（一般为 8 等份），然后转动大罐，每转 45°时，记下一次百分表的读数。大罐转动一周，观察百分表读数的变化情况和记下的 8 次百分表上的读数，就可知道大齿轮圈是否有径向和轴向晃动。如果百分表的读数变化不大，说明大齿轮圈的径向和轴向晃动量很小。大齿轮圈的轴向晃动量不得大于 2.5mm，径向晃动量不得大于 1mm。

调整晃动量的方法如下：

径向晃动量如超过允许值就应调整。调整的方法是将晃

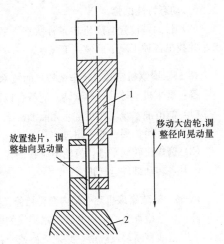

图 18-2 晃动量测量方法示意
1—大齿轮；2—大罐

动量大的部位转至上方，松去定位销，然后将齿圈与大罐间的连接螺丝全部略微旋松，并在上方用链条葫芦吊住大齿轮圈，根据大齿轮圈的径向晃动程度使大齿轮圈的作适量的移动。调整好后，重新拧紧各连接螺栓。

轴向晃动量超过允许值时也应调整。可通过在大齿轮圈与大罐端盖的接合面间放置垫片的方法来调整，如图 18-2 所示，或用专门的装置将大齿轮圈与大罐端盖的接合面削平。

调整好后，重新测量径向、轴向晃动直至合格，最后打入定位销。定位销孔位偏移（不同心）致使销钉插不进时，可将原孔适当铰大，重新配制合适的定位销。

18-54 中速磨煤机直吹系统有哪些调试项目？其目的是什么？

答：（1）调试项目有：

1）冷态试验（包括磨煤机出口管风粉均匀性调整，密封风压、风量、阻力测定，测速装置标定，挡板特性试验等）。

2）碾磨压力（包括弹簧压缩量、气液压力、碾磨面间隙、风环间隙或风量限制块数量调整试验等）。

3）煤粉分离器折向门或旋转分离器转速调节特性。

4）改变磨煤机通风（即一次风）量试验。

5）磨煤机出力试验和出力分配。

6) 动态特性试验。

（2）目的是校验磨煤机在各种状态下的参数是否满足设计性能曲线要求，并找出各种工况下的最佳工况点。

18-55 磨煤机空转（轻车试转）的技术要求有哪些?

答：磨煤机空转（轻车试转）应符合以下技术要求：

（1）润滑油系统工作正常，无漏油。

（2）主轴承油温一般不超过 60℃。

（3）磨煤机转动平稳，齿轮不应有杂音。

（4）各转动部件运转正常。

18-56 钢球磨煤机空心轴内套管检修工艺的要点有哪些?

答：（1）检查空心轴内套管及螺旋线的磨损情况，检查连接螺栓是否完整、牢固，如有断裂或脱落，必须更换或修补。

（2）更换空心轴内套管，拆下紧固螺栓并妥善保存；顶出空心轴内套管，吊下放稳于指定地点。

（3）如要对空心轴向套管进行修补，应按图纸要求进行修补加工，然后安装就位；如要更换空心轴内套管，则应对空心轴的配合尺寸、螺孔尺寸及位置进行核对，核对好后方可安装。

（4）吊起空心轴内套管，在各接合面上涂黑铅粉，然后安装就位。安装固定螺栓，并加止动垫。

（5）在安装空心轴内套管前，要注意加石棉布或石棉绳。

（6）回装紧固螺栓。要对称紧固 3～4 颗螺栓，使空心轴内套管平稳、均匀地推进，防止掉角错位。

18-57 钢球磨煤机大修前的准备工作有哪些?

答：（1）测量并记录机组运行中各轴承的振动值、温升及其他缺陷。

（2）整理缺陷明细，订好处理方案。

（3）准备起重工具，对所用的起重机具（顶大罐的液压千斤顶、油泵、油箱、拆装钢瓦的专用起重工具以及其他倒链、滑轮钢丝绳等）按照规程规定进行检查试验。

（4）布置施工及照明电源，接好行灯。

（5）安排堆放筛选钢球的场地，并做必要的围栏。

（6）整理检修场地，安排拆卸下的零部件放置地点。

（7）打开磨煤机进出口入孔门进行通风。

（8）停炉前将罐内煤粉抽净，办理检修工作票。

18-58　钢球磨煤机的大修项目有哪些？

答：（1）清洗检查大、小齿轮及齿面啮合情况，测量记录各部间隙，并进行齿面硬度测定，必要时表面淬火。

（2）测量调整大罐水平及大齿轮晃动，检查大罐水平及大齿轮晃动。检查大罐各部螺栓并紧固，隔音罩检修加固。

（3）检修清洗小齿轮的轴承、轴颈和轴套。

（4）检查空心轴、大瓦及润滑装置，疏通润滑油管道。检修润滑油、冷却水各阀门。

（5）修补进出口中间斜角为 45°、90° 的弯头短管及煤粉管道。检修入口弹簧密封、出口密封装置。检修各防爆阀，更换镀锌铁皮。

（6）检查更换磨损的钢瓦、楔铁及其螺栓，筛选、补充钢球。

（7）盘车装置检修，减速机解体。检查齿轮啮合情况，清洗检修轴承、轴封，清洗修理减速箱，更换箱内润滑油。

（8）紧大罐、端盖及大齿轮结合面螺栓，检查更换大齿轮、空心轴密封垫片。

（9）检修联轴器。检查紧固基础螺栓，校正中心。

（10）检修电动机两侧轴瓦、底座、润滑油管道和冷却水管道阀门。

（11）检验油质，检修油泵，检修清洗滤油器、冷油器、油箱及油水管道、阀门。

（12）检查并更换大齿轮密封罩、密封毛毡。

（13）试运转。

18-59　更换钢球磨煤机大齿轮工作面及大齿轮的检修要点有哪些？

答：（1）将需要更换的备件进行全面的校验并作详细的记录。

（2）将大齿轮上部密封罩拆除并吊放到存放地点。

（3）将大齿轮的半面接合面盘转至水平位置，将上半部齿轮绑扎好并用起重机吊好，注意拆卸时不要发生大的摆动。

（4）拆卸大罐与上半部大齿轮的紧固螺栓，将上半部大齿轮吊至指定地点，下面用枕木垫好。

（5）将罐体转动 180°，采用同样方法拆除另一半大齿轮。

（6）将大齿轮法兰结合面上的油垢、锈皮和其他杂物清理干净。

（7）将新大齿轮的一半就位，带上螺栓，转动大罐 180°，再使另一半就位，并带上螺栓。

（8）旋紧大齿轮紧固螺栓。

（9）利用两个千分表将大齿轮分成 8 等份，缓慢转动大罐，逐个测定齿轮的轴向和径向晃动值并做好记录。

（10）大齿轮找正测量合格后，找出原大罐上的销钉孔。如不合格，则应改变销钉位置或加大销钉直径，重新配销钉安装好。

（11）更换大齿轮工作面的方法和更换新齿轮工作面一样。

（12）逐个检查紧固螺栓，拧紧后加装螺母。

（13）恢复大齿轮保护罩。

18-60 钢球磨煤机大、小齿轮的淬火方法及注意事项有哪些？

答：（1）检查大、小齿轮并用硬度计测量齿轮工作面硬度。

（2）对测量硬度不合格的齿轮应进行表面淬火。

（3）用淬火专用工具进行表面淬火，氧气压力为 0.6～0.8MPa，冷却水压力为 0.05～0.1MPa，温度为 15～20℃。

（4）用淬火工具点火后，调为中性焰，核心长度为 6mm，待齿面加热至 800～850℃（呈橘红色）时，开启冷却水阀门，沿齿自右向左保持加热温度，迅速移动至淬完一齿。

（5）氧气、乙炔及水的压力保持稳定，严防齿面加热后火嘴回火爆炸。

（6）在正式淬火前，应先在旧齿或齿样上进行试管，待取得经验后才可进行淬火。

（7）对未组装前的大、小齿轮，可置齿于垂直，由下往上进行淬火。

18-61 钢球磨煤机传动系统中心调整步骤有哪些？

答：钢球磨煤机传动系统中心调整的步骤为：

（1）将小齿轮、变速箱、电动机地脚及其他脚金属垫清理干净，按照解体时的编号摆置垫片；将气动离合器结合面吹扫干净，然后将小齿轮、变速箱、电动机就位。

（2）保证大齿轮径向、轴向晃度已调整完毕。

（3）将大、小齿轮齿侧和齿间间隙调整合格，将小齿轮轴承座地脚紧固螺栓拧紧。

（4）调整小齿轮与气动离合器间中心，将中心数据调整至符合质量标准（通过调整变速箱的位置来达到调整目的），然后将变速箱地脚紧固螺栓拧紧。

（5）调整电动机与变速箱间对轮中心，将中心数据调整至符合质量标准（通过调整电动机位置来达到调整目的），然后将电动机地脚紧固螺栓拧紧，再将对轮连接螺栓拧紧。

（6）恢复气动离合器、电动机与变速箱间对轮的保护罩，中心调整即进行完毕。

18-62 钢球磨煤机变速箱与电动机找正的质量标准是什么？

答：电动机与变速箱间对轮的径向跳动为 0.128mm，轴向跳动为 0.078mm。

18-63 钢球磨煤机 A 级检修的标准项目有哪些？

答：钢球磨煤机 A 级检修的标准项目有：

（1）检修大、小齿轮，对轮及其传动和防尘装置。

（2）检查筒体及焊缝，检修钢瓦、衬板、螺栓等，选补钢球。

（3）检修润滑系统、冷却系统、进出口料斗螺旋管及其他磨损部件。

（4）检查轴承、油泵站、各部螺栓等。

（5）检修变速箱装置。

（6）检查空心轴及端盖等。

18-64 钢球磨煤机 A 级检修的特殊项目有哪些？

答：钢球磨煤机 A 级检修的特殊项目有：

（1）检查修理基础。

（2）修理滑动轴承球面、乌金或更换损坏的滚动轴承。

（3）更换球磨机大齿轮或大齿轮翻身，更换整组衬瓦、大型轴承或减速箱齿轮。

18-65 中速磨煤机 A 级检修的标准项目有哪些？

答：（1）检查本体，更换磨损的磨环、磨盘、磨碗、衬板、导流板、磨辊、磨辊套、喷嘴环等，检修传动装置。

（2）检修煤矸石排放阀、风环及主轴密封装置。

（3）调整加载装置，校正中心。

（4）检查、清理密封电动机，检查进出口挡板、一次风室，校正风室衬板，更换刮板。

18-66 中速磨煤机 A 级检修的特殊项目有哪些？

答：（1）检查修理基础。

（2）修理滑动轴承球面、乌金或更换损坏的滚动轴承。

（3）更换中速磨煤机传动蜗轮、伞形齿轮或主轴。

18-67 E型磨煤机开始运行初期一般应隔多长时间测量一次磨环与钢球的磨损量？

答：为了检查碾磨件的磨损速度，必须做好碾磨元件的原始记录（尺寸、硬度），从磨煤机开始投入运行时，定期测量磨环与钢球的磨损量，尤其在运行初期，测量间隙间隔应尽可能缩短，一般每隔300h左右测量一次。

18-68 MPS型磨煤机上、下压环和弹簧检修的质量标准是什么？

答：MPS型磨煤机上、下压环和弹簧检修的质量标准是：测量上、下压环的切向间隙，上压环应为（3±0.5）mm，下压环为（5±1）mm。检查弹簧变形、磨损情况，弹簧磨损应不大于3mm，且应定期调换磨损面。弹簧安装后应承力均匀，即上、下压环间隙均匀，误差小于或等于3mm。

18-69 E型磨煤机上、下磨环与压盖的检修质量标准是什么？

答：E型磨煤机上、下磨环与压盖的检修质量标准是：

（1）新加钢球后，上、下磨环的间隙不小于50mm，下磨环的圆弧深度为钢球直径的1/3，大于1/3的下磨环应当割去；钢球的总间隙不小于80mm。

（2）上磨环圆柱销孔与圆柱销应紧配合。

（3）上磨环与压盖的结合面装复后不得有间隙，上磨环与压环的连接螺栓应打紧，并将螺栓与螺母用电焊点焊，防止在运动中松动。

（4）上、下磨环圆弧面上凹凸不平或产生波形纹路时应更新。

（5）上、下磨环使用到钢球增加到16只时应更换。

（6）上、下磨环的吊装螺栓孔应用石棉等保温材料塞紧，以便下次拆装时不损坏螺栓牙齿。

18-70 风扇磨煤机叶轮检修的质量标准是什么？

答：风扇磨煤机叶轮检修的质量标准是：

（1）检查叶轮所有铆钉，防磨板螺栓磨损情况，正常时无严重磨损，所有撑筋板与旁板的焊缝应无脱焊、裂纹。

（2）叶轮冲击片磨损2/3时应更换。

（3）若冲击片磨损不均匀，运行中振动超过0.10mm，则应拆下重新校平衡。

（4）旁板表面磨损不超过10mm，切缘磨损不超过15mm，超过的应镶环，且必须焊牢。

（5）防磨板磨损1/2时应更换。

18-71 风扇磨煤机 A 级检修的标准项目有哪些?

答: 风扇磨煤机 A 级检修的标准项目有:

(1) 补焊或更轮锤、锤杆、衬板、叶轮等磨损部件。

(2) 检修轴承及冷却装置、主轴密封、冷却装置。

(3) 检修膨胀节。

(4) 校正中心。

18-72 中速磨煤机出力降低、煤矸石增多的原因是什么?

答: 中速磨煤机出力降低、煤矸石增多的原因是:

(1) 通风量不足。

(2) 加载系统压力太低。

(3) 磨煤机出口后的煤粉管道不畅通。

(4) 煤质不正常、风环磨损、排矸机不正常。

18-73 钢球磨煤机主轴瓦的检修质量标准是什么?

答: 钢球磨煤机主轴瓦的检修质量标准是:

(1) 主轴的推力间隙: 新瓦应为 0.8~1.2mm 旧瓦应小于 3mm。

(2) 主轴承力瓦的膨胀间隙为 15~20mm。

(3) 空心轴的轴颈面不得有麻面、伤痕及锈斑等, 表面光滑, 轴面不平度及圆锥度不超过 0.08mm, 椭圆度不超过 0.05mm。

(4) 空心轴与大瓦接触角一般为 60°~90°, 且轴与瓦接触均匀, 用色印法检查, 不少于 3 点/cm², 轴瓦两侧瓦口间隙总和应为轴径的 1.5/1000~2/1000, 并开有舌形下油间隙。

(5) 轴瓦乌金面应完好无缺, 不应有裂纹和损伤脱胎, 表面呈银乳色。如在接触角度内有 25% 的面积存在脱胎或其他严重缺陷, 则必须焊补修理或重新浇铸新瓦。

18-74 钢球磨煤机筒内装的钢球规格为多少?

答: 筒内装有直径为 50、38、25mm 的三种高碳锻钢钢球。

18-75 钢球磨煤机顶大罐起顶高度一般为多少?

答: 钢球磨煤机顶大罐起顶高度一般为 2.0~3.5mm。

18-76 更换排粉机叶轮的方法和注意事项有哪些 (以轮毂与叶轮为铆钉或销钉连接的为例)?

答: (1) 拆卸叶轮。①更换叶轮时需取下轮毂;②叶轮放平, 进风口向上；③拆除固定叶轮与轮毂的铆钉；④取出轮毂，打磨轮毂边缘毛边。

（2）检查叶轮。①检查叶轮前轮盘、后轮盘及外圆；②检查叶轮进出口角度；③检查叶轮焊缝；④检查所换叶片旋向正确与否。

（3）装轮毂。①测量后轮盘直径与轮毂外径，应配合严密；②后轮盘与轮毂找平后，进行铆接或装销钉；③冷却后检查铆接状况，如有松动则需重新返工。

18-77　简述排粉机抽吊转子拆卸叶轮及轴承的工艺要点。

答：（1）做好记号，吊下、上半部风壳和轴箱上盖。

（2）挂好倒链，将转子从轴承座中吊出。

（3）吊转子时，不应使转子晃动、碰撞，应保护好轴承；转子吊出后，应平稳地放在地面上的专用检修架上，并捆绑好。

（4）轴放水平，并松下叶轮锁母。

（5）装好专用工具，拔下叶轮，如过盈过大、拔卸困难，则应用火焊烤把从外向内烤轮毂两侧，直到温度达到150～200℃时迅速拔出。

（6）拔时叶轮与轴应垂直，否则应调整后再拔。

（7）叶轮拔出时应注意用力，不要过猛，防止轴掉落，同时注意叶轮不要转动或倒下。

（8）用木板将轴垫起，并水平放置。

（9）装好对轮扒子，用烤把烤对轮，将温度升到150～200℃时迅速拔出。

（10）对轮冷却后，测量孔径和轴配合情况。

（11）松下轴承母，取出垫圈，并妥善保管。

（12）装好轴承扒子，扒子着力点应在轴承内环上。

（13）用加热至100～120℃的机油浇轴承，待轴承温度上升至100℃左右时立即拔出。

（14）检查拆下的轴承，如有缺陷而无法继续使用，则应更换新轴承。

18-78　双扰性联轴器的优点是什么？

答：双扰性联轴器具有结构坚固、传动效率高、无磨损等优点。

第十九章　其他辅机检修

19-1　刮板捞渣机的主要部件有哪些？

答：水浸式刮板捞渣机的主要部件有渣槽、刮板链、刮板、液压驱动装置、主驱动链轮、回程导轮、尾轮、链条张紧装置、轴和轴承以及移动装置。

19-2　捞渣机的转速如何调整？

答：调整油泵出口隔离阀后的速度控制阀，顺时针旋转速度控制阀手轮，降低捞渣机转速，逆时针旋转速度控制阀手轮，提高捞渣机转速（速度范围）。

19-3　捞渣机液压油泵在液压马达运转时不能建立压力的原因何在？如何处理？

答：由于配流盘和缸体、柱塞滑靴和斜盘的相对运动造成它们的磨损，使它们之间的碟形弹簧加载在它们之上的弹性力下降，甚至产生间隙，液压油泵在较长时间停运后，造成密封工作腔内部液压油的泄漏，从而空气进入。液压马达运转时所产生的负压不足以将油从油箱内吸入，从而出现液压马达运转时泵不能建立油压的情况。

遇到这种情况，将泵壳上的螺塞拧开，一边用手盘动液压马达，一边从螺塞孔注入洁净的液压油，直到所有的空气排出为止。一旦复原，立即启动液压马达。

19-4　捞渣机机体检查的内容有哪些？

答：捞渣机机体检修的内容主要有立柱、横梁及其侧板、底板应无弯曲和扭曲变形，机体表面焊口处无裂纹、砂眼、凹陷、锈蚀等缺陷。

19-5　捞渣机主传动轮的检修包括哪些？应达到什么质量标准？

答：（1）齿轮的检查。传动大、小齿轮应完整，牙齿光滑，无毛刺。

（2）轴承体的检修。轴承座中的轴承盖与轴承底座的沟槽应清理干净，槽边不应有机械损伤、毛刺和沟痕。轴承盖与轴承座不应出现裂纹，凹槽与凸台配合良好，轴承室内的油路应畅通，透盖内的毡圈不应有断开、破损。

（3）轴的检修。轴的弯曲度不大于 0.10mm。轴各部位应无裂纹、沟痕，轴肩、轴颈、键槽应光洁，无毛刺。

（4）链轮的检修。轮毂与轴的配合紧力为 0.03～0.04mm，链轮与轮毂的配合间隙为 0.5mm。链轮与轮毂的装配接合面和大齿圈上螺孔要清理干净并打光。

19-6 捞渣机刮板链条检修应达到什么标准？

答： 刮板两端的接头座与刮板连接处不应有裂纹。接头座两耳边应平行，厚度均匀，无弯曲。接头座的厚度应不小于 4/5 原厚度。螺栓锁紧后外露 2～3 扣，并用开口销钉封闭或封焊。相邻的两块刮板应保持平行，每块刮板与两边的链条要保证垂直，刮板的倾斜度与水平的夹角不大于 15°，刮槽开口方向与运动方向应一致。

更换链条时，必须两边同时进行，对应链条长度应相等。链环及链接头磨损不应超过圆环直径的 1/3。链环的焊接部位应无裂纹。链接头内的圆柱销应完整，不应出现圆柱销缺失的现象。锯齿应完整，不应有损伤、锈死的现象。

19-7 碎渣机的作用是什么？

答： 将冷灰斗内排出的渣块粉碎，再送入高压管道内由高压水冲走。

19-8 碎渣机的主要工作部件有哪些？

答： 碎渣机主要由液压驱动装置、壳体、防磨衬、齿辊、传动齿轮、密封结构、轴、轴承以及移动装置组成。

19-9 空气预热器的作用是什么？

答： 空气预热器是利用烟气余热加热空气的设备。采用空气预热器可使锅炉排烟温度降低，锅炉热效率升高；同时，由于采用高温空气燃烧，改善了燃烧条件，使燃料的不完全燃烧热损失下降，从而可进一步提高锅炉热效率；此外，采用热空气燃烧后，炉内温度升高，辐射传热加强，可节省蒸发受热面，这相当于以廉价的空气预热器受热面取代了部分价格较高的蒸发受热面，这在锅炉制造的经济性上是很合算的。

19-10 空气预热器分为哪两大类？

答： 空气预热器按传热方式不同，基本上可分为传热式和蓄热式两大类。传热式空气预热器中，烟气的热量通过受热面连续不断地传递给空气，使烟气温度降低、空气温度升高。传热式空气预热器的烟气与空气各有各的通道，如管式空气预热器、板式空气预热器等均属这一类。电站锅炉多采用管式空气预热器。在蓄热式空气预热器中，烟气与空气交替地流过受热面，当烟气流过受热面时，把热量传递给受热面蓄积的热量释放给空气，空气温度升高。通过这样连续不断地循环，进行烟气与空气间的热量交换。当前大容量电站锅炉所广泛使用的回转式空气预热器就属于这一类。

19-11　回转式空气预热器有哪两种类型？各有什么特点？

答：回转式空气预热器分为受热面回转式和风罩回转式两大类。受热面回转式空气预热器中。由薄钢板做成的波形板受热面装在可以转动的圆筒形转子中，套在转子外侧的圆筒形外壳的顶部和底部，上下对应地被分隔成烟气流通区、空气流通区和密封区三部分。烟气流通区、空气流通区分别与烟道、风道相连。回转的受热面交替地通过烟气区和空气区。受热面每旋转一周，完成一个热量交换过程。这种回转式空气预热器的转子质量相当大，如配 300MW 机组的转子，其质量可达 200～300t，转动部分较重，支承轴承的负载量也很高。风罩回转式空气预热器的受热面结构与受热面回转式空气预热器相同，只是固定不转，称为静子，静子的上、下两端装有可以同步旋转的上、下风罩。风罩是裤衩形的"8"字风道，空气从下往上通过风罩流经受热面而被加热，烟气在风罩没遮盖区域自上而下流经受热面，把热量传递给受热面。风罩每旋转一周，烟气与空气进行两次热交换。这种预热器的转动部分较轻，轴承负载轻；静子部分膨胀均匀，转动部分温度一致，使密封间隙易于调整及保证，是减少漏风量的因素；但上、下风罩与固定风道之间多了两道密封，又是漏风量可能增大的因素。

19-12　回转式空气预热器需设哪些密封装置？

答：回转式空气预热器是转动机构，动、静部分之间需留有一定间隙，而空气与烟气间又有压力差，空气会通过这些间隙漏入烟气中。为此，需设置径向、轴向、环向（周向）密封装置，以尽可能减少漏风量。径向密封装置安装在转子每块隔板的上端与下端，可防止空气通过转子端面与顶部外壳、底部外壳之间的间隙漏入烟气中。轴向密封装置安装在转子圆筒外面（或外壳圆筒的里面），可防止空气通过转子与外壳之间的间隙漏入烟气中。环向密封装置在转子上、下端面圆周及中心轴上、下两端，可防止空气通过转子端面圆周漏入转子与外壳之间的间隙。风罩回转式空气预热器，在上、下旋转风罩出入口与固定风道间，以及旋转风罩与静子端面间，都装有密封装置。

19-13 回转式空气预热器与管式空气预热器相比有哪些优缺点？

答：（1）回转式空气预热器结构紧凑、占地面积小，除节约金属耗量外，还简化了锅炉尾部受热面的布置，因此被广泛应用于大容量锅炉上。

（2）回转式空气预热器中，烟气与空气不是同时与受热面接触，烟气与受热面接触时温度较高，低温腐蚀的危险性较小。

（3）回转式空气预热器的受热面允许有较大的磨损量，即便个别受热元件被磨穿孔，也不会像管式空气预热器那样导致漏风而影响正常运行。

（4）回转式空气预热器结构较为复杂，制造工艺要求高。

（5）回转式空气预热器漏风量较大，密封性能良好的漏风率为 5%～8%，制造工艺不良或维护不好时漏风率可达 20% 或更高。漏风严重时，会影响锅炉出力。

19-14 什么叫压缩机？

答：压缩机是一种压缩气体、提高气体压力或输送气体的机器，又称压气机和压风机。各种压缩机都属于动力机械，能使气体体积缩小、压力增高，具有一定的动能，可用作机械动力或其他用途。根据所压缩的气体不同，压缩机又分为空气压缩机、氧气压缩机、氨气压缩机、天然气压缩机等。

19-15 压缩机有什么用途？

答：随着国民经济的飞速发展，压缩机在工业上的应用极为广泛。压缩机因其用途广泛而被称为通用机械。压缩机压缩气体的使用途径可分为：①压缩空气作为动力；②压缩气体用于制冷和气体分离；③压缩气体用于合成及聚合；④压缩气体用于油的加氢精制；⑤压缩气体用于气体输送。

19-16 压缩机按原理是怎样分类的？

答：压缩机按原理可分为往复式（活塞式）压缩机，回转式（旋转式）压缩机（涡轮式、水环式、透平）压缩机，轴流式压缩机，喷射式压缩机及螺杆压缩机等，其中应用最为广泛的是往复式（活塞式）压缩机。

19-17 空气压缩机储气罐压力容器的安全检查项目有哪些？

答：空气压缩机储气罐压力容器的安全检查项目主要有：

（1）做好相应的安全措施。

（2）拆卸其检修人孔门。

（3）检查储气罐内壁的锈蚀、结垢情况。

（4）对焊缝进行探伤检查，并做好记录。

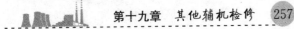

（5）解体检修储气罐顶部安全阀，并对安全阀进行校验。

（6）回装安全阀。

（7）将储气罐内部的检修工具及材料全部清出，确认储气罐内部无人后关上检修人孔门。

19-18 空气压缩机中为什么对排气温度限制很严格？

答：对于有润滑油的压缩机来说，若排气温度过高，会使润滑油黏度降低，润滑油性能恶化；同时使润滑油中的轻质馏分迅速挥发，并且造成"积炭"现象。实践证明，当排气温度超过200℃时，"积炭"现象就相当严重，能使排气阀座和弹簧座的通道以及排气管发生阻塞，使通道阻力增大；"积炭"能使活塞环卡死在活塞环槽里，失去密封作用；静电作用也会使"积炭"发生爆炸事故，故动力用的压缩机水冷却的排气温度不超过160℃，风冷却的排气温度不超过180℃。

19-19 空气压缩机机体产生裂纹的原因有哪些？

答：（1）冷却水在机体缸头中，在冬季停车后没有及时放水而冻结。

（2）由于铸件铸造时产生的内应力，在使用中振动后逐渐扩大明显。

（3）由于发生机械事故而引起的，如活塞破裂、连杆螺钉折断，造成连杆折断、脱落，或曲轴上的平衡铁飞出打坏机体或气阀中零件脱落顶坏缸头等。

19-20 怎样提高空气压缩机气阀的寿命？

答：空气压缩机气阀是个重要的部件，也是个易损坏的部件。通常从下列几个方面来提高气阀的寿命：

（1）适当地选择机器的转速。

（2）合理地选用阀片材料，采用先进的加工工艺和热处理方法。

（3）根据空气压缩机的结构采用合适的气阀结构，选用适当的弹簧力。

（4）注意及时解决使用中出现的影响气阀工作的因素，如注意空气的清洁，防止润滑油大量进入气阀，防止压缩机中的大量水分停留在气阀中，采取适当措施减小管道中气流的波动。

19-21 压缩机中润滑油消耗过多的原因是什么？

答：压缩机润滑油消耗过多的原因主要是：

（1）润滑油太稀（机油温度高，牌号不符合要求）。

（2）润滑油油压过高。

（3）活塞、气缸之间的间隙过大。

（4）气缸失圆或磨损过大。

（5）气缸窜油：①活塞环磨蚀太大，失去弹力；②活塞环咬住在环槽中；③活塞环环槽间隙过大；④装错活塞环。

（6）曲轴轴承或连杆轴承间隙过大。

（7）曲轴箱温度过高或通风不良。

（8）用飞溅式润滑法润滑的打油杆过长或曲轴箱油位太高。

19-22　空气压缩机中为什么冬季和夏季不能用相同牌号的润滑油？

答：因为一般润滑油都有一个特点，就是在温度高的情况下黏度减小，而在温度低的情况下黏度增大。所以，空气压缩机要根据不同季节（主要是夏季与冬季），也就是根据不同的温度来选择适当的润滑油。我国润滑油的号数越大，黏度也越大。因此，在有条件的情况下，冬季与夏季所用的润滑油应有所区别。在一般空气压缩机中，气缸—填料部分在夏季用 19 号压缩机油，冬季用 18 号压缩机油；曲轴—连杆部分在夏季可用 50 号机械油，冬季可用 30、40 号机械油，这样可使压缩机得到更良好的润滑。一般单作用小型空气压缩机冬季用 13 号压缩机油，夏季用 19 号压缩机油。

19-23　空气压缩机润滑油为什么要定期更换？

答：润滑油使用一定时间以后，由于下列因素影响油的质量，故需定期更换：

（1）摩擦表面由于磨损而擦下的金属屑。

（2）由空气带入的尘埃及其他硬质颗粒。

（3）铸件上没有仔细清除的型砂。

（4）机件上的漆层脱落。

（5）润滑油在冷却过程中产生水分而使油变质。

（6）润滑油在循环润滑中的温度和其他影响使油润滑性能逐渐降低。

上述杂物在润滑油中容易形成研磨膏类似物，污染润滑油，剧烈地加速机器摩擦表面的磨蚀。因此，机器的润滑油在使用过程中若逐渐变质到下列指标，就应更换新油：如缺乏检验设备而无法检查，则每隔 2000～3000h 换一次新油，并仔细清洗给油设备和各润滑点。

19-24　空气压缩机排气量达不到设计要求的原因是什么？

答：通常情况下排气量不足的原因有下列几点：

（1）柴油机或电动机的动力不足。

（2）原动机的转速减低。

(3) 气阀弹簧折断，阀片破裂或翘曲。

(4) 中间冷却器和通气管道漏气。

(5) 填料漏气。

(6) 滤清器淤塞。

(7) 活塞环磨损过度。

(8) 第一级气缸余隙容积过大。

(9) 气缸头垫片、气阀垫片或缸头内压环损坏。

(10) 阀片与阀座间有杂物进入或阀片变形与阀座贴合不严。

(11) 卸荷阀弹簧损坏，或因顶杆螺母松动而致使卸荷阀阀销顶开进气阀片。

排除方法是：

(1) 检查和调整柴油机或电动机的工作情况。

(2) 调整调速器及离合器。

(3) 更换新阀片或弹簧。

(4) 检查并紧固所有连杆螺钉。

(5) 检查填料密封情况，采取相应措施。

(6) 清洗滤清器。

(7) 更换新活塞环。

(8) 调整气缸余隙容积。

(9) 更换损坏的垫片或压环，并重新使之严密。

(10) 清除夹杂物及更换阀片和阀座。

(11) 更换卸荷阀弹簧，修整卸荷阀。

19-25 怎样提高空气压缩机的排气量?

答： 提高空气压缩机的排气量（输气量）也就是提高输出系数，通常采用如下方法：

(1) 正确选择余隙容积的大小。

(2) 保持活塞环的严密性。

(3) 保持气阀和填料箱的严密性。

(4) 保持吸气阀和排气阀的灵敏度。

(5) 减小气体吸入时的阻力。

(6) 吸入较干燥和较冷的气体。

(7) 保持输出管路、气阀、储气罐和冷却器的严密性。

(8) 适当提高压缩机的转速。

（9）采用先进的冷却系统。

（10）必要时清理气缸和其他机件。

19-26　空气压缩机的振动会造成哪些危害？

答：空气压缩机的振动会造成下列危害：①振动会增加功率的消耗；②振动会使仪表失灵，甚至损坏；③振动会使摩擦接触面磨损加速；④振动大会引起拉缸、烧瓦；⑤振动大会使管道开裂、法兰连接松动；⑥振动大会增加机器的噪声，使操作人员工作条件恶化；⑦振动大会缩短机器的使用寿命等。

19-27　怎样消除空气压缩机的振动？

答：（1）运动件要校静平衡与动平衡，否则会造成先天性的振动因素。

（2）空气压缩机与电动机或柴油机的同心度要校正确。

（3）空气压缩机的基础要严格按照设计图纸施工。基础与建筑物的任何结构之间不得有刚性连接。

（4）由于气流脉动引起的振动必须使附属设备和管道有牢固的支架和卡子，悬臂架要用加强托架，并用垫铁塞紧。

（5）机器的地脚螺钉扭紧力要一致。

（6）机架（机座）要有足够的刚度。

19-28　怎样判断空气压缩机进气阀有故障？

答：正在运转的空气压缩机，可以根据进气阀的温度不断升高（40℃以上）和气阀的工作声音来鉴别进气阀的故障。有示功仪的，可通过示功仪来发现。在多级压缩机中，中、高气缸的进气阀的不严密性，除了其温度升高外，还可以由中间冷却器的压力增高、压缩机的总生产量降低和气缸中压缩气体的初温与终温反常等现象来发现。

19-29　空气压缩机排气温度高（超过100℃）的原因有哪些？

答：（1）机组润滑油液位太低（从油窥镜中能看到，但不要超过一半）。

（2）油冷却器脏，需采用专用清洗剂进行除油垢处理。

（3）油过滤器芯堵塞，需更换。

（4）温控阀故障（元件损坏），清洗或更换。

（5）风扇电动机故障。

（6）冷却风扇损坏。

（7）排风管道不畅通或排风阻力（背压）大。

（8）环境温度超过了所规定的范围（38℃或46℃）。

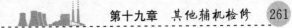

（9）温度传感器故障。

（10）压力表故障（继电器控制机组）。

19-30　空气压缩机排气压力低的原因有哪些？

答：实际用气量大于机组输出气量；放气阀故障（加载时无法关闭）；进气阀故障，无法完全打开；最小压力阀卡死，需清洗、重新调整或者更换新件；用户管网有泄漏；压力开关设置太低（继电器控制机组）；压力传感器故障；压力表故障（继电器控制机组）；压力开关故障（继电器控制机组）；压力传感器或压力表输入软管漏气。

第五部分

除尘、脱硫及除灰设备

第二十章 电除尘器及布袋除尘器设备

20-1 电除尘器由哪几部分组成？各有什么作用？

答： 电除尘器主要由两大部分组成：一部分是电除尘器的本体系统，另一部分是提供高压直流电的高压供电装置和低压自动控制系统。

电除尘器本体是烟气流通、粉尘收集和储存的场所，结构包括收尘极系统、电晕极系统、槽形板系统、收尘极振打装置、电晕极振打装置、保温箱、气流均布装置、壳体进出气烟箱、储灰系统等。这些构件必须保证有足够的强度和刚度，还必须考虑在烟气作用下温度、湿度和腐蚀气体的影响。另外，这些构件在电除尘器工作过程中还必须具有特定的工艺性能，如收尘极板就具有良好的防止粉尘二次飞扬的能力和良好的振动性能。

电除尘器高压供电装置的主要功能是根据烟气和粉尘性质，随时调整供给电除尘器的最高电压，使之能够在稍低于火花放电电压的工况下运行。电除尘器还配备有具有许多功能的低压自动控制装置，如温度检测和恒温加热控制，振打周期控制，灰位批示，高、低位报警及检修门、孔和柜的安全连锁控制等。

20-2 简述收尘极系统的组成及功能。

答： 收尘极系统由阳极板排、极板的悬吊和极板振打装置三部分组成。它的主要功能是协助尘粒荷电，捕集荷电粉尘，并在振打力作用下使收尘极板表面附着的粉尘呈片状脱离板面，落入灰斗，达到防止二次扬尘和净化烟气的目的。

20-3 电除尘器的基本原理是什么？

答： 电除尘器是利用直流高压电源产生的强电场使气体电离，产生电晕放电，进而使悬浮尘粒荷电，并在电场力的作用下，将悬浮尘粒从气体中分离出来并加以收集的除尘装置。用电除尘的方法分离、收集气体中的悬浮尘粒主要包括以下五个复杂而又相互关联的物理过程：

（1）施加高电压产生强电场使气体电离，产生电晕放电。

（2）悬浮尘粒的荷电。

（3）荷电尘粒在电场力的作用下向电极运动。

（4）荷电尘粒在电场中被补集。

（5）振打清灰。

20-4 对收尘极板的基本要求是什么？

答：（1）有良好的电性能。极板的电流密度和极板附近的电场强度分布比较均匀。

（2）有良好的电晕放电性能。极板无锐边、毛刺，不易产生局部放电，火花放电电压高。

（3）有良好的振打传递性能。极板表面振打加速度分布较均匀，清灰效果好。

（4）有良好的防止粉尘二次飞扬的性能。

（5）机械强度大、刚度高、热稳定性好、不易变形。

（6）钢材消耗量较少，质量小。

20-5 电除尘器收尘的基本条件是什么？

答：（1）由电晕极和收尘极组成的电场是极不均匀的电场，以实现气体的局部电离。

（2）具有在两极之间施加足够高的电压和能提供足够大电流的直流高压电源，为电晕放电、尘粒荷电和捕集提供充足的动力。

（3）电除尘器具备密闭的外壳，保证含尘气流从电场内部流过。

（4）气体中应含有电负性气体，以便在电场中产生足够多的负离子，来满足尘粒荷电的需要。

（5）气体流速不能太高，电场长度不能太短，以保证荷电尘粒向电极驱进所需的时间。

（6）具备保证电极清洁和防止二次扬尘的清灰和卸灰装置。

20-6 目前应用较多的480C型阳极板排的结构形式是什么？

答：C型极板从其断面形状组成来看，是由两部分组成的，中间的凹凸条槽较小，平直的部分较大，两边做成弯钩形，通常称为防风沟。防风沟能防止气流直接吹到极板表面，这样可减少粉尘的二次飞扬，提高除尘效率。目前应用较多的480C型极板的电性能较好，有足够的刚度，板面的振打加速度分布均匀，粉尘的二次扬尘少，材料采用一般碳素钢、厚度为1.2～1.5mm的卷板轧制，质量较小，耗用钢材较少。

20-7　什么是干式电除尘器？

答：在干燥状态下捕集烟气中的粉尘，沉积在收尘极上的粉尘借助机械振打而完成清灰的电除尘器称为干式电除尘器。干式电除尘器在机械振打时容易产生二次扬尘，对于高比电阻粉尘，还容易产生反电晕。大、中型电除尘器多采用干式，干式电除尘器收集的粉尘便于处置和利用。

20-8　阳极板排的组装及技术要求是什么？

答：（1）安装组装平台，组装平台高度要得当，高度约 1m，周围要有操作空间。

（2）将极板按要求的方向摆放在平台上，在搬动每块极板时，应使宽 480mm 的平面垂直于地面。阳极板排一般由 7 块或 8 块 C 型极板组成，极板高度视电除尘器规格大小而定。

（3）组装上部悬挂梁，包括弧形支座、凹凸套等。

（4）组装下部撞击杆，包括夹板、凹凸套、振打砧等。两块夹板成组发到现场，到现场拆开后如果发现有变形应及时校正，然后与极板组装在一起，把振打砧与夹板连接。

（5）测量极板排对角尺寸误差小于 10mm。对角尺寸是指板排的最外两块极板相对应的孔的直线尺寸。

（6）调整极板之间的间隙为（20±3）mm。

（7）安装振打砧。振打砧端面必须与夹板轴线垂直，所有焊缝必须牢固、可靠。

（8）板排组装完成后，挂在临时悬挂架上，检查精度，要求平面水平不大于±5mm，所有螺栓必须拧紧，焊缝必须光滑、平整、牢固、可靠。

20-9　怎样进行电除尘器振打轴弯曲变形的测量？

答：电除尘器振打轴通常由多根轴组成，单根轴弯曲度允许偏差小于长度的 0.4%。如果轴的长度超过 5m，则弯曲度允许偏差超过 3mm。测量方法：将一只千分表或几只千分表装在一侧等高面上，表距力求相等，并避开振打锤；表杆垂直于轴面，表面要经过检查，确认准确完好。将表对零，先将轴旋转一周，表应回零。轴再旋转一周，千分表有一个最大读数和一个最小读数，最大读数和最小读数即是轴的跳动值。两读数差值的一半即为轴的弯曲度。这样多测几个点，就能得出轴的弯曲程度。

20-10　对振打装置的基本要求是什么？

答：极板清洁与否直接影响电除尘器的除尘效率。因此，为了清除极板板面的粉尘，极板需要进行恰当的周期性振打，通过振打使黏附于极板上的粉尘落入灰斗并及时排出，这是保证电除尘器有效工作的重要条件之一。振打装置的任务就是定期清除黏附在极板上的粉尘。对振打装置的基本要求是：①要有足够的振打力；②能使极板获得满足清灰要求的加速度；③能够按照粉尘的类型和浓度不同，适当调整振打周期和频率；④运行可靠，能满足机组大、小修周期的要求。

20-11 什么是卧式电除尘器？它有什么特点？

答：气体在电场内沿水平方向运动的电除尘器称为卧式电除尘器。卧式电除尘器具有下列特点：

（1）沿气流方向可分为若干个电场，这样可根据电除尘内部的工作状况，各个电场可以施加不同的电压，以充分提高电除尘器的效率。

（2）根据所要求达到的除尘效率，可任意增加电场长度。

（3）处理较大烟气量时，卧式电除尘器比较容易保证气流沿电场断面均匀分布。

（4）设备安装高度较低，设备的操作维修比较方便。

（5）各个电场可以分别收集不同粒度的粉尘，这有利于有色稀有金属的富集回收，也有利于水泥厂原料中钾含量较高时提取钾肥。

（6）卧式电除尘器占地面积较大，在老厂除尘器改造时，采用卧式电除尘器往往受到场地的限制。

20-12 电除尘器的优点是什么？

答：（1）除尘效率高。电除尘器可以通过加长电场长度、增大电场有效通流面积、改进控制器的控制质量、对烟气进行调质等手段来提高除尘效率，以满足所需要的除尘效率。对于常规电除尘器，正常运行时，其除尘效率一般都高于99％。对于粒径小于 $0.1\mu m$ 的微细粉尘，电除尘器仍有较高的除尘效率。

（2）设备阻力小、总能耗低。电除尘器的总能耗是由设备阻力、供电装置、加热装置、振打和附属设备（卸灰电动机、气化风机等）的能耗组成的。电除尘器的阻力损失一般为150～300Pa，约为袋式除尘器的1/5，在总能耗中所占的份额较低。一般处理 $1000m^3/h$ 的烟气量需消耗电能 $0.2～0.8kWh$。

（3）烟气处理量大。电除尘器由于结构上易于模块化，因此可以实现装置大型化。目前，单台电除尘器的最大电场截面积达到了 $400m^2$。

（4）耐高温，能收集腐蚀性大、黏附性强的气溶胶颗粒。常规电除尘器一般用于处理 350℃ 及以下的烟气，如果进行特殊设计，则可以处理 350℃ 以上的高温烟气。

20-13　电除尘器的缺点是什么？

答：（1）一次性投资和钢材消耗量较大。据有关资料统计，一般 4～5 级电场的电除尘器，平均每平方米（指截面积）的钢材消耗量为 3.0～3.6t。例如，与一台 600MW 火电机组的配套的 2×449m² 、5 级电场的电除尘器总投资约为 2055 万元。但是，由于电除尘器运行费用较低，因此通常运行数年后节约费用即可得到补偿。

（2）占地面积和占用空间体积较大。例如，与一台 600MW 火电机组配套的 2×449m² 的 5 级电场的电除尘器，其烟气处理量为 305.74 万 m³/h，占地面积约 2500m² ，占用空间体积约 80000m³ 。

（3）制造、安装和运行水平要求较高。由于电除尘器的结构比较复杂、体积庞大、控制点多和自动化程度较高，因此对制造质量、安装精度和运行水平都有较高的要求，否则不能达到预期的除尘效果。

（4）易受到工况条件的影响。虽然电除尘器对烟气性质和粉尘特性有较宽的适应范围，但当某些工况参数偏离设计值较多时，电除尘器性能会发生相应的变化。电除尘器对粉尘比电阻最为敏感，当粉尘比电阻过高或过低时，都会引起除尘效率的降低，最适宜的粉尘比电阻范围为 $10^4 \sim 5 \times 10^{10}$ Ω·cm。

20-14　阴极大框架的安装技术要求是什么？

答：（1）不得有尖角、毛刺，焊缝须光滑、平整。

（2）焊缝、螺栓连接要牢固、可靠。

（3）整个大框架主平面的平面度应在 20mm 以内。

（4）大框架两对角线长度相差应小于 10mm。

20-15　电除尘器常用术语"台"是指什么？

答：具有一个完整的独立外壳的电除尘器称为一台。

20-16　电除尘器常用术语"套"是指什么？

答：与一台锅炉配套的一台或多台电除尘器称为一套。

20-17　简述阴极吊挂的组成及安装方法。

答：（1）阴极吊挂的组成。阴极吊挂系统全部装在保温箱内，一种吊挂系统为：每个电场有四组吊点，每组吊点有四个瓷支柱、一个瓷套管、一根吊挂杆；另一组吊挂系统只有一个瓷套管和一根吊挂杆；另外还有垫片、螺栓、槽钢等。

（2）阴极吊挂的安装程序。将瓷套管放在保温箱底部预留位置，套管下面外部周边用石棉绳塞紧固定。用螺栓将瓷支栓与底座连接、紧固。检查瓷支柱顶部标高，误差在1mm之内，如误差较大，可在较低的支柱底部垫铁板。用螺栓将支撑板、槽钢梁与支柱顶部紧固，支承板与支柱平面必须接触良好。吊装阴极大框架时，将吊挂杆伸入上横梁吊挂孔后，依次将瓷套管密封板、垫板套在吊挂杆上。将大框架找正后，固定吊挂杆下螺母。最后调整瓷套管密封板，使两者保持5～10mm的间隙。

20-18 阴极振打有哪些形式？

答：阴极振打的形式主要有顶部电磁振打、侧向传动旋转挠臂锤振打和顶部传动旋转挠臂锤振打等。

20-19 阴极振打与阳极振打的主要区别是什么？

答：阴极振打和阳极振打的基本工作原理相同，主要区别在于阴极振打轴、振打锤带有高压电。因此，阴极振打轴与锤必须与壳体及传动装置绝缘。为了达到绝缘目的，必须在传动装置和振打轴之间安装瓷轴。

20-20 顶部传动旋转挠臂锤振打的工作原理是什么？

答：这种传动装置是通过针轮啮合来传递动力的，通过一个90°交叉的大小针轮将垂直回转变为水平回转，带动带有振打轴的水平振打轴回转，从而实现旋转挠臂锤振打。顶部传动装置补偿框架受热变形和垂直传动轴受热变形伸长的方法与侧面传动装置相同，也是通过万向联轴器或有径向位移的柱销联轴节来实现的。垂直传动轴的重量由一个止推滚动轴承来承担。由于应用了垂直竖轴传递动力，这样在竖轴上或安装两对针轮，与侧向传动相比减少了一半传动装置。因此，顶部传动装置的运行费用和制造成本降低，并且减少了安装、维护和检修的工作量。

20-21 阴极振打轴安装的注意事项有哪些？

答：阴极振打轴的安装过程中应注意以下问题：

（1）在阴极大框架上轴承支座的位置安装轴承，轴承有一个中心尘中轴承及几个尘中轴承，一定要按照设计要求将中心尘中轴承装在要求的安装位置。然后用拉线法检查轴承座的同轴度，应将其中心调整在一条轴线上，全轴的同轴度不大于1mm，在找正各轴承的同轴度时，要兼顾到轴承中心振打砧的中心距。

（2）安装阴极轴，用联轴器将各段轴连接。安装时要注意轴的旋转角度，并用水平仪检查轴的水平度，允许误差 0.4mm/1m，每段轴全长偏差不超过 3mm。

20-22　电除尘器常用术语"室"是指什么？

答：由电除尘器的外壳和围墙所围成的一个气流的流通空间称为室。若一台电除尘器中间无隔墙，则称为单室；若中间有隔墙，则称为双室。这里指的隔墙并不全是全部封闭，有时隔墙只是由一些支柱和斜支撑组成。

20-23　阳极振打形式有哪些？

答：阳极振打形式主要有顶部电磁振打、底部侧向传动旋转挠臂锤振打和弹簧凸轮振打。目前，电除尘器多采用顶部电磁振打和底部侧向传动旋转挠臂锤振打。

20-24　对阳极振打装置的基本要求是什么？

答：（1）应有适当的振打力。

（2）能使极板获得满足清灰所需的振打加速度。

（3）能够按照粉尘的类型和浓度不同，适当调整振打周期和频率。

（4）运行可靠，能满足主机大、小修周期的要求。

20-25　极板和极线清灰的目的有何不同？

答：（1）阳极板也称收尘极，其主要作用是收集烟气中的荷电粉尘。电除尘器正常工作时，绝大多数粉尘吸附电子而成为负离子，在电场力的作用下运动到收尘极，放出所带的电荷，沉积在极板上，通过振打清灰收集到灰斗中。如果粉尘层达到一定厚度而不能及时清除，就会影响电晕电流的产生，严重时还可能产生反电晕。

（2）阴极线也称电晕极，其主要作用是产生电晕电流。电除尘器正常工作时，烟气中有少量粉尘吸附了电晕极附近的正离子而带有正电荷，在电场力的作用下运行到电晕极，放出所带的正电荷，沉积在电晕线上。当粉尘达到一定厚度时，会大大降低电晕放电效果，因此必须通过振打及时清除积灰，保证电晕线正常放电。

20-26　如何进行阳极、阴极、槽板振打轴、振打锤的检查和检修？

答：（1）阳极、阴极、槽板振打传动部分的检查和检修。检修前的准备工作：检查传动大轴弯曲及轴向位移情况；检查托辊轴承的磨损情况；检查托辊支架和振打锤的紧固情况；检查振打锤的振打位置及磨损情况；检查耐磨套的磨损情况；检查拔销联轴器的磨损情况。

1) 振打锤的检查：各部振打锤齐全，锤头无击打变形；锤头应振打在振打砧的中心，其偏差应小于 10mm；各部螺栓紧固可靠，无断裂、退丝现象，转臂转动灵活。

2) 振打轴的检查：振打轴各联轴器良好，连接螺栓无断裂、退丝现象；大轴部分无弯曲，可用拉钢丝法检查；振打轴应水平放置，且与轴承架配合良好；耐磨套应水平放置，且与轴承架配合良好；耐磨套应齐合，不应有严重磨损。

3) 轴承架的检查：各部螺栓紧固可靠，各焊缝无裂纹；托架位置正确，托轴齐全，无严重磨损；托架（辊）与耐磨套接触良好；各轴承架内无积灰。

（2）传动部件的检修。

1) 检修前应做好有关记录和标记。

2) 耐磨套的更换。拆除轴压板紧固螺栓，取下轴承座护罩；用千斤顶或倒链将轴顶（拉）起 10mm 左右；割除轴承座与角铁的连接螺栓及点焊点，拆除轴承；清理轴承座内积灰，检查托辊和耐磨套的磨损情况，磨损严重或磨损不均匀的都应更换；拆除应更换的耐磨套，回装时先用砂纸打磨光洁，装轴瓦处大轴；装上轴销，将两半瓦螺孔对齐，穿上六角螺栓并加弹簧垫，两边同时紧，且不断用手锤振打，直到两瓦对齐；装托辊、托轴于轴承座上；用螺栓将轴承座固定在原位置，并点焊以防退丝；放下轴，装轴压板紧固螺栓，并点焊螺栓与螺母。

3) 振打轴的检修。由于卡轴或其他原因造成振打轴弯曲、变形严重的，应进行校正。校正时可用倒链拉复位，如振打轴失去弹性不能复位，应用割把加热其变形弯曲部分以消除应力，若仍不能消除，则应将其拆除后进行修理。振打轴的弯曲度应小于 1mm/m，检测时采用百分表；安装振打轴前，应检查各轴承座的同心度，可用拉钢丝的方法进行检查，同心度允许偏差小于 5mm；将振打轴吊起，使各耐磨套的长度中心线与托架长度中心线吻合，其误差小于 2mm；用水平仪或拉线法检查，调整轴安装精度，振打轴中心线水平偏差应不大于 1.5mm，其同轴度允许偏差在相邻两轴承座之间为 1mm，在轴全长上为 3mm；将轴头打磨光洁，涂少许黄油，并将轴套打入。装轴套时，应注意锤头分布位置及角度；装上振打锤，并检查锤头与振打承击砧的配合情况；用手转动振打轴须灵活，无卡涩现象；将 U 形螺栓上螺母、轴套上的内六角螺栓、刚性联轴器和拔销联轴器上的螺母点焊，以防退丝。

20-27　对电晕线的基本要求是什么?

答：（1）牢固可靠、机械强度大、不断线。每个电场有数百根电晕线，只要有一根折断，便可造成整个电场短路，使该电场停运或处于低除尘效率状态下运行，影响整台除尘器的除尘效率，使出口排放浓度升高，从而加速引风机磨损，导致引风机使用寿命缩短。因此，电晕线在设计、安装时要充分考虑应具有足够的机械强度。

（2）电气性能良好。电晕线的形状可在很大程度上改变起晕电压、电晕电流和电场强度的大小和分布。良好的电气性能通常是指使阳极板上的电流密度分布均匀、平均电场强度高，并对含尘浓度高，粉尘粒度细及高比电阻的粉尘均表现出极大的适应性。另外，起晕电压低、电晕功率大也是电晕线具有良好电气性能的表现形式。

（3）振打力传递均匀，有良好的清灰效果。电场中带正离子的粉尘在电晕线上沉积，当粉尘积聚到一定厚度时，会大大降低电晕的放电效果，故要求极线上黏附的粉尘要少。也就是说，通过振打，极线上积聚的粉尘应容易脱落。

（4）制造简单、成本低、安装和维护方便。

20-28　对收尘极板的基本要求是什么?

答：（1）有良好的电性能。板电流密度和板板附近的电场强度分布比较均匀。

（2）极板无锐边、毛刺，不易产生局部放电，火花放电电压高。

（3）在良好的振打传递性能。极板表面振打加速度分布较均匀，清灰效果好。

（4）在良好的防止粉尘二次飞扬的性能。

（5）机械强度大、刚度大、热稳定性好、不易变形。

（6）制造方便，耗材少，质量小。

20-29　火力发电厂电除尘器的管路一般包括哪几部分?

答：火力发电厂电除尘器的管路一般包括以下三部分：

（1）蒸汽管路。通过紧贴在电除尘器外壁上的盘管对除尘器进行局部加热（有的电除尘器采用电加热）。

（2）流化风管路。流化风管路也称热风管路，由流化风机与电加热器生成热风，通过管路输送到电除尘器灰斗中，促使灰斗中的粉尘处于流化状态，便于输送。

（3）积灰冲洗管路。将管道与消防水源接通，停机检修时，将消防水引入电除尘器内部，对电极进行水冲洗。这种方法省力、清洗效果好，缺点是对于气力输灰系统，需要将插板箱到进料阀拆除，安装临时管路，将冲洗水引到排浆系统，不能让冲洗进入气力输灰系统。

20-30　工业电除尘器为何多采用阴电晕？

答： 工业电除尘器中几乎全部采用阴电晕，这是因为在相同条件下，阴电晕可以获得比阳电晕高一些的电晕电流；另外，阴电晕的击穿电压也远比阳电晕高，而且运行稳定。

20-31　电除尘器常用术语"电场"是指什么？

答： 沿气流流动方向将室分成若干个由收尘极和电晕极组成的独立除尘空间，称为单电场。卧式电除尘器一般由 4～5 级电场组成，根据需要还可将其分成几个并联或串联的供电分区。

20-32　阳极振打锤的布置原则是什么？

答： 通常，一个电场的各排收尘极的振打锤均安装在与同一振打装置连接的多根轴上。为了减少振打时粉尘的二次飞扬，相邻的两振打锤需错开一定的角度，一般为 150°。当振打轴上相邻的锤子在轴上的安装相错 150° 时（注：若轴为顺针旋转时，则角度的计算应按逆时针进行），因 150 与 360 的最小公倍数为 1800（即 12×150），所以在圆周上每隔 30°（即 360°/12）就有一个锤的安装位置，每排列 12 个锤后又重复上述排列。这样排列的振打顺序为：每一排极板的锤子转向 30° 后第 6 排极板的锤子振打，再经过 30° 后，第 11 排极板的锤子振打。如果极板排数多于 12 排，则第 13 排极板与第 1 排极板同时振打。

20-33　决定振打制度时应考虑哪些因素？

答： 振打系统的振打制度取决于收尘极板的振打周期。当收尘极板板面积灰过厚时，将降低带电粉尘在极板上的导电性能，大大降低电除尘器的除尘效率，所以极板被振打的时间间隔不宜过长。然而，极板的振打周期不宜过短，否则极板上的粉尘会成为碎粉落下，引起很大的粉尘二次飞扬。极板振打周期的选择应使极板沉积一定厚度的粉尘，当被敲击时，能散碎成尽可能大的块体沿板面落下。振打周期的选择一般取决于被处理的含尘气体的性质（含尘浓度、粉尘的导电性等），一般通过试验确定。

20-34　电除尘器常用术语"供电分区"是指什么？

答： 可以单独与一台高压电源配套的最小供电单元称为供电分区。

20-35 如何计算阳极板在热气流中的受热膨胀量？

答：阳极板在热气流中的受热膨胀量的计算公式为

$$\Delta I = aL\Delta t$$

式中 ΔI——受热膨胀量；

a——钢的热膨胀系数，一般取 0.000 012；

L——极板长度；

Δt——电除尘器投运时壳体与极板的温度差。

20-36 电除尘器常用术语"电场高度"是指什么？

答：一般将收尘极板的有效高度（除去上、下夹持端板高度）称为电场高度。

20-37 阳极振打轴采用哪种联轴节？为什么？

答：阳极振打轴目前普遍采用的是允许有较大径向位移的联轴节。因为除尘器壳体受热易引起变形，每段振打轴在除尘器工作时很难在一直线上（即使安装时严格地调整成一直线），所以，每段轴间的连接不宜采用刚性联轴节，而多采用允许有较大径向位移的联轴节。

20-38 阳极振打传动部分为何采用保险销？

答：目前，阳极振打传动装置多采用星形摆线针轮减速机减速，而根据减速机的设计要求，当速比大于 1225 时，减速机均应在允许的扭矩范围内使用。根据这一设计要求，往往在传动装置与传动轴之间加装保险销，利用材料的位伸或应力集中的原理来保护减速机，当振打轴受阻产生过大的力矩时，保险销就会断裂，从而保证了减速机的安全。

20-39 什么是电场宽度？如何计算电场宽度？

答：一般将一个电场最外侧两个阳极板排中心平面之间的距离称为电场宽度，它等于电场通道数与同极距（相邻两排极板的中心距）的乘积。如某电除尘器一个电场的通道数是 26，同极距为 405mm，那么电场宽度为 405 × 26 = 10530mm。

20-40 从外部如何检查阳极振打是否工作正常？

答：阳极振打减速机与振打轴之间通常都装有保险销，当振打轴被卡、力矩大于保险销所能承受的力矩时，保险销折断，此时电动机和减速机仍在转动，振打轴则不再转。从值班室不能轻易发现异常，检修人员应从现场振打轴露出除尘器壳体的部分判断振打轴是否正常工作。

20-41 什么是电场长度？如何计算电场长度？

答：在一个电场中，沿气流方向一排收尘极板的长度（即每排收尘极板第一块极板的前端到最后一块极板末端的距离）称为单电场长度，沿气流方向各个电场长度之和称为电除尘器的总电场长度，简称电场长度。

20-42 什么是电场有效通流面积？

答：一般将电场高度和电场宽度的乘积称为电场有效通流面积。

20-43 电除尘器对尘中轴承有何要求？

答：电除尘器尘中轴承有别于其他机械行业所用的轴承，其特点有：

（1）运行环境差。①通常工作在120℃以上的高温中；②运行空间充满浓度很高的含尘气体。

（2）运行机制要求高。对火力发电厂大型电除尘器而言，与其他机械不同，不允许轻易停炉检修。因此，对尘中轴承的要求就是在最恶劣的环境中工作必须可靠，并且使用寿命要高。

20-44 电晕极系统由哪几部分组成？对电晕极系统的基本要求是什么？

答：（1）电晕极系统包括电晕线、电晕极框架、框架吊杆及支撑套管、电晕极振打装置等部分。

（2）对电晕极系统的基本要求是：电晕系统工作时都带有高压电，所以检修、安装时必须注意电晕极各部件与阳极系统（包括收尘极各部件和壳体）之间应有足够的安全距离。

20-45 什么是电场收尘面积？如何计算？

答：电场收尘面积是指收尘极板的有效投影面积。由于极板的两个侧面都起收尘作用，所以两面的面积均应计入。每一排收尘极板的收尘面积为电场长度与电场高度乘积的2倍。每一个电场的收尘面积为一排极板的收尘面积与电场通道数的乘积。一个室的收尘面积为单电场收尘面积与该室电场数的乘积。例如，与某300MW机组配套的电除尘器型号为RWD/TE—295×2×5—2，该型号中295是指有效通流面积，阳极板有效高度为14m，电场通道数为52，同极距为405mm，采用极板为480C型，每一阳极板排有8块阳极板，那么单电场的收尘面积为 $14 \times 0.48 \times 8 \times 2 \times 52 = 5591.04 m^2$。

20-46 什么是电场比收尘面积？如何计算？

答：电场比收尘面积是指单位流量的烟气所分配到的收尘面积，它等于收尘极板的面积（m^2）与烟气流量（m^3/s）之比。比收尘面积的大小，对电除尘器的除尘效率影响很大，它是电除尘器的重要参数之一。比收尘面积的单位是 $m^2 \cdot s/m^3$。

20-47　为什么在电除尘器振打装置中多采用行星摆线针轮减速机？

答：行星摆线针轮减速机的特点是减速比大、传动效率高、结构紧凑、体积小、质量小，而且故障较少、使用寿命长。该减速机可与电动机组成一个整体，并通过靠背轮直接与振打轴相连，连接方便。因此，在电除尘器振打装置中多采用行星摆线针轮减速机。

20-48　什么叫通道数？如何计算？

答：电场中两排阳极板之间的空间称为通道。电场中的极板总排数减一称为电场通道数。

20-49　侧向传动旋转挠臂式阴极振打系统中万向节总成的作用是什么？

答：大型电除尘器极板高、通道多、振打轴较长，在烟气中的轴向和径向变形量较大，因此，目前在侧向传动旋转挠臂式阴极振打系统中采用万向节总成的作用就是用来吸收轴向和径向的位移量。

20-50　什么叫同极距？

答：相邻两排阳极板的中心距离称为同极距。

20-51　选择管状加热器时应注意什么问题？

答：管状加热器是在金属管内放入螺旋形镍铬合金电阻丝，且在管子空隙部分紧密填满有良好导热性和绝缘性的氧化物，接通电源后即可发热的一种元件。选择管状加热器时，应选择合适的管径，加热静止空气介质时管径宜选择 $10\sim12mm$，其表面发热能力按 $0.8\sim1.2W/cm^2$ 选择，由此可选择加热器的面积和长度。

20-52　什么是气流均布装置？

答：安装于烟道内或进口烟箱内，用于改善进入电场的气流分布特性的装置称为气流均布装置。

20-53　振打装置中保险片（销）经常被拉断的原因有哪些？

答：保险片（销）是在设备过负荷时起作用的装置，正常运行时不应损坏，如果常出现拉断，则可能是由以下原因引起：

（1）保险装置安装时与传动轴中心线不垂直，使保险装置不是处于受拉状态，而是处于拉扭的复杂受力状态。

（2）几段振打轴安装不同心，扭矩大或变形严重。

（3）尘中轴承磨损严重，摩擦力增大或有卡锤现象。

20-54　电除尘器本体大修项目有哪些？

答：电除尘器本体大修项目有：

（1）电场内部清灰。

（2）检修阳极板、阴极线、槽板系统。

（3）检修阳极、阴线、槽板振打系统。

（4）检修气流分布板、挡风板、导流板。

（5）检修出入口烟箱、壳体、灰斗、人孔门。

（6）检修灰斗加热装置、大梁绝缘子室加热装置及阴极瓷轴加热装置。

（7）检修管道、阀门。

（8）修复保温层、平台、栏杆。

（9）检修卸灰装置或输灰装置。

（10）特殊项目的检修及其他。

20-55　电场内部清灰时应注意哪些问题？

答：电场内部清灰应按以下步骤进行：

（1）清灰前应详细检查气流分布板、阳极板、阴极线、槽板、灰斗处的积灰情况，分析原因并做好记录。

（2）检查各人孔门处是否有气流冲刷痕迹及腐蚀现象。

（3）阳极板、槽板上的积灰厚度应小于3mm，否则应检查振打系统是否存在问题。

（4）检查各走道、灰头支撑梁、振打杆、挡风板后部是否有过多积灰，分析烟气是否存在死区。

（5）检查墙壁及上顶部等处是否产生严重腐蚀。

（6）根据检查结果制订清灰方案，在做好有关的技术和安全措施后，进行清灰工作。

（7）清灰时要自上而下，由电除尘器入口到出口顺序进行；清灰时，不要将工器具掉入或遗留在电场内部和灰斗中。

（8）清灰时应启动卸灰及输灰装置，及时清除斗内积灰。

（9）在完成对电场内部检查并做好记录之后，如用高压水清除各部积灰，使金属体全部裸露。清灰顺序为自上而下，由入口到出口，冲洗中应开启卸灰机、搅拌桶（如为气力输灰，应接临时系统），待灰水全部清除时，方可停用搅拌桶。

（10）冲洗完毕后应开启引风机，可打开热风保养阀门进行通风干燥4h，待内部干燥后停热风。

（11）水冲洗后，启动所有振打装置和卸灰装置，待干燥后方可停运，以防止生锈。

20-56 电除尘器大修后如何进行验收？

答：电除尘器大修后的验收程序和内容如下：

（1）为了保证检修质量，必须做好质量检查与验收工作。质量检验按照检修人员的自检及部门检查验收和厂部检查验收程序进行，严格按照检修项目及验收标准进行验收。

（2）检修人员应对检修项目、检修内容、发现的问题、处理的问题、遗留的问题及试验结果做好详细记录，并在验收前向验收人员作详细汇报。

（3）检修后应对电场内部进行详细检查和验收。

（4）检查、验收项目包括同极距、异极距的检查及测量，气流分布板、阳极板、阴极线、槽板、阻流板、挡风板等的检查和验收。

（5）检查、验收振打装置。大量更换振打装置部件后，振打加速度有明显变化时，应进行振打加速度试验及振打加速度中心校验，同时检查振打装置的运转情况。

（6）灰斗内杂物清理干净后，对水力除灰系统进行卸灰装置及搅拌器的运转情况检查。对气力除灰系统进行输灰系统的保压试验和试运行。

（7）对蒸汽加热装置送汽，检查蒸汽加热管道是否有漏汽现象；对电加热器，通电检查是否完好。

（8）联系锅炉，启动引风机和送风机，检查出入口封头和各人孔门的严密性。

（9）验收平台、栏杆、过道、沟盖、保温层及外壳是否完好并符合规定要求，油漆是否完好，标志是否正确、清晰。

（10）现场清洁、整齐，无杂物。

20-57 什么是清灰装置？其形式有哪些？

答：清灰装置是指清除电晕线、收尘极板和其他部件表面积灰的装置。清灰装置有机械振打清灰、电磁振打清灰和声波清灰等几种形式。

20-58 电除尘器大修中如何检修阳极、阴极和槽板系统？

答：大修中阳极、阴极和槽板系统按照以下程序进行检修：

（1）检查阳极板的变形、磨损及悬吊情况。

（2）对磨损严重的阳极板进行局部更换或贴补，磨损严重的其他部件应予以更换。

（3）对变形的阳极板应设法校正，确系无法校正的，应当局部更换。

（4）极板弯曲的校正，方法如下：

1）清除使其变形的外力因素。

2）用烤把快速加热其弯曲部位，消除应力使其自然下垂，若仍不能消除弯曲，则可用木锤敲打校正。

（5）检查 RS 型芒刺线，弯曲变形的要校正，必要时予以更换。

（6）检查芒刺线两端头是否开焊、断裂，对开焊、断裂的要重新焊接。

（7）校正弯曲的芒刺。

（8）极线齿尖腐蚀、电蚀严重的应进行修理，必要时予以更换。

（9）极线要平直，不得弯曲，需和阴极小框架在同一平面内。装极线时先固定上端，待上端固定并拉紧拉直下端后方可固定。

（10）阳极小框架应紧固、无晃动、无倾斜、无偏移，上、下框架在同一垂直平面内，错位不平行度小于 10mm，大于 10mm 时应进行调整。

（11）小框架变形的处理：

1）拆除拉杆，使其在自由平衡位置，测出变形位置。

2）用烤把将变形处加热，使其自然恢复。

3）对不能自然恢复的，在固定一端或两端后采用加热后敲击校正或拉力校正。

4）上紧拉杆固定。

（12）检查大框架的水平度和垂直度与壳体内壁相对尺寸是否符合要求，每一电场悬吊阴极大框架的四个吊点要在同一水平面上，偏差不大于 5mm。

（13）检查大框架的变形情况，有变形时，应查明原因，并设法消除。

（14）阴极大框架水平方向需要调整时，应与绝缘支柱、绝缘套管更换同时进行。若单独调整，则应用千斤顶顶起后再进行调整。

（15）检查阴极大框架各焊接部位和紧固部位是否良好。

（16）调整和检查同、异极距。检查时，要以阳极板为基准测量极距，在每一个通道的一侧高度上检查 5~9 个点，并做好记录。

（17）阳极板、槽板必须保持自由下垂，无前后或左右受力影响。

（18）左、右振打阳极板，其阳极板与悬挂中心的偏差不应大于 10mm。

20-59　电除尘器高压控制中的一次电流是指哪处的电流？

答：这里的一次电流是指通过交流变压器一次绕组的交流电流。

20-60 电除尘器高压控制中的一次电压是指哪处的电压?

答：是指晶闸管后施加到整流变压器一次绕组的交流电压。

20-61 为什么每条电晕线均不宜设计过长?

答：对于大规模的电除尘器，因为电场高度大，不宜自上而下采用一根电晕线，而应分段安装。每段电晕线过长，将会使电晕线在电风和气流的作用下发生晃动，造成电场工作电压不稳定。因此，对星形电晕线和条状芒刺电晕线，每段长度应小于 1.5m；当采用 RS 型管状芒刺线时，每段长度应小于 3m。

20-62 电除尘器高压系统中的二次电流是指什么电流?

答：是指经过硅整流变压器升压整流后输送给电场的脉动直流电流。

20-63 阴极小框架的作用是什么?

答：阴极小框架的作用主要是固定电晕线，并对电晕极进行振打清灰。小框架由电晕线和钢管组成。

20-64 大修时如何检修灰斗加热（蒸汽加热）装置、大梁绝缘子室加热装置及阴极瓷轴加热装置?

答：(1) 抽样检查灰斗蒸汽加热蛇形管的腐蚀情况。

(2) 对腐蚀严重的蛇形管进行更换。

(3) 检查加热管道有无漏汽及焊口开焊现象。

(4) 检查大梁加热绝缘子室和瓷轴加热室内壁腐蚀情况和漏风情况，对腐蚀严重的部位进行修补。

(5) 检查清扫绝缘支柱、绝缘套管和瓷轴，检查是否有裂纹、破损和放电痕迹，损坏的应进行更换。

(6) 绝缘支柱、绝缘套管、瓷轴更换前应交电气试验人员做耐压试验。

(7) 更换绝缘支柱前，应先将其他绝缘支柱的上法兰螺栓拧松，用千斤顶将支柱上横梁缓缓顶起，以能取出被损支柱为宜。

(8) 绝缘支柱的上法兰（4个）平面应等高，允许偏差为±1mm。

(9) 注意上法兰螺栓不宜太长，以防顶裂支柱上法兰。

(10) 瓷套管与吊杆两中心级应重合，同轴度应小于 10mm。

(11) 瓷套管与上防尘盖的间隙应调整到 5～10mm，且固定牢固。

(12) 对需要更换的防尘罩和瓷套管，应做好大框架与内壁的固定措施，记录吊杆螺栓外露长度与有关位置尺寸后再进行更换；吊杆就位时，应保证防尘罩和瓷套管中心与吊杆中心的同心度，允差偏差为 5mm。

（13）检修瓷轴箱体，更换密封填料。

20-65 阴极大框架的作用是什么?

答：（1）承担阴极小框架、阴极线、阴极振打锤及轴的荷重，并通过阴极吊杆把荷重传到绝缘支柱上。

（2）定位阴极小框架，使极距满足要求。

20-66 电除尘器高压系统中的二次电压是指什么电压?

答：是指硅整流变压器输出的脉动直流电压。

20-67 保温箱的作用是什么?

答：如果电晕极的支持绝缘套管、绝缘支柱及振打瓷轴周围的温度过低，则其表面会出现冷凝水汽，当电除尘器运行时，便容易沿瓷件表面产生放电，使工作电压升不上去，以致无法运行。所以，以上绝缘瓷件附近需装管状电加热器，绝缘子室外壳要加装保温装置。因此，瓷件保温箱的作用是保证绝缘子室内温度在露点以上，瓷件表面不会出现冷凝水，不发生爬电现象。

20-68 什么是起晕电压?

答：在电极之间刚开始出现电晕电流时的电压称为起晕电压。

20-69 叉式轴承分为哪两种?

答：叉式轴承分为两种：一种安装在振打轴的中间位置，是整个轴的定位点，轴的热膨胀位移由此向两端延伸；另一种是分段安装在轴的各处，它们和轴耐磨套之间是游动的，不限制轴的热膨胀。叉式轴承的托板和耐磨套是磨损件，由于托板更换方便，因此托板用材的耐磨性能比耐磨套用材稍差。

20-70 进、出口烟箱的作用是什么?

答：烟气通过电除尘器时，是从具有小断面的通风管过渡到大断面的工作室，再由大断面的工作室过渡到小断面的通风管。如果采用直管连接，就会在电除尘器的电场前出现断面的突然扩大，在电除尘器的电场后出现断面的突然收缩。断面的骤变，将会引起气流形成漩涡、回流，从而导致电场中的气流极不均匀。因此，进、出口烟箱的作用就是为了改善电场中气流的均匀性，将渐开的进气烟箱连到电除尘器电场前，以便使气流逐渐扩散；将渐缩的出气烟箱连到电除尘器的电场后，以便使气流逐渐被压缩。

20-71　击穿电压指的是什么电压?

答:击穿电压是指电极之间刚开始出现火光放电时的电压。

20-72　简述阻流板的分类及作用。

答:阻流板分为电场内部阻流板和灰斗阻流板。阻流板的作用是防止烟气流不经过电场而从旁路绕流。如果烟气从旁路绕流,该部分绕流气体的除尘效率就为零。绕流烟气流越多,整体除尘效率就越低。灰斗内的绕流气体有可能将灰斗中的积灰以及下落中的粉尘带走,造成严重的二次飞扬,对除尘效率的影响更为严重。阳极限位板在限位的同时也有阻流板功能,即防止烟气流从电场以下通过。

20-73　槽形板的作用是什么?

答:槽形板系统是排列在最后一个电场的出口端,对逃逸出电场的尘粒进行再捕集的装置,同时它还具有改善电场气流分布和控制二次扬尘的功能,对提高除尘效率有显著的作用。

20-74　简述灰斗内阻流板的设置及其作用。

答:灰斗阻流板一般设三层,中间阻流板的高度约为灰斗高度的2/3,同时控制最低灰位稍高于灰斗中间阻流板下端。这样,在实际运行中,中间阻流板下端始终埋在灰中,形成灰封,从而可以有效防止气流穿过灰斗。

20-75　什么是安全连锁?

答:为保证人身安全和电除尘器的正常运行,由钥匙旋转的安全开关和机械锁组成的安全逻辑控制称为安全连锁。

20-76　阴极小框架与大框架有哪两种连接方式?

答:阴极小框架与大框架的连接方式通常有两种。一种方式是在大框架上设置定位角钢,角钢上加工出定位缺口,连接件是固定小框架上的定位支架,支架卡入定位角钢的缺口中,就可以使小框架定位。另一种方式的主要连接件是一槽钢支架,槽钢支架的一端用卡爪与小框架连接,另一端用螺栓与大框架连接。这两种连接方式各有其特点及优越性。第一种连接方式中,定位支架事先在小框架上装好,往大框架上装时不需调整,安装方便,但定位支架与小框架连接时要求安装准确;第二种方式中,槽钢支架与小框架连接时不加调整,放在大框架上以后一次调整定位,适应性较强。

20-77　什么是导通角?

答:导通角是指晶闸管在一个正弦电压半波内的导通范围。

20-78　什么是占空比?

答：在间歇供电方式下，供电半波个数与断电半波个数之比称为占空比。

20-79　电除尘器的分散控制系统是指什么?

答：以工业控制计算机为上位机，以电除尘器的高、低压供电控制设备为下位机，以各种检测设备为耳目，实行全面计算机自动监视、控制和管理的闭环控制系统称为电除尘器的分散控制系统。

20-80　什么是电除尘器处理烟气量?

答：电除尘器处理烟气量是指实际工况条件下，单位时间内进入电除尘器的含尘气体的体积流量。

20-81　如何计算电除尘器电场风速?

答：电场风速是指含尘气体在电场中的平均流动速度，它等于电除尘器处理气体流量与电场截面积之比。

20-82　阳极振打轴如何进行检查?

答：在安装完成或检修完成阳极振打系统后，要转动阳极振打轴以检查检修情况，检查方法如下：

（1）转动是否灵活，有无卡涩现象。

（2）各锤头与振打砧的接触位置是否正确。

（3）各锤头的转动顺序是否正确。

（4）检查电动机转动方向是否和标示转向一致。

20-83　什么是气体含尘浓度?

答：气体含尘浓度一般是指标准状态下，电除尘器进出口处单位体积干气体中所含有的粉尘质量，单位为 g/m^3。

20-84　什么是粉尘驱进速度?

答：荷电尘粒在电场力的作用下向收尘极运动的速度称为粉尘驱进速度。

20-85　粉尘的化学成分是指什么?

答：实验测得的粉尘中各种氧化物（如 SiO_2、AL_2O_3、Fe_2O_3、CaO、Na_2O 等）的含量即为粉尘的化学成分。

20-86　什么是槽板系统? 槽板系统的作用是什么?

答：槽板系统是设置在电除尘器每个室尾部，对逃逸出电场的灰尘进行再收集的装置。槽板系统的作用是提高电除尘器的除尘效率，对细小粉尘进行再收集。

20-87 烟气中的气体成分是指什么？

答：实际测得的烟气中各种气体（如 O_2、CO_2、SO_2、NO_x、H_2O 等）所占的比例即为烟气中的气体成分。

20-88 什么是除尘效率？

答：除尘效率是指单位时间内电除尘器捕集到的粉尘质量占进入电除尘器的粉尘质量的百分比。

20-89 什么是电除尘器的透过率？

答：电除尘器透过率是指单位时间内逃逸出电除尘器的粉尘质量占进入电除尘器的粉尘质量的百分比。

20-90 如何计算电除尘器的压力损失？

答：电除尘器入口和出口处气体的平均全压之差即为电除尘器的压力损失。

20-91 什么是电除尘器的漏风率？

答：电除尘器的漏风率是指电除尘器出口的标准状态气体流量与进口的标准状态气体流量之差占标准状态气体流量的百分比。

20-92 电除尘器能耗包括哪几部分？

答：电除尘器能耗包括电除尘器正常运行时所消耗的电能、热能和克服其阻力所消耗的能量之和。

20-93 什么是反电晕？

答：反电晕是指沉积在收尘极表面上高比电阻粉尘层所产生的局部放电现象。

20-94 什么是电晕屏蔽？

答：当气体含尘浓度过高时，电晕极周围的负粒子抑制电晕放电，使电晕电流大大降低甚至趋于零的现象，称为电晕屏蔽。

20-95 什么是二次扬尘？

答：二次扬尘是指已经沉积在收尘极上的粉尘，因黏附力不够，受气流冲刷或振动清灰等因素的影响，使粉尘重新返回气流中的现象。

20-96 什么是电除尘器气流分布不均？

答：电除尘器气流分布不均是指由于漏风、窜气、烟道转弯、气流均布装置设置不合理等原因，造成除尘器入口断面上气流分布不均匀、除尘效率严重降低的现象。

20-97 如何进行摆线针轮减速机的检修？

答：摆线针轮减速机的检修程序如下：

（1）检修前：

1）清扫外壳并检查外壳是否有破裂、渗油、漏油等现象。

2）放尽减速器内的机油或树脂油，并注意观察油质情况。

3）在各结合面做好记号。

（2）松拆紧固螺栓、打开端盖时，应注意不要砸伤结合面和密封垫。

（3）依次拆下各部零件，并做好记录。

（4）清洗、检查各部零件，并检查其磨损情况。

（5）检查各滚动轴承，保持器应完好无损，槽道、滚珠（柱）应无锈斑、裂纹和疤痕，轴向和径向无明显晃动，间隙适中。

（6）损严重的轴承应更换：

1）对需要更换的轴承，应核实型号，并对新轴承进行详细检查。

2）对轴承体进行检查和清洗，并核实配合尺寸。

3）更换时需将机油加温至 $100\sim110℃$。

4）更换后的轴承应清洁，内部无异物。

（7）装配前，将各零部件清洗干净。

（8）在滚动及滑动表面上涂润滑油，以形成初步润滑条件。

（9）两片摆线轮的标记 A、B 字头必须与拆卸时完全一致。

（10）注意调整橡胶油封中弹簧的松紧，并涂抹油脂。

（11）组装好后用手盘动高速轴，检查减速机的转动情况。

（12）注意事项：

1）检修时应做好记录，并妥善保管零部件。

2）注意拆装顺序，切忌装反或遗忘零部件。

3）拆装时需用紫铜棒敲打，禁止使用榔头打击。

4）注油时，应在 2/3 批示器处，且油质应良好。

20-98 高压供电设备故障有哪些现象？

答：电除尘器高压设备故障通常是指整流变压器绕组短路、硅堆击穿、阻尼电阻烧毁、晶闸管损坏和电压控制器故障等方面。

20-99　简述滚动轴承的结构及其对它的要求。

答：轴承是转动机械上的重要部分，它承受着转子的径向和轴向载荷，限制转子轴向和径向的运动位置，以保证转动机械的安全运转。对轴承的要求是：摩擦阻力小；使用寿命长；体积小；能适应较高转速；一旦发生故障，能迅速更换新轴承。

滚动轴承由外圈，内圈，滚动体（滚珠、滚柱、滚锥、滚针等）保持器等组成。在轴承装配中，内圈与轴颈配合，外圈与轴承室配合；为保证滚动体在内、外圈间正常滚动，常用隔离圈保持滚动体间的距离。

滚动轴承与滑动轴承相比，其摩擦系数小，消耗功率小，启动力矩小，易于密封，耗油少，能自动调整中心补偿弯曲及装配误差，但缺点是承受冲击载荷的能力差，径向尺寸大，转动时噪声大，成本高。

20-100　简述滚动轴承的拆装要求和方法。

答：（1）轴承与轴的配合。轴承装在轴上不应有晃动、倾斜，轴承端面与轴肩应贴紧。轴肩的高度一般为轴承内圈厚度的 $1/2\sim2/3$，余下的 $1/2\sim1/3$ 是拆轴承时工具着力的方向。若轴肩过高，则拆卸时卡不住内圈；过低，则易压坏轴肩。

（2）轴承与轴承室的配合。

1）径向配合：因运行中轴承随同轴一起膨胀移动，故轴承外圈与轴承盖之间不应有紧力，否则会使轴承的滚动体卡住，甚至损坏。但是，也不能太松，太松了会降低转动精度，转子易跳动，也容易损坏轴承。所以，轴承外圈与轴承盖之间通常有 $0.01\sim0.05$mm 的径向间隙。

2）轴向配合：为了保证轴承受热后可自由膨胀伸长，在轴承的承力侧，轴承与轴承室端盖之间应留存足够的膨胀间隙。

（3）轴承与轴的配合。一般设备中常见的轴承，其内圈与轴承均用紧配合。过盈的大小决定于轴承上载荷的大小和方向特性。过盈值太小，会使传动轴与内圈发生转动摩擦；过盈值太大，会使轴承内外圈与滚动体之间的径向间隙变小，轴承容易卡住或损坏。所以，过盈值的大小应按照产品说明书或国家标准的规定选用，在生产现场的转动机械图纸中，这种配合的轴的允许尺寸却是选择好的，一般情况下，轴承的配合紧力为 $0.02\sim0.05$mm。

（4）其他注意问题。轴承装配时，将无型号标志的一面靠着轴肩，以便检查型号。装配中施力的大小、方向和位置应符合要求，以免轴承滚动体、滚道、隔离圈等发生变形损坏。施力要均匀、适当，并垂直于四周，禁止用手锤直接敲打内圈。

（5）拆卸要求。轴承的拆卸会大大增加其损坏的可能性，因此只有在下列情况下才进行此项工作：

1）轴承已经损坏。

2）修理设备和更换零件必须拆除轴承。

3）装配不良需重新返工装配。

轴承的拆卸容易引起内圈与转轴的过盈减小，因此，拆卸时施力部位要正确，从轴上拆下轴承时要施力于内圈；从轴承室取出轴承时要施力于外圈；施力时，应尽可能地平稳、均匀和缓慢。

（6）拆装方法。

1）铜冲和手锤法。这是一种最简单的拆装方法，仅用于过盈值不大的小型轴承的拆装。为使受力均匀，冲击沿内圈圆周交替敲打，不允许用手锤直接敲打轴承。

2）套管和手锤法。此法较前一种方法优越，可使敲击力均匀地分布在整个轴承内圈端面上。套管的硬度应比轴承内圈的硬度低，其内径略大于内圈内径，外径略小于内圈外径。

3）加热拆装法。此法适用于较大过盈配合或大型轴承的拆装。装轴承时，把轴承置于 80～90℃ 的矿物油中加热（不超过 120℃），可以得到紧力很大的配合。要注意，轴承放在油箱中加热时，不要与油箱（锅）底部直接接触，避免使轴承过热而退火。

根据同样道理，可以利用加热拆卸轴承，即以同样温度的热油往轴承上浇，待轴承膨胀后再用专用拆卸工具将轴承拉下。

压力机拆装法。此种方法和1）、2）两种方法基本相同，所不同的是动力来源于压力机，压力机可以是液压式的，也可以是螺旋式的。轴承下的垫块可以是整圆、半圆或 U 形，硬度要比轴承硬度低。使用此法时，要注意施力方应与轴承中心一致，否则不但拆装困难，而且易将轴压弯。

20-101　什么是偏励磁？

答：偏励磁是指由于某种原因，整流变压器一次绕组上施加的电压的正半波与负半波数不相等，致使整流变压器偏向励磁而引起发热甚至烧毁的现象。

20-102　高压控制柜的作用是什么？它包含哪些元器件？

答：高压控制柜的主要作用是将 380V、50Hz 的工频电压，通过一组由计算机电压控制器控制的晶闸管调压，为整流变压器提供可调节的输入电压。柜内主要有电源操作器件、调压晶闸管、一次取样元件、计算机电压控制器、主交流接触器和其他一些辅助元件。目前，还有一种较新颖的高压控制方式，它与常规的高压控制柜最大的不同是将高压部分晶闸管的控制和低压部分振打的控制整合在同一个控制器内，实现电压控制振打功能。因此在这种高压柜中，除包括上述元件外，还包括振打、加热电动机断路器和振打、加热电动机交流接触器。

20-103　高压硅整流变压器的结构是什么？

答：高压硅整流变压器是集升压变压器、硅整流器和测量取样电路于一体的特种变压器，这些部件装于变压器筒体内。升压变压器由铁芯和高、低压绕组构成，低压绕组在内，高压绕组在外。考虑强迫均压作用，一般把二次绕组分成若干个绕组，通过一个或若干个整流桥输出。高压绕组都有骨架，用环氧玻璃丝布等材料制成，整体性能好，耐冲击，易加工及维修。

为了提高高压线圈的抗冲击能力，低压绕组外加静电屏蔽，增大绕组对地电容，使冲击电流尽量从静电屏流走（不是击穿，而是以感应的形式流走）。也可理解为由于大电容的存在，使绕组各点的电位不能突变，电位梯度趋于平稳，对绕组起着良好的保护作用。应该注意的是，静电屏蔽必须良好接地，否则不但起不了保护作用，相反还会因悬浮电位的存在引起内部放电等问题。另外，为了降低低压绕组温升，绕组内一般设置油道，以利于散热。

高压绕组除采用分绕组的形式外，有些生产厂也采用设置加强包的方法来提高耐冲击能力。所谓加强包，是对某些特定的绕组选取较粗的导线，减少绕组匝数。对应的整流桥也相应提高一个电压等级。

为了降低硅整流变压器的温升，高、低压绕组导线的电流密度都取得较低，铁芯的磁密度也取得较低。硅整流变压器一般都设有散热片。

硅整流器有两种设置：一种为几个高压包设置几个整流桥，桥与桥之间串联；另一种为所有高压包只设置一个整流桥。

测量回路在变压器只有一个高压取样电阻（个别厂家将硅整流变压器的低压电压取样电阻和电流取样电阻也设置在变压器内），不同厂家的高压电阻值不一样，这是由自动控制回路和显示回路要求所决定的。

20-104　高压硅整流变压器运行中如何进行外观检查？

答：高压硅整流变压器外部的检查项目有：

（1）检查变压器时，应听响声。变压器正常运行时，一般有均匀的嗡嗡的电磁声，如响声特别大或有放电声，则说明变压器内部有故障。

（2）检查油箱内和充油套管内的油位、油的颜色及变压器的外壳。油位应正常，变压器外壳应清洁，无泄漏现象。油面过高一般是由于变压器冷却装置运行不良或变压器过负荷造成的油温过高引起的。若油面过低，则应仔细检查变压器所有的密封处（套管、顶盖、油门、散热片等）是否漏油。变压器的绝缘油应透明、微带黄色，如呈棕红色，可能是由于油位计本身的脏污造成的，也可能是由于变压器运行时间过长、油温高致使油变质引起的。

（3）检查硅整流变压器上层油温。上层油温一般应在85℃以下。由于每台变压器的负荷轻重不同，因此油温也不尽相同。如散热片的各部分温度有明显不同，则可能是散热管道在局部堵塞。检查时，除检查上层油温外，还应检查变压器周围的空气温度，了解变压器的温升，以作参考。

（4）检查变压器引线。引线不应过松或过紧，接头应接触良好。

（5）检查变压器套管。套管应清洁，封锁裂纹，无放电打火现象和痕迹。

（6）变压器呼吸器应畅通，硅胶不应吸潮饱和。

（7）气体继电器应充满油。

（8）当高压硅整流变压器采用顶部布置时，下油盘、放油管、阀门等应无堵塞。

（9）外壳接地线应良好。

20-105　硅整流变压器电流、电压取样回路的作用是什么？

答：电除尘器电场运行的各种信息由二次电流和电压取样电阻取出，分别送显示回路和电压自动调整器。电压自动调整器对各种反馈信号进行综合、加工和处理后，不断地发出各种控制指令，使设备工作在最佳的运行状态，达到设备稳定、高效运行的目的。

20-106　高压硅整流变压器的特点是什么？

答：高压硅整流变压器是高压静电除尘器用整流设备的主要部件之一，是一种专用的变压器，具有如下特点：

（1）输出电压为负直流高压。采用负高压输出是因为电除尘器电场在负高压作用下，其起晕功率较正高压低，而击穿电压又较正高压高，电场的电压动态范围较宽。

（2）输出电压高，输出电流小，电压须跟踪不断变化的电场击穿电压。

（3）回路阻抗电压较高。从变压器输入端看，一般都采用交流调压方式，也就是通过改变晶闸管导通角的移相调压方式来控制输入端的电压、电流。在晶闸管导通瞬间，其波形是很陡的，这种突变的波形存在很多高次谐波，且其峰值可达基波峰值的数倍，如不有效地加以抑制，将使变压器铁损增加，引起变压器温升的提高。同时，谐波分量经升压整流后，其峰值电压远高于平均电压，一方面有可能产生变压器绝缘损坏，另一方面也可能出现专场的频繁闪络，不利于除尘器的正常运行。从变压器输出端看，除尘器的烟气条件比较复杂，不免会出现火花、闪络甚至拉弧等现象，这就意味着电场局部击穿或短路，势必使变压器一次侧、二次侧的电流猛增，这是变压器正常运行所不允许的。为了使高压硅整流变压器长期可靠运行，除在设备的自动控制系统中采取有效的措施，实现对火花、闪络等现象进行迅速、有效的处理外，对硅整流变压器也在结构上作特殊考虑，设计成高阻抗变压器，以提高回路的阻抗电压，平滑波形。同时，在其输出端设置阻尼电阻或高频扼流圈，吸收二次回路的高频成分，防止输出回路出现谐振现象。

（4）温升较低。硅整流变压器的上层油温升不超过 40℃，比电力变压器低得多。这主要是由于其内安装了硅整流元件，故要求设计整流变压器的温升较低。

20-107　高压供电设备包括哪些部分？

答：高压供电设备（简称 T/R）由高压控制柜（包括电压自动控制器）、高压整流变压器、高压隔离开关和阻尼电阻等组成，其作用是：适应和自动跟踪电除尘器电场烟尘条件的变化，向电场施加所需的高电压，提供所需的电晕电流，达到利于粉尘荷电和捕集的目的。

20-108　高压硅整流变压器在什么情况下进行吊芯检查？

答：高压硅整流变压器在下列情况下应进行吊芯检查：

（1）初次安装新硅整流变压器时。

（2）变压器高、低压线圈绝缘有损坏，电流明显异常时。

（3）高压电压取样电阻烧坏，二次电压没有反馈信号时。

（4）整流回路元件故障时。

（5）变压器油耐压试验或色谱分析不合格时。

20-109　吊芯检查的内容是什么？

答：高压硅整流变压器吊芯检查的主要项目有：

（1）高、低压绝缘子有无破损，各部件及紧固件有无松动现象。

（2）铁芯接地可靠，且只有一点接地，用 2005V 绝缘电阻表测量穿心螺杆与铁芯的绝缘电阻，其阻值要大于 1000MΩ。

（3）检查低压绕组对地绝缘，可用 1000V 绝缘电阻表，测量值应在 300MΩ 以上。检查高压硅整流变压器输出端对地绝缘，应采用 2500V 绝缘电阻表，测量时，绝缘电阻表负端连接设备负高压输出端，测量值应在 1000MΩ 以上。

20-110 高压硅整流变压器吊芯检查的注意事项有哪些？

答：高压硅整流变压器吊芯检查的注意事项有：

（1）吊芯检查一般应在天气状况良好，并且无灰尘、水汽（相对湿度不大于 75%）的清洁场所进行，尽量缩短吊芯时间，以免受潮或污染而降低绝缘。

（2）吊芯前应将变压器外部清理干净，以免灰尘、杂质进入到变压器内部。

（3）吊芯前应先将变压器箱体下部的放油阀旋开，放出约 80kg 变压器油，注意不要让变压器油受污染。

（4）起吊时应注意器身重心的平衡，油箱四角要有人监视，防止器身与箱体碰撞，以免损坏。

（5）对于高压侧面输出的变压器，吊芯前应先打开箱盖上的手孔盖，将变压器内部的高压引线松开。

20-111 高压硅整流变压器的绝缘电阻值应满足什么要求？

答：对高压硅整流变压器进行吊芯检查时，应检测绝缘电阻值。方法是，用 2500V 绝缘电阻表测量高压侧对地正向电阻接近于零，反向电阻应不小于高压取样保护电阻值，一般为 1000MΩ，高压硅整流变压器一次侧对地绝缘电阻值应大于 5MΩ。

20-112 对硅整流绝缘油应做哪些试验？

答：（1）每年对高压硅整流变压器油进行一次化验和耐压试验，要求 5 次瞬时平均击穿电场场强应大于 40kV/2.5mm。如果不能达到要求，就应换油。

（2）每年对高压硅整流变压器油进行一次色谱分析，各参数应在要求的范围之内。

20-113 电除尘器的小修项目有哪些？

答：电除尘器的小修项目主要有：

（1）检查处理变形的阳极板。

（2）处理断开的阴极线，对松动的阴极线进行加固，调整变形的阴极线。

（3）检查收尘极、放电极的积灰情况，异常时应分析原因并进行处理。

（4）检查振打系统各轴、锤的紧固情况，保险销断裂应更换，并分析原因及处理。

（5）检查振打减速机有无漏油现象，检查电磁振打锤情况并处理缺陷。

（6）检查温度控制系统，更换损坏的温度计。

（7）检查烟箱、壳体、灰斗及人孔门处的漏风，必要时进行补焊或更换密封垫。

（8）清扫绝缘支柱、套筒、振打瓷轴、穿墙套管等处的积灰，擦拭干净，更换损坏的绝缘件。

（9）检查浊度仪并进行消缺。

20-114　电除尘器的大修项目有哪些？

答：大修项目除包括上述小修项目外，还有：

（1）检查放电极、收尘极的积灰情况，清除积灰。

（2）检查收尘极板排定位装置，校正极板并更换损坏的极线。

（3）全面检查调整极距。

（4）检修阴、阳极系统的振打系统和传动装置。

（5）清理灰斗及悬吊放电极绝缘子室积灰。

（6）检修高、低压电源设备和控制系统。

（7）检修卸、输灰系统。

20-115　简述硅整流变压器呼吸器的工作原理及检查方法。

答：呼吸器又称吸湿器，一般装设在储油柜的侧面。呼吸器主要由玻璃筒、干燥剂（硅胶）、底罩（盛油槽）、连接管等组成，其连接管上方伸进储油柜，且其上端高出储油柜内油面。呼吸器是变压器储油柜内部空间与变压器外部空间连接的通道。外部空气进入变压器内部时，空气先经过底罩内变压器油过滤，再经过干燥剂吸潮，其作用是使油箱内、外压力保持一致，并减缓油箱内变压器油的氧化和受潮，延长其使用期限。干燥剂（硅胶）在干燥的情况下呈浅蓝色，吸潮后达到饱和状态时呈淡红色。饱和的硅胶在140℃高温下烘焙 8h 后可恢复使用。

20-116　什么是爬电？

答：爬电是指由于绝缘套管或绝缘子表面结露、积污、破损等原因而引起的局部击穿或沿面放电现象。

20-117　电除尘器电气部分的小修项目有哪些？

答：电除尘器电气部分的小修项目有：

(1) 整流变压器和高压隔离开关及操作机构的清扫检查。

(2) 除尘器顶部高压引线及阴尼电阻、绝缘套管的清扫检查。

(3) 大梁加热元件、瓷轴加热元件及测温元件的清扫检查。

(4) 高压控制柜内元件的清扫检查。

(5) 测高压回路绝缘电阻。

(6) 保护传动试验和安全闭锁装置检查。

(7) 低压配电装置的清扫检查。

(8) 低压控制柜内元件的清扫检查。

(9) 低压操作箱内元件的清扫检查。

(10) 低压电动机的清扫检查。

(11) 测低压电气设备绝缘电阻。

(12) 分部试运及电场冷态升压试验。

(13) 照明回路消缺。

20-118 电除尘器安装或检修完成后做冷态伏安特性试验时有何具体要求？

答： 电除尘器安装或检修完成后必须进行冷态升压，做不同工况下的伏安特性试验，其目的主要是检验异极的调整情况及高低压设备的工作性能。具体试验内容如下：

(1) 测定各电场起晕电压及闪络时的电压、电流。

(2) 测算各电场的板电流密度及线电流密度。

(3) 检验高压硅整流全套设备的供电性能。

(4) 测定各电场不同电压下的电流，绘制伏安特性曲线。

试验结果应符合下列要求：

(1) 异极距为150mm时，最低的二次闪络电压 $U_2 \geqslant 55kV$（55kV 为合格电压）。

(2) 对于其他形式的电除尘器，异极距每增加 10mm，二次电压增值 $\Delta U_2 \geqslant 2.5kV$（2.5kV 为合格电压）。

例如，某电除尘器电场异极距为 202.5mm，则冷态升压二次电压合格值应为：

$$55kV + (202.5 - 150) \times 2.5kV/10 = 68.125kV。$$

注意：

(1) 高海拔地区的电除尘器进行冷态空载升压试验时，需进行大气压的修正。修正方法是：当海拔高于 1000m 时，海拔每升高 100m，输出二次电压值允许降低 1%。

（2）冷态升压二次电压合格值应有静态和动态之分。静态：振打系统不投入、引风机不运行、电场处于静止状态、无烟气通入的情况下进行的升压试验；动态：振打系统投入、引风机运行、电场处于动态情况下进行的升压试验。

20-119 电除尘器电气部分的大修项目有哪些？

答：电除尘器电气部分的大修项目如下：

（1）整流变压器的检修。

（2）高压隔离开关及操作机构、信号回路的检修。

（3）除尘器顶部高压引线、阻尼电阻、绝缘套管、加热元件及全部绝缘部件的检查消缺。

（4）低压配电装置的检修。

（5）低压操作箱、端子箱、开关箱的检修。

（6）低压电动机的检修。

（7）照明回路修复。

（8）高压控制柜内仪表及各电气无器件的检修，计算机电压控制器的检修与调试。

（9）低压控制柜内仪表及各元器件的检修与调试。

（10）表计校验。

（11）接地装置的检查及接地电阻的测量。

（12）高压装置保护传动试验及电场冷态升压试验。

（13）消除设备运行中发生的其他设备缺陷。

20-120 什么原因可导致板、线积灰过多？

答：粉尘黏附性太强、粉尘比电阻过高、振打机构故障或板线结露等原因，都可能导致板、线严重积灰。

20-121 对电除尘器的接地装置有何要求？

答：电除尘器的本体及外壳必须可靠接地，具体要求如下：

（1）电除尘器应设置专用的接地网，接地电阻不大于 1Ω。

（2）每台电除尘器本体与接地网的连接点应不少于 6 个。

（3）电除尘器壳体、低压配电柜、高压供电设备、低压设备必须可靠接地，并符合要求。

20-122 什么是灰斗棚灰？

答：由于灰斗加热、保温不良而引起灰斗结露或有异物阻挡而导致的粉尘结块搭拱引起的卸灰不畅现象，称为灰斗棚灰。

20-123 简述高压主回路的工作原理。

答：在高压柜内合上主电源空气开关，就地或在分散控制系统上启动高压控制回路，主交流接触器吸合，380V 单相工频交流电源经熔断器加在反并联的双向晶闸管两端，在晶闸管未导通时，无调相电压输出，硅整流变压器也无高电压输出。当晶闸管控制极 G 获得来自计算机电压控制器的触发控制信号后，晶闸管导通，经调相的交流电压加在硅整流变压器的一次侧，经升压、整流后，由变压器输出端、高压引线、阻尼电阻、高压隔离开关，向电除尘器电场输出脉动直流高压，供电除尘器电场产生电晕电流，收集粉尘用。

20-124 简述二次取样回路的工作原理。

答：二次取样回路分为电压取样回路和电流取样回路。电压取样电阻由两个电阻串联而成，由于硅整流变压器输出直流电压较高，因此安装在硅整流变压器内的分压电阻阻值较大，通常为 78~91MΩ，安装在硅整流变压器外的分压电阻阻值较小，一般为 68kΩ 左右，二次电压从 68kΩ 电阻取得分压值。电流取样电阻接在整流桥的正极端，阻值通常为 5Ω，二次电流取样从 5Ω 电阻值取得电压值。电除尘器电场运行的各种信息由二次电流和电压取样电阻取出，分别送显示回路和计算机电压控制器。电压控制器对各种反馈信号进行综合、加工和处理后，不断发现各种指令，使除尘器工作在最佳运行状态，达到设备稳定、高效运行的目的。

20-125 简述典型的高压硅整流变压器内部接线。

答：高压硅整流变压器内部接线方式常用的有两种：

（1）低压绕组为一个绕组，安装在铁芯和高压绕组之间；高压绕组由 4~6 个高压线包串联组成，高压绕组的两端作为整流桥的输入端；整流装置采用一个大型整流桥，整流桥的输出负端接电晕极，正端接地。采用这种接线的整流变压器体积一般较小、绝缘油用量少、总质量较小，但对线圈、整流元件等设备的质量要求较高。

（2）低压绕组由两个绕组串联而成，分布在两个铁芯柱上，安装在铁芯和高压绕组之间；高压绕组由 6~8 个高压线包（有时还设有加强包）组成，分成两组安装在低压绕组之外。每个高压线包对应一个整流装置，每个高压绕组的两端作为整流桥的输入端；整流装置采用硅堆组成的整流桥，每个整流桥的输出负端与上一个整流桥的正端相连，最后接电晕极，最后的正端接地。另外，每一个整流装置还配有一个高压电容，起均压、吸收高频过电压和保护硅堆的作用。采用这种接线的整流变压器体积一般较大，绝缘油用量多，总质量较大，运行较稳定。

20-126　简述浊度仪的工作原理。

答：浊度仪的工作原理如下：

（1）由光源发出的光被分成两束：测量光束和基准光束。基准光束通过测量头中的一段比较行程被引导到光电器件。测量光束被引导到通过烟道中的测量行程，然后被反射器返回通过此段行程，最后与基准光束一样落到同一光接收器上。

（2）该仪器主要控制部件为一微处理器，利用转屏，测量光束和基准光束可交替折射到同一接收器上。此屏以 62s 和 2s 顺序工作，即光接收器从测量光束接收光 62s，紧接着再从基准光束接收 2s。测量基准光束强度，并将其转换成数字值加到所存储的基准值上，将这两个值的和除以 2 作新的基准值。

（3）烟气中的含尘浓度越大，测量光束衰减就越多，此衰减量是由光散射和吸收造成的，光衰减程度由传输系数确定，由此，发射光对接受光的比值可按百分值给定。传输系数 T（％）$= I \times 100\%$，与传输系数相对的函数是浊度 I（也称不透明度）。用不透明度作为浊度仪的输出单位，是因为随着烟气浊度的增加，所得到的输出信号也在增加。

20-127　振打、卸灰电动机如何进行检修？

答：振打、卸灰电动机的检修程序如下：

（1）首先进行解体，抽出转子后，应对转子和静子进行初步检查，然后清扫静子和转子。

（2）静子检查。包括：静子各部清洁，无油垢，并见本色；漆无脱落，绝缘无破损、磨损、裂纹，无过热、脆化、烧焦变色或放电痕迹，特别要注意槽口部分；铁芯无扫膛、过热、变色、松弛、锈斑和位移。引出线的固定，焊接和连接牢靠，绝缘良好无损。

（3）转子铁芯无扫膛、生锈、过热松弛，导体无裂纹、断裂。

（4）检查并清洗轴承；保持器完整，无变形、歪扭，不与内外套圈摩擦，且距离均匀，晃动不大。

（5）槽道、滚珠无生锈和砂面斑痕等，若无任何缺陷，则应一律进行清洗。

（6）更换轴承应采用加热法，油温不得超过 120℃。

（7）皮带轮（链轮）同轴的配合应紧固，无松动。

（8）检修完成后试运时应无振动，空载电流不得大于额定电流的70%。

（9）检修后的电动机应测试直流电阻和绝缘电阻。各相绕阻的直流电阻的相互差别不应超过最小值的2%，并应注意相间差别的历年相对变化。

（10）380V电动机的交流耐压可用2500V绝缘电阻表代替，其值应大于0.5MΩ。

（11）380V电动机的绝缘电阻用1000V绝缘电阻表表测，其值应大于0.5MΩ。

（12）若由于进水、进汽明显受潮，则应进行干燥。

20-128　通常说的"飞灰"是指什么？

答： 通常说的"飞灰"是指燃烧化石燃料所产生的烟气中悬浮的固体颗粒物的统称。

20-129　简述布袋除尘器的组成。

答： 构成布袋除尘器的基本部件为箱体、灰斗、滤袋和清灰系统。

20-130　布袋除尘器如何进行分类？

答： 袋式除尘器按照不同的清灰方法分为以下5类：①机械振动清灰类；②分室反吹类；③喷嘴反吹清灰类；④振动、反吹并用类；⑤脉冲喷吹类。按照烟气进口的布置不同，分为上进式和下进口式。除尘器内的含尘气流有从滤袋内流向滤袋外，被收集的粉尘附着在滤袋内侧的，称为内滤式。含尘气流从滤袋外流向流向滤袋内，被收集的粉尘附着在滤袋外侧的，称为外滤式。目前采用的布袋除尘多一般为下进、外滤、脉冲喷吹式。

20-131　为什么布袋除尘器必须进行清灰？

答： 滤袋及其粉尘对气体的流动是有阻力的。滤袋上的粉尘积得越多，对气流的阻力也越大，最终风机所输送的气流就会减小到不能满足需要。因此，当阻力大到一定程度时就要采取措施，将滤袋上的粉尘清除下来，这就是所谓的清灰。基本的清灰方式有机械清灰方式、分室反吹清灰方式和脉冲清灰方式。

20-132　什么是机械振动清灰方式？

答： 机械振动清灰方式是最为原始的清灰方式，它是利用机械装置使滤袋产生垂直振动、水平振动或扭曲振动而达到清灰的目的。

20-133 什么是分室反吹清灰方式？

答：分室反吹清灰是以清灰气流逆着过滤气流的方向流过滤袋，使滤袋缩瘪或鼓胀而进行清灰的。

20-134 什么是脉冲清灰方式？

答：脉冲喷吹清灰是利用压缩空气的短促发射，瞬间逆着过滤气流向滤袋喷吹，使粉尘脱离滤袋的方法。

20-135 三种清灰方式相比较各有什么特点？

答：机械振动和分室反吹的清灰能力弱于脉冲喷吹清灰，脉冲喷吹清灰更适宜用于较难清除的粉尘。机械振动清灰和分室反吹都要在滤袋停止过滤后才能进行清灰，因此，这两种清灰方式只能用于间歇工作的除尘器，或增加一部分储备的滤袋，分室轮流清灰；脉冲清灰则不一定要在停止过滤时清灰，使用脉清灰的除尘器能处理含尘浓度很高的烟气。

20-136 脉冲清灰袋式除尘器的最大优点是什么？

答：脉冲清灰袋式除尘器的最大优点是在处理气体量相同的情况下，它所需要的滤料面积比机械振打清灰和分室反吹清灰小得多，因而设备体积、质量、占地面积都相应地小得多，初次投资也少得多。

20-137 袋式除尘器的除尘效率与哪些因素有关？

答：袋式除尘器的除尘效率与滤袋种类以及滤袋上附着粉尘的状况有关。一般新滤袋的除尘效率降低，当滤袋上附着的粉尘达到 $2\sim3mg/m^2$ 时，除尘效率就能超过 90%；达到 $150mg/m^2$ 时，就能超过 99%（即按常见的粉尘浓度 $2.5g/m^3$ 计算，除尘效率达到 90% 需要 1min，除尘效率达到 99% 需要 1h）。滤袋经过清灰后，残留粉尘就趋于稳定，这时的除尘效率一般将大于 99%，如果使用合理，除尘效率可以达到 99.9%。

20-138 圆袋和扁袋各有什么优缺点？

答：圆袋和扁袋相比有以下不同：

（1）体积相同的除尘器，扁袋比圆袋可多 20%～40% 的过滤面积。

（2）扁袋可以从除尘器侧面水平抽出，顶部不需要有较高的空间。

（3）采用脉冲喷吹方式清灰时，扁袋变形比圆袋大，因而喷吹后滤袋缩回时与袋笼相撞的作用更强烈，产生的漏尘更多，而且清灰时脱离扁袋的粉尘迁移到相邻滤袋上的情况比圆袋的严重。

（4）扁袋由于缝口不好而漏尘的机会比圆袋的多。

（5）扁袋与扁袋之间的间距较小，如果粉尘量大，或有较粗的纤维状粉尘时，较易堵塞。

20-139　袋式除尘器的收尘机理是什么？

答： 引风机将含尘气体由进风口吸入除尘器箱体内，细小尘粒由于滤袋的多种效应作用，被滞阻在滤袋外壁。净化后的气体通过滤袋从净气室排出。随着时间的延长，滤袋表面吸附的粉尘增多，滤袋的透气性减弱，除尘器阻力不断增大。为了将除尘器的阻力控制在限定范围内，由上位机控制定期发出喷吹信号，顺序打开电磁脉冲阀，使气包内的仪用压缩空气由喷吹管各喷孔喷射到布袋，造成滤袋瞬间急剧膨胀。由于脉冲气流的冲击作用很快消失，滤袋又急剧收缩，从而使积附在滤袋外壁上的粉尘被清除，落入灰斗中；由于清灰是轮流向各组滤袋分别进行，并不切断需要处理的含尘空气，因此，在清灰过程中，除尘器的处理能力不变。

20-140　袋式除尘器的阻力由哪几部分组成？

答： 袋式除尘器的阻力（也称压力损失、压力降）一般由除尘器结构阻力、滤料和清灰后残留粉尘的阻力、滤料上能被清灰除去的粉尘层所产生的阻力组成。实际运行阻力可以由下面的经验公式计算出，即

$$\Delta P = 1390v \pm 40\%$$

式中　ΔP——煤粉炉应用的脉冲喷吹袋式除尘器总阻力，Pa；
　　　v——过滤速度，m/min。

一般袋式除尘器的运行阻力可以通过清灰自动保持在 500～2000Pa 范围内。

20-141　滤袋覆膜的目的是什么？

答： 覆膜滤料是在织造滤料或非织造滤料表面覆盖一层聚四氟乙烯薄膜而形成的。覆膜的目的是要形成表面过滤，只让气体通过滤料，而把气体中含有的粉尘留在滤料表面。

20-142　选择滤料时要考虑哪些因素？

答： 不同的滤料有不同的特性，各有其适用条件，所以在应用袋式除尘器时，采用何种滤料必须考虑各种因素慎重选择。选择滤料时要考虑的因素主要有：

（1）除尘器所处理的含尘气体的特性，包括：

1）温度。用不同原料制成的滤料所能长期连续承受的温度是不同的，如果使用温度高于滤料能承受的最高温度，滤料会很快损坏。锅炉烟气进入

除尘器时的温度一般为 130～170℃。

2）湿度。含有水分的气体，当温度降至一定程度时，就会有一部分水汽凝结成水滴，这种现象就是结露，这时的温度称为露点。烟气中含有酸性气体时，露点显著升高，这时的温度为酸露点。烟气中的含湿量与其露点有关。含湿量高，露点也高，容易在袋式除尘器内结露，以致粉尘容易黏结在滤袋上而影响清灰效果。如果除尘器常常运行在露点上下，温度有时高于露点，有时低于露点，滤料就易于损坏。锅炉烟气中一般含有 5%～10%（体积分数）的水汽，其来源一部分是煤所含有的结晶水以及煤所吸附和人工加给煤的水，还有一部分是煤中的氢燃烧后生成的水。同时，烟气中还含有硫化物，如果烟气温度低于酸露点，烟气中的硫化物溶于水生成的亚硫酸或硫酸就会直接腐蚀滤料，还会造成粉尘堵塞滤料孔隙的后果。

3）氧化。PPS 材料不会水解，但会因氧化而降解，以致变色、发脆，严重时毡子的纤维网会破碎。PPS 材料在室温下的大气环境中氧化很慢，大气中的氧气和氮化物不会对 PPS 材料造成较大的伤害。可是，温度一旦超过 100℃，PPS 材料能够承受的氧和二氧化氮含量就会随着温度的上升而显著减小。

（2）烟气中粉尘的特性，包括以下方面：

1）粉尘的黏性。如果粉尘在滤料上的黏附力强，就不容易清灰，以致除尘器的阻力居高不下。

2）粉尘的吸收性。吸湿性强的粉尘在吸收了烟气中的水分后，容易黏附、板结于滤袋表面，有些粉尘吸湿后还会发生化学反应，糊在滤袋表面上。一旦出现以上这些情况，都会使滤袋清灰失效。

3）粉尘的磨损性。不同的粉尘对滤袋的磨损程度不同，应根据要收集的粉尘粒度选择要使用的滤袋。

（3）袋式除尘器的清灰方式。不同的清灰方式施加于滤袋的动能强弱不同，因而适用的滤料也不同：

1）属高动能清灰的有脉冲喷吹清灰，宜选用厚的滤料。

2）属中等动能清灰的有回转反吹清灰，可选用中等厚度的滤料。

3）属低动能清的有分室反吹清灰、机械振动清灰，应采用薄的、柔软的滤料。

从以上分析可以看出，设置袋式除尘器时，向除尘器设计方提供有关的基本数据的准确性是非常重要的，这主要包括烟气的温度，含水量，含氯量，SO_x、NO_x 的浓度和煤的含硫量等。

另外，除了考虑以上因素外，还要考虑经济因素，如果有不止一种滤料能够满足使用条件，那就得从经济的角度来决定。这要考虑不同滤料制成的滤袋价格、需要的滤袋数量和相应配备的装置与部件、出问题的可能性与预期使用的寿命等因素来考虑。目前，电厂烟气除尘器中可使用的滤料有PPS、PPS覆膜、P84、PTFE以及玻璃纤维制造的滤料，它们都具有能承受其使用条件的能力，但究竟使用哪一种滤料，还需要进一步根据具体情况而定。

20-143　锅炉燃煤含硫量对袋式除尘器有什么影响？

答：一般情况下，燃烧含硫 1%（质量分数）的煤，在烟气中形成的 SO_2 约为 600×10^{-6}，一部分 SO_2 又慢慢地与氧气结合成 SO_3。通常，烟气中 SO_x 的 $1\%\sim2\%$ 以 SO_3 的形态存在。SO_2 转化为 SO_3 的百分数由许多因素决定，如燃烧的火焰温度、燃烧时有多少氧、烟气中颗粒物的化学成分等。SO_3 和水有极大的亲和力，两者很容易结合成硫酸。气体中低浓度的硫酸就足以把酸露点提升到显著高于水露点。如果烟气冷却到酸露点以下或者接触温度低的表面，硫酸就直接冷凝而严重腐蚀金属部件和滤料，还会造成粉尘堵塞滤料孔隙等后果。

20-144　脉冲喷吹袋式除尘器的部件主要有哪些？各有什么作用？

答：脉冲喷吹袋式除尘器主要由以下部件组成：

（1）箱体。箱体一般由钢板焊接而成，以花板为界，花板以上称为上箱体，花板以下称为中箱体，中箱体下面连接灰斗。上箱体是除尘后的烟气外排通道，内装喷吹管。中箱体内放置滤袋，滤袋悬挂在花板上。为保持箱体内的温度不降至酸露点，箱体外面需包上厚 $100\sim150mm$ 的岩棉等保温材料构成的保温层。

（2）花板。分隔上、中箱体的花板上有许多以激光切割等方法开的孔，供悬挂滤袋使用。这些孔的排列有直线和交错两种方式。在同样的分室内，采用交错式排列能容纳的滤袋数量比直线式的多，如可以从270条增加到298条。但是，在相同的滤袋长度和过滤速度下，交错排列的滤袋之间垂直气流速度较高，会增加滤袋的磨损，并影响在线清灰的效果，因此，长度大于5m的滤袋不应当用交错排列方式。花板孔周边应光滑、无毛刺，花板孔的中心距根据滤袋直径和滤袋间距确定。滤袋间距不能过小，过小会造成相邻滤袋互相接触和摩擦，并使滤袋间垂直气流速度过高；但也不能过大，以免不必要地扩大设备体积。一般情况下，长度为3m的滤袋，间距为50mm；长度为 $6\sim8m$ 的滤袋，间距为75mm。

（3）滤袋。确定滤袋时要考虑以下因素：

1）滤袋的长度。在处理烟气量、过滤速度及滤袋直径相同的情况下，增加滤袋长度可减少滤袋数量，从而可缩小占地面积，减少清灰系统的电磁阀、脉冲阀、喷吹管等部件，节省投资。但另一方面，滤袋加长，除尘器箱体也要向上延伸，其构件强度就得加大，使设备费用提高；从脉冲喷吹来看，要使滤袋全长得到有效的清灰，必须在喷吹一端应用足够大的能量，滤袋越长，需要的能量越大，滤袋喷吹端就越易损坏；滤袋加长，由滤料支撑的重量加大，张力也加大，如果滤袋顶部张力太大，可能将线缝拉破；在线清灰时，滤袋越长，脱离滤袋的粉尘返还滤袋的可能性越大；此外，滤袋太长，则安装、维护、检查都会不便。目前，电厂用袋式除尘器滤袋长度大多在 8m 左右。

2）滤袋直径。与合理利用滤料有关，因为各种滤料都有其宽度，要使滤料得到充分的利用，滤袋直径就应根据滤料宽度来确定。另外，滤袋直径对除尘器的大小也有一定的影响。滤袋的直径还与需要的清灰能量及脉冲阀的排列有关。常用的脉除尘器中较长的滤袋，直径一般为 160mm 左右。

（4）袋笼。袋笼也称龙骨，是插在滤袋内支撑滤袋，以免过滤时滤袋被压瘪的框架。常用的袋笼由若干围绕滤袋纵轴平行排列的钢筋构成，这些钢筋由间隔均匀的钢环支撑着。所有安装滤袋和袋笼的方法都有滤袋垂直性和平行性的问题，因为即使花板只有小小的不水平，或袋笼与花板配合只有微小的偏差，其影响都会放大到差不多是滤袋长度与其底部宽度之比的程度。例如，花板在某处有 1mm 的偏差，8m 长的滤袋底部则可能有大于 50mm 的偏移，这样就可能产生滤袋的接触和磨损。因此，在滤袋安装完成后，应从灰斗内部进行目视检查，看看是否有几条滤袋底部相互接触的现象，必要时可进行微调，来保持滤袋间有较为相等的间距。滤袋和袋笼的长度也要配合适当，安装后两者底部不应有大于 16mm 的间隙。如果袋笼过长，可以做成两节或三节，在滤袋安装就位并将下一节龙骨放入滤袋后，用所带有的卡件将两节袋笼连接起来。因为在过滤和清灰的过程中，滤袋和袋笼会有摩擦和碰撞，为避免滤袋损伤，袋笼表面必须平整、光滑，不得有焊疤、毛刺。为防止锈蚀，袋笼一般要加面漆涂层。

（5）灰斗。除尘器的中箱体下部连接灰斗，用于收集清灰时从滤袋上落下的粉尘，以及进入除尘器的气体中直接落入灰斗的粉尘。为了保证灰斗内不积灰，灰斗内壁与水平面的夹角一般设计为 60°～65°，有时甚至更大。

（6）灰斗加热器。粉尘在除尘器的工作温度下流动性很强，一旦降低到一定温度，灰便吸潮或结块，造成灰斗堵灰。灰斗位于除尘器的最下端，是整个除尘器中温度最低的部分，因此必须采取加热和保温措施来保证除尘器的正常运行。灰斗外壁安装加热装置，使粉尘温度保持在露点以上。加热装置可选用电加热和蒸汽加热。电加热一般安装在每个灰斗四个侧壁的下部，外敷保温层；蒸汽加热一般在灰斗下部直接焊接蒸汽加热管路，也同样在灰斗外壁敷设保温层。蒸汽压力一般为 $0.49\sim0.588MPa$（$5\sim6kgf/cm^2$），蒸汽温度一般为 $150\sim350℃$。

（7）灰斗振动器。使用灰斗振动器是为了在受控状态下给灰斗以振动，帮助输灰。一般情况下，一个锥形灰斗配有一个振动器。振动器有两种，一种是电动的，一种是气动的。电动的电磁振动器给灰斗的是低振幅高频振动，振动强度比较小。气动的活塞振动给灰斗的是高振幅的单一冲击或是低频率的振动，振动强度比较大。使用灰斗振动器时，必须注意以下两点：①必须在输灰装置运行时才能开启振动器，如果振动时不出灰，则越振动，堆积灰会挤得越紧密；②每次振动的时间不宜长，5s 即可，气动振动器一般是冲击一次即可。如果振动时间长，会将积存的灰振动得密实起来。通常，振动器装设在灰斗斜面从排灰口向上占斜面长度 $1/4\sim1/3$ 之处的两根加强筋之间。电磁振动器可以用螺栓固定在灰斗壁面上。气动振动器因其振动强度较大，通常不直接安装在灰斗上，以免造成灰斗撕裂，一般固定于焊接在灰斗壁上的一块槽钢上。

（8）提升阀。在每个分室的出口设置一个提升阀，提升阀有一块连接在轴上的圆形平面阀板，轴升降即开关提升阀。在关闭位置，圆形阀板将烟气出口设置的一个隆起的环盖住，因为提升阀气缸有足够的力使阀板挠曲，形成类似于膜片密封的作用，烟气便不能流通。阀板应有挠性，足以达到均匀的金属对金属的密封，在阀杆与箱体连接处用填料进行密封。提升阀有电动的，也有气动的。气动提升阀是由复动式气缸提供的力来开关，由电磁阀先导驱动。阀门的开关由 PLC 控制，另设有气缸的手动装置，以备在 PLC 不能输出时或在检查维修时使用。阀门的开关速度可以调节，一般调节到 10s 阀门冲程期。

（9）旁路阀。旁路阀和提升阀的阀体结构基本相同，只是旁路阀增加了密封圈。

20-145 提升阀的作用是什么？

答：提升阀的作用主要有两个：

（1）在锅炉点火期间或投油助燃期间关闭提升阀，让烟气从旁路阀通过，保护布袋。

（2）在线检查净气室和布袋或者在线更换布袋时关闭提升阀，将某个净气室隔离出来进行工作。

20-146 为什么要设置旁路？

答：设置旁路的目的有以下几个：

（1）在锅炉点火期间，让带有油气的烟气不经过布袋区，而从旁路直接排走。

（2）在锅炉燃烧不稳定，投油助燃时，让带有油气的烟气不经过布袋区，而从旁路直接排走。

（3）在锅炉出现尾部燃烧、烟气温度过高时，防止高温烟气对布袋造成损坏，而让烟气从旁路直接排走。

旁路和旁路阀装在除尘器的排气总管与进气总管直接连接的回路中。如果是用在电袋除尘器中，则一般设置在电除尘器之后、布袋除尘器之前。

20-147 确定旁通阀的原则是什么？

答：确定旁通阀的大小有一个原则，就是确保在除尘器被旁路时，除尘系统的压力损失不激烈波动。这就是说，即使除尘器被旁路，不用滤袋了，旁路系统也有与用滤袋差不多的压力损失。这就可以防止运行压力出现大的变化，而不致影响锅炉的引风。如果计算出的旁路阀直径大于 1.8m，则应使用两个或更多的旁路阀。分室的提升阀必须可以在关的位置锁定，旁路阀必须可以在开的位置锁定。提升阀和旁路阀的气缸应有两个限位开关，用于指示阀的"全开"和"全关"位置。

20-148 清灰对袋式除尘器的作用和影响是什么？

答：袋式除尘器在过滤含尘气体期间，由于捕集的粉尘增多，以致气流的通道缩小，滤袋对气流的阻力便会逐渐上升，处理风量也按照所用风机的风压—风量特性而下降。当阻力上升到一定程度以后，就会产生以下问题：

（1）风机为了满足锅炉工况要求，加大出力，电能消耗增加。

（2）阻力超过了通风系统设计的最大数值，通风不能满足要求。

（3）粉尘堆积在滤袋上后，孔隙变小，空气通过的速度就会增加。当增加到一定程度时，会使粉尘层产生"针孔"，以致大量气体从阻力小的针孔中流过，形成所谓的漏气现象，造成滤袋局部磨损严重，严重时会出现孔洞，影响除尘效率。

因此，袋式除尘器在使用过程中都要通过某种方法清除滤袋上累积的粉尘。不过，一般在清灰以后还有相当多的粉尘留在滤袋的孔隙内，清灰后的剩余阻力比原来干净滤袋的阻力大得多。当然，完全的清灰在技术上是可能的，但从所需要的动力和时间以及对滤袋的损伤角度来看，这样做是不经济的，而且在清灰后、下一个过滤周期开始时，剩余粉尘还可以起到相当大的捕尘作用，所以清灰不需要彻底。

一般在干净滤袋使用后的头几个过滤周期内，清灰所除去的沉积粉尘比较多，以后越来越少。经过一段时间，清灰后的剩余粉尘便达到大致恒定的数值。这时，滤袋上沉积的剩余粉尘已基本饱和。在这以后，过滤和清灰的压力降周期也就比较稳定。如果粉尘的黏附性强，经过多次的过滤—清灰周期后，还不再现剩余粉尘的平衡，则剩余压力降可能会上升到不能允许的程度。这时就得加强清灰，或者更换滤袋。

20-149　清灰对袋式除尘器有何负面影响?

答：清灰对袋式除尘器的除尘效率是有影响的。在滤袋的一个清灰周期内，以刚清灰之后漏出滤袋的粉尘为最多，经过几分钟的时间，滤袋上沉积的粉尘厚度增加到一定程度，漏出的粉尘即迅速减少而保持在几乎恒定的水平。刚清灰后漏出的粉尘较多，是因为喷吹一停止，原来由于喷吹鼓起的滤袋迅速缩回，与袋笼发生碰撞，加上过滤气流的作用，致使粉尘穿过滤袋而逸出。如果过滤速度提高，这种漏尘现象就会加重。这是因为速度提高会使清灰后不落入灰斗而重返滤袋的粉尘增多，而气流以较高的速度通过较厚的粉尘层会造成较高的压力降，导致滤袋和袋笼碰撞更有力。滤袋经过大量的过滤—清灰周期后，由于机械屈曲和相对运动，加上粉尘的磨损作用，滤袋纤维会逐渐受损，以致断裂，滤袋在屈曲点越磨越薄，于是这些地方的粉尘通过量增大。最后薄的地方或裂缝发展到不能依靠捕集的粉尘来填补，这时滤袋就不能继续使用而需要更换。

20-150　从哪些方面评价袋式除尘器?

答：在相同的应用条件下，主要从以下三个方面考虑袋式除尘器的性能：

（1）是不是阻力小而过滤速度高。

（2）排出的粉尘浓度有多低。

（3）滤袋寿命有多长。

20-151　行喷吹清灰装置包括哪些基本部件?

答：通过一行行固定的喷吹管对各行滤袋轮流进行喷吹清灰的清灰系统称为行喷吹清灰装置，其基本部件有喷吹气源、气包、电磁阀、脉冲阀、喷吹管、喷嘴等。

20-152　对清灰气源有何要求？

答：对袋式除尘器清灰气源的要求如下：

（1）接至除尘器气包的气源压力不应超过一定范围，如气源压力过高，则要设减压装置。

（2）压力要稳定，供气不能中断。一般电厂用的袋式除尘器设置有专用的空气压缩机站，并配备有专用的储气罐，以保证气压、气量相对稳定。

（3）压缩空气品质要求较高。喷吹用压缩空气要求为仪用空气，空气中含有的油、水必须达到要求，同量压缩空气中不能含有污垢，以免堵塞气路或堵塞滤袋。目前，电厂用于喷吹清灰的压缩空气干燥机通常为组合式干燥机。

20-153　简述旋转喷吹的工艺过程。

答：旋转喷吹除尘器与行喷吹除尘器在结构上有较大的不同，它的各个单元都是在圆形壳体内设置若干圈按同心圆方式布置的椭圆形滤袋，每条滤袋长 8m 左右。一个单元所含的滤袋数量不一。清灰装置是在除尘器的每个单元顶部各设一特别设计的大尺寸淹没式脉冲阀，下连喷吹管。喷吹管以慢速旋转，储存在气包内的压力为 55～85kPa 的压缩空气经喷吹管上的喷嘴轮流对各条滤袋喷吹清灰。与行喷吹相比，在处理风量大的情况下，这种除尘器大大减少了使用电磁阀及脉冲阀的数量，也没有众多的一行行固定喷吹管，有利于检修维护和更换滤袋。但是，一旦脉冲阀出现问题，影响也较大。采用旋转脉冲喷吹的除尘器，每室配用一套旋转脉冲清灰系统，每套旋转脉冲清灰系统包括供气管、隔离阀、止回阀、消声器、电磁阀、脉冲阀、气包、驱动电动机、旋转总管和喷嘴等部件。

20-154　电袋复合式除尘器的主要设备有哪些？

答：电袋复合式除尘器的主要设备有：

（1）由前级为电除尘区和后级为袋除尘区组成的本体。

（2）采用计算机数字控制技术电压控制器和高压静电除尘用整流设备组成的高压控制回路。

（3）阴、阳极振打，脉冲清灰，参数检测，保护及控制等组成的低压控制系统。

（4）输灰系统。

（5）供输灰系统、脉冲清灰使用的压缩空气系统。

20-155　电袋复合式除尘器的主要技术特点是什么？

答：电袋复合式除尘器主要有以下技术特点：

（1）除尘效率长期高效、稳定。电袋复合式除尘器的除尘效率不受煤种、烟气工况、飞灰特性的影响，排放浓度可长期、高效地稳定在 50mg/m³（标准状态下）以下。

（2）运行阻力低。进入袋区的粉尘量少，滤袋粉层透气性高，易于清灰，在运行过程中除尘器可以保持较低的运行阻力。

（3）节能显著。降低滤袋阻力，延长清灰周期的综合作用，降低了引风机、气源的运行功率，此功率大于电区高、低压设备的功率，所以电袋复合式除尘器具有显著的节能功效。

（4）电袋除尘器的滤袋使用寿命长。电袋除尘器与常规布袋除尘器相比，电袋主要因以下因素延长了滤袋的使用寿命：

1）滤袋沉积的粉尘量少、清灰周期长，降低了滤袋的清灰频率，减少了清灰次数。

2）粉尘容易清灰，在线清灰减少了滤袋气布比波动，低压脉冲降低了清灰气流冲刷力。

3）滤袋粉饼的透气性能好、运行阻力低、滤袋的负荷强度阻力小，降低了滤袋的疲劳强度，从而延长了滤料的使用寿命。

4）前级电除尘区去除了大部分粗颗粒粉尘，可以避免粗大粉尘产生的冲刷磨损。

（5）电袋除尘器的运行、费用较低。除尘器中的袋收尘占了除尘器的大部分成本，减少袋收尘部分的成本和延长滤袋的使用寿命可以降低滤袋的更换维护费用。降低运行阻力可以节省风机的电耗费用，清灰周期长可以节省压缩空气消耗量，即减少空气压缩机的电耗费用。电袋复合式除尘器的运行、维护费用大大低于纯袋式除尘器。

20-156　什么是袋式除尘器的过滤风速？

答：袋式除尘器的过滤风速也称气布比，指烟气透过滤袋的过滤速度，反映了单位滤袋面积所处理的烟气量，单位为 m/min。

20-157　什么是袋式除尘器的分室？

答：在袋式除尘器内部由若干滤袋组成的单元，单元内含尘烟气或净气具有独立的气流通道，该单元就称为室。单台布袋除尘器由若干个室组成，结构上室之间采用隔板分开，每个室是除尘器的一个分室。

20-158　脉冲阀和电磁阀的作用各是什么？

答：在布袋除尘器的喷吹系统中，脉冲阀是控制脉冲喷吹开始与终止的部件，它一头连着储存压缩空气的气包，一头连着向各条滤袋输送喷吹空气的喷吹管。只有脉冲阀打开，压缩空气才能流过去，向滤袋喷吹清灰；脉冲阀关上，喷吹即终止。而脉冲阀的开关则由电磁阀来控制，电磁阀则受 PLC 控制。

20-159　什么是袋式除尘器的总过滤面积？

答：袋式除尘的总过滤面积是指单台除尘器滤袋面积的总和，单位为 m^2。

20-160　QMF 型脉冲阀由哪些部件构成？工作原理是什么？

答：QMF 型脉冲阀由阀体、阀盖、膜片、弹簧、节流孔和喷吹口组成，其工作原理为：此脉冲阀包括三个室，A 室接气包，B 室接喷吹管，C 室接电磁阀。此三室被膜片隔开，但 A、C 两室由节流孔沟通。除尘器运行时，压缩空气由气包进入 A 室，再经节流孔进入 C 室，使 A、C 两室气压相等。但因膜片在 C 室的受压面积大于 A 室的受压面积，加上弹簧的压力，膜片便被压着，封住了通向喷吹管的孔口。当电磁阀线圈通电，铁芯动作，C 室的压缩空气经电磁阀排出，A 室的压力超过 C 室的压力，膜片便移向 C 室，打开喷吹口，压缩空气进入喷吹管道，实现喷吹清灰。电磁阀脉冲信号一消失，电磁阀的线圈断电，铁芯复位，截断 C 室的排气口，压缩空气经节流小孔向 C 室冲气，再加上弹簧的作用，C 室的压力又大于 A 室的压力，膜片移向 A 室，封闭喷吹管进气口，脉冲阀关闭，停止喷吹清灰。

20-161　对脉冲阀膜片有何要求？

答：脉冲阀的膜片是关键零件，质量必须优良，一般是用尼龙网增强的腈橡胶制成，能耐 $-40\sim93℃$ 的烟气温度。在较高温度下使用的膜片则用增强氟橡胶制作，能耐温至 $232℃$。为了使脉冲阀能快速开启（有些阀在 $8\sim14ms$ 内就能完全打开），应尽量减小阀内运动部件的质量，降低惯性，所以，好的膜片质量应小，同时强度和耐用性极好，使用寿命能达到 100 万次以上。

20-162　什么是脉冲压力？

答：脉冲压力是指脉冲阀工作前与脉冲阀连通的气包所设定的压缩空气压力，单位为 MPa。

20-163　如何确定喷吹管？

答：喷吹管的一端连着脉冲阀，另一端固定在定位角钢上，喷吹管下侧的喷吹孔对准滤袋中心。喷吹管的几何尺寸和清灰系统采用的脉冲阀的大小密切相关。首先，喷吹管的公称口径是与阀的出气口公称口径一致的，如1in（25.4mm）阀连接的喷吹管也是1in（25.4mm）的。喷吹管的长度视其喷吹的滤袋条数而定，而能够喷吹多少滤袋则又取决于所用脉冲阀的大小。喷吹管上喷吹孔的大小也与脉冲阀的大小有关。另外，喷吹管与滤袋的距离则和进入滤袋的清灰空气量有关。如果发现一条喷吹管上各个喷吹孔的喷吹气流有较严重的不均匀现象，可以采取逐步缩小喷吹孔径的措施。

20-164　什么是脉冲宽度？

答：脉冲宽度是指导通脉冲阀电磁线圈的脉冲电信号的持续时间，单位为 s 或 ms。

20-165　什么是脉冲间隔？

答：脉冲间隔是指顺序工作的脉冲阀之间的间隔时间，单位为 s。

20-166　什么是滤袋压差？

答：滤袋压差指烟气在过滤过程时滤袋和粉层产生的阻力，单位为 Pa。

20-167　什么是糊袋现象？

答：糊袋现象是指滤袋在使用过程中粉层与滤袋表面发生黏结，清灰时粉层剥落不完全导致阻力超过正常使用范围的一种故障现象。糊袋一般出现在低温运行时，在滤袋表面发生水、油汽的结露，使粉层的黏性增大。

20-168　锅炉爆管对布袋除尘器有何影响？

答：当烟气温度短时间连续下降时，应立即联系锅炉值班员进行检查，可能是锅炉系统发生爆管。当确定爆管发生时，必须强制打开旁路阀并关闭提升阀，建议锅炉在短时间内停炉，以免大量水分进入布袋除尘器后滤袋发生结露糊袋而造成永久性高阻力。

20-169　如何做荧光粉检漏试验？

答：袋式除尘器滤袋的荧光粉检漏是在除尘器安装完或更换完滤袋后进行，具体步骤如下：

（1）在风机以设计风量一半运行、清灰系统停止运行的条件下，将荧光粉投入除尘器进风管道的开口处。

（2）荧光粉的投入口位置应距离除尘器进风口约 8m 以外为合适，可依据现场情况而定。

（3）荧光粉投入除尘器后，风机应至少保持运行 20min 以上，以确保荧光粉均匀地分布在除尘器的各个分室的滤袋上。

（4）荧光粉投入完毕后，关闭风机，并打开除尘器的净气室门，用荧光灯（紫外线灯）仔细地检测净气室内的花板接缝处、滤袋与花板的接口点等。检测时，周围环境亮度越暗，越有助于泄漏检测工作的进行。

（5）发现有荧光粉漏出时，应查明原因，及时消除。

20-170　安装布袋、更换布袋后如何做预涂灰？

答：布袋除尘器在投运前滤袋必须经过预涂灰：

（1）预涂灰原则：锅炉在燃油点火前必须对滤袋进行预涂灰。

（2）操作步骤：

1）"预涂层"应在锅炉点火之前进行。先停运清灰系统，使用两辆灰罐车同时进行预涂灰，涂灰粉料为Ⅰ级粉煤灰，采用带有气泵输送动力的罐装干粉煤灰车运送，灰罐车与涂灰管道接口用橡胶软管连接，采用专用箍锁紧。

2）打开旁路阀，开启1、2号送风机，开启1、2号引风机。

3）调整风机挡板开度，逐步增加除尘器的流量，直至达到设计风量，并记录每个室的滤袋内外阻力。

4）打开管道蝶阀，灰罐车往除尘器内送灰。

5）开启提升阀，关闭旁路阀，控制净气室压差，直至滤袋内外阻力增加12～25mm水柱或其投粉量达到每平方米过滤面积的用粉量用200g。

6）停止涂灰，关闭管道蝶阀，关闭引风机和送风机。

第二十一章 石灰石—石膏湿法烟气脱硫

21-1 二氧化硫的基本性质是什么？

答：二氧化硫为无色并具有强烈刺激性气味的不燃性气体；分子量为 64.07，密度为 2.3g/L，溶点为 $-72.7℃$，沸点为 $-10℃$；溶于水、甲醇、乙醇、硫酸、醋酸、氯仿和乙醚；易与水混合，生成亚硫酸（H_2SO_3），随后转化为硫酸。在室温及 $392.266\sim490.3325kPa$（$4\sim5kgf/cm^2$）压强下为无色流动液体。液体二氧化硫无色透明，是良好的制冷剂和溶剂。二氧化硫还被用作漂白剂、防腐剂、消毒剂和还原剂。

21-2 简述石灰石的物理性质和化学性质。

答：石灰石也称方解石、碳酸钙，是主要由碳酸钙组成的沉积岩。碳酸钙晶体粒度从致密到肉眼可见均有，呈白色、黄色、灰色或红色，密度为 $2.71\times10^3kg/m^3$，其莫氏硬度为 3，遇冷盐酸会起激烈泡沫反应。

21-3 简述石膏的物理性质和化学性质。

答：石膏的矿物名称为硫酸钙（$CaSO_4$）。自然界中的石膏主要分为两大类：二水石膏和无水石膏（硬石膏）。二水石膏的分子中含有两个结晶水，化学分子式为 $CaSO_4\cdot2H_2O$，纤维状集合体，长块状，板块状，呈白色、灰白色或淡黄色，有的为半透明状，体重质软，指甲能刻划，条痕为白色；易纵向断裂，手捻能碎，纵断面具有纤维状纹理，有明显光泽，无臭，味淡。硬石膏为天然无水硫酸钙（$CaSO_4$），属斜方晶系的硫酸盐类矿物。分子中不含结晶水或结晶水含量极低（通常结晶水含量不高于 5%）。无水硫酸钙晶体为透明状，密度为 $2.9\times10^3kg/m^3$，莫氏硬度为 $3.0\sim3.5$。块状矿石颜色呈浅灰色，矿石散装密度为 $1.849\times10^3kg/m^3$，加工后的粉体松散密度为 $0.919\times10^3kg/m^3$。

硬石膏和二水石膏粉磨加工后可用来制作粉刷材料、石膏板材和砌块等建筑材料。在水泥工业中，两者都可以用作水泥生产的调凝剂，起调节水泥凝结速度的作用。

21-4　二氧化硫对人体、生物和物品的危害是什么？

答：二氧化硫对人体、生物和物品的危害是：

（1）排入大气中的二氧化硫往往和飘尘黏合在一起，被吸入人体内部，会引起某种呼吸道疾病。

（2）直接伤害农作物，造成减产，甚至植物完全枯死，颗粒无收。

（3）在湿度较大的空气中，它可以由 Mn 或 Fe_2O_3 等催化而变成硫酸烟雾，随雨降落到地面，导致土壤酸化。

21-5　酸雨对环境有哪些危害？

答：酸雨对环境和人类的危害是多方面的。

酸雨对水生态系统的危害表现在酸化的水体会导致鱼类减少和灭绝；另外，土壤酸化后，有毒的重金属离子从土壤中溶出，会造成鱼类中毒死亡。

酸雨对陆生生态系统的危害表现在使土壤酸化，危害农作物和森林生态系统；酸雨渗入地下水和进入江河湖泊，会引起水质污染；其次，酸雨还会腐蚀建筑物材料，使其风化过程加速；受酸雨污染的地下水、酸化土壤上生长的农作物还会对人体健康构成潜在的威胁。

21-6　常用的火力发电厂脱硫技术有哪些？

答：目前，我国火力发电厂常用的脱硫技术有：

（1）石灰石—石膏湿法烟气脱硫技术。

（2）简易石灰石—石膏湿法烟气脱硫工艺。

（3）旋转喷雾半干法烟气脱硫工艺（LSD 法）。

（4）海水烟气脱硫工艺。

（5）炉内喷钙加尾部增湿活化工艺（LIFAC 法）。

（6）电子束烟气脱硫法（EBA 法）。

（7）循环流化床锅炉脱硫工艺（CFB 锅炉）。

21-7　三氧化硫的基本性质是什么？

答：SO_3 是经 SO_2 催化氧化而得，它是无色、易挥发的固体，熔点为 16.8℃，沸点为 44.8℃，密度在 -10℃ 时为 2.29×10^3 kg/m³，20℃ 时为 1.92×10^3 kg/m³。SO_3 是强氧化剂，因其中 S 原子处于最高氧化态（＋6），因此它能与不溶解的碱性或两性氧化物作用，生成可溶性盐。

21-8　石灰石—石膏湿法烟气脱硫工艺的主要特点是什么？

答：（1）脱硫效率高。石灰石—石膏湿法烟气脱硫工艺的脱硫率高达 95％以上。

（2）技术成熟、运行可靠性好。石灰石—石膏湿法烟气脱硫工艺发展历史长、技术成熟运行经验较多，一般不会因脱硫设备而影响锅炉的正常运行。脱硫装置的投运率可达 98% 以上。

（3）对煤种变化的适应性强。该工艺适用于任何含硫量的煤种的烟气脱硫，无论是含硫量大于 3% 的高硫煤，还是含硫量低于 1% 的低硫煤，石灰石—石膏湿法脱硫工艺都适用。

（4）单机处理烟气量大，可与大型燃煤机组单元匹配。

（5）占地面积大，一次性投资相对较大，不适于老电厂改造。

（6）吸收剂资源丰富、价格便宜。石灰石在我国分布很广，资源丰富，且价格便宜，破碎磨细较简单，钙利用率较高。

（7）脱硫副产物便于综合利用。石灰石—石膏湿法烟气脱硫工艺的脱硫副产物为二水石膏，可用于生产建材产品和水泥缓凝剂等，可以增加电厂效益，降低运行费用。

（8）技术进步快。目前，国内外对石灰石—石膏湿法烟气脱硫工艺都进行了深入的研究与不断的改进，湿法脱硫工艺日趋完善。

21-9 烟气脱硫工艺的化学基础是什么？

答： 烟气脱硫工艺的化学基础主要是利用了 SO_2 的以下特性：

（1）SO_2 的酸性。SO_2 属于中等强度的酸性氧化物，可用碱性物质吸收，生成稳定的盐。

（2）SO_2 与钙等碱土族元素生成难溶物质。如用钙基化合物吸收，生成溶解度很低的 $CaSO_4 \cdot 2H_2O$ 和 $CaSO_3 \cdot 1/2H_2O$。

（3）SO_2 在水中有中等的溶解度。溶于水后生成 H_2SO_3，然后可与其他阳离子反应生成稳定的盐，或氧化成不易挥发的 H_2SO_4。

（4）SO_2 的还原性。在与强氧化剂接触或有催化剂及氧化存在时，SO_2 表现为还原性，自身被氧化成 SO_3。SO_3 是更强的氧化物，易用吸收剂吸收。

（5）SO_2 的氧化性。SO_2 除具有还原性外，还具有氧化性，当其与强还原剂接触时，SO_2 可被还原成元素硫。

21-10 石灰石—石膏烟气脱硫的实质是什么？

答： 石灰石—石膏烟气脱硫的实质是 SO_2 被吸收，溶解于水并发生一系列的电离，建立 $SO_2—H_2SO_3^-—SO_3^-—H^+$ 之间的平衡。随着石灰石浆液的加入，这一平衡被打破，不但中和了 H^+，而且为生成石膏提供了 Ca^{2+}。于是，在适宜条件下石膏不断析出，石灰石继续溶解，SO_2 连续不断地被吸收，烟气得以净化。

21-11　传统的石灰石—石膏工艺过程主要由哪几部分组成？最主要的是什么？

答：传统的石灰石—石膏工艺过程主要由 SO_2 的吸收、石灰石溶解、中和、氧化、石膏结晶、石膏分离等单元组成，其中最重要的环节为 SO_2 的吸收。

21-12　干法烟气脱硫技术是指哪些技术？

答：干法烟气脱硫技术是指炉内喷钙加尾部烟气增活器脱硫工艺（LIFAC）和循环流化床锅炉烟气脱硫（CFB-FGD）技术。

21-13　半干法烟气脱硫技术是指哪些技术？

答：半干法烟气脱硫技术是指喷雾干燥法脱硫工艺和烟气循环流化床脱硫技术。

21-14　石灰石—石膏烟气脱硫系统由哪些系统组成？

答：石灰石—石膏烟气脱硫系统（简称 FGD 系统）是一个完整的系统，一般由烟气系统、吸收塔系统、石灰石浆液制备系统、石膏脱水系统、工艺水系统、废水处理系统、压缩空气系统、电气系统和 DCS 控制系统等组成。

21-15　在吸收塔吸收区发生什么反应？

答：针对使用最为广泛的湿法石灰石强制氧化喷淋塔，在吸收区主要发生如下反应

$$SO_2 + H_2O \longrightarrow H_2SO_3$$

$$H_2SO_3 \longrightarrow HSO_3^- + H^+$$

烟气中的 SO_2 溶入吸收液的过程几乎全部发生在吸收区内，在该区内仅有部分 HSO_3^- 被烟气中的 O_2 氧化成 H_2SO_4，由于浆液和烟气在吸收区的接触时间仅为几秒钟，因此浆液中的 $CaCO_3$ 仅能中和部分已氧化的 H_2SO_4 和 H_2SO_3。也就是说，吸收区浆液的 $CaCO_3$ 只有很少部分参与了化学反应，因此液滴的 pH 值随着液滴的下落急剧下降，液滴的吸收能力也随之减弱。由于吸收区上部浆液的 pH 值较高，浆液中 HSO_3^- 的浓度很低，其接触的烟气 SO_2 浓度已经大大降低，因此容易产生 $CaSO_3 \cdot 1/2H_2O$，尤其在 pH 值过高的情况下。随着吸收浆液的下落，接触的 SO_2 浓度越来越高，不断吸收烟气中的 SO_2，使吸收区下部的浆液 pH 值较低，在吸收区上部形成的 $CaSO_3 \cdot 1/2H_2O$ 可能转化成 $Ca(SO_3)_2$，因此，下落到吸收区下部的浆液中含有大量的 $Ca(SO_3)_2$。

21-16　在吸收塔氧化区发生什么反应？

答：氧化区的范围大致从浆池液面至固定管网氧化装置喷嘴下方约300mm处。氧化区发生的主要化学反应是

$$HSO_3^- + H^+ + 1/2O_2（溶解氧）\longrightarrow 2H^+ + SO_4^{2-}$$
$$CaSO_3 + 2H^+ \longrightarrow Ca^{2+} + H_2O + CO_2$$
$$Ca^{2+} + SO_4^{2-} + 2H_2O \longrightarrow CaSO_4 + 2H_2O$$

过量的氧化空气均匀地喷入氧化区的下部，将在吸收区形成的未被氧化的HSO_3^-几乎全部氧化成H^+和SO_4^{2-}，此氧化的最佳pH值为4.5。氧化反应产生的HSO_4是强酸，能迅速中和浆液中剩余的$CaSO_3$，生成溶解状态的$CaSO_4$，当Ca^{2+}、SO_4^{2-}浓度达到一定的过饱和度时，结晶析出二水硫酸钙（即石膏固体副产物）。吸收浆液落入浆池后缓缓通过氧化区，浆液中过剩$CaSO_3$的含量也逐渐减少，当浆液到达氧化区底部时，浆液中剩余的$CaSO_3$的浓度降至最低值，从此处抽取浆液送去脱水系统，可获取较高品位的石膏副产物。

21-17　在吸收塔中和区发生什么反应？

答：氧化区的下面被视为中和区。进入中和区的浆液中仍有未中和完成的H^+，各中和加入新鲜的石灰石浆液，中和剩余的H^+，提升浆液的pH值，活化浆液，使之能在下一个循环中重新吸收SO_2。中和区发生的反应为

$$CaCO_3 + 2H^+ \longrightarrow Ca^{2+} + H_2O + CO_2$$
$$Ca^{2+} + SO_4^{2-} + 2H_2O \longrightarrow CaSO_4 \cdot 2H_2O$$

避免将新鲜石灰石加入氧化区，不仅可防止过多的$CaCO_3$进入脱水系统从而带入石膏副产品中，影响石膏纯度和石灰石利用率，而且有利于HSO_3^-的氧化。因为当存在过量$CaCO_3$时，浆液pH值升高，有助于$CaSO_3 \cdot 1/2H_2O$的形成，溶解氧要氧化$CaSO_3 \cdot 1/2H_2O$是很困难的，除非有足够多的H^+使其重新溶解成HSO_3^-；另外，补充的新鲜石灰石浆液直接进入吸收区有利于浆液吸收SO_2，避免浆液pH值过快下降。吸收区内较高的气、液接触表面积，也有利于提高石灰石的溶解速度。

此外，除了SO_2的吸收和溶解几乎只在吸收区发生外，吸收区、氧化区、中和区都会程度不一地发生氧化、中和反应和晶体析出，由于浆液的一次吸收循环周期大致是数分钟，而浆液在吸收区的停留时间仅为4s左右，因此大部分化学反应发生在浆液池中。

21-18　什么是物料平衡？湿法石灰石—石膏脱硫工艺系统的物料平衡是什么？

答：根据质量守恒定律，任何一个生产过程，其原料的消耗量应为产品

量与物料损失量之和。脱硫工艺的物料平衡就是输入脱硫系统的各物料与产出物和损失物的数量关系。通过了解湿法烟气脱硫工艺过程的物料平衡，可以知道输入系统的原料转变为脱硫产物以及流失的情况，以便寻求改善这一转变过程的途径。物料平衡计算是湿法烟气脱硫系统设计的重要环节。

在湿法石灰石—石膏脱硫工艺系统中，系统的主要输入流体是烟气和吸收剂。输出物主要是石膏和废弃浆液。对于强制氧化工艺，石膏副产物的摩尔质量是 172g/mol，每脱除 1kg SO_2 干石膏固体物的理论产出率是 2.69kg。

石灰石—石膏湿法烟气脱硫系统的总物料平衡如下

入口烟气＋吸收剂＋补加水＋密封水＋除雾器冲洗水＋氧化空气＝出口烟气＋石膏＋送去废水处理的液体＋废弃浆液

21-19　飞灰对湿法脱硫会产生哪些影响？

答：飞灰对湿法脱硫会产生一些有害影响，这种有害影响主要是：

（1）降低石膏品质。

（2）加重了浆液对设备的磨损。

（3）增加了脱硫系统的脱水难度。

（4）"封闭"吸收剂，使其失去活性。运行中的表现是，浆液 pH 值、脱硫效率下降，虽然向吸收塔内注入大量的吸收剂浆液，但浆液的 pH 值仍不升高，吸收效率也没有明显的加升，其原因主要是进入吸收塔内的烟尘含量过高，运行 pH 值又较低，由飞灰带入的 Al^{3+} 与浆液中的 F^- 形成的络合物达到了一定浓度，吸附在吸收剂固体颗粒表面，"封闭"了吸收剂的活性，显著减慢了吸收剂的溶解速度。随飞灰带入的一些重金属除了会影响脱硫工艺的化学反应外，还会影响排放的废水质量，如目前较为重视的汞入汞的化合物。

21-20　什么是湿法脱硫工艺过程中的水平衡？

答：在湿法脱硫工艺过程中，必须向系统不断补加水以弥补水分的损失量，保持系统的水平衡，这些水分的损失量包括：

（1）烟气在吸收塔内被洗涤时，很快达到了水汽饱和，这是水平衡中水耗的主要部分。吸收塔内水蒸发量取决于煤的组成、入口烟气温度和烟气含水量，洗涤 1MW 电所产生的烟气通常蒸发的水量为 $0.13m^3/h$ 左右（有烟气换热器）、$0.13 \sim 0.2m^3/h$（无烟气换热器）。

（2）为控制浆液中某些有害成分的浓度而设置的废水排放，这种废水排放量从每小时几吨到几十吨，这取决于煤中 Cl、F 的含量和浆液有害成分的控制浓度。

（3）随着脱硫固体副产物带离系统的附着水和化学结晶水。

21-21　烟气流量对湿法烟气脱硫系统的性能有何影响？

答：对于一定的吸收塔，在其他条件不变的情况下，增加烟气流量，脱硫效率将会下降。烟气流量影响脱硫效率的主要因素是吸收液提供的传质表面积。增加烟气流量引发的另一个问题是提高了吸收塔内的烟气流速，这有利于减小液膜的厚度，对逆流喷淋塔有助于提高吸收区液滴密度和停留时间，从而提高了传质系数。增大了 SO_2 吸收量，这样可以减少循环浆液量，降低循环泵的电耗。石灰石湿法烟气脱硫逆流喷淋塔通常设计的烟气流速范围是 $3\sim5m/s$，尽管提高烟气流速可以提高传质系统，但流速太高，烟气会夹带较多的液滴穿过除雾器，对吸收塔下游侧的设备造成腐蚀，因此，逆流喷淋塔烟气流速的上限往往受除雾器性能的限制。

21-22　湿法脱硫过程中的液气比是指什么？它对湿法烟气脱硫系统的性能有何影响？

答：在石灰石—石膏湿法烟气脱硫工艺中，液气比是指吸收塔洗涤单位烟气需要含碱性吸收剂的循环浆液体积，通常用洗涤 $1m^3$（标准状态下）湿烟气所需的循环浆液升数来表示。液气比是湿法烟气脱硫系统设计和运行的重要参数之一，其大小反映了吸收过程推动力和吸收速率的大小，对湿法烟气脱硫系统的技术性能和经济性具有重要的影响。

在其他条件不变的情况下，增加吸收塔循环浆液量（即增大液气比）有以下三点好处：

（1）增大了传质表面积，脱硫效率随之提高。

（2）中和吸收 SO_2 的可利用的总碱量也增加了。

（3）防止结垢。浆液中 $CaSO_4 \cdot 2H_2O$ 的过饱和浓度高于 1.3 时将产生石膏硬垢。循环浆液固体物浓度相同时，单位体积循环浆液吸收的 SO_2 量越低，石膏的过饱和度就越低。因此，高液所比将有利于防止结垢。

21-23　锅炉 SO_2 排放量对湿法烟气脱硫系统设计的影响是什么？

答：锅炉 SO_2 排放量是湿法烟气脱硫系统设计的主要因素，确定该变量时必须权衡利弊，取得一种平衡。如果假定煤的含硫量得出的 SO_2 排放量太低，就会降低湿法烟气脱硫系统适应煤质在正常范围内变化的能力，而且还会影响今后煤种的选用，使得不能使用价格低而含硫量高的煤种。如果假定煤的含硫量得出的 SO_2 排放量过高，就会导致 SO_2 吸收塔、吸收剂制备系统、脱水等系统的容量过大，不必要地增加了湿法烟气脱硫系统的投资费用。因此，在湿法烟气脱硫系统设计前要全面分析燃用煤种的含硫量，才可能得出一个合理的 SO_2 排放量作为湿法烟气脱硫系统的设计基础。

21-24 湿法烟气脱硫工艺系统中氯化物来源于哪些方面？

答：湿法烟气脱硫工艺系统中氯化物来源于燃煤、工业补加水和吸收剂。石灰石中氯含量一般很少，工业补加水含氯量为 $1.2\sim150mg/L$，我国大多数煤中的氯含量不大于 0.05%，少数煤种的氯含量大于 $0.05\%\sim0.15\%$，个别高灰分煤可达 0.47%，因此，湿法烟气脱硫工艺系统中大部分氯化物来源于燃用煤。燃烧过程中超过 80% 的煤中氯转化为 HCl，不低于 95% 的 HCl 会被湿法烟气脱硫装置去除，这样使得循环浆液中含有一定浓度的可溶性氯化物。高浓度的氯化物会降低浆液的碱性和使浆液更具有腐蚀性。浆液腐蚀性的强弱又会影响结构材料的选择和维修费用。由于湿法烟气脱硫系统中浆液的体积较大，循环浆液中 Cl^- 含量不会迅速变化，依靠废水排放来控制 Cl^- 浓度对脱硫系统的影响，如果中断排废水，Cl^- 浓度就会迅速增加，其增加速度超过每天 $500mg/L$。因此，在确定浆液中的氯离子浓度时应考虑备有一定的裕量，如规定 Cl^- 浓度不超过 $20g/L$。

21-25 石灰浆液 pH 值是指什么？它对湿法烟气脱硫系统的性能有何影响？

答：熔液中氢离子浓度的负常用对数即为该溶液的 pH 值，即 $pH=-lg(H^+)$。pH 值越小，说明溶液中 H^+ 摩尔浓度越大，酸度也越大。同样，溶液中氢氧离子根的浓度的负常用对数即为该溶液的 pOH 值，在水中，pH$+$pOH$=14$，也就是说，任何水溶液中的 pH 值与 pOH 值之和在常温下为 14。

运行中 pH 值对石膏纯度有最明显、最直接的影响。当入口为气条件不变的情况下，降低 pH 值即可降低溶液中 $CaCO_3$ 的含量，有利于提高石膏纯度，但将以损失脱硫率为代价。过分降低 pH 值可能对石膏质量产生负面影响，过低 pH 值将增加浆液中有害离子浓度，有可能"封闭"石灰活性。因此一般运行 pH 值不宜低于 5.0。提高 pH 值，脱硫效率增大，石膏纯度下降。当 pH 值超过 5.8 后不仅脱硫效率提高不多，未反应石灰石浓度却增加较多，石膏纯度将明显下降。因此合理设定运行中 pH 值是提高石膏质量的重要保证。

21-26 什么是钙硫比？它对湿法烟气脱硫系统的性能有何影响？

答：钙硫比（Ca/S）又称吸收剂耗量比或化学计量比，其含义为每脱除 1mol SO_2 需加入 $CaCO_3$ 的摩尔数。理论上 Ca/S＝1，但在实际运行中，Ca/S 的典型范围是 1.01～1.10，先进的吸收塔可达到 1.01～1.05。Ca/S 还表示浆液中过量吸收剂的数量，它是吸收剂利用率的倒数，例如，Ca/S＝1.05，等同于吸收剂的利用率为 95.2%。

石灰石基脱硫系统浆液 pH 值的典型设定范围为 5.0～5.8，具体设定范围的确定要考虑石灰石的费用和最终产物是石膏还是废弃的亚硫酸盐等因素。如果对石膏质量的要求不是很高，Ca/S 的范围通常选择为 1.05～1.1；如果对石膏质量要求较高，则 Ca/S 的范围通常选择为 1.01～1.03。这是出于对以下两方面的考虑：①必须尽量降低浆液中过量石灰石的含量，才能达到规定的石膏纯度；②采用较低的 pH 值运行可以提高亚硫酸氧化成硫酸的氧化率，可以最大限度地降低鼓入氧化空气所产生的费用。我国 Ca/S 的范围通常选择为 1.02～1.08。

21-27　烟气的物理特性对湿法烟气脱硫系统有何影响？

答：烟气的物理特性指烟气的流量、温度和压力。其中，烟气流量对湿法烟气脱硫系统的设计影响最大，像 SO_2 排放量一样，烟气流量是湿法烟气脱硫系统设计要确定的基本条件之一，也是个难以确定的参数，因为锅炉的烟气流量不仅随煤的特性发生变化，而且还受到机组负荷、过剩空气量、空气预热器出口温度、空气预热器和其他部位的漏风量的影响。新建湿法烟气脱硫系统的设计烟气流量一般采用锅炉 BMCR（锅炉的最大蒸发量）燃用煤种下的烟气流量，不再考虑设计裕量；脱硫改造加装湿法烟气脱硫系统的设计烟气量则应按照实测烟气量来确定，并充分考虑煤源趋势的变化。

锅炉排烟温度影响整个湿法烟气脱硫系统的水平衡和结构材料的选择。脱硫规程中规定，脱硫装置设计用口烟温采用锅炉设计煤种 BMCR 工况下从主机烟道进入脱硫装置接口处的运行烟温，并要求与新建机组同期建设、投运的湿法烟气脱硫系统在锅炉额定工况下脱硫装置进口处运行温度加 50℃的情况下，能短时间运行。

烟气压力除了影响处理烟气的体积外，整个烟气输送系统（烟道、风机、挡板、吸收塔和烟气换热器）的结构设计都要考虑烟气压力。对位于引风机下游侧的湿法烟气脱硫系统，入口压力为 −200～+400Pa，往往规定湿法烟气脱硫系统应能承受系统出口关闭时风机产生的静压力，此时可能超过 10kPa（0.1bar）。这样即使出现这种未必可能发生的事故时，也能防止系统结构的损坏。另外，系统还应能承受由于烟囱自然抽风作用造成的最大负压，通常这种负压为 −2000～−1000Pa。

21-28　循环浆流固体物浓度是指什么？它对湿法烟气脱硫系统的性能有何影响？

答：通常以浆液密度和浆液中固体物的质量百分数来表示工艺过程中维持浆液中晶体固体物的浓度。就提供适当的晶种防止结垢而言，最低浆液浓度不应低于 5%。但是，石灰石基工艺浆液的浓度通常是 10%～15%，也有的高达 20%～30%。维持较高的浆液浓度，有利于提高脱硫率和石膏纯度。循环浆液中 $CaCO_3$ 的含量高有利于提高脱硫效率。当浆液固体物中石灰石/石膏的质量比相同时，副产物石膏中石灰石的百分含量大致相同，但固体物浓度高的浆液中 $CaCO_3$ 的总量较高，浆液的缓冲容量大，因此有利于提高脱硫效率。如果单位质量浆液中具有相同的 $CaCO_3$ 含量，浓度高（即含固率高）的浆液中石灰石/石膏的比率小，这有利于提高固体副产物石膏的质量。但是，含固率高的浆液对浆液泵、搅拌器、管道和阀门的磨损不容忽视。因此，浆液浓度应不使浆液泵等的磨损有明显的加剧，通常是通过控制吸收塔的产出平衡来保持吸收塔的浓度，根据浆液浓度调节水力旋流器返回吸收塔的溢流和底流浆液量来稳定吸收塔浆液浓度。

21-29　什么是固体物停留时间？它对湿法烟气脱硫系统的性能有何影响？

答：浆液固体物在浆池中的停留时间等于浆池中存有的固体物总量除以脱硫固体物的平均产出率，也等于浆池中的浆液体积除以馈送至脱水系统浆液的平均流量。在石灰石湿法烟气脱硫工艺系统中，典型的浆液固体物在浆池中的停留时间为 12～24h，通常不应低于 15h。适当的浆液固体物在浆池中的停留时间有利于提高吸收剂的利用率和石膏纯度，有利于石膏结晶的长大和脱水。但是，停留时间过长，浆池体积较大，会增加投资成本。另外，由于大型循环泵和搅拌器对石膏结晶体有破碎作用，因此固体物在浆池中的停留时间过长，会对石膏脱水产生不利影响。

21-30　石灰石的化学成分是什么？

答：石灰石是以自然形态存在的碳酸钙，主要由方解石组成，常混有白云石、砂和黏土等杂质。石灰石因所含杂质不同而呈现灰色、灰白色、灰黑色、浅黄色等，密度为 2.0～2.9。方解石的主要成分为 $CaCO_3$，常呈白色，含杂质时呈淡黄色、褐色等，密度为 2.6～2.8。白云石的主要成分是 $CaCO_3$、$MgCO_3$，颜色大多是白色、黄色或灰白色，密度为 2.8～2.95。

21-31　对石灰石细度的要求是什么？对石灰石成分的要求是什么？

答：对石灰石细度的要求是：90％通过 250 目筛（63μm）。石灰石粉对加快反应吸收速度有一定的促进作用，对石灰石的利用率影响不大，而对钢球筒式磨煤机的选型和出力影响较大。对石灰石成分的要求是：石灰石中碳酸钙的质量百分含量应高于 85％，含量太低会由于杂质较多而给运行带来一些问题，造成吸收剂耗量和运输费用的增加，石膏纯度下降；对抛弃工艺，还将增加固体物抛弃费用。大多数采用的石灰石 $CaCO_3$ 含量超过 90％。石灰石中 $MgCO_3$ 的含量一般为 0～5％。

21-32　如何预测脱硫后生成的石膏质量？

答：石膏利用的两个重要指标是石膏的纯度和石膏中的 Cl^- 含量，一般要求石膏的纯度不低于 90％，Cl^- 含量不高于 100mg/kg（干石膏）。

可以通过以下因素预测生成的石膏的质量：

（1）单位时间为 SO_2 的脱除量（kg/h）。

（2）石灰石等效 $CaCO_3$ 含量（％）。

（3）石灰石中酸不溶物的含量（％）。

（4）Ca/S，可在 1.02～1.06 范围内取值（即吸收剂的利用率为 94％～98％）。

（5）烟气中飞灰的含量（mg/m³）以及烟气流量（m³/h）。

产出石膏的数量可以根据 $CaCO_3$ 脱除 SO_2 的总化学方程式计算出，同时也可计算出单位时间内石灰石粉的耗量。根据吸收剂的利用率计算出未反应的 $CaCO_3$ 含量。

21-33　强制氧化程度对石膏质量有什么影响？

答：当氧化风机出现故障、出力不足或设计不当时，很可能造成氧化率达不到接近 100％的要求。当氧化率下降时，循环浆液中可溶性亚硫酸盐的浓度增大，严重时石膏中会出现较高含量的固体 $CaSO_3 \cdot 1/2H_2O$。浆液中可溶性亚硫酸盐浓度的增大将抑制 $CaCO_3$ 的溶解，使吸收剂的利用率下降，使浆液中未反应的 $CaCO_3$ 的浓度增大，从而导致石膏纯度下降，同时导致脱水困难。因此，完全氧化不仅可用于提高脱硫效率，而且是保证石膏质量的重要因素。通常氧化率每下降 1.4％，石膏纯度将下降 1％。

21-34　造成浆液氧化不充分的原因有哪些？

答：造成浆液氧化不充分的原因主要有氧化装置设计不合理、氧化区体积过小、氧化空气管堵塞、氧化风机故障等。

对于搅拌器和空气喷枪组合式强制氧化装置来说，设计不合理多表现在以下几个方面：

（1）布置的喷枪数不足。

（2）空气流量不足或各喷枪的氧化空气流量不均衡。

（3）搅拌器输出功率不足或吸收塔直径过大，使氧化空气泡分布不均匀。

（4）喷嘴浸没深度不够，氧化空气泡在浆液中的停留时间过短。

（5）浆液循环泵吸入浆液对塔内浆液流态的影响，使氧化空气泡分布不均，甚至被大量吸入循环泵中。

对于搅拌器和固定管网式氧化装置来说，设计不合理则主要表现在：

（1）管网、搅拌器、循环泵吸入口布置不合理，相互干扰，影响氧化空气泡的分布、流向和停留时间。

（2）喷嘴布置不合理或部分喷嘴被沉积的固体物堵塞，造成氧化空气分布不均。

（3）氧化空气流量不足。

21-35 水力旋流分离效率对石膏质量有什么影响？

答：通常从吸收塔浆池中排出的浆液先输送至第一级脱水——水力旋流器，浓缩至含固量为 $40\% \sim 60\%$，然后再经过真空皮带脱水机脱水，而后生成石膏。旋流器不仅有浓缩浆液的作用，由于浆液中石灰石和飞灰较石膏结晶粒度小，易富集在旋流器的溢流稀浆中，降低了底流浆液中石灰石和飞灰的含量，因而具有提高石膏质量的作用。旋流器溢流稀浆中富集的石灰石返回吸收塔，有利于提高石灰石利用率。分级效果较好的液力旋流器大致可提高石膏纯度 1% 左右。

21-36 提高石膏质量可采取的措施有哪些？

答：（1）提高石灰石粉的质量，降低其中的酸不溶物、茹土、泥沙。

（2）控制除尘器出口的烟尘排放浓度。

（3）提高强制氧化程度，保证氧化空气的供给。

（4）提高水力旋流器的分离效果。

（5）严格控制运行中浆液的 pH 值。

（6）控制浆液中含固浓度。

21-37 石膏品质通常取决于哪些条件？

答：（1）石灰石品质，即石灰石中的惰性物质、镁化合物含量及其颗粒大小。

(2) 进入脱硫系统的粉尘含量，即原烟气中的飞灰浓度。

(3) 原烟气中的 SO_2、HCl 等气体成分的含量。

(4) 工艺水中氯离子的含量。

21-38 石灰石粉质量对生成物石膏有什么影响？

答：石膏中由石灰石酸不溶物带入的杂质所占的比例最大，接近 5%。石灰石中酸不溶物一部分是石灰石矿伴生物，一部分是采矿时带入的茹土、泥沙。通过冲洗、分筛可以大量减少茹土和泥沙的含量，因此，采用较高纯度的石灰石原材料中夹带的勃土、石英、砂石是提高石膏质量的重要手段。石灰石纯度和石膏纯度的关系大致是，石灰石纯度提高 1.7 个百分点，石膏纯度可上升 1%。如采用纯度为 90% 的石灰石，可获得纯度为 90% 的石膏，要想通过提高石灰石纯度使石膏纯度提高到 93%，那就需采用纯度为95.1% 的石灰石。

21-39 烟尘对脱硫生成物石膏质量有什么影响？

答：从电除尘器逃逸出的飞灰进入脱硫浆液中，可以通过"封闭"石灰石的活性来间接影响石膏质量。飞灰的直接影响是飞灰中大部分进入石膏，通常成为石膏中含量位居第三的杂质成分。烟尘对石膏纯度的影响程度与烟尘浓度和脱除 SO_2 的相对量有关。也就是说，烟尘含量越高，脱除的 SO_2量越低（由于燃煤含硫量低、负荷较低或进入脱硫系统的 SO_2 量较低），烟尘对石膏质量的影响越大。湿法烟气脱硫系统入口烟尘增加 1 倍，石膏中飞灰的含量也增加 1 倍。因此，湿法烟气脱硫系统上游侧除尘设备的正常运行是保持湿法烟气脱硫系统正常运行不可忽视的重要条件。

21-40 氧化风机和管网式氧化装置常见的故障是什么？

答：当增大氧化风机出口风门开度时，风机电流如果不随之升高或升高程度偏低，而风机出口压力下降，则有可能是氧化风机入口滤网被灰尘堵塞，此时应及时更换滤网，以保证氧化空气正常进入风机。吸收塔液位和浆液浓度也会影响氧化风机出口风压，但当氧化风机出口风压不正常地增大时，空气喷嘴部分有可能被堵塞，这种情况对于固定管网式氧化装置尤其容易发生，严重时甚至会造成风机喘振。部分喷嘴被堵塞将造成氧化空气分布不均匀，使氧化效率下降，出现这种情况时，应及时将湿法烟气脱硫系统退出运行。

21-41 运行中 pH 值对脱硫生成物石膏质量有什么影响？

答：浆液 pH 值对石膏纯度有最明显、最直接的影响。当入口烟气条件不变时，降低运行中浆液的 pH 值，可降低浆液中过剩的 $CaCO_3$ 的含量，有利于提高石膏的纯度，但将以损失脱硫率为代价。过分降低 pH 值可能对石膏质量产生负面影响，过低的 pH 值将增加浆液中有害离子的浓度，有可能"封闭"石灰石活性。因此，运行中浆液的 pH 值一般不宜低于 5.0。提高浆液的 pH 值，会使脱硫效率增大，石膏纯度下降。当 pH 值超过 5.7 后，脱硫效率提高不多，未反应石灰石浆液浓度却增加较多，石膏纯度明显下降。因此，运行中合理设定浆液的 pH 值是提高石膏质量的重要保证，一般吸收塔内浆液的 pH 值应保持在 5.4～5.8。

21-42　湿法烟气脱硫系统包括哪些设备？工艺流程是什么？

答：湿法烟气脱硫系统包括增压风机、烟气换热器、原烟气挡板、净烟气挡板、旁路挡板、挡板密封风机、密封风机电加热器、增压风机轴冷却风机和烟道。原烟气自引风机出口烟道引来，经静叶可调增压风机增压后再经烟气换热器降温，之后进入吸收塔系统。在湿法烟气脱硫系统故障、锅炉点火、锅炉投油助燃或除尘器故障等情况下，烟气也可通过旁路烟道直接排至烟囱，即烟气可以 100% 旁路。进入吸收塔系统的原烟气经吸收塔冷却、饱和，其中的 SO_2 被吸收。经过喷淋洗涤和除去雾滴的净烟气经烟气换热器加热后进入烟囱，最终排入大气中。

21-43　烟气挡板为什么要设置密封装置？如何实现"零"泄漏？

答：为了能将湿法烟气脱硫系统与锅炉系统分离开，目前每套湿法烟气脱硫系统中设置有 3 个"零"泄漏的烟气挡板门，并配备密封风装置。一种设计为 3 个挡板共用一套密封风系统。另一种设计为原烟气挡板和旁路烟气挡板共用一套密封风系统，净烟气挡板用一套密封风系统。密封风的作用有以下两个：

（1）脱硫系统正常运行时，旁路挡板关闭，原烟气和净烟气挡板开启，原烟气进入湿法烟气脱硫系统进行脱硫，此时，密封风机的作用是密封旁路烟气挡板，防止未经处理的烟气漏过旁路挡板进入烟囱，排入大气。

（2）当脱硫系统退出运行检修时，旁路挡板开启，原、净烟气挡板关闭，烟气经过旁路挡板排入大气中，此时如果没有密封风或密封装置出力不够，部分未经处理的烟气会漏入湿法烟气脱硫系统中，导致湿法烟气脱硫系统无法进行工作。

密封空气系统包括密封风机和电加热器，密封气压力维持比烟气最高压力高 500Pa（5mbar）。密封空气系统将密封空气导入到关闭的挡板叶片间，来阻断挡板两侧烟气流通，电加热器则用来提高密封风温度，防止冷风进入到烟道中，引起烟气结露。

21-44 增压风机的主要作用是什么？

答：增压风机用于烟气提压，以克服湿法烟气脱硫系统烟气侧阻力。设计增压风机时，选取增压风机的风压裕度为 1.2，流量裕度为 1.1，另加 10℃的温度裕度。由于增压风机设置在热烟气侧，避免了低温烟气的腐蚀，减轻了风机制造和材料选型的难度。风机叶片材质主要考虑防止叶片磨损，以保证长寿命运行。

21-45 增压风机有哪几种形式？

答：按气流运动方向的不同，增压风机可分为离心式、轴流式和混流式三种。离心式风机是气流进入叶轮后沿叶轮的径向运动，同时获得动力。在轴流式风机叶轮中，气流进入叶轮后，近似地沿轴向运动。在混流式风机叶轮中，气流的方向处于轴流式和离心式之间，近似沿锥面运动。

21-46 轴流式增压风机有哪几种形式？

答：轴流式增压风机有两种：一种是动叶可调轴流式风机，另一种是静叶可调轴流式风机。脱硫增压风机多为静叶可调轴流式风机。静叶可调轴流式风机的工作原理是以叶轮子午面的流道沿着流动方向急剧收敛，气流迅速增加，从而获得动能，并通过后导叶、扩压器，使一部分动能转换成为静压能轴流式通风机。静叶可调轴流式风机具有结构简单、安全可靠性高、耐磨性好、抗高温能力强等特点，主要包括转子、转子轴承、转子的传动轴、联轴器、润滑油系统、可调前导叶装置等。

21-47 为什么要设置烟气换热器？

答：从脱硫吸收塔出来的净烟气温度一般在 45～55℃，为湿饱和状态，如果直接排放，会带来以下两种不利后果：①烟气提升力不够，扩散能力低，可能在烟囱附近形成水雾，污染环境，即所谓的烟流下洗；②由于烟气温度在露点以下，因此会有酸性液滴从烟气中凝结出来，即所谓的"下雨"，既污染环境，又会对设备造成低温腐蚀。因此，在烟气脱硫系统中，通常在要设置烟气换热器，利用锅炉来的原烟气将净烟气至少加热到 80℃以上，然后再排入大气，以增加烟气的扩散能力和避免低温腐蚀。

21-48 烟气换热器的热源主要有哪几种？

答：烟气换热器的热源主要有原烟气、水蒸气、高温水和电能。通常情况下，采用原烟气加热净烟气的方式较多。

21-49　烟气换热器有哪些类型？

答：根据换热方式的不同，烟气换热器可分为管式、回转式、热管式三种。管式换热器是原烟气通过管壁的热传导作用加热净烟气，无烟气泄漏，但传热系数较小，烟气处理量小，易发生低温腐蚀、堵塞和摩擦等问题。回转式换热器不是靠传导作用传热的，结构上比较紧凑，烟气处理量大，但要保证漏风率小于1％。热管式换热器是工质在密闭的热管内部，在热流体端吸收热汽化，至冷流体端气体工质放热变成液体，同时热量通过管壁传导给管外的冷流体。回转式换热器是目前脱硫系统中应用较为普遍的换热器类型。

21-50　回转式烟气换热器的工作原理是什么？

答：回转式烟气换热器的换热元件为搪瓷片。涂搪瓷的换热元件选用先进波形和高传热系数的产品，以减小烟气换热器的质量和节约更换换热器的费用。烟气换热器利用锅炉来的原烟气来加热经脱硫之后的净烟气，使净烟气在烟囱进口的最低温度达到80℃以上。每台烟气换热器设置两台电动驱动装置，一台主驱动，一台备用。如果主驱动退出运行，辅助驱动会在分散控制系统的控制下自动切换，防止转子停转。烟气换热器能适应在失电的情况下，转子停转而不发生损坏、变形。烟气换热器采用主轴垂直布置，即气流方向为原烟气向上，净烟气向下。因为原烟气中含有一定浓度的飞灰，飞灰可能会沉积在装置的内侧，随着积灰的增多，热传导效率会逐渐降低。为防止烟气换热器传热面间产生沉积结垢而影响传热效率，增大阻力和漏风率，需要通过吹灰器使用压缩空气吹扫或用高压冲洗水进行清洗。吹灰器配有1～2根可伸缩的喷枪，喷枪分内管和外管两层，内管为高压水喷嘴，外管为压缩空气或低压水喷嘴。高压水冲洗通常为在线清洗，当湿法烟气脱硫系统停运时，才用低压水冲洗换热面。

21-51　吹灰枪的主要类型有哪些？

答：吹灰枪的主要类型有全伸缩式和固定式两种。全伸缩式吹灰器只有在工作时才接触烟气，烟气换热器吹灰结束后，吹灰枪会退到烟气换热器壳体之外，密封风系统（吹灰器自带）在吹灰器与烟气换热器壳体的连接处提供密封空气，防止原烟气溢出。固定式吹灰器固定于烟气换热器内，湿法烟气脱硫系统投运时会受到烟气长时间的侵蚀。目前，湿法烟气脱硫系统中大多采用全伸缩式吹灰器。

21-52　烟气换热器的防腐措施主要有哪些？

答：烟气换热器的防腐措施主要有：对接触烟气的静态部分（如外壳、支撑梁、检修用人孔门等），采取玻璃鳞片树脂涂层保护；对转子格仓、箱条等回转部件，采用考登钢；对密封片，采用特殊不锈钢；换热元件，采用喷涂搪瓷的低碳钢片。

21-53　每套湿法烟气脱硫装置的烟气挡板的结构是什么？

答：每套湿法烟气脱硫烟道系统共设三个烟气挡板，所有烟气挡板均采用双叶片百叶结构，两叶片间可通过密封用热空气；挡板门采用电动或气动驱动，主要由叶片、轴、框架、密封材料和驱动装置组成。

21-54　挡板门的防腐措施是什么？

答：挡板门的防腐主要靠正确选用金属材料来保证，目前主要采取如下措施：

（1）原烟气挡板叶片和框架材质为 Q235-A，轴用材质为 35 号钢，密封片材质为 DIN1.4529 或相当。

（2）净烟气挡板叶片和框架材质为 Q235-A 包 DIN1.4529 或相当，轴用材质为 35 号钢外包 DIN1.4529 或相当，密封片材质为 Alloy C276 或相当。

（3）旁路烟气挡板叶片和框架材质为净烟气侧 Q235-A 包 DIN1.4529 或相当，原烟气侧为 Q235-A，轴用材质为 35 号钢外包 DIN1.4529 或相当，密封片材质为 Alloy C276 或相当。

21-55　密封风机的出口压力比烟气压力高多少？

答：密封风机的风压为增压风机最高工作压力的情况下再增大 0.5kPa。

21-56　吸收塔有哪些类型？较常用的是哪种类型？

答：吸收塔是燃煤湿法烟气脱硫系统的核心部分，SO_2 的吸收与脱硫产物亚硫酸钙的氧化均在吸收塔内完成。根据气液接触形式的不同，可把常用的吸收塔类型分为喷淋塔、鼓泡塔、填料塔和液柱塔四种。目前采用较多的是喷淋塔。

21-57　常用喷淋塔的结构是什么？

答：常用喷淋塔结构如下：顶部布置两层平板型或屋脊型除雾器，除雾器配备 3 层（个别为 4 层）除雾器冲洗水管；除雾器下面布置 2～4 层喷淋管；喷淋管下有的布置有金属托盘；在吸收塔浆池内对称布置有吹枪式或管网式氧化空气管；在吸收塔的最下层布置有 3～4 台侧进式塔搅拌器；在吸收塔上布置有多个圆形或方形人孔门，供检修使用。

21-58 喷淋塔的工艺流程是什么？

答：喷淋塔的工艺流程如下：由锅炉引风机来的热烟气经增压风机增压后，进入喷淋塔进行脱硫。在吸收塔内，烟气与石灰石—石膏浆液逆流接触，被冷却到饱和温度，烟气中的 SO_2 和 SO_3 与浆液中的石灰石浆液反应，形成了亚硫酸钙和硫酸钙，烟气中的 HCl、HF 也与浆液中的石灰石反应而被吸收。脱硫后的饱和烟气，经吸收塔顶部除雾器除去夹带的雾滴后排入烟囱。氧化风机将空气鼓入吸收塔浆池，将亚硫酸钙氧化成硫酸钙，过饱和的硫酸钙溶液结晶生成石膏。产生的石膏浆液通过石膏浆液排出泵连续抽出送至石膏水力旋流器浓缩，浓缩后的石膏浆液送至二级脱水系统，二级脱水一般采用真空皮带脱水机。当吸收塔内的浆液含固率较低时，浆液不能进行脱水。

21-59 吸收塔中 SO_2 的脱除原理是什么？

答：石灰石—石膏湿法烟气脱硫工艺的化学原理如下：①烟气中的二氧化硫溶解于水，生成亚硫酸并离解成氢离子和 HSO_3^- 离子；②烟气中的氧和氧化风机送入的空气中的氧将溶液中 HSO_3^- 氧化成 SO_4^{2-}；③吸收剂中的碳酸钙在一定条件下于溶液中离解出 Ca^{2+}；④在吸收塔内，溶液中的 SO_4^{2-}、Ca^{2+} 和水反应生成石膏（$CaSO_4 \cdot 2H_2O$）。化学反应式分别如下

$$SO_2 + H_2O \longrightarrow H_2SO_3 \longrightarrow H^+ + HSO_3^-$$

$$H^+ + HSO_3^- + 1/2O_2 \longrightarrow 2H^+ + SO_4^-$$

$$CaCO_3 + 2H^+ + H_2O \longrightarrow Ca^{2+} + 2H_2O + CO_2 \uparrow$$

$$Ca^{2+} + SO_4^{2-} + 2H_2O \longrightarrow CaSO_4 \cdot 2H_2O$$

21-60 喷淋塔有哪些优点？

答：喷淋塔是集 SO_2 的洗涤吸收、氧化和石膏结晶于一体的装置。这种塔型被较多采用，在运行维护工作量、运行成本、运行灵活性及易于改进等方面都具有较大的优点，主要表现在以下几个方面：

（1）吸收塔设计成逆流方式，可以通过上升烟气在一定程度上托住喷淋下落的小液滴，从而延长了液滴在吸收区的停留时间，加强了烟气与吸收剂的充分接触，提高了脱硫效率。

（2）吸收塔吸收区除了喷嘴外，无其他设备（个别吸收塔有托盘），从而减少了结垢、堵塞、磨损的几率，提高了设备的可用率，减少了检修工作量。

（3）由于吸收塔内设备较少，因此减小了脱硫系统的阻力，节约了能源。

（4）吸收塔可设置备用喷淋层（备用喷淋层应定期切换使用，长期不用可能导致喷嘴堵塞），能够适应机组负荷引起的 SO_2 含量的变化；运行方式较灵活，可以保持稳定的脱硫效率的变化。

21-61 如何确定循环泵的运行数量？

答：循环泵的运行数量根据锅炉负荷的变化和对吸收浆液量的要求来确定，以达到要求的吸收效率。

21-62 石灰石—石膏脱硫系统中吸收塔的作用是什么？

答：吸收塔是整个石灰石—石膏脱硫系统的核心部分，它最主要的作用是完成脱硫反应，把原烟气中的污染气体（SO_2 等）和固体污染物予以清除。

21-63 吸收塔的主要性能参数有哪些？

答：吸收塔的主要技术参数包括吸收塔进口烟气量、吸收塔出口烟气量、浆液循环时间、液气比、钙硫比、吸收塔直径、高度和容积等。

21-64 常见的喷嘴有哪几种形式？

答：喷嘴采用碳化硅材料制成，存在多种形式，常见的有螺旋型喷嘴、单向空心锥喷嘴、双向喷嘴和双头喷嘴等。喷嘴采用的碳化硅材料具有长期运行而无腐蚀、磨损小、不易结垢等优点。

21-65 吸收塔系统的组成及主要设备是什么？

答：吸收塔系统一般包括石灰石浆液再循环系统、氧化空气系统、除雾器冲洗系统、石灰石浆液供给系统、吸收塔溢流密封系统、吸收塔排水坑及事故浆池系统，主要设备为吸收塔、浆液循环泵、除雾器、吸收塔搅拌器、氧化风机、吸收塔排水坑、事故浆液池、吸收塔排水坑泵、事故浆液池泵及相关的管道及阀门等。

21-66 对除雾器后的烟气含水量有何要求？

答：烟气通过两级除雾器后，其烟气携带的水滴含量应低于 $75mg/m^3$（标准状态下）。

21-67 除雾器的除雾效率是指什么？

答：除雾效率是指在单位时间内捕集到的液滴质量与进入除雾器的液滴质量的比值。除雾效率是考核除雾器性能的关键指标。影响除雾效率的因素很多，主要包括烟气流速、通过除雾器断面气流的分布均匀性、叶片结构、叶片之间的距离及除雾器的布置形式等。

21-68 除雾器压降是指什么？

答：除雾器压降是指烟气通过除雾器通道时所产生的压力损失，系统压降越大，能耗就越高。除雾器系统压降的大小主要与烟气流速、叶片结构、叶片间距及烟气所带液滴负荷等因素有关。当除雾器叶片上结垢严重时，系统压除会明显上升，所以通过监测压降的变化有助于把握系统的运行状态，及时发生除雾器的堵塞情况，并进行必要的处理。

21-69 烟气流速对除雾器有什么影响？

答：烟气流速对除雾器的影响较大，主要表现在：通过除雾器断面的烟气流速过高或过低，都不利于除雾器的正常运行。烟气流速过高，易造成烟气二次带水，从而降低除雾效率，同时流速高，系统阻力就大，能耗就高；通过除雾器断面的流速太低，不利于气液分离，同样不利于提高除雾效率。另外，如果烟气流速低，吸收塔断面尺寸就会增大，投资也会随着增加。根据不同除雾器的叶片结构及布置形式，烟气流速一般设计为 $3.5 \sim 5.5 \text{m/s}$。

21-70 除雾器叶片间距对除雾效率有什么影响？

答：除雾器叶片间距的选择对保证除雾效率和维持除雾系统的稳定运行至关重要。叶片间距大，除雾效率低，烟气带水严重，易造成烟气换热器堵塞、净烟道和烟囱的腐蚀；叶片间距选择过小，除加大损耗外，冲洗的效果会下降，叶片上易结垢，除雾器容易出现堵塞，最终会影响系统的正常运行。通常，叶片间距根据烟气流速、SO_2 的含量、带水负荷、粉尘浓度、吸收剂利用率、叶片结构等综合因素来选择。目前，下层除雾器叶片间距大多为 $25 \sim 30 \text{mm}$，上层除雾器叶片间距大多为 $30 \sim 40 \text{mm}$。

21-71 除雾器对冲洗水压有什么要求？

答：除雾器的冲洗水压一般根据冲洗喷嘴的特征及喷嘴与除雾器之间的距离等因素确定（喷嘴与除雾器之间的距离一般小于或等于 1m）。冲洗水压低时，冲洗范围减小，冲洗效果差；冲洗水压过高，冲洗水会发生雾化，一方面起不到冲洗效果，另一方面会增加烟气中的带水量，同时会降低除雾器的使用寿命。除雾器冲洗水压一般为 $0.15 \sim 0.3 \text{MPa}$。

21-72 除雾器对冲洗水量有什么要求？

答：选择除雾器冲洗水量除了应满足自身的冲洗要求外，还需要考虑吸收塔系统水平衡的要求，有时需采用大水量短时间冲洗，有时则采用小水量长时间冲洗，具体冲洗水量需由工况来定。采用小水量长时间冲洗时，要考虑烟气的带水量会有所增加，一般情况下，除雾器断面上瞬时冲洗消耗水量为 $1 \sim 4 m^3 / (m^2 \cdot h)$。

21-73 除雾器对冲洗覆盖率有什么要求？

答： 冲洗覆盖率是指冲洗水对除雾器断面的覆盖程度。根据不同运行工况条件，冲洗覆盖率一般选择在 $100\% \sim 300\%$。

21-74 除雾器对冲洗周期有什么要求？

答： 除雾器冲洗周期是指除雾器每两次冲洗的时间间隔。由于除雾器冲洗期间会导致烟气带水量加大（一般为不冲洗时带水量的 $3 \sim 5$ 倍），所以冲洗不易过于频繁，但也不能间隔太长，否则易产生结垢。除雾器的冲洗周期主要根据除雾器型号、安装方式、厂家要求、烟气特征及所带负荷来确定，一般以不超过 2h 为宜。

21-75 如何确定除雾器冲洗时间？

答： 除雾器的冲洗时间主要依据两个原则来确定：一个是除雾器两侧的压差，即除雾器叶片的清洁程度；另一个是吸收塔内的液位，即脱硫系统水平衡。如果吸收塔为高液位，则冲洗时间按下限选择；如果吸收塔液位低于正常液位，则冲洗时间按上限选择。

21-76 为什么要在吸收塔出口装设除雾器？

答： 湿法吸收塔在运行过程中易产生粒径为 $10 \sim 60 \mu m$ 的雾滴，这些雾滴中不仅含有水分，还溶有硫酸、硫酸盐、亚硫酸盐、碳酸盐、SO_2 等，如不除去这些液滴，这些浆液会沉积在吸收塔下游设备的表面，形成石膏垢，加速设备的腐蚀。如果在烟气换热器换热片上沉积，会堵塞换热片间隙，影响热交换；如果不设置烟气换热器，采用湿排，则可能会造成烟囱"降雨"而污染电厂周围环境。因此，在吸收塔出口必须装设除雾器。

21-77 简述除雾器的组成及其作用。

答： 除雾器通常由除雾器本体和冲洗系统两部分组成。除雾器本体由除雾器叶片、卡具、夹具、支架等按一定的结构形式组装而成，其作用是捕集烟气中的液滴及少量的粉尘，减少烟气带水，防止烟气对净烟道和烟囱的腐蚀，也减少了液滴中带出的 SO_2，提高了脱硫效率。除雾器冲洗系统主要由冲洗喷嘴、冲洗水泵、管道、阀门、压力仪表及电气控制部分组成，其作用是定期冲洗由除雾器叶片捕集的液滴（部分会回流到吸收塔内，部分液滴中的硫酸盐会沉积在叶片上）和粉尘，保持叶片清洁，防止叶片结垢和堵塞，维持系统正常运行。

21-78 在湿法石灰石—石膏湿法烟气脱硫中强制氧化是指什么？

答：在湿法石灰石—石膏湿法烟气脱硫中，强制氧化是指向吸收塔内的氧化区鼓入空气，促使可溶性亚硫酸盐氧化成硫酸盐，减少系统结垢，最终结晶生成石膏。

21-79 在湿法石灰石—石膏湿法烟气脱硫中自然氧化是指什么？

答：在湿法石灰石—石膏湿法烟气脱硫中，自然氧化是指被浆液吸收的 SO_2 有少量在吸收区被烟气中的氧气氧化，生成 SO_3 的过程。

21-80 氧化空气系统由哪些设备组成？

答：氧化空气系统由氧化风机、管网式氧化空气系统或吹枪式氧化空气系统、减温水系统及阀门等设备组成。

21-81 氧化空气管有哪几种布置方式？

答：目前采用较多的有管网式和吹枪式布置方式。

21-82 管网式氧化空气管布置的特点是什么？

答：管网式氧化空气管布置是吸收塔内设置有多根氧化空气分布支管，每根支管上开有许多小孔，当氧化空气由风机鼓入吸收塔时，空气从小孔中喷出，并形成细小的空气泡，均匀分布至吸收塔的反应浆池断面，然后气泡靠浮力上升至浆池表面，在上升过程中与浆液得以充分混合，并进行氧化反应。管网式氧化空气管布置的优点是氧化空气分布均匀，由于管道布置较高，因此需要的氧化空气压力较低；缺点是氧化空气管小孔容易出现堵塞，造成氧化风机出口压力增大。

21-83 吹枪式氧化空气管布置的特点是什么？

答：吹枪式氧化空气要结合吸收塔搅拌器的旋转来完成氧化作用，氧化空气必须利用侧进式搅拌器的搅拌来保证氧化空气的扩散，从而保证亚硫酸钙的氧化效果。吹枪式氧化空气管布置的优点是由于吸收塔内整个管道垂直向下，因此管道不发生堵塞；缺点是由于管口布置较低，因此需要的氧化空气出口压力较高，往往需要二级压缩。

21-84 吸收塔排出泵的作用是什么?

答:吸收塔排出泵的主要作用是:将吸收塔内浓度为10%～15%的石膏浆液送至旋流器进行初步脱水,通过变换电源的频率调节泵的转速,用来恒定旋流器入口的压力,再通过调节旋流器沉砂嘴就可变换旋流器顶流的浆液量,以保证旋流器出口的流量和浓度。当脱硫系统需要检修时,可用浆液排出泵将吸收塔内的浆液打入事故浆液箱中。

21-85 吸收塔搅拌器的作用是什么?

答:吸收塔搅拌器的作用除了充分搅拌浆池中的浆液,防止吸收塔浆池内的固体颗粒物沉淀外,还包括:①让新加入的未反应的吸收剂尽快分布均匀(吸收剂直接加入吸收塔的情况下),加速石灰石浆液的溶解;②避免局部脱硫反应产物的浓度过高,从而有利于防止石膏垢的形成;③提高氧化效果和有利于石膏结晶的形成。

21-86 石灰石浆液制备有哪几种方式?

答:石灰石浆液制备通常分湿磨制浆和干粉制浆两种方式。不同的制浆方式,对应的设备也各不相同。

21-87 为什么有的石灰石浆液系统需作防腐处理而有的不需要?

答:制浆所采用的介质通常有工艺水和滤液水两种,介质不同,制浆系统中石灰石浆液箱和管道所用的材料也就不同。采用工艺水制浆时,浆液箱和管道一般可采用碳钢材料,往往不需要进行防腐。采用滤液水制浆时,因滤液中含有大量的氯离子,所以必须考虑防腐;如管道采用碳钢衬胶或FRP材质,石灰石浆液箱则考虑用玻璃鳞片进行防腐处理。因此,有的石灰石浆液系统需作防腐处理,而有的不需要。

21-88 干磨制粉的主要功能是什么?

答:干磨制粉系统的主要设备有干式球磨机和选粉机,该系统的主要功能是将化学成分符合要求的石灰石送入干式球磨机,石灰石磨制后经选粉输送给脱硫系统制浆。

21-89 干磨制粉的主要流程是什么?

答:干磨制粉的主要流程是:满足石灰石粒度要求(通常粒度不大于25mm)的石灰石块由车辆运输至卸料车间,通过振动给料机、斗式提升机、刮板输送机运送至厂内石灰石仓储存,储存于仓内的石灰石经称重皮带给料机送入干式球磨机内进行研磨,磨制成的石灰粉经提升机送到先粉机内进行分离，符合粒度要求的通过机械输送系统由提升机送至石灰石粉仓储存待用，不符合要求的则从选粉机返回至球磨机再次研磨，直到其符合要求后被送入石灰石粉仓备用。

21-90 石灰石制粉系统的主要设备有哪些？

答： 石灰石制粉系统的主要设备有卸料斗、振动给料机、石灰石斗式提升机、石灰石输送机、石灰石仓、称重式皮带给料机、干式球磨机、转子选粉机、斗式提升机、链式输送机、螺旋输送机、脉冲喷吹袋式除尘器、石灰石粉仓和散装机等。

21-91 石灰石干粉制浆系统的工艺流程是什么？

答： 脱硫工程采用石灰石粉混水制浆系统时，脱硫剂石灰石粉由厂外通过罐车输送到脱硫岛内，脱硫岛内设置一座钢制或混凝土制石灰石粉仓，粉仓容积一般能满足锅炉满负荷下运行 3 天的吸收剂需求量。粉仓设置两台流化风机，一运一备，防止石灰石粉受潮结块，同时保证石灰石粉下料顺畅。石灰石粉由下料口经旋转给料机送入石灰石浆液箱，经加水混合成浓度为 25%～30% 的浆液，通过石灰石浆液泵输送到吸收塔进入工作系统。

21-92 石灰石制浆系统主要包括哪些设备？

答： 石灰石制浆系统主要包括石灰石粉仓、粉仓流化风机、旋转给料机、石灰石浆液箱、石灰石浆液箱搅拌器、石灰石浆液泵等设备。

21-93 如何设计石灰石浆液箱的容量？

答： 石灰石浆液箱用于将石灰石粉配置成脱硫工艺所需的 25%～30% 浓度的石灰石浆液，容量考虑不小于锅炉满负荷工作的情况下 6h 的吸收剂用量。

21-94 石膏脱水系统的作用是什么？

答： 石膏脱水系统的作用是：脱除石膏浆液中的水分，以满足储存、外运和综合利用。并将脱除出的水分返回至吸收塔或者吸收剂制备系统中重复利用，以节省水量。

21-95 一级脱水的作用是什么？

答： 一级脱水的作用是：在吸收塔内与 SO_2 反应生成的石膏晶体不断被石膏浆液排出泵送至石膏旋流器中进行初步分离，以保证塔内密度维持在 $1070\sim1150kg/m^3$。由吸收塔来的浓度约为 15% 的浆液在旋流器中初步分离后，顶流浓度通常为 3%～4%，底流浓度通常为 50%。顶流浆液一部分经废水泵送至废水处理系统，另一部分返回吸收塔内循环利用。底流可直接抛弃或送至二级脱水系统生成石膏。

21-96　典型石膏品质的要求是什么？

答：（1）建筑石膏品质要求：①石膏含水率小于10％；②干石膏纯度大于95％；③干石膏氯离子含量小于100mg/kg。

（2）水泥石膏品质要求：①石膏含水率小于15％；②干石膏纯度大于90％；③干石膏氯离子含量小于100mg/kg。

21-97　真空皮带脱水系统由哪些单元组成？

答：真空皮带脱水系统由真空皮带脱水机、真空泵、气水分离器、滤布冲洗系统、滤饼冲洗系统、滤液系统、石膏皮带输送机、石膏库等单元组成。

21-98　真空皮带脱水机的作用是什么？

答：真空皮带脱水系统有两个作用：一是通过水洗，将石膏结晶中的Cl^-转移到液相并排出系统，使其含量由20000×10^{-6}降为100×10^{-6}，达到建筑行业和水泥行业所需要求；二是将含固量为50％的浆液进一步脱水，成为含固率为90％以上的散料石膏。

21-99　真空皮带脱水机的结构及其工作流程是什么？

答：真空皮带脱水机是一种充分利用物料自重和真空抽吸实现固液分离的高效浓缩设备，具有脱水效率高、石膏含水率低、处理量大、运行维护费用低等特点。真空皮带脱水机由橡胶带、滤布、真空箱、摩擦带、驱动滚筒、从动滚筒、滤布纠偏仪、滤布及皮带冲洗装置、皮带支撑风机、进料斗、卸料装置和机架等部件组成。

当浆液进入鱼尾形喂料口后，均匀地分布在滤布上，形成物料层。滤布由橡胶带支撑，橡胶带携带滤布、滤布携带石膏匀速前进。橡胶带上开有横向沟槽，沟槽中央有排液孔。当橡胶带携带滤布及其浆液通过真空室时，在真空抽吸的作用下，石膏中的游离水以及滤饼冲洗水透过滤布流向橡胶带排液孔，汇入真空皮带机的真空室。真空室底部以一系列柔性真空密封软管与滤液汇流母管机连，滤液母管则以切向接入气水分离器。在皮带机头部（驱动电动机的一端），卸料辊改变方向，滤饼在重力作用下与滤布剥离，进入卸料斗，再经皮带输送机送入石膏库中。卸除滤饼后的滤布在返回行程过程中通过淋洗区，对滤布进行水冲洗。如果在运行过程中滤布跑偏，则利用滤布纠偏仪调节纠偏辊进行纠偏，滤布的整个行进路径由限位开关监控。

21-100 真空泵的工作原理是什么？

答：水环式真空泵实际上也是一种回转式压缩机，它抽取容器中的气体，将其加压到大气压力以上，从而能够克服排气阻力，将气体排入大气，在容器中造成负压。真空泵的工作原理如下：泵体内注水至轴线处，当叶轮旋转时，在离心力的作用下，水被甩向泵体的内壁，从而产生水环。在叶轮与水环间形成月牙形的空间，该月牙形空间被叶片分成若干个独立的气室，水环内表面在上部与轮骨相切，水环从这一点起沿顺时针方向逐渐离开泵壳，使气室容积增大，造成真空，使外部气体顺侧盖上的吸气孔吸入此真空气室内。随着叶轮的旋转，水又冲击轮壳，气室内的气体逐渐受到压缩，最后达到一定的压强，然后经侧盖上的排气孔和接头沿排气孔进入水箱，再由另一排气孔放出。废弃的水也和空气一起被排到水箱里。当真空泵工作时，泵中必须有水不断流过，使水保持一定的容积，并带走热量。叶轮每转一周进行一次吸气和排气，水在泵内起着活塞的作用。它从叶轮中获取能量，又将能量传给气体。叶轮是实现能量转换的部件。

21-101 水环式真空泵有什么优缺点？

答：水环式真空泵具有以下优点：

(1) 结构简单，没有其他配气构件。

(2) 摩擦小，可在一定的含灰气流条件下工作。

(3) 工作噪声低。

(4) 吸排气均匀，运转稳定。

水环式真空泵同时具有以下缺点：

(1) 建立水环所需要的功耗大。

(2) 进气温度过高时，泵内的水产生汽化破坏真空度，因此对高温气体须配置复喷降温器。

21-102 湿法烟气脱硫系统中排水坑的作用是什么？

答：在湿法烟气脱硫系统中，排水坑通常用于收集吸收区正常运行、清洗和检修中的排出物。排水坑收集湿法烟气脱硫装置的冲洗水和排空水，排水坑达到一定液位，泵就将其中的浆液输送至吸收塔或事故浆液池中再进行利用。

21-103 事故浆液池的作用是什么？

答：事故浆液池的作用是在吸收塔检修或事故情况下排放储备在吸收塔浆液池中的浆液。通过吸收塔排水坑泵可将吸收塔中的浆液送至事故浆液箱中，通过事故浆液池泵，浆液可从事故浆液箱输送到吸收塔。

21-104　湿法烟气脱硫系统中消耗工艺水的设备和系统有哪些？

答：工艺水主要用来清洗吸收塔除雾器和制备石灰石浆液，同时也用作清洗所有输送设备和浆液管道的冲洗水。工艺水还可用作脱硫岛部分设备的冷却水。在湿法烟气脱硫系统中，消耗工艺水的设备和系统有：

（1）除雾器冲洗装置。

（2）石灰石浆液制备系统。

（3）真空皮带脱水机和真空泵的密封和冲洗水。

（4）烟气换热器换热元件的冲洗。

（5）事故状态下吸收塔搅拌器的冲洗。

（6）泵和管道的冲洗。

（7）氧化空气的冷却。

（8）风机、减速机、稀油站、机械密封等设备的冷却。

21-105　湿法烟气脱硫系统中水的损耗主要有哪些方面？

答：在湿法烟气脱硫系统中，水的损耗主要为烟气饱和携带、石膏结晶水及表面水和废水排放带走。

21-106　脱硫系统对工艺水水质的要求有哪些？

答：脱硫系统对工艺水水质的要求见表 21-1。

表 21-1　　　　　　　脱硫系统对工艺水水质的要求

指标	单位	数　值
压力	kPa	≥80
SO_4^{2-}	mg/L	12～80
Cl^{2-}	mg/L	≤250
硬度	mmol/L	1～5，真空泵密封要求小于 1
悬浮固体颗粒	mg/L	20～60，烟气换热器冲洗、氧化空气冷却要求小于 15
平均	℃	10～20
pH 值		6～7

21-107　脱硫系统废水的特点是什么？

答：脱硫系统的废水具有如下特点：

（1）脱硫排出水量没有一个固定的值，它与机组所带负荷、燃煤的含硫量、一级脱水的分离效果等因素有关。

（2）不同脱硫系统的废水水质往往有较大的差异，即使是同一套脱硫系统，在不同时间段排出的废水也不完全相同。

（3）废水呈弱酸性，pH 值为 4～6，含有较高的悬浮物，包括石膏、二氧化硅、金属氢氧化物和飞灰等；废水中还含有 COD（指不能降解和尚未降解的有机物）；废水中也有可溶性氯化物、硫酸钙、硫酸镁等盐类。

（4）脱硫废水中即含有一类污染物 Cd（镉）、Hg（汞）、Cr（铬）、As（砷）、Pb（铅）、Ni（镍）等重金属离子，又含有 Cu、Zn、氟化物、硫化物等二类污染物。这些污染物来源于不同产地的煤、吸收剂和补充水，个别重金属离子的浓度可能差别较大。由于脱硫系统水分蒸发和循环使用回收水，废水中这些金属离子的浓度可能远高于国家环保部门规定的废水排放标准。

21-108　目前脱硫废水处理的典型工艺流程是什么？

答： 脱硫装置吸收塔内的浆液在不断循环的过程中会富集大量的重金属元素和 Cl⁻ 等污染物，一方面加速了脱硫系统设备的腐蚀，另一方面影响了脱硫生成物石膏的品质，因此，脱硫装置要不定期地排放一定量的废水，进入脱硫废水处理系统。目前脱硫废水处理的一种典型工艺是沉淀金属离子法，它是除去脱硫废水中重金属等污染物的非常有效的方法，但这种废水处理方法不会除去废水中的 Cl⁻。

21-109　脱硫废水处理系统主要包括哪些系统和设备？

答： 主要包括氧化箱、pH 计调节箱、反应箱、凝聚箱、澄清浓缩池、最终中和池、净水池、液位控制器、立式清水泵、污泥输送泵、污泥循环泵、石灰粉储运和浆液制备及加药系统、有机硫计量加药系统、聚合硫计量加药系统、聚电解质制备及计量加药系统、HCl 计量加药系统、NaCl 计量加药系统、脱水助剂加药系统污泥脱水机、污泥泵、废水储存池、废水泵和污泥储存池等设备。

21-110　耐腐蚀金属的特点是什么？

答： 耐腐蚀金属是可供湿法烟气脱硫系统选择的重要防腐材料，与其他防腐材料相比具有以下特点：耐腐蚀金属具有防腐性和耐磨性、机械强度高、防酸结构简单、防火性好、不易遭受机械损伤、便于施工和维护工作量小。

21-111　什么是金属腐蚀？

答： 金属腐蚀是指金属材料或其部件和它们所处的环境介质之间发生化学、电化学作用而引起的变质和破坏。

21-112　什么是化学腐蚀？

答：化学腐蚀是指金属表面与非电解质直接发生纯化学作用而引起的破坏。

21-113　常见的局部腐蚀有哪些？

答：局部腐蚀主要集中在金属表面的局部区域，而表面的其他部分几乎没有腐蚀或腐蚀较轻。由于局部腐蚀的分布、深度和发展很不均匀，无法并很难估算其腐蚀程度，常在整个设备较好的情况下突然发生破坏，因此局部腐蚀的破坏性很大。常见的局部腐蚀有点腐蚀、缝隙腐蚀、应力腐蚀、疲劳腐蚀、磨损腐蚀、电偶腐蚀、晶间腐蚀和选择性腐蚀。其中，点腐蚀和缝隙腐蚀是最常见和危害性较大的腐蚀，占脱硫系统各种腐蚀的75%以上。

21-114　什么是点腐蚀？

答：点腐蚀也称点蚀，主要集中在某些活性点上，范围小，但向金属内部深处发展，形成蚀孔状腐蚀形态，而邻近金属几乎不腐蚀或腐蚀轻微。点腐蚀的特点是蚀孔深度大于直径，腐蚀集中在个别点上，有些较分散，有些较密集，严重时可使设备穿孔。蚀孔的形成有一个诱导期，但长短不一，蚀孔一旦形成便具有向深处自动加速进行的作用。腐蚀的孔口表面常用腐蚀产物覆盖（在防腐层表面有明显的锈点），少数呈开放式，无腐蚀产物覆盖。

21-115　点腐蚀主要有哪些特点？

答：（1）点腐蚀主要发生于表面生成钝化膜的金属、合金材料及表面做有防腐层的金属材料上。当这些膜上某点由于各种原因发生破坏时，破坏区下的基体与膜未破坏区之间就会形成电池，钝化表面为阴极而且面积比膜破坏区大很多，腐蚀就在膜破坏区向深处发展形成小孔。

（2）点腐蚀破坏多数发生在有特殊离子的介质中，不锈钢对含有卤素离子的介质特别敏感，其作用顺序为 $Cl^- > Br^- > I^-$，这些阴离子在合金表面不均匀吸附，会导致钝化膜的不均匀破坏。

（3）点腐蚀损伤往往是由于超过材料在具体介质中的腐蚀临界电位造成的。在许多情况下是由于材料在给定介质中耐点蚀力不足，更常见的原因是设计不合理以及制造失误，如造成静止状态死角等处各焊接缺陷。

21-116　防止点腐蚀的措施有哪些？

答：为了防止点腐蚀，可以采取以下措施：

（1）改善介质条件，如降低 Cl^- 的含量，降低温度，提高 pH 值，减少氧化剂（如除氧，防止铁、铜离子的存在）。

（2）选择耐点腐蚀的合金材料。

（3）结构上避免出现"死区"。

（4）采用阴极保护。

（5）对合金表面采用钝化处理，使用缓蚀剂。

21-117　什么是缝隙腐蚀？

答：缝隙腐蚀是因金属与金属，金属与非金属，金属与其表面的固体沉积物、原形层等之间存在很小的缝隙，缝内介质不易流动而形成滞留状态，促使缝内的金属加速腐蚀而发生在缝隙内的局部腐蚀形态。只有缝宽为$0.025\sim0.1mm$时，才可能形成强烈的腐蚀。在这种情况下，液体只能流入，流入后呈滞流状态。缝窄了，液体进不到缝内；缝宽了，液体能进行对流。这两种情况都不会发生缝隙腐蚀。

21-118　缝隙腐蚀的特点是什么？

答：缝隙腐蚀可以发生在所有金属与合金上，特别易发生在依靠钝化耐腐蚀的金属及合金上，而且任何侵蚀性溶液、酸性或中性溶液中都可能发生，含Cl^-的溶液最容易引起缝隙腐蚀。另外，与点腐蚀相比，对同一种合金来说，缝隙腐蚀更容易发生，缝隙腐蚀的临界电位要比点腐蚀电位低。

21-119　什么是磨损腐蚀？

答：磨损腐蚀也称冲刷腐蚀，是腐蚀性流体与金属构件以较高速度相对运动而引起的金属损伤，是流体的冲刷与腐蚀协同作用的结果。当流体中含有固体颗粒、气泡时，会加剧这种腐蚀。脱硫系统中的离心泵叶轮、搅拌器的桨叶、机械密封及转轴等经常出现这类腐蚀。如果选材不当、结构设计不当，或冲蚀环境过于严酷（如pH值较低、Cl^-浓度较高和含固体颗粒浓度过高），就会在很短的时间内造成装置的破坏。在湿法烟气脱硫系统中发生磨损腐蚀的形式主要是湍流腐蚀和空泡腐蚀。湍流腐蚀是流体速度达到湍流状态而导致加速腐蚀的一种腐蚀形式。空泡腐蚀是由于腐蚀介质与金属构件作高速相对运动时，气泡在金属表面反复形成和崩溃而引起金属破坏的一种特殊腐蚀形态。在高速流体有压力突变的区域最容易发生空泡腐蚀，如离心泵叶轮的吸入侧和叶片的出口端、螺旋桨叶的背部等处。

21-120　防止磨损腐蚀的措施有哪些？

答：防止磨损腐蚀的措施主要有：

（1）改进设计，避免恶劣的湍流工作条件，避免截面急剧变化的设计，保持过流表面光滑。

（2）正确选择材料，选择耐腐蚀、硬度大的合金材料。

（3）控制介质环境，避免过低的 pH 值，减小浆液中 Cl⁻ 的浓度和流体中的气泡和固体物含量。

（4）对多相流，可考虑选用合金铸铁和双相不锈钢。

（5）降低流体速度，近可能在条件允许的情况下选择低转速的浆液泵。

21-121　常用的非金属防腐材料有哪些？

答：在湿法烟气脱硫系统中，常用的非金属防腐材料有橡胶和增强树脂内衬。橡胶衬里常用的有天然橡胶、丁基橡胶、氯化丁基橡胶、氯丁橡胶和自硫化嗅化丁基橡胶。增强树脂常用的有玻璃鳞片衬里和纤维增强塑料。

21-122　非金属防腐材料的特点是什么？

答：非金属防腐材料的最大优点是不受高 Cl⁻ 浓度的影响，缺点是维修工作量大、周期寿命成本高、耐高温性能差和易着火。

21-123　橡胶和增强树脂衬里主要用于湿法烟气脱硫系统的哪些区域？

答：橡胶和增强树脂衬里主要用于湿法烟气脱硫系统的以下区域：烟气换热器壳体内壁、吸收塔内壁及除雾器、喷淋管道支撑梁等部件、与吸收塔相关的浆池和罐体、吸收塔上下游侧低温烟道和湿烟囱。橡胶还用作浆液管道内衬和阀门的密封材料。

21-124　用橡胶和玻璃鳞片树脂作防腐材料的吸收塔，其使用期限大致多长？

答：用橡胶和玻璃鳞片树脂作防腐材料的吸收塔需每年 1～2 次小部分地检修磨损严重和出现局部腐蚀的部位。5～10 年就需频繁、大范围地维修或更换橡胶和玻璃鳞片树脂防腐层。典型的吸收塔防腐层使用寿命为 10～15 年，即可能是湿法烟气脱硫系统寿命的 1/3～1/2。如果循环浆液的含固量高，大范围频繁维修的时间可能要大大缩短。要彻底清除残留的防腐层十分困难，清除不彻底可能将影响新防腐层的黏结强度和平整度。

21-125　衬胶和衬树脂的设备哪些部位易出现磨损？

答：衬胶和衬树脂的设备在以下部位易出现磨损：衬胶弯管、衬胶管法兰连接处、阀门阀座的衬层、阀门和节流孔板下游侧的衬胶管、喷淋区的吸收塔防腐层、循环泵入口管与塔壁相连的拐角部位。

21-126　橡胶防腐层的优缺点有哪些？

答：橡胶防腐层是湿法烟气脱硫系统中应用较多的防腐材料，主要应用于管道衬胶、阀门的衬层和部分吸收塔的防腐层，其具有以下的优缺点：

（1）优点：

1）具有较高的化学稳定性，可耐强酸、有机酸等。

2）橡胶衬里的致密性较高、抗泄性较强，即使衬里局部脱落，仍具有防腐性。

3）有一定的弹性，韧性较好，具有抵抗机械冲击和热冲击的性能，适用于受冲击或腐蚀的环境中，不受 Cl^- 浓度的限制。

4）橡胶衬里与钢材的黏合力很强，比用一般树脂胶粘剂粘贴材料的黏合力强得多。

5）橡胶衬层的整体性较好，接口可通过搭边黏合，黏结缝少，粘胶剂不产生气泡。

6）橡胶衬层的施工条件远好于涂料、FRP 的施工条件，施工时溶剂挥发带来的毒性较小，施工方便、快捷。

（2）缺点：

1）使用温度一般较低，多数橡胶衬层长期使用的温度为 65～100℃，温度超过规定值后迅速破坏。

2）抗泄性不如玻璃鳞片树脂涂料。

3）施工步骤要求严格。

4）硬质橡胶的膨胀系数比金属大 3～5 倍，当温度剧变或温差较大时，衬层易剥离脱落。

5）衬胶后不能在钢材上进行焊接施工，橡胶是易燃物，易引起火灾。

6）价格比玻璃鳞片树脂涂料稍高；维修工作量大，用于吸收塔的衬层 5～10 年后需大修或更换。

21-127 玻璃鳞片的主要性能是什么？

答：（1）优良的抗介质渗透性。玻璃鳞片的抗渗透性比橡胶和 FRP 材料的抗渗透性好。

（2）优良的耐化学腐蚀性。树脂和玻璃鳞片各自优良的耐酸腐蚀性和相结合形成的抗渗透性，使得 VE 树脂鳞片成为了湿法烟气脱硫系统中应用最广泛、最成功的防腐材料。就耐化学腐蚀性而言，其优于耐腐蚀合金。而酚醛环氧 VE 树脂的耐化学性和耐温性在常用的两种树脂中，耐化学性能更为优越。

（3）优良的耐磨损性。在无腐蚀条件下，玻璃鳞片的防腐层的耐磨性能优于天然橡胶和丁基橡胶，但比氯丁橡胶略差。然而，经过腐蚀介质的浸泡后，橡胶的耐磨性能急剧下降，玻璃鳞片涂层的耐磨性能却几乎保持不变。

（4）耐温性。双酚型 VE 和酚醛环氧 VE 树脂鳞片防腐层在液体和干气体中的耐温性分别为 90、100℃和 120、150℃。这两种树脂硬化后的玻璃化转变温度分别为 125～130℃和 155～165℃。

21-128　湿法烟气脱硫系统中常用 FRP 材料的组成是什么？

答：FRP（纤维增强塑料）是以合成树脂为黏结剂，玻璃纤维及其制品作增强材料，并添加各种辅助剂制成的复合材料，因其强度高，可与钢铁相比，所以又称下班钢。常用的合成树脂有环氧树脂、酚醛树脂、呋喃树脂以及乙烯基酯树脂。脱硫系统中常用的合成树脂是乙烯基酯树脂。增强材料主要有碳纤维、下玻璃纤维和有机纤维。在当前湿法烟气脱硫装置中使用最多、技术成就最高的 FRP 仍采用玻璃纤维及其制品作为增强材料。常用的辅助材料有固化剂、促进剂、稀释剂、引发剂、增韧剂和填料等。

21-129　FRP 材料的主要优点是什么？

答：（1）强度高且质量小。

（2）具有非常优良的耐化学腐蚀性能。

（3）良好的耐热性能和隔热性能。

（4）具有良好的表面性能，表面少有腐蚀产物，也很少结垢；FRP 管道内阻力小，摩擦系数小。

（5）可设计性好，可以改变原材料种类、数量比例、纤维布排列方式，以适应各种不同的要求。

（6）良好的施工工艺性，可以加工成所需要的任何形状，最适合大型、整体和结构复杂防腐设备的施工要求，适合现场施工和组装。

21-130　FRP 材料的主要缺点是什么？

答：（1）耐温性较低。同金属相比，FRP 材料的弹性较低，长期耐温一般在 100℃以下，个别可达到 150℃，仍远低于金属和无机材料的耐温性能。

（2）对强氧化性溶剂的耐腐蚀性较差。

21-131　FRP 管道应用在湿法烟气脱硫装置中的哪些方面？有哪些优缺点？

答：在湿法烟气脱硫装置中，FRP 管道主要应用于吸收塔内的喷淋母管和氧化空气管。

FRP 管道的主要优点有：①强度高，质量小；②相对于其他耐腐蚀管道费用较低；③易于装配和维修；④无氯化物浓度限制；⑤管内外不易结垢。主要缺点有：①连续运行温度限于 93℃，最高温度不能超过 150℃；②浆液流速不能太高，最高不超过 2.4m/s；③荷重强度有限，不能负重太大；④在弯头、变径处往往磨损严重，需要经常维护。

21-132　造成橡胶和增强树脂防腐层过早损坏的原因有哪些？

答： 造成橡胶和增强树脂防腐层过早损坏的原因主要有：

（1）防腐材料的质量不稳定。合成橡胶均是高聚合物，不同批次的产品在聚合度等性能方面不尽相同，一些生产技术较差的小厂很难保证不同批次产品质量的稳定性，因此必须选用信誉好的厂家生产的胶片和树脂。另外，要严格按要求的条件存放这些原材料，防止胶板、树脂和各种添加剂过期。

（2）不正确的技术规范和施工方法。为了保证防腐层的质量，除了原材料必须符合要求外，主要取决于施工质量。施工中任何疏忽都可能导致防腐层产生的缺陷。例如，防腐层早期局部起泡的原因多为：①基体有砂眼、气孔等缺陷，施工前未发现或处理不当；②喷砂除锈不彻底，或在防腐层施工过程中落上了灰尘或其他污物；③设备焊缝、转角的处理未达到规定的要求。大面积起泡或脱落则可能是：①胶板或树脂过期；②粘贴橡胶板的胶浆混入水分或失效；③树脂固化剂选择不当；④防腐层施工时湿度过大或温度过低，或者两道工序之间的间隔时间掌握不是很好等原因。

（3）机械损坏。运行期间或事故时温度骤变、浆池中较大垢块或机械异物、检修期间的机械碰撞都可能损坏防腐层。检修时，不允许用铁锤等敲打带有防腐层的外壁，清除石膏垢时应格外小心，不得伤及内衬。塔内检修搭建脚手架时，立杆底部应敷设胶皮或木板，横杆两端要应用柔软的东西包扎，不能直接触及塔壁。清除塔底部沉积物时要格外小心，不要损伤衬层。一旦防腐层破裂，基体很快会腐蚀穿孔。在喷淋区，如果喷嘴喷射出的浆液正对塔壁，则会在较短的时间内将防腐层磨穿。

21-133　防腐层施工过程中为什么必须做好周密的防火措施？

答： 在防腐层施工过程中，所用溶剂多为易燃物，发生火灾的风险非常高，所以必须加强通风，特别要注意防止易燃气体积聚到危险程度。另外，大多数固化后的增强树脂和硫化后的胶片是易燃的，在有防腐的吸收塔塔壁内或外焊接曾引起过严重的火灾，因此，在防腐层施工过程中必须做好周密的防火措施。

21-134　耐腐蚀合金与非金属防腐材料相比有哪些优点？

答： 与非金属防腐材料相比，耐腐蚀合金具有如下优点：

（1）合金不像橡胶和树脂衬层那样对温度敏感，合金在不正常工况下不易损坏。

（2）全合金装置不需要设置事故急冷装置。

（3）合金构件的清洗、除垢要比涂层容易得多，不用担心会损坏涂层。

（4）对合金表面的检查和维修也容易得多。

（5）对合金构件的施工方法和施工环境虽也有一定要求，但远不如橡胶和树脂衬层施工那样严格。合金构件的施工中焊接是关键，因为焊缝是防腐材料最薄弱的部位。对焊接形状有严格的要求，焊工必须具备焊接特定合金的资质。

21-135 脱硫岛电气系统的主要工作范围有哪些？

答：脱硫岛电气系统的主要工作范围为烟气系统、吸收剂制备系统、吸收塔系统、烟气换热器、石膏脱水系统、脱硫废水排放系统、压缩空气和氧化空气等系统的电气系统（此电气系统包括供配电系统、电气控制与保护、直流系统、交流保安电源、UPS电源、照明及检修系统、防雷接地系统、通信系统和电缆设施等。）

21-136 脱硫系统常见的 380V/220V 系统原则接线方式是什么？

答：脱硫系统常见的 380V/220V 系统原则接线方式是：380V/220V 系统采用 PC（Power Center，动力中心）和 MCC（Motor Control Center，电动机控制中心）两级供电方式。380V 为中性点直接接地系统。75kW 及以上的电动机回路、100kW 及以上的静止负荷回路、所有 MCC 电源负荷回路由 PC 段供电，其余负荷由就近的 MCC 供电。两台炉脱硫岛设一个 380V/220V 脱硫动力中心，每台炉动力中心采用单母线接线，两段（A、B 段）母线用母联开关连接，每段母线由各自的低压干式变压器供电，两台干式变压器之间互为暗备用。正常运行时，A、B 段之间的联络开关打开，每段母线由各自的工作变压器接带，当一段进线电源故障时，跳开该段进线开关，联络开关手动切换，两段母线由一台工作变压器接带。每段 MCC 均采用双回路供电，两路电源互相闭锁。75kW 以上的电动机、接于 PC 段上的馈线回路采用智能型空气断路器供电，75kW 以下的电动机回路、MCC 上的馈线回路采用塑壳断路器和智能型电动机控制器供电。

脱硫保安电源有多种接线方式，视具体情况而定。由两台机组成的脱硫岛通常由三个电源为保安段供电：第一个是 PCA 段母线电源供电，第二个是 PCB 段母线电源供电，第三个是主厂保安电源母线供电。

21-137　一般哪些负荷应接到保安电源?

答: 由保安电源供电的设备主要有烟气换热器主电动机、辅助电动机、旁路挡板执行机构、原烟气挡板执行机构、净烟气挡板执行机构、吸收塔搅拌器、石灰石浆液箱搅拌器、排水坑搅拌器、润滑油泵电动机、工艺水泵、除雾器冲洗水泵、事故照明、DCS电源柜和热控电源柜等。

21-138　脱硫岛如何设置不停电电源系统?

答: 脱硫岛应设置专用的交流不停电电源系统,即通常所说的 UPS 系统。该系统一般为脱硫岛公用,供脱硫岛分散控制系统及其他一些重要负荷使用。不停电电源系统的交流电源取自脱硫 PC 段及保安段,直流电源取自脱硫岛直流系统或主厂直流系统以及 UPS 自带电池。UPS 应在全系统停电后继续维持其所用负荷在额定电压下继续运行不少于 30min。

21-139　按照重要程度如何对脱硫负荷进行分类?

答: 按照重要程度,脱硫负荷的一般分类如下:

(1) 一类负荷。短时(手动切换恢复供电所需的时间)停电可能影响系统安全的负荷,如增压风机、浆液循环泵、烟气换热器等。

(2) 二类负荷。允许短时停电,但停电时间过长有可能损坏设备或影响系统正常运行的负荷,如氧化风机、吸收塔搅拌器等。

21-140　选择低压脱硫变压器时应注意什么?

答: 低压脱硫变压器的容量按脱硫低压计算负荷之和选择,并宜留有 10% 的裕度;形式宜选择干式,并保证在 50% 过负荷情况下能短时间运行。

21-141　对备用电源自动投入 (BZT) 装置的基本要求是什么?

答: (1) BZT 装置必须在工作电源失去电压而备用电源正常时投入。

(2) BZT 装置应该保证停电时间最短,使电动机容易自启动。

(3) BZT 装置只应动作一次,以免在母线或引出线上发生持续性故障时,备用电源被多次投入到故障器件上,造成更加严重的故障。

(4) BZT 装置应在工作电源失电后,不论其断路器是否断开,装置自投启动延时到跳开工作电源断路器,并确认该断路器在断开后,自投装置才能投入。这样可以防止工作电源在其他地方被断开,备用电源自动投入适用于故障或备用电源倒送电的情况。

(5) 当电压互感器的熔断器熔断、二次断路器保护跳开,或拉开电压互感器刀闸、退出电压互感器小车时,BZT 装置均不应动作。BZT 装置还应通过进线断路器检测电流,在进线侧无电压、无电流的情况下,BZT 装置才动作。

（6）当备用电源无电压时，BZT 装置不动作。

（7）BZT 装置应躲过因任何原因引起的母线电压下降的时间，这种情况是指母线电压在短时间内恢复正常，因而要求 BZT 装置延时时限应大于最长的外部故障切除时间。

21-142　脱硫岛热工自动化系统包括哪些部分？

答：脱硫岛热工自动化系统是脱硫岛的重要组成部分，是脱硫系统正常运行的基本条件。脱硫岛热工自动化系统主要包括以下几个部分：

（1）就地仪表检测系统。就地热工检测系统是热工自动化系统的基础，主要是对脱硫岛现场的各个运行参数和设备的运行参数进行监测、测量和采集，并将信号送至分散控制系统，为脱硫岛的正常运行提供可靠的数据。

（2）分散控制系统（DCS）。分散控制系统是脱硫岛热工自动化系统的中枢，运行人员通过分散控制系统采集现场仪表所提供的现场数据，并通过分散控制系统向就地各个设备发送指令，调整状态，保证脱硫岛的正常运行。

（3）其他辅助系统。其他辅助系统包括烟气连续监测系统（CEMS）、工业电视、火灾报警等系统。

21-143　在脱硫控制室内应完成的工作有哪些？

答：（1）机组正常运行工况下，对脱硫装置的运行参数和设备的运行工况进行有效的监视和控制，并能够自动维持 SO_x 等污染物的排放总量及排放浓度在正常范围内，以满足环保要求。

（2）机组出现异常或脱硫工艺系统出现非正常工况时，能按照预定的顺序进行处理，使脱硫系统与相应的事故状态相适应。

（3）出现危及单元机组运行以及危及脱硫工艺系统运行的工况时，能自动进行系统的连锁保护，停止相应的设备，甚至整套脱硫装置的运行。

（4）在少量就地巡检人员的配合下，完成整套脱硫系统的启动和停止控制。脱硫系统的正常运行以 CRT 和键盘为监控手段。控制室不设常规的控制表盘，仅设少量的紧急操作按钮，如旁路挡板门紧急打开按钮。

21-144　什么是分散控制系统？

答：分散控制系统（DCS）是对生产过程进行集中监视、操作、管理和分散控制的一种分布计算机控制系统。它是以微处理机为核心，结合了控制技术、通信技术和 CRT 显示技术的新型控制系统。

21-145 控制系统中常提到的 DCS、DAS、MCS、SCS 分别是指什么?

答: DCS——分散控制系统,DAS——数据采集系统,MCS——模拟量控制系统,SCS——顺序控制系统。

21-146 石灰石—湿法烟气脱硫的关键参数有哪些? 它们各有什么作用?

答: 烟气脱硫系统运行时,应重点监视以下参数:

(1) 入口烟气含尘浓度。烟气的含尘量过高,将导致系统工况恶化,表现为吸收效率低下,此时增加石灰石投入量不起大的作用,俗称石灰石吸收剂中毒;另外,还会使真空皮带脱水机水脱水困难和设备磨损加剧等问题。由此造成的问题需要较长时间才能纠正。

(2) 吸收塔内浆液的 pH 值。浆液 pH 值必须控制在指定范围内,通常为 $5.2\sim5.8$,过低会导致浆液失去吸收能力;而过高,系统则会产生结垢堵塞的严重后果。pH 值主要通过石灰石给料量进行在线动态调节,以适应工况的不断变化。

(3) 吸收塔浆液的密度。吸收塔浆液的密度必须控制在指定范围内,过低会导致浆液内石膏结晶困难;过高会使系统磨损增大,泵及搅拌器的能耗将明显增加。

(4) 吸收塔内浆液的 Cl^- 浓度。一般宜保持在 20000×10^{-6} 之下,过高会对材料的材质提出更高的要求;过低则废水的排放量将增大。

(5) 出口烟气温度。对于采用烟气换热器的烟气加热器系统,出口烟气温度必须高于 80℃,以保证烟气的排放。对于不设烟气换热器的烟气换热器系统,出口烟气没有特殊的要求,做好出口烟道及烟囱的防腐工作是必须的。

21-147 脱硫系统中的热工仪表有哪几种?

答: 脱硫系统中的热工仪表主要有以下几种:

(1) 就地压力表。脱硫系统中的就地压力表从接口形式上可分为弹簧管压力表和隔膜式压力表两种。弹簧管压力表用于测量不含悬浮物的非腐蚀介质,隔膜式压力表用于测量含悬浮物且具有腐蚀性的介质;弹簧管压力表采用脉冲管取压,隔膜式压力表通过法兰直接安装于工艺管道上。

(2) 远传仪表。远传仪表是指可将测量参数以标准的信号传送到控制系统的仪表。远传仪表的信号形式有模拟量 $4\sim20mA$ 的热电偶、热电阻、压力/差压变送器、质量流量计、电磁流量计、超声波料位计、导波雷达料位计、物料开关和 pH 计等设备。

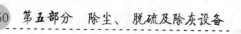

21-148 脱硫系统中如何使用压力和差压变送器？

答：压力和差压变送器是接受被测压力和差压信号，并按一定规律转变为 $4\sim20mA$ 电信号输出的测量仪表。在脱硫系统中，压力变送器接口形式主要有螺纹接口和法兰接口两种。螺纹接口压力变送器用于测量烟气、空气、工艺水等介质，隔膜式压力变送器用于测量含悬浮物具有腐蚀性的介质。螺纹接口压力变送器采用脉冲管取压，隔膜式压力变送器通过法兰直接安装于工艺管道上，隔膜式压力变送器的隔膜应选用哈氏合金。

21-149 脱硫岛烟气排放连续监测系统（CEMS）主要测量哪些烟气参数？

答：脱硫岛烟气排放连续监测系统主要测量以下烟气参数：

（1）脱硫岛进口：SO_2、O_2、粉尘含量。

（2）脱硫岛出口：烟气流量、SO_2、O_2、粉尘、NO_x、湿度、CO、温度和压力。

21-150 烟气挡板的检查项目有哪些？

答：（1）检查烟气挡板叶片，叶片应无腐蚀、变形、裂纹，叶片表面应清洁。

（2）检查烟气挡板轴承，轴承无锈蚀和裂纹，转动灵活；轴承座无磨损，固定螺栓无松动。

（3）检查烟气挡板密封装置，轴封完好，无杂物、腐蚀及泄漏。

（4）检查烟气挡板蜗轮箱，蜗轮、蜗杆完好，无锈蚀，润滑油无变质、油位正常。

（5）检查烟气挡板传动杆，挡板传动杆无弯曲变形，连接牢固，能灵活开关，0°时应达到全关状态，90°时应达到全开状态。

21-151 回转式烟气换热器的基本结构是什么？

答：回转式烟气换热器的基本结构如下：

（1）换热元件。换热元件由两种不同形状的薄钢板制成。一片钢板上是波纹形的，另一片上则带有波纹和槽口，且波纹与槽口成30°夹角。带波纹的换热片和带有波纹和槽口的换热片交替重叠，波纹间交叉成60°。槽口与转子轴和烟气流平行布置，使元件板之间保持适当的距离，也使得烟气流经烟气换热器时形成较大的紊流。

（2）转子。转子的中心部分即中心盘，与中心筒连为一体。从中心筒延伸到转子外缘的径向隔板将转子分为 24 个扇区。这些扇区又被分隔板和二次径向隔板分割，垂直于它们的环向隔板加强转子并支撑换热元件盒。元件盒的支撑钢板被焊接到环向隔板的底部。转子最终由 24 个周围平直的扇区构成，包括拴接在外缘环向隔板的底部和底部转子角钢。

（3）转子外壳。转子外壳包围转子并构成换热器的一部分，由预加工的钢板制成，内部镀有玻璃鳞片。换热器外壳位于端柱之间，由 6 个部分组装成八面体结构。转子外壳端部靠端柱和连接顶部结构和底梁的管撑支撑。端柱能够满足换热器外壳的不同位移。转子外壳支撑顶部和底部过渡烟道的外侧，这些烟道连接在顶部和底部基板上。

（4）端柱。端柱由低碳钢板加工而成，内镀玻璃鳞片。端柱支撑含转子导向轴承的顶部结构。每个端柱都支撑着一个轴向密封板，该板为端柱的一部分并支撑着转子外壳。端柱与底部结构的末端相连，并通过连接到底梁端部的铰链将整个载荷直接传递到底梁和换热器的支撑钢架上。

（5）顶部结构。顶部结构上装有顶部扇形密封板。顶部扇形密封板在焊到扇形支板前一般悬吊在调节点的位置。顶部结构由加强筋固定，长方形的烟风道位于顶部结构的端部。将此箱形结构与扇形支板和扇形板间的空间连接起来，形成烟气低泄漏系统的一部分。

（6）底部结构。底部结构由两根碳钢梁组成，它支撑着承受转子重量的底部轴承凳板。底部结构还支撑端柱、底部扇形板和扇形支板。连接在换热器下侧的烟道也由底部结构部分支撑。

（7）转子驱动装置。转子通过减速箱由电动机驱动，驱动装置直接与转子驱动轴相连。驱动装置通过减速箱可以提供两种驱动方式，即主交流电动机驱动和备用交流电动机驱动。

（8）转子支撑轴承。转子由自对中滚柱推力轴承支撑，轴承箱装在底梁上。轴承承受了全部的转动载荷，采用油浴润滑。轴承箱上设有注油孔和油位计，并开有一个用于安装温度探头的螺纹孔。

（9）转子导向轴承。顶部导向轴承组件包含一个导向轴承，位于轴套内，而轴套落在转子驱动轴的轴肩上，通过锁紧盘与驱动轴固定。

（10）转子密封、径向密封、轴向密封、环向密封和中心筒密封。

（11）密封风系统。为保护起见，在转子中心轴顶部和底部都加密封空气，提高了内部中心筒的密封作用。

（12）吹灰器。烟气换热器在未处理烟气出口处配有一台吹灰器。当转子转动时，该电动吹灰器径向来回移动，控制吹枪行程来确保吹扫时整个转子表面都能吹扫到。压缩空气吹扫和低压水洗使用的是相同的吹管和喷嘴。

（13）低泄漏风机。

21-152 为什么要对烟气换热器进行吹扫或冲洗？

答：对烟气换热器进行吹扫或冲洗的主要目的是防止换热器换热面上浆液滴或灰尘的沉积或结垢，一方面保持换热器高的传热效率，另一方面维持系统运行阻力在正常运行范围内。

21-153 进入烟气换热器内检修前应做好哪些准备工作？

答：（1）按照工作票要求做好各项安全措施。

（2）按照厂家要求待换热器自然冷却后打开人孔门。过早打开，有可能造成换热器变形。

（3）在进入烟气换热器之前，确保内部空气流通和新鲜空气进入，并检查烟气换热器的温度和是否含有毒气体。

（4）检查吹灰器的空气和水的供应是否完全切断，电动阀门是否完全关闭以及整个装置是否切断电源。

（5）准备好用于烟道内使用的手提照明或安全电压等级的行灯照明。

（6）准备好进入到烟气换热器转子下方所必需的两个烟道内的脚手架。

（7）确保烟道内有人时，在没有预先警告的情况下不会有人通过手摇装置转动烟气换热器的转子。

（8）穿戴适当的防护服装和安全帽。

（9）在进入底部烟道之前确保脚手架牢固。

21-154 如何检查烟气换热器的换热元件？

答：每次停炉检修期间可以进入烟气换热器烟道，此时应检查换热元件表面是否存在腐蚀或吹灰器未能去除的沉积物。如果需要，应对换热元件进行水洗并更换严重腐蚀或损坏的元件。如果通过烟气换热器的阻力增大，则表明换热元件已经堵塞或腐蚀。检查换热元件表面的搪瓷釉是否有损坏迹象是非常重要的。如果搪瓷损坏，那么换热元件很快会腐蚀。如果吹扫压力高于推荐的压力，可能会造成换热元件腐蚀。

21-155 烟气换热器的换热元件怎样进行冲洗？

答：烟气换热器运行环境差，极易堵灰，所以有必要对烟气换热器的换热元件进行清洗。如果发生堵灰现象，那么腐蚀会加剧，并且风机功耗将增加。定期吹扫可保持换热元件干净。如果压缩空气吹扫无法达到效果，那么有必要进行水冲洗。通过烟气换热器的压降不可超过清洁换热元件的1.5倍。可能的情况下，应在烟气换热器停机的情况下进行水冲洗，因为这样运行人员可在水冲洗结束后进入烟道检查换热元件是否清洁、干净。如果第一个流程没有彻底清洗干净，那么必须重复水洗，直到干净为止。低压水洗应在烟气换热器转子低速运转时进行。如果在线冲洗换热元件，则需应用高压水冲洗，高压水冲洗压力通常为 10MPa。一般情况下，经过高压水冲洗后，压差会有明显的降低。

21-156　哪些原因可导致烟气换热器轴承温度偏高？

答：（1）烟气换热器轴承有损坏部分。

（2）轴承箱内有异物或沉淀物沉积过多。

（3）润滑油油量不足或油质变差。

（4）烟气换热器壳体有泄漏点，漏出的烟气导致轴承箱温度整体升高。

21-157　什么原因可导致烟气换热器主、辅电动机过载？

答：（1）烟气换热器轴承故障。

（2）烟气换热器减速机故障。

（3）烟气换热器内部有异物进入。

（4）烟气换热器密封件脱落，卡在上、下扇形板处。

（5）烟气换热器换热元件积灰太多或转子与外壳间积灰过多。

21-158　密封风系统的常见故障有哪些？

答：（1）管道泄漏。

（2）阀门关闭。

（3）出口管道或入口滤网堵塞。

（4）风机叶轮积灰，积灰过多可能导致转动不平衡、振动加剧。

（5）电动机过载损坏。

21-159　怎样更换烟气换热器转子元件盒？

答：在承重梁上安装一个载重 1t 的手拉葫芦，同时在吊钩和元件盒之间放一个测力元件，以保证所吊物不会超过 1t。元件盒与转子之间应当足够地自由。如果元件盒质量超过 1t，那么可能有杂物卡在间隙内，增大阻力。此时，应首先清理间隙内的杂物。要确保检查完换热元件后可以将其安全地吊起，就应采取下列步骤：

（1）切断主电动机电源。

（2）拆除处理烟气出口烟道内的换热元件检修门。

（3）在换热元件检修门上安装需要的横梁。

（4）给横梁装上手拉葫芦。

（5）打开顶部处理烟气侧烟道上的人孔门，以便进入转子顶部。

（6）通过装在主电动机或备用电动机延伸轴上的手动盘车装置转动转子，直到一个转子扇区直接位于横梁或起吊点的下面。

注意：使用手动盘车装置转动转子时，必须特别注意不要碰伤烟气换热器内的检修人员。

（7）如果现场就有新的换热元件，那么在拆除原有元件后，应立即装上新元件，以省去不必要的吊装和手摇转动转子的工作。

注意：转子由24个各面均为平面的扇区组成，每个扇区内各有18个元件盒。

（8）拆下顶部径向密封片。

（9）从转子周围开始拆除外侧元件盒。拆除时先向上吊离转子，穿过元件检修门后吊到检修区域。

注意：元件盒必须通过吊环起吊。

（10）以后的元件盒可直接从转子上吊出，直到元件盒全部抽取完毕。将元件盒横向穿过顶部烟道检修门吊到检修区域。

（11）靠手动盘车装置转动转子，然后重复以上步骤，直到所有换热元件都拆除并更换。

（12）如果没有新的元件盒或者要求在转子中卸下所有元件盒，那么就需要从对称的部分也卸下元件盒，以保证转子的平衡。

（13）更换元件盒时，也必须进行对应的工作，以避免转子不平衡。

（14）卸下或者更换元件盒时必须特别小心，以防损坏烟道壁上的玻璃鳞片。重新安装元件盒进转子时也必须注意不损坏换热元件波纹板的边缘。

21-160　怎样更换烟气换热器顶部径向密封片？

答： 顶部径向密封片是直的 Avesta 不锈钢片，它们用螺栓连接在24个转子径向隔板和24个二次径向隔板的顶部边缘。进入顶部处理烟气烟道，卸下锁紧螺母、螺栓以及转子径向隔板和密封片间的垫片。通过手动盘车装置转动转子，以到达要求。站在元件盒的顶部可以够到所有的密封片。更换这些密封片时，必须使用提供的密封设定杆。要保证它们的定位，必须和轴向密封片在同一直线上，也就是安装在径向隔板的同一侧面上。检查锁紧螺母、螺栓、铁氟龙垫圈和压板的损坏和腐蚀情况，如有必要，则进行更换。

21-161　如何进行中心筒密封元件的检查？

答： 中心筒密封片分别位于转子中心筒的顶部和底部，它的作用是密封扇形板和转子中心筒之间的间隙。这些密封片由 Avesta 不锈钢板制成，每个分成两半，以方便拆除。每套密封由安装在中间和外边的带有钢保持环的两个分开的密封片组成，这些密封片通过销钉固定在扇形板上。这些密封可从烟气换热器外部检修，要拆卸这些密封，就必须先松开密封压盖，从扇形板上拆除固定螺栓，以拆下整个填料密封组件。卸下中心筒密封的固定销钉就可以将整个密封拆掉。更换密封时，必须注意两个保持环的正确安装位置，确保密封片靠紧中心筒。填料密封盘根如有损坏，必须松开压盖，以便拆除。

21-162　运行中能否检查吹灰枪喷嘴？如何进行？

答：吹灰器的设计允许从墙箱中抽出吹灰枪来检查喷嘴。该项检查可以在脱硫系统和烟气换热器运行时进行，具体步骤如下：

（1）将吹灰器完全退出并关闭电源。

（2）关闭通向吹灰器的空气、水的供应。

（3）关闭连接在进口法兰上的空气/低压水阀门。

（4）松开吹灰器在墙箱上的法兰，确保用密封板将墙箱上的开孔封闭。

（5）拆开墙箱，检查吹灰枪喷嘴，对堵塞的喷嘴进行处理。

（6）回装喷嘴和墙箱。

（7）检修完成后，试用。

21-163　如何拆卸烟气换热器驱动装置的电动机？

答：（1）保证两个电动机的电源都被切断。

（2）安排适当的起吊设备。

（3）将柔性联轴器的两部分分开，卸下固定电动机法兰的四个销钉。

（4）小心将电动机从轴套中抽出，直到半个联轴器从电机轴上完全抽出为止。

（5）把电动机移到检修区。

21-164　如何拆卸转子停转报警传感器？

答：2个转子停转报警传感器安装在转子驱动轴的端部护罩上，位于驱动装置的顶部，其拆卸程序如下：

（1）测量传感器与靶盘之间的间隙，并做好记录，间隙应在 4～6mm，为安装时做好准备。

（2）断开转子停转报警系统电源。

（3）从位于驱动轴护罩上的安装板上拆下传感器。

（4）断开线缆，拆下传感器进行检查。

21-165　高压冲洗水泵的工作原理是什么？

答：高压冲洗水泵的工作原理是：电动机经皮带轮将动力传递给曲轴，

使曲轴旋转运动，再经连杆将同轴的旋转运动变为十字头的往复直线运动。十字头前端与柱塞连接，柱塞在缸体内随十字头一起作往复直线运动。当柱塞运动离开死点时，排出阀立即关闭，排出过程结束，吸入阀开启，吸入过程开始；当柱塞运动离开另一死点时，吸入阀立即关闭，吸入过程结束，排出过程开始。柱塞和单向阀的这种周而复始的运动就是高压冲洗水泵的工作过程。

21-166 高压冲洗水泵排出量不足和排量不稳定的原因有哪些？

答：高压冲洗水泵排出量不足和排量不稳定的原因有：

(1) 吸入管直径不合适或管内已堵塞。

(2) 入口门未开到位。

(3) 吸入管漏气、漏液。

(4) 填料磨损严重，柱塞处漏水。

(5) 安全阀密封不良。

(6) 阀芯、阀座间有异物。

(7) 阀芯、阀座冲刷。

(8) 调压阀内漏严重。

21-167 高压冲洗水泵压力达不到要求的原因有哪些？

答：以下原因可能导致高压冲洗水泵压力达不到要求：

(1) 吸入阀与排出阀失灵。

(2) 填料或安全阀严重泄漏。

(3) 阀体有杂物卡阀。

(4) 阀芯、阀座冲刷，工作程序中有回水现象。

(5) 调压阀内漏严重。

21-168 高压冲洗水泵柱塞发热的原因有哪些？

答：以下原因可能导致高压冲洗水泵柱塞发热：

(1) 填料压得过紧。

(2) 填料磨损或摩擦严重。

(3) 柱塞与缸套的配合间隙小。

21-169 高压冲洗水泵减速箱有异音和发热的原因有哪些？

答：如下原因可能导致减速箱有异音和发热：

(1) 润滑油不足或油质不良。

(2) 连杆瓦、连杆小套、十字头销和十字头小套有磨损或间隙过大。

（3）轴承压盖间隙调整不合适。

（4）轴承精度过低或已损坏。

21-170 高压冲洗水泵的大修项目有哪些？

答：（1）1、泵体解体清洗、检查或更换零部件。

1）柱塞、吸入阀、排出阀和密封件的检查和更换。

2）曲轴、连杆、十字头、轴瓦等磨损和位移情况的测量，磨损严重的应进行更换。

3）检查更换轴承。

4）变速箱清洗更换润滑油。

5）检查传动皮带的磨损和松紧情况，必要时更换皮带。

（2）安全阀解体，检查更换阀芯、阀座。

（3）地脚螺栓检查、紧固。

（4）压力检测装置的调校。

（5）压力调节阀的检查。

（6）电动机检查、修理。

21-171 除雾器冲洗周期及冲洗时间的选择原则是什么？

答：除雾器的冲洗由一个冲洗程序控制，冲洗方式为脉冲式，100％ BMCR工况下。当吸收塔浆液池液位较高时，冲洗的脉冲间隔时间就长一些。但为了防止除雾器因烟气带出的浆液液滴产生结垢，最长的间隔时间依据要求的最短冲洗时间来定，而最短的间隔时间依据吸收塔的水位而定，即当水位降到要求的水位时，冲洗间隔时间就越来越短，水位越低，冲洗间隔时间越短。

21-172 吸收塔搅拌器的作用是什么？

答：作用是将浆液保持在流动状态，从而使其中的脱硫有效物质（$CaCO_3$固体微粒）也保持在浆液中的均匀悬浮状态，保证浆液对 SO_2 的吸收和反应能力。

21-173 吸收塔的大修项目有哪些？

答：（1）检查塔内壁防腐层，对喷淋层冲刷、浆液池点腐蚀和鼓泡等部位进行修复。

（2）清理入口烟道干湿界面的垢物及积灰。

（3）检修吸收塔搅拌器。检测轴的弯曲度、叶轮轮磨损后的动平衡（磨损严重的应更换）；检查机械密封动、静环及轴承，出现异常的应进行更换；

检修搅拌器减速机；检修搅拌器电动机。

（4）喷淋层管道磨损情况、支撑梁冲刷情况检查，对损坏部分进行修复。

（5）喷淋层喷嘴检查。疏通堵塞喷嘴，纠正喷嘴喷射角度。

（6）除雾器检查。清理堵塞部位，并检查相应堵塞部位的喷嘴，疏通堵塞喷嘴；检查除雾器支撑梁防腐层，对损坏部位进行修复；检查、疏通全部喷嘴，并检查喷嘴的覆盖率，当不能完全覆盖时，应增设喷嘴。

（7）检查循环泵入口滤网及排出泵入口滤网堵塞情况并进行疏通；检查上述各处滤网有无破裂，对出现损坏处进行修复。

（8）清理塔底渣垢等杂质。

（9）疏通液位计、取样管和反冲洗管等管口沉积物。

（10）检查氧化空气管及喷嘴堵塞情况并进行疏通。

（11）检查循环泵入口门、排出泵入口门及吸收塔排空门的工作情况，对开关不到位或有内漏现象的进行检修或更换。

21-174　吸收塔的小修项目有哪些？

答：（1）检查塔内壁防腐层，对局部损坏部分进行修复。

（2）清理入口烟道干湿界面的垢物及积灰。

（3）检查吸收塔搅拌器的叶轮磨损情况，必要时进行局部修复。

（4）喷淋层管道磨损情况、支撑梁冲刷情况检查，并进行局部修复。

（5）喷淋层喷嘴检查，疏通堵塞喷嘴。

（6）除雾器堵塞检查，清理堵塞部位，并检查相应堵塞部位的喷嘴，疏通堵塞喷嘴。

（7）检查循环泵入口滤网及排出泵入口滤网堵塞情况并进行疏通。

（8）清理塔底渣垢等杂质。

（9）疏通液位计、取样管和反冲洗管等管口沉积物。

（10）检查氧化空气管及喷嘴堵塞情况并进行疏通。

21-175　循环泵轴功率过大的原因有哪些？

答：循环泵轴功率过大的原因有：

（1）机械密封配合太紧或故障。

（2）泵内产生摩擦。

（3）轴承损坏。

（4）减速机故障。

（5）泵流量偏大。

(6) 浆液浓度大。

(7) 电动机轴与泵轴不对中或不平行。

21-176 循环泵轴承过热的原因有哪些？

答：轴承过热的原因有：

(1) 轴承润滑脂过多或过少。

(2) 润滑脂中有杂物。

(3) 轴承损坏。

(4) 电动机轴与泵轴不同心。

(5) 轴弯曲。

(6) 轴承装配不合理。

21-177 循环泵机械密封泄漏严重的原因有哪些？

答：机械密封泄漏严重的原因有：

(1) 机封动、静环磨损严重或机械密封上密封圈老化。

(2) 密封水断水。

(3) 密封水不清洁。

21-178 循环泵的小修项目有哪些？

答：(1) 检查机械密封磨损情况。

(2) 检查轴承箱油质情况，清理轴承箱油污。

(3) 检查减速机是否存在漏油及油质情况。

(4) 检查机械密封冷却水及减速机冷却水的进水和退水情况。

(5) 检查出口、入口短节及泵壳有无泄漏，防腐层是否破损。

(6) 检查备用泵入口阀及泵内有无沉积物。

(7) 检查连接对轮及地脚螺栓有无损坏或松动。

21-179 循环泵的大修项目有哪些？

答：(1) 包括所有小修项目。

(2) 解体检查各零部件的磨损、腐蚀和冲蚀情况。

(3) 检查叶轮，必要时作动平衡校验。

(4) 检查出、入口管道衬胶的磨损和冲刷情况。

(5) 检查并校正轴的直线度。

(6) 检查减速机齿轮磨损情况及内部冷却水管是否存在漏水。

(7) 检查泵体、基础、地脚螺栓，泵、减速机、电动机找中心。

21-180 循环泵检修完成后如何进行试车?

答:(1)试车前准备:

1)检查检修记录,确认检修数据正确。

2)单试电动机合格,确认转向正确。

3)润滑油、密封水、冷却水系统正常,无渗漏。

4)盘车无卡涩现象和异常声响。

(2)试车:

1)严禁空负荷试车,应带水或带浆试运。

2)滑动轴承温升不大于65℃,滚动轴承温升不大于70℃。

3)运转平稳、无杂音,密封水、冷却水和润滑油系统工作正常,泵及附属管路无泄漏。

4)控制流量、压力和电流在规定范围内。

5)机械密封无泄漏。

21-181 如何进行循环泵叶轮的调整(以L型泵为例)?

答:为了保证泵高效运转,必须及时调整叶轮与前护板的间隙,金属内衬泵叶轮与前护板的间隙为0.5~1mm。调节叶轮间隙前首先要停泵,松开压紧轴承组件的螺栓,拧调整螺栓上的螺母,使轴承组件向前移动,同时用手转动轴,按泵转动方向旋转,直到叶轮与前护板摩擦为止。紧接着再将调整螺栓上前面的螺母拧紧,使轴承组件后移,此时叶轮与后护板的间隙为0.5~1mm,拧调整螺栓上的螺母,使轴承组件先向前移动,使叶轮与前护套接触,再使轴承组件向后移动,使叶轮与后护板接触,测出轴承组件总的移动距离,取此距离的一半作为叶轮与前后护套的间隙,再用调节螺栓调节轴承组件的位置,保证叶轮与前后护套的正确间隙值。调整后,在再次启动前,须重新检查叶轮转动是否正常,轴承组件压紧螺栓与调整螺栓是否拧紧,然后再启动泵。

21-182 吸收塔搅拌器电动机运行中超电流的原因有哪些?

答:吸收塔搅拌器电动机运行中超电流的主要原因有:

(1)电源电压低。

(2)浆液浓度过大。

(3)电动机冷却风不足。

(4)频繁启动和停止。

(5)相间电压不平衡。

(6)旋转方向不正确。

(7) 搅拌器或电动机轴承故障。

(8) 叶轮太靠近罐底。

(9) 润滑不够或不正确。

(10) 机械密封故障。

(11) 罐底部沉淀物多。

(12) 减速箱轴承或齿轮故障。

21-183 在管道系统中如何进行法兰连接?

答: 对法兰连接的要求如下:

(1) 焊接法兰时,管子不能露出法兰平面。

(2) 更换系统法兰平面上法兰垫衬时,必须将撬开的法兰撑牢固后再进行,且手不能放在法兰之间。

(3) 法兰结合面不应有深度超过 1mm 的沟槽、凹坑、刮伤等。

(4) 两法兰连接处若出现偏斜现象,则可加热管壁(无衬胶等防腐材料时)使直管弯曲,直到两法兰平行为止。

(5) 两法兰之间加堵板时,必须在堵板上作明显标志,且应装取方便。

(6) 拧紧法兰螺栓时应使用合适的扳手,分两次进行,不得一次拧紧。拧紧螺栓的次序,应对称、均匀地进行,最好是两个人在对称的位置同时进行。

(7) 拧紧法兰螺栓后,两法兰结合面应相互平行。

(8) 拆卸法兰时,先清理杂物、保温层、锈垢等,再往螺栓丝扣处浇上螺栓松动剂,用手锤轻轻振打,然后拆卸。拆卸过程如感到由松变紧,则应将螺母倒回,来回松紧数次后方可卸下,否则应用锉刀修理螺栓丝扣或锯断、割掉。拆卸螺栓时,先松离身体远的螺栓,从两边往身边拆卸;螺栓拆松后,不得将螺栓取下,而应用撬棍撬动离身体远的一侧,将管道和门内的存压放去后再取下。有放水门或堵板的,应先打开放水卸压。

21-184 对除雾器进行水冲洗的目的是什么?

答: 对除雾器进行水冲洗的主要目的是:定期用干净的水冲洗掉除雾器叶片上沉积的浆体和固体沉积物,保持叶片清洁、湿润,防止叶片结垢后堵塞烟气通道;另外,对除雾器进行水冲洗,可以起到保持吸收塔液位、调节系统水平衡的作用。

21-185 吸收塔浆液循环泵流量减小的原因有哪些?

答: 下列原因可导致吸收塔浆液循环泵流量减小:

(1) 循环泵叶轮磨损严重，出力严重下降。

(2) 循环泵入口滤网堵塞严重。

(3) 循环泵出口喷嘴堵塞严重。

(4) 循环泵入口阀门开不到位。

21-186 吸收塔液位异常的原因有哪些？

答：下列原因可导致吸收塔液位异常：

(1) 液位计管堵塞或液位计故障。

(2) 与吸收塔连接的各工艺水冲洗阀门有内漏。

(3) 吸收塔或循环管道有外漏。

(4) 循环管道喷嘴由于破损或局部堵塞，浆液液向原烟道。

(5) 吸收塔液位显示模块故障。

21-187 pH 计指示不准的原因有哪些？

答：下列原因可导致 pH 计指示不准：

(1) pH 计电极污染、损坏、老化。

(2) pH 计供浆量不足。

(3) pH 计供浆中混入不定量的工艺水。

(4) pH 计变送器零点漂移。

(5) pH 计控制模块故障。

21-188 真空皮带脱水机系统故障的原因有哪些？

答：真空皮带脱水机的故障通常是由下列原因引起的：

(1) 所述浆料浓度不够，造成石膏含水量过高。

(2) 滤布冲洗水泵出力不足或故障，导致滤布冲洗不彻底或真空密封水不足。

(3) 皮带跑偏，导致中心孔偏出真空盒。

(4) 真空泵故障，不能建立所用真空。

(5) 真空管线漏气，不能建立有效的真空度。

(6) 除尘器出口浓度偏高，影响脱硫系统石膏的生成品质。

(7) 摩擦带磨损严重，真空盒变形，皮带与摩擦带接触处磨损严重。

(8) 滤布冲洗不彻底，出现了大的破损。

21-189 转动机械检修完成后进行试运时，振动值与转速的一般规定是什么？

答：转动机械检修完成后进行试运时，振动值与转速的一般规定见表

21-2（有特殊规定的按规定执行）。

表 21-2   **转动机械的振动值与转速的一般规定**

参数名称	规　定　值			
额定转速（r/min）	750 及以下	1000	1500	1500 以上
振动值（mm）	0.12	0.1	0.085	0.05

21-190　转动机械检修完成后进行试运时，对轴承温度有何规定？

答：轴承温度不超过表 21-3 中数值（厂家资料注明的，按厂家资料执行）。

表 21-3   **轴承温度相关规定**

名称　　　分类	滚动轴承	滑动轴承
电动机轴承	100	80
机械部分轴承	80	70

21-191　转动机械检修完成后进行试运时，发生什么情况必须立即停机？

答：在转动机械试运过程中，发生下列情况之一，必须立即停止试运：

（1）转动机械危及人身安全时。

（2）转动机械轴承温度临近或超过规定上限温度且有继续升高的趋势，或轴承温度直线上升时。

（3）泵、风机或其他转动机械及其电动机发生强烈振动，振动值远远超出规定值时。

（4）转动机械的轴承或其电动机冒烟着火时。

（5）转动机械有明显的撞击和摩擦声，继续运行将造成设备严重损坏时。

（6）转动机械有转动意向，但只是原地振动，启动电流不回落时。

注意：出现以上现象后，若使用事故按钮紧急停机，则按事故按钮的时间应不小于 30s，以防止误抢合。对新更换的新型事故按钮本身带有闭锁装置的，故障消除后，设备要恢复运行时，应先将事故按钮闭锁复归。

21-192 真空皮带运行过程中真空度降低的原因有哪些?

答: 出现下列情况之一时, 可能导致真空度降低:

(1) 在滤布上有大量的浆液, 并且一部分已经硬化。

(2) 真空皮带虽然在运转, 但密封水时断时有。

(3) 输送皮带与摩擦带接触面磨损严重。

(4) 滤液管堵塞, 滤液不能正常排出。

(5) 真空泵皮带打滑严重, 转动速率严重下降。

(6) 真空泵密封水中断。

(7) 真空泵与皮带机连接管处漏气。

(8) 摩擦带磨损严重, 不能满足密封要求。

(9) 真空皮带密封盒处密封水中断。

(10) 真空皮带真空盒变形。

第二十二章 干式除灰及水力除灰系统

22-1 粉煤灰的化学成分主要有哪些?

答: 粉煤灰的化学成分通常包括 SiO_2、AL_2O_3、Na_2O、K_2O、CaO、MgO、TiO_2、SO_3、Fe_2O_3 及飞灰中可燃物的含量。其中,最主要的成分为 SiO_2 和 Al_2O_3,两者总含量一般在 60% 以上。CaO 的含量有较大的不同,含量通常在 0.8%~10.5%,当燃用烟煤和无烟煤时,所得多为低钙型粉煤灰;当燃用次烟煤和褐煤时,所得多为高钙型粉煤灰。高、低钙型粉煤灰的界限并没有一个定值,一般将 CaO 含量在 8% 以上的粉煤灰视为高钙型粉煤灰。

碳粒尽管不属于粉煤灰的化学组成成分,但却是实际中粉煤灰中极为重要的组成部分。粉煤灰中含碳量高,不仅造成了煤炭资源的浪费,而且还在不同程度上影响粉煤灰的综合利用。

22-2 什么是粉煤灰堆积密度?

答: 粉煤灰堆积密度又称容重或松密度,是指粉煤灰松散堆积状态下,其质量 m 和堆积体积 v 之比。粉煤灰的堆积密度大多在 500~800kg/m³。粉煤灰的堆积密度是灰斗、灰库设计的主要参数之一。

22-3 什么是粉煤灰真密度?

答: 粉煤灰真密度是指粉料质量 m 与其固体净体积 v 之比。颗粒净体积不包括颗粒之间及颗粒的表面孔隙和缝隙中的气体体积。真密度被广泛应用于燃煤电厂除尘和除灰技术中,是除尘、除灰系统设计计算的最基本参数。目前,测量料煤灰真密度的有效方法为抽真空法和煮沸法。粉煤灰真密度通常在 1800~2400kg/m³ 范围内波动。

22-4 什么是粉煤灰气化密度?

答: 粉煤灰气化密度是专门针对灰层处于氧化状态时定义的。当灰层在气化风的作用下处于气化状态时,体积膨胀,孔隙率大大增加,此时单位体积粉煤灰的质量就称为粉煤灰的气化密度。显然，粉煤灰的气化密度小于堆积密度。气化密度的大小取决于气化效果的好坏，而气化效果与气化设备类型、气化风量和风压、粉煤灰性质等有关。在工程设计中，一般取气化密度＝0.75×堆积密度。气化密度是灰斗气化装置、灰库氧化装置、空气斜槽以及流态仓泵设计中的主要参数之一。

22-5 什么是粉煤灰比表面积？

答：粉煤灰比表面积是指灰样中所含颗粒的总表面积与灰样的质量之比，单位为 m^2/g。粉煤灰越细，比表面积越大。

22-6 什么是粉煤灰的安置角？

答：安置角又称堆积角、休止角。粉料从漏斗状小孔连续落到水平面上，形成一个圆锥体，这一圆锥体的母线与水平面的夹角称为安置角。安置角有两种含义：当粉料从某一高度以一定速度卸落在平面时形成的安置角，称为动安置角，粉料以极其缓慢的速度自由下落所形成的安置角，称为静安置角。安置角的大小与粉料的种类、粒度、形状、湿度以及下落的速度和下落方式有关。干粉煤灰的静安置角为 $30°\sim50°$。

22-7 什么是干输灰系统的灰气混合比？它有什么作用？

答：灰气混合比简称灰气比，又称两相流密度，是指气固两相流中固体物料输送量与空气输送量的比值。灰气混合比分包括质量灰气混合比和体积灰气混合比。

（1）质量灰气混合比。单位时间内通过输料管断面的物料质量（kg/h）与此单位时间内通过相同输灰管的气体质量流量（kg/h）之比。

（2）体积灰气混合比。物料的体积流量（m^3/h）与气体体积流量（m^3/h）之比。

由于气体密度远小于灰的密度，因此体积灰气混合比远小于质量灰气混合比。在气力输灰技术中应用较多的是质量灰气混合比。干式输灰系统设计中，选择恰当的灰气比是非常重要的。除灰系统的灰气比越大，输送能力越强；同时，在一定的系统出力下，灰气混合比越大，所需消耗的空气量越小，消耗功率就越小。但是，对于悬浮输送系统而言，灰气混合比并不是越大越好。灰气混合比过大，将使输送系统的压力损失增大，容易出现管道堵塞，而且对供气设备的压力性能以及系统的密封性能的要求也相应提高。输灰系统的灰气混合比一般受物料性质、输送方式、压缩空气及输送条件等因素的限制。在设计阶段，应在实验的基础上选择恰当的灰气混合比。

22-8　什么是粉料的结拱？粉料的结拱与哪些因素有关？如何防止结拱？

答：结拱又称棚灰，是粉料堵塞排料口以致不能进行排料的现象的总称。电除尘器灰斗内结拱是经常发生的现象，致使电动锁气器空转，泄灰不畅，给除尘和输灰设备的运行维护带来了很大麻烦。若处理不及时，当灰斗内灰位升高到一定位置时，常引起电除尘器底部阳极板和阴极线短路，造成电场短路停运。气力输灰系统的灰库结拱，处理起来更是棘手。粉料灰斗和灰库结拱的类型一般有如下四种：①压缩拱。粉料因受料仓压力的作用，使固结强度增加而导致结拱。②楔性拱。颗粒粉料因颗粒相互啮合达到力平衡而引起。③黏附拱。黏附性强的粉料吸湿后，或受静电作用而增强了粉料颗粒之间及粉料甩仓壁之间的黏附性所致。④气压平衡拱。料仓回转泄料器因气密性差，导致空气泄入料仓，当上、下气压达到平衡时所形成的结拱。

结拱强度与下列因素有关：

（1）堆积密度。较高的密度会有较大的拱强度。

（2）压缩性。较高的压缩性会有较大的拱强度。

（3）黏附性。黏的或软的物料会形成比较结实的拱。

（4）可湿性。对于可湿性较高的粉料，就可能有较高的拱强度。

（5）喷流性。流体状的物料会形成脆弱的拱，并易于塌落而变成含气物料。

（6）拱顶物料的质量。灰斗和灰库内拱顶物料的质量和拱的强度成正比。

（7）储存时间。物料在灰斗和灰库内储存的时间越长，拱的强度越高。

（8）储仓卸料口。小的卸料口或储仓、料斗斜度设计错误都能造成较大强度的拱。

防止灰斗和灰库结拱的措施有：

（1）合理设计料仓的形状、结构。

（2）对料仓进行加热和保温。

（3）减小物料对料仓壁的流动摩擦阻力。

（4）及时输送料仓内的粉料，降低料仓内粉料的压力。

22-9　水力除灰存在哪些问题？

答：水力除灰是以水为介质进行灰渣输送的工作系统，系统主要由排灰、排渣、冲灰、碎渣、输送和除灰管道组成。水力除灰具有对输送灰渣的适应性强，运行比较安全、稳定，操作维护简单，在输送过程中灰渣不会扬散等特点。但是，随着机组容量的增大和环保要求的提高，采用水力除灰还存在以下问题：

（1）灰渣与水混合后，将失去其松散性能，其所含的氧化钙、氧化硅等物质的化学性质发生了较大的变化，活性降低，不利于灰渣的综合作用。

（2）灰渣中的氧化钙含量较高时易在灰管内结垢，减小管道的流通面积，增加泵的出口压力，减小泵的出力，而且难以清除。

（3）除灰后的回收水多呈碱性，pH 值超过工业"三废"的排放标准，不允许从灰场随便向外排放，不论是采取回收措施还是处理措施，都需要很高的设备投资和运行费用。

22-10 气力除灰技术有什么特点？

答：气力除灰与水力除灰相比，具有如下优点：

（1）节省大量冲灰水。这一点在水资源缺乏地区尤为重要。

（2）在输送过程中，粉煤灰不与水接触，故灰的固有活性及其他特性不受影响，有利于粉煤灰的综合利用。

（3）减少灰场用地。即使干灰不能全部综合利用，用干灰场储存时，干灰场灰坝的投资也远小于湿灰场灰坝。

（4）避免灰场对地下水及周围大气环境产生污染。

（5）不存在灰管结垢问题。

（6）系统自动化程度高，所需要的运行人员较少。

（7）输送线路选择灵活，布置可根据具体空间确定。

（8）便于长距离输送。

另一方面，干式除灰系统也存在以下不足：

（1）气量消耗大，管道磨损比较严重。

（2）输送距离和输送出力受到多方面因素的限制。

（3）对正压输灰系统，若运行维护不当、泄漏严重，则容易对周围环境造成污染。

（4）对粉煤灰的粒度和湿度有一定的限制，粗大和潮湿的粉煤灰不宜输送。

22-11 气力除灰技术是如何进行分类的？

答：气力除灰技术按照不同的依据有如下的分类：

（1）依据输送压力的不同，气力除灰方式可分为正压气力除灰系统和负压气力除灰系统两大类。其中，正压气力除灰系统包括大仓泵正压输送系统、气锁阀正压气力除灰系统、小仓泵正压气力除灰系统、双套管紊流正压气力除灰系统、脉冲气刀式栓塞流正压气力除灰系统等。

（2）依据粉体在管道中的流动状态，气力除灰方式分为悬浮流输送、集团流输送、部分流输送和栓塞流输送等。

1）悬浮流。悬浮流包括均匀流、管底流和疏密流。均匀流：当输送气流速度较高、灰气混合比很低时，粉粒基本上以接近于均匀分布的状态在气流中悬浮输送。管底流：当风速减小时，在水平管中颗粒向管底聚集，越接近管底分布越密，但尚未出现停滞。颗粒一面作不规则的旋转、碰撞，一面输送走。疏密流：当风速再降低或灰气混合比进一步增大时，气流压力出现了脉动现象，灰密集的下部速度小、上部速度大，密集部分整体出现边旋转边前进的状态，也有一部分颗粒在管底滑动，但尚未停止运动。这是悬浮输送的极限状态。通常所说的大仓泵正压气力除灰系统就属于悬浮流输送。

2）集团流。疏密流的风速再降低，则密集部分进一步增大，其速度也降低，大部分颗粒失去悬浮能力而开始在管底滑动，从而形成了颗粒群堆积的集团流。粗大颗粒透气性好，容易形成集团流。由于在管道中堆积颗粒占据了有效流通面积，因此，这部分颗粒间隙处风速增大，在下一瞬间又把堆积的颗粒吹走。如果堆积、吹走交替进行，呈现不稳定的输送形态，压力也会相应地产生脉动。集团流只是在风速较小的水平管和倾斜管中产生。在垂直管中，颗粒所需要的浮力已由气流的压力损失所补偿，所以不存在集团流。由此可知，在水平管段产生的集团流，运行到垂直管中时便被分解成疏密流了。

3）部分流。就是常见的栓塞流上部被吹走后的过渡现象所形成的流动状态。在粉体的实际输送过程中，经常出现栓塞流与部分流相互交替、循环往复的现象；另外，在风速过小或管径过大时，常出现部分流，气流在上部流动，带动堆积层上部的颗粒，堆积层本身是沙丘移动似的流动。

目前，干除灰系统应用较多的小仓泵正压气力除灰系统和双套管索流正压气力除灰系统就是界于集团流和部分流之间的两种输灰方式。

4）栓塞流。堆积的物料充满了一段管路，水泥及粉煤灰一类不容易悬浮的粉料容易形成栓状流。栓塞流的输送是靠料栓前后压差的推动。与悬浮流相比，在力的作用方式和管壁的摩擦上都存在原则性的区别，即悬浮流为气动力输送，栓塞流为压差输送。

（3）依据压力的种类，气力除灰方式可分为动压输送和静压输送两大类。悬浮流输送属于动压输送，气流使物料在输送管道内保持悬浮状态，颗粒依靠气流动压向前运动。栓塞流输送属于静压输送，粉料在输送管内保持高密度聚集状态，且被"气刀"切割成一段段的料栓，料栓在其前后气流静压差的推动下向前运行。

目前，干除灰系统应用较多的小仓泵正压气力除灰系统和双套管紊流正压气力除灰系统，既借助于动压输送，又应用了静压输送。

22-12 气力输送系统由哪几部分组成？

答： 气力输送系统通常由以下几部分组成：

（1）供料装置。供料装置借助空气作为动力源，将粉体与空气充分混合，并送入输送管道内。供料装置装设在系统始端的灰斗下部。

（2）输灰管。用于输送气粉混合物的管道及附属管件。它是气力输送系统中最为关键的装置。

（3）空气动力源。空气动力源是输送用空气增压装置的总称，通常为空气压缩机。

（4）气粉分离器。布置在输送系统的终点，其作用是将粉料从空气流中分离出来，通常用布袋除尘器，安装在灰库的顶部。

（5）储灰库。用于收集、储存或转运粉料的筒状建筑设施，安装有干灰散机、湿式搅拌机和粗细粉分离器等设备。

（6）自动控制系统。由各种电动或气动阀门、分散控制系统、料位计、热工就地仪表等组成。

22-13 负压气力除灰系统的技术特点有哪些？

答： 负压气力输送具有以下特点：

（1）负压气力输送适用于从几处向一处集中输送。供料点可以是一个或多个，输送母管可以是一根或多根，几个供料点既可同时送灰，也可依次送灰。

（2）由于系统内的压力低于外部大气压，因此不存在跑灰、漏灰现象，工作环境清洁。

（3）因供料用的受灰器布置在系统的始端，真空度低，故不需要气封装置，结构简单，耐用体积较小。

负压气力除灰系统具有以下缺点：

（1）灰气分离装置处于系统的末端，真空度高，需要严格密封，故设备结构复杂。由于抽气设备设在系统的最末端，要求空气净化程度高，故需要设多级分离装置。通常在灰库顶部设置2～3级除尘器，以高浓度旋风分离器作为一级除尘器，以布袋除尘器作为二级除尘器的方式居多。

（2）受真空度极限的限制，系统出力和输送距离不大。因为浓度与输送距离越大，阻力也越大，这样输送管内的真空度也越高。而真空度越高，则空气越稀薄，推带能力也就越低。

22-14　正压气力除灰系统的技术特点有哪些？

答：正压气力输送具有如下特点：

（1）适用于从一处向多处进行分散输送，即可以用实现一条输灰管道向不同灰库的切换。

（2）与负压气力输送相比，输送距离和系统出力大大增加。从机理上讲，输送浓度和距离的增大会造成阻力增大，这只需相应提高空气的压力。而空气压力的提高，会使空气密度增大，更有利于提高携带粉料的能力。输灰系统的灰气混合浓度与输送距离主要取决于空气压缩机的性能和额定压力。

（3）分离装置处于系统的低压区，因此对分离装置的密封要求不高，结构比较简单，分离后的气体可以直接排入大气，不存在设备磨损问题，故一般只装设一级布袋除尘器即可。

正压气力输送系统存在以下不足：

（1）供料装置布置在系统的最高压力区，因此对装置的密封要求较高。

（2）供料装置只能间歇式输送，不能连续输送。

（3）当运行维护不当或系统密封不严时，会再现严重的漏灰现象，造成周围环境的污染。不过，与负压系统相比，管路上不严密处漏气对工作影响不大。根据漏灰位置，可以很容易找到泄漏点。

22-15　正压系统按供料设备分为哪几种？

答：正压系统按供料设备分为上引式、下引式、流态化、喷射式等。此外，还有一种介于上引式和下引式之间的供料设备，称为中引式。此种方式的输灰管穿过仓泵的下部，流化后的粉料从输灰管的下部进入输灰管，它包含了上引式、下引式的特点。

22-16　紊流双套管气力输灰的工作原理是什么？

答：紊流双套管气力输灰系统的工艺流程和设备组成与常规正压气力除灰系统基本相同，也是通过仓泵把压缩空气的能量（静压能和动压能）传递给被输送的物料，克服过程中各种阻力，将物料送到储灰库。但是，紊流双套管系统的输送机理与常规气力输灰系统又不完全相同，主要不同在于系统采用了特殊结构的输送管道，这种输送管道沿着输送管的输送空气保持连续紊流，这种紊流是利用第二条管来实现的，即采用大管内套小管的特殊结构形式，小管布置在大管内的上部，在小管的下部每隔一定距离开有扇形缺口，并在缺口处装有圆形孔板。正常输送时大管走灰，小管主要走空气，压缩空气在不断进入和流出内套小管上特别设计的开孔口及孔板的过程中形成剧烈的紊流效应，不断扰动物料，低速输送会引起输送管道中物料的堆积，这种堆积物会引起相应管道截面压力降低，所以迫使空气通过第二条管，即内套管排走。第二条管中的下一个开孔的孔板使"旁路空气"改道返回到原输送管中，此时增强的气流将吹散堆积的物料，并推动物料向前移动，以这种受控方式产生扰动，从而使物料能实现低速输送而不堵管。

22-17　紊流双套管气力输灰技术的特点是什么？

答：紊流双套管气力输灰系统具有以下特点：

（1）系统适应能力强、运行可靠性高。紊流双套管系统独特的工作原理，保证了除灰系统管道不易堵塞，即使短时停运后再次启动，也能迅速疏通，从而保证了输灰系统的安全性和可靠性。该系统输送压力变化平缓，空气压缩机供气量波动小，系统运行工况较稳定，性能比常规的单管气力除灰系统好。

（2）灰气混合物流速低、管道磨损小。紊流双套管系统的除灰管内灰气混合物起始流速为2～6m/s，末端流速约为15m/s，平均流速为10m/s，而单管输灰系统起始流速为10～15m/s，末端流速为30～40m/s。输灰管道磨损量与输送速度的3次方成正比，这说明紊流双套管系统的磨损量要比单管系统的磨损量小得多。

（3）紊流双套管系统投资省、能耗较低。由于紊流双套管除灰系统灰气混合物流速低、磨损小，因此通常不需采用耐磨材料和厚壁管道，从而大大降低除灰管道的投资和维护费用。同时，由于输送浓度高，相应的空气消耗量也减少，灰库顶部布袋除尘器的过滤面积减小，设备投资费用也减少。

（4）输送系统出力大、输送距离远。对单管输送系统来说，随着输送距离的增加，灰气混合物的浓度将降低，系统出力相应也降低。而紊流双套管除灰系统出力可达到100t/h以上，输送距离可达到1000m以上。

22-18　小仓泵正压气力输送系统的输送原理是什么？

答：小仓泵正压浓相气力输送系统的工作原理为：浓相干输灰是根据气固两相流的气力输送原理，利用压缩空气的静压和动压高浓度、高效率输送物料。飞灰在仓泵内必须得到充分流化，而且是边流化边输送。整个系统由气源部分、输送部分、管路部分、灰库部分和控制部分五个部分组成。其中，输送部分根据输灰量的要求配以相应规格的输送器（仓泵）组成，每台输送器都是一个独立体，既可单独运行，也能多台组成单元运行。每输送一泵或一个单元飞灰即为一个工作循环，每个循环又分以下四个阶段。

（1）进料阶段。进料阀呈开启状态，进气阀和出料阀关闭，仓泵上部与灰斗连接，除尘器捕集的飞灰在重力作用下落入仓泵内，当灰位高至使料位计发出料满信号，或按系统进料设定时间到时，进料阀关闭，进料状态结束。

（2）压流化阶段。进料阶段完成后，系统自动打开进气阀，经过处理的压缩空气经过流量调节阀进入仓泵底部流化锥，穿过流化锥后使空气均匀包围在每一粒飞灰周围；同时，仓泵内压力升高，当压力高至使压力传感器发出信号时，系统自动打开出料阀，加压流化阶段结束。

（3）输送阶段。出料阀打开，此时仓泵一边继续进气，一边气灰混合物通过出料阀进入输灰管，飞灰始终处于边流化边进入输送管道进行输送的状态。将仓泵内的飞灰输送完后，管路压力下降，仓泵内压力降低，当仓泵内压力下降至使压力传感器发出信号时，输送阶段结束，进气阀和出料阀保持开启状态，进入吹扫阶段。

（4）吹扫阶段。进气阀和出料阀保持开启状态，压缩空气吹扫仓泵和输灰管道，定时一段时间后，吹扫结束，关闭进气阀；待仓泵内压力降至常压时，关闭出料阀，打开进料阀，进入进料阶段。至此，系统完成一个输送循环，自动进入下一个输送循环。

下引式、上引式仓泵工作流程分别如图 22-1 和图 22-2 所示。

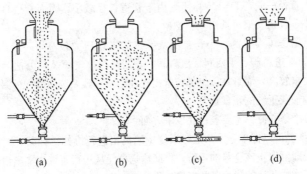

(a)　　　　　(b)　　　　　(c)　　　　　(d)

图 22-1　下引式仓泵工作流程

(a) 进料；(b) 流化加压；(c) 输送；(d) 吹扫

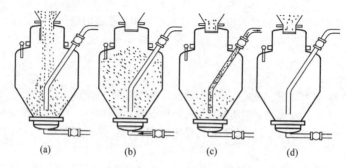

图 22-2 上引式仓泵工作流程

（a）进料；（b）流化加压；（c）输送；（d）吹扫

22-19 小仓泵正压气力输送系统的特点是什么？

答：小仓泵正压气力输送系统具有如下特点：

（1）灰气混合比较高。灰气混合比可达 30～60，因而空气消耗量大大减少。大多数情况下，浓相正压气力输送系统的空气消耗量是其他系统空气消耗量的 1/3～1/2，这样可带来以下有利条件：

1）由于用气量降低，因此可以减小设备的投资，增加系统运行稳定性。

2）输灰系统输送入储灰库的气量较小，因而储灰库上的布袋除尘器排气负荷大大降低，从而有利于布袋除尘器的长期可靠运行。通常，输灰系统排到储灰库的空气量大，而储灰库顶部的空间较小，从而增加了在高负荷下运行的布袋工作压力。小仓泵输灰系统较好地解决了这一问题。

3）通过提高输灰浓度，在保证出力的前提下，可以大大减小输灰管道的管径，管径一般在 DN175 以下。由于管道管径减小，因而管道自重和冲击力较小，管道支架可选用轻型支架。

（2）输送压力较高。小仓泵输灰系统的工作压力较高，一般为 0.2～0.4MPa，对进料阀、平衡阀、出料阀、止回阀、进气阀及各处法兰连接处的密封要求较高，而且在以上部位常出现冲刷，导致系统内漏和外漏，严重时将影响输灰系统的正常运行。

（3）维修方便。主要表现在以下方面：

1）系统可以把单仓泵从运行系统中隔离出进行维修。如某一灰斗的仓泵故障，即可停止该仓泵的运行，将此输送单元从运行系统中隔离出进而维修，而不影响其他输送单元的正常工作。

2）系统采用的大量器件，如各料阀、气阀、仪表等都可以互换，因此维修费用较低，并且更换方便。

22-20　什么是多泵制正压气力输送系统？

答：多泵制正压气力输送系统是由多台仓泵组成一个输送单元，输送过程中同一输送单元的仓泵采取同步运行的方式，一个输送单元的仓泵为一个运行整体，一个输送单元设置一组进气阀组件和一个出料阀，每个仓泵可以各有一个平衡阀，也可以共用一个平衡阀，其控制方式与单仓泵的控制相似。

22-21　多泵制正压气力输送系统的特点是什么？

答：多泵制正压气力输送系统具有以下特点：

（1）与以往其他系统相比，系统配置简单，减少了出料阀的数量，使系统运行更加可靠、安全。

（2）每一输送循环中都有多个仓泵输灰，系统出力增加。

（3）系统配置简化，因此相应的维护工作量减少，维护费用降低。

22-22　湿式双轴搅拌机运行中发生电动机电流过大的原因有哪些？

答：湿式双轴搅拌机电动机电流过大时，可能是下述一个或多个原因引起的：

（1）轴承部位没有得到很好的润滑，润滑油变质或短缺。

（2）因运输时方式不良而引起机架变形，造成轴承部位额外受力，使轴承部位受到卡滞而发热。

（3）安装基础不牢固，振动较大。

（4）搅拌机的产品质量或安装质量欠佳，如轴承的配合过紧或过松、轴承座的间隙调整或压紧力不当、轴两端的轴承座不同心、双轴搅拌机的双轴平行度较差、传动齿轮的啮合过紧、电动机或减速机内部有故障。

22-23　双套管技术在运行中常见的故障有哪些？如何消除？

答：双套管输灰管路最严重的问题是内管脱落导致的堵塞。出现这种堵塞，清堵较困难，最直接的解决办法是找到堵塞的部位，取出脱落内管。另外，对内管则要在外管上打孔多点加固，防止再次出现脱落。

22-24　小仓泵单管输灰系统中的哪些部位可能发生堵管？

答：小仓泵单管输灰系统堵管一般发生在仓泵出口后 50～100m 的起始段内。这是因为起始段的流速低、浓度高、流态最不稳定，随着输送过程中摩擦阻力对压缩空气能量的消耗，管内压力逐渐降低，比体积增加，使压缩空气体积膨胀，流速增高，就不容易发生堵塞了。后段管道即使堵塞了也容易疏通，因为后段管道为了控制过高的流速以防止磨损，往往采用了扩径设计，使管径增大、浓度降低，初速度也较前段设计得高，因此大粒子趋向沉积于管底，当流速在一定范围内时，管底流仍能继续输送；万一出现栓塞，由于大粒子间的缝隙大，中间可有气流通过，同时在栓塞后堵塞位置前部的压力会上升而提高料栓的静压力，从而使料栓崩溃而疏通，使输送继续进行下去。

22-25　流态化仓泵系统中一次气、三次气和助吹气的主要作用各是什么？

答：在流态化仓泵系统中，一次气也叫流化气，因此一次气的主要作用是进行粉料的流化；三次气也叫主输送气，因此三次气的主要作用是进行粉料的输送；助吹气的主要作用是在粉料输送过程中起着辅助输送的作用。

22-26　输灰系统中气源三联件的作用是什么？

答：输灰系统中气源三联件有三个作用：①调压；②润滑；③排水。

22-27　为什么要在气源三联件的一个杯中加入润滑油？

答：输灰系统中控制用气经过电磁阀进入阀门的气缸中，而电磁阀的铁芯由于受环境的影响经常会出现卡涩，因此，在气源三联件中加油的目的就是润滑电磁阀的铁芯。

22-28　进料阀的常见故障有哪些？如何进行处理？

答：故障现象一：关闭进料、出料、平衡阀，打开进气阀，仓泵压力升高缓慢，切断进气阀，仓泵压力逐渐下降，原因可能是进料阀漏气。

处理方法：检查进料阀密封垫、压板是否出现磨损，如出现磨损，须更换直至正常。检查进料阀阀板（双闸阀、旋转阀）和侧阀座是否冲刷，检查气囊（圆顶阀）是否破损，如果出现冲刷和破损，应更换。

故障现象二：转轴卡死，无法启、闭进料阀，或进料阀关闭不到位。

处理方法：检查铜套是否缺油，如增加气源三联件上调压阀的压力仍无法启闭，则给转轴座喷入清洗剂进行清洗，或拆下清洗及更换密封圈；若进料阀启闭不到位，则应调整气缸或调节螺栓直至正常。

22-29　简述出料阀的故障现象及处理方法。

答：故障现象一：关闭进料、出料、平衡阀，打开进气阀，仓泵压力升高缓慢，切断进气阀，仓泵压力逐渐下降，原因可能是出料阀损坏。

处理方法：插板式出料阀可拔去控制气管，拆下出料阀，拆下密封圈，检查密封圈与阀板是否磨损，如出现磨损，则予以更换。更换密封圈后，必须进行调整。调整方法为，用两法兰夹紧密封圈，接上控制气，把控制气压力调定在0.25MPa（调整气源三联件上的调压阀），抽动抽板，如出料阀不能启闭，则重新拆下密封圈，增加一个纸垫，重新装配试验，直至动作正常。如0.25MPa压力时出料阀抽动正常，降低气源压力至0.2MPa以下，此时若阀板仍能抽动，则拆下密封圈，去掉一个纸垫，最后直至0.25MPa压力刚能启闭为止。注意，调整完后应恢复控制气压力在0.45～0.5MPa。用硬密封球阀的出料阀出现磨损后，应予以更换。

故障现象二：出料阀无法正常开闭，气缸无法拉动阀杆，或阀杆拉动不到位。

处理方法：增加气源三联件上调节阀的压力，若仍无法启闭，则拆下出料阀，用压缩空气清除阀腔内的结灰，并调整纸垫的层数。

故障现象三：出料阀阀杆端部压盖处漏气、漏灰。

处理方法：拧紧压盖上的螺栓即可。

22-30　简述进气阀的故障现象及处理方法。

答：故障现象一：进气阀无法正常开启，导致仓泵内无法升压。

处理方法：检查气源三联件上调压阀的压力，适当升高调压阀压力至0.5MPa，如仍无法打开进气阀，则拆开检修。如果是由于锈蚀或有异物卡住，清理即可；如果是球体破损或球体与转动杆脱开，则需要更换此气阀。

故障现象二：进气阀无法关闭或关闭后漏气，仓泵压力持续升高。

处理方法：拆下进气阀检修，如果是异物卡住，则清理异物；如果是球体磨损严重，则需更换进入阀。

22-31　简述止回阀的故障现象及处理方法。

答：故障现象一：系统出现严重倒灰现象，进气阀有时会被磨漏，气管有时会堵塞，这些都是由于止回阀不起单向作用而造成的。

处理方法：对所有气管、气阀门进行清理，更换已坏掉的部件，然后更换止回阀。

故障现象二：气源工作正常，进气阀正常开启，仓泵内无法升压或升压速度太慢。处理方法：检查气管是否堵塞，拆下止回阀检查弹簧压力是否过大，气压不足以打开止回阀，阀片堵塞了气路，如果是，更换弹簧或全部更换。

22-32　隔膜式压力表及压力开关的故障如何处理？

答：故障现象一：仓泵进气时，压力表指针、压力开关不动或动作异常。

处理方法：拆下隔膜式压力表、压力开关，检查隔膜是否破损、变形或漏油，如发现漏油、变形或隔膜破损，则应更换。

故障现象二：压力表指针、压力开关、压力变送器动作正常，但无输出。此时可能导致输送时间变短、假输灰完毕反馈。

处理方法：检查压力表、压力开关接线端子是否松脱，接线是否正确，如仍无输出，则需更换压力表、压力开关。

22-33　简述料位计的故障现象及处理方法。

答：故障现象一：料位计无输出。处理方法：检查料位计接线端子是否松脱，如无接线问题，则需要更换。

故障现象二：一直显示高料位，无法进料。处理方法：拆下检查探头是否粘灰或调整灵敏度，如不能解决，则需更换。

故障现象三：灰斗料位计常出现高料位报警，检查灰斗时，料位并不高。处理方法：可能是料位计探头粘灰假报警；料位计灵敏度调节过高，振打落灰时，片状灰碰到了探头。对以上类现象，在有机会时，可在料位计探头正上方 100mm 处平行安装一挡板，不要让下落灰直接接触料位计即可解决。

22-34　简述电磁阀的故障现象及处理方法。

答：故障现象：控制系统运行正常，电磁阀无动作导致气动阀无动作或动作异常。处理方法：拆下电磁阀，拆开电磁头，检查线圈是否烧坏，如果是，需更换；如果线圈完好，拆开电磁阀芯，清洗并加注润滑油，重新装配。如仍存在故障则予以更换。

22-35　简述欠压报警及处理方法。

答：故障现象：按欠压报警源形式不同，分为气源压力降至下限出现欠压报警和仓泵加压流化阶段，该阶段仓泵内的压力升高时间如大大超过一设定允许最大加压流化时间，则出现欠压报警。

故障分析及处理方法如下：

（1）压力开关接触不良或接线端子松脱。处理方法：检查压力开关接线端子和触点接触是否良好，并加以处理。

（2）气源压力不足，空气压缩机供气不足。处理方法：检查气源供气是否正常，空气压缩机投运情况是否正常；检查冷干机制冷露点是否低于 0℃，造成内部结冰并阻塞流道；检查过滤器滤芯是否堵塞；检查储气罐内是否积水太多，对存在的问题应进行相应的处理。

（3）进气管路一次气进气阀未打开，或流量调节阀开度太小、阻力太大。处理方法：检查进气管路上的进气阀是否打开，如未打开，则应检修或更换；检查节流阀开度，并作相应调整。

（4）进料、出料、平衡阀漏气比较严重。处理方法：检查进料、出料、平衡阀是否漏气，如果有漏气，要及时处理，必要时予以更换。

（5）程序出现混乱，同时进气的仓泵数量超出限制。处理方法：重新调整程序。

（6）欠压报警后，如发现为压力开关故障，则可手动复位或强制输送。

22-36 简述堵管报警及处理方法。

答：故障现象：控制室程序控制器及现场控制箱发出堵管报警。仓泵压力升高至堵管设定压力（0.4~0.5MPa），进气阀关闭，在同一输灰管道的仓泵处于停止状态。

故障分析及处理方法如下：

（1）压力变送器故障，造成假堵管报警。处理方法：检修压力变送器，必要时予以更换。

（2）出料阀卡死而无法打开，造成假堵管报警（压力变送器装在出料阀前的系统），增加控制压力，手动打开进气阀和出料阀，并进入输送状态。待仓泵压力下降到输送压力下限时，延时 10~30s 后手动关闭进气阀，再关闭出料阀，然后检修出料阀。完成后，手动复位解除报警即可投入正常运行。

（3）气源压力与流量不足，可能导致堵管。

（4）管道内有块状异物导致堵管。需清理管道，排除异物。

（5）冷干机故障，压缩空气露点升高，水分进入输送管导致堵管。此时应检修冷干机。

（6）因锅炉煤种变化或燃烧不完全，飞灰物理性质变化或电除尘器故障后灰斗积满大量沉降灰，导致飞灰颗粒粗大，造成无法正常输送。此时应调整仓泵各运行参数，提高输送流速，降低输送浓度。调整方法为：增大三次气流量，减小一次气流量。

（7）堵管报警后，如判断非假堵管，则应先清堵，再进行以上检查处理过程。清堵方法：应用系统程序，自动进行清堵；也可手动清堵，即采用手动打开输灰管清堵气阀，待管道压力升高并稳定后，关闭进气，打开消堵管上的消堵阀（或打开平衡阀），释放管内压缩空气及部分飞灰至电除尘器灰斗或烟道。重复以上过程，直至吹通管道。管道吹通后，应打开进气阀、出料阀，清除仓泵及管道内残存灰，然后再检修仓泵。注意，此时如急需投运同一输灰管上的其余仓泵，则应注意本仓泵出料阀在其余仓泵运行时不能随意打开检修。

22-37 干式除灰管线的配管应注意哪些方面的问题？

答：除灰管道是气力除灰系统的关键组成部分，是影响除灰系统正常运行的重要环节，许多除灰系统故障都与管线设计和管件配置有关。不合理的管线设计会增大输送阻力，引发堵管；而不合理的管件配置不仅会增大输送阻力，而且还是造成管线磨损的重要原因。管线的堵管和磨损是气力除灰系统运行中的两大重要问题。除灰管道的布置中应注意以下问题：

（1）短距离内尽量减少弯头数量。灰气混合物在弯头处发生转向，产生局部阻力损失，消耗气源能量。灰粒因与弯管内壁外侧发生碰撞而突然减速，通过弯头后又被气流增速，如果在短距离内设置弯头过多，就会使在第一个弯头中减速的灰料还未充分加速又进入下一个弯头，这样，不仅会造成输送速度间断并逐渐地减小，使两相流附加压力损失增大，还会造成气流脉动。当输送气流速度不足时，会使颗粒群的悬浮速度降低到临界值以下，引起管道堵塞，这就是灰管堵塞常见的一种现象：即灰管堵塞往往从弯头开始。因此，在输灰管设计中，短距离内应尽量减少弯头数量。

（2）采用大曲率半径的弯管。任何一个气力除灰系统，弯管的应用都是不可避免的，在选用弯管时，应尽量采用大曲率半径的煨弯管，煨弯管的压力损失明显小于成型直弯管件和虾米弯。弯管的压力损失不仅取决于弯曲角度，而且与曲率半径有关。曲率半径越大，压力损失越小。

（3）水平管与垂直管合理配置。根据气固两相流悬浮输送理论可知，输灰管内灰气混合物的流动状态是决定其输送阻力和输送效果的先决条件。气流在输灰管内的流动越紊乱，沿灰管断面的浓度分布越均匀，就越不容易堵塞管道。而在长直管道中，气流的流动相对平衡，灰粒受到的垂直向上的扰动力较小，当这种扰动力不足以克服颗粒的重力作用时，就会逐步产生颗粒沉降，出现灰在管底停滞，即形成空气只在管子上部流动的"管底流"或者出现停滞的灰在管底忽上忽下的滚动流动，最终造成堵管。如果采用长直水平管加垂直管的布置方式，则有可能造成灰尚未到达垂直管时就已因颗粒沉降而发生堵管现象。因此，长水平灰管所需要的气流速度远远比短输料管大。当输送管道中合理布置垂直管时，以上不利情况将会得到有效改善。因为垂直管可以使行将沉降的颗粒群受到扰动，而且这种扰动力与重力的方向恰恰相反，其悬浮输送的作用是直接的。

（4）在合适的部位配置变径管。变径管（大小头）是长距离气力输送管道中常用的一种管件。灰气混合物经过一段距离的输送后，会因压力损失而消耗一定的输送能量，这部分压力损失消耗的主要是气体的静压头。由于损失的能量以废热的形式传到介质中，因此这一能量转换是个不可逆的过程。对于等直径管道，管道延伸越长，压力损失越大，气流的压力就越低。而气流压力的降低，必然导致气体密度减小，气体膨胀，流速提高。密度的减小，将使气流携带能力下降，容易造成堵管。而气体流速的提高，又将增大灰粒对管壁的磨损。增设变径管使输送管径增大，可以使气流的静压提高、流速降低，从而有效地避免输灰管的堵塞和磨损。

22-38 影响干式输灰管道磨损的因素有哪些？

答：影响干式输灰管道磨损的因素有：

（1）输送的粉煤灰的特性。包括粉煤灰颗粒粒径、成分、形状、密度、硬度和黏附性等。一般来讲，粉煤灰中 SiO_2 含量越高，其硬度越大，输送过程中管道磨损也越大。

（2）输灰管道中灰气混合物的流速。管道磨损量基本上与管道内颗粒冲击管壁的速度的三次方成正比，因而管道内流速变化对磨损量的影响较大。国内正压式仓泵系统的始端流速为 12～16m/s，终端流速 30～40m/s。

（3）输灰管输送浓度。物料气力输送浓度通常以灰气比表示，即粉料的质量流量与空气的质量流量之比。火力发电厂气力除灰管道内的灰气比一般为 10～40。输送浓度越高，颗粒与管壁的摩擦或撞击次数越多，因此在其他条件相同的情况下，灰气比越高，管道磨损越严重。

（4）输灰管的材质和配置方式。输灰管的材质、硬度、表面加工情况、管径、配管方式及各管件的形式对输灰管的磨损情况都存在较大的影响。输灰管表面上的磨损并不是均匀的，首先在局部发生，然后逐步发展。输送粒状物料时，一般是越接近输灰管的底部，物料分布越密。因此，在水平管或倾斜管中输送磨削性强的物料时，首先磨损的是管底。但是，输灰管中粒子的分布是随着物料的物性、输送气流速度、输送浓度、管径及配管等情况而变化的。有时物料是在管底停滞，只在上部进行输送，此时输灰管上部的磨损比管底严重。

（5）物料在输灰管中的流动状态。输灰管中粉料的流动状态与灰气比密切相关，常规悬浮输送对管壁的磨损远大于栓塞输送。

22-39 如何进行气力输灰系统仓泵和输灰管道的气密性（保压）试验？

答：气力输灰系统的仓泵和输灰管道在安装完成后应进行气密性试验，具体试验方法为：关闭试验管道的进料阀和灰库切换阀（如没有库顶切换阀，则要在输灰管尾部加装法兰），利用压缩空气从仓泵的进气口向试验管道加压。在试验管道的适当位置设置一只压力表（或利用仓泵上的压力表）作试验调整压力用。试验压力应慢慢增加，每增加 0.1～0.2MPa 压力后，停留一段时间，检查设备和管道是否有变形、泄漏或异常声响，如有则应及时泄压后排除故障。达到试验压力后，除重复上述检查外，还应用手感触摸或涂肥皂液的方法对各密封面或有怀疑的部位进行泄漏检查。如有泄漏，对法兰密封面可以适当紧固法兰的压紧螺栓。如果压紧无效，则应在泄压后拆开密封部件，检查和消除故障后重新进行密封和安装。对焊缝的轻微泄漏，允许带压补焊。对于设备和阀门的泄漏，应分析原因，查出毛病后予以消除，无法修复的予以更换。试验压力达到设计压力并排除泄漏后，应关闭进气阀保压 15min，压力降低值不应大于 0.02MPa。

22-40 灰库气化系统如何进行气密性试验？

答： 库底气化槽和灰斗气化装置安装完成后应进行气密性试验，试验方法为：气密性试验可利用系统配置的气化风机和现成管道进行（气化风机加热器可暂不投运），在对气化槽或气化装置连续充气后，用手感触摸的方法对陶瓷气化板的透气面各密封面进行检查。正常情况下的气化板透气表面在手触摸时可以明显感到均匀有力的空气从气化板上吹出来，此时如果把一块宽度比槽宽略小的平整的薄瓷砖放在透气面上，薄板会沿着气化槽的倾斜方向快速下滑；如果此时感觉透气无力，则表明气化风量不足，通常是以下原因引起的：

（1）气化风机风量未达到设计值。

（2）气化风机的设计有误，造成风量不够。

（3）陶瓷气化板质量不合格，其配料或烧结工艺不当，使其组织过于致密，引起气隙率不足而造成透气率降低、透气阻力增加。

（4）气化空气管道内有积尘，使气化板进气侧表面孔隙堵塞。

（5）气化空气有泄漏，造成气量不足。

用手感触摸的方法对库底气化槽和气化装置进行检查时，如果感到在密封处有较大的气流吹出来，那就是泄漏点，应进一步检查分析，找出故障原因并予以排除。此时可以松开密封面，挤入适量的硅密封胶，再紧固密封压板，固化一段时间即可解决。

22-41 造成干式输灰管道堵塞的原因有哪些？

答： 堵管通常发生在仓泵等发送器出口不到 150m 的起始阶段内，这是因为起始阶段的流速低、浓度高、流态最不稳定，随着输送过程中摩擦阻力对压缩空气能量的消耗，管道内压力逐渐降低，压缩气体体积膨胀，流速增高，就不容易出现堵塞了。后段管道即使堵塞了也较容易自动清通，因为后段管道为了控制过高的流速以防止磨损，往往采用了扩径设计，使管径增大、浓度降低，速度也较前段高，因此大粒子趋向沉积于管底。当流速在一定范围内时，管底流仍能继续输送；万一出现栓塞，由于大粒子间的缝隙大，中间可有气流通过，同时在栓塞后堵塞位置前部的压力会上升而增加推压料栓的静压力，从而使料栓崩溃而疏通，使输送继续进行下去。当然，在料栓崩溃时会引起压力波动，产生振动和响声，通常叫做"放炮"。因此，在设计输灰管时，一方面要合理控制输送流速，另一方面还应注意后段管道支架的强度。堵管往往是由于以下一个或多个原因综合作用引起的：

（1）在输送过程中，由于各种原因导致压缩空气压力降低，使管道内物料沉降，再通气时就容易出现堵管。

（2）空气压缩机故障，使输送空气压力和流量下降，或采用集中空气压缩机站用管网供气时，别处突然大量用气，使输送气量减少、压力降低造成物料沉降而出现堵管。

（3）空气压缩机至仓泵或输灰管间的空气管道出现泄漏。

（4）系统设计时，压缩空气的压力或流量选择过小，或管道匹配不当，造成起始流速不能使物料充分悬浮流动。这种情况下，堵管会经常发生。

（5）仓泵进料阀或平衡阀出现内漏，这时不但会使粉料输送时间延长，还会使仓泵或管道内的物料不能完全输完，在下一输送周期内造成堵管。

（6）仓泵由于多种原因出料不均匀，使输送浓度过高，造成料栓堵塞。

（7）仓泵输送空气调节不当，造成料栓堵塞。

（8）仓泵装料过满，物料流化不好，使粉煤灰的流动性变差。

（9）输灰管尾部灰库上的袋式除尘器运行不良，滤袋上积灰太多，脉冲清灰效果不好（或故障停运），使输送的背压过高而引起堵管。

（10）因煤种变化、锅炉燃烧工况的变化、省煤器或静电除尘器故障造成的粉煤灰温度的降低、颗粒粗大、含水量和灰量增加或化学成分的改变，使系统不能适应变化了的工况。

（11）锅炉启动初期的油水或冷态灰不适合设计的输送工况。

（12）各种原因（如除尘器灰斗加热器故障）使粉煤灰受潮黏结、颗粒增大，输送时摩擦阻力增大而引起堵管。

（13）灰斗气化不良或气化风系统故障，造成物料的流动性变差。

（14）除灰管道内有异物（如电除尘内部出现二次燃烧，结焦块落入输灰管，或电除尘器内部振打锤等器件落入灰管内；另外，布袋除尘器的断裂布袋落入灰斗进入灰管内等），造成输灰管道堵塞。

22-42　输灰管更换前如何对使用管道进行检查？

答： 更换输灰管前，应对外购管道进行以下检查：

（1）对管子材质的检查。使用新购或库存已久的管子时，必须准确判断其材质，避免检修时错用管材。此外，对于无依据可查的管子，一定要经过试验的判断，以判明管子的材料。

（2）对管子制造质量的检查。

1）主要检查管壁厚度公差，以及一些内眼可直接观察到的裂纹、折皱和斑疤等可见外伤，应先将管外壁的泥土、油垢及铁锈清除干净，以防产生测量误差，然后再检查。具体检查方法如下：检查管壁厚度公差，分别在管子两端面互相垂直的两个直径上量出外径和内径，其两数之差即为管壁厚度的两倍。这样测量得到的四个壁厚的平均值和管子公称厚度的差值即为厚度公差，该差值不能大于公称厚度的 1/10～1/12。

2）检查直径公差。方法同上，将测得得到的四个外径的平均值和公称外径相比较。对于无缝钢管，其差值不得大于表 22-1 中所列数据。

表 22-1　　　　　　　　　**碳钢外径公差允许值**

外径（mm）	允许公差（%）
159 以上	±1.5
51～159	±1
51 以下	±0.5

3）检查管子椭圆度。用外卡规则量管子每个断面上互相垂直的两个直径，可量四个断面。测量结果为：相互垂直的两个直径之间的平均差值，对直径为 160mm 以下的管子，不应大于 3mm；对直径为 160mm 以上的管子，不应大于 5mm。

4）检查管子的可见外伤。管子内外壁表面应光滑，没有砂眼、斑疤、裂纹、折皱及铁锈。如果其中某一项不符合要求，则管子为不合格。另外，由于管子制造过程中所造成的纵向刮伤，如果深度不超过 1/10 的额定管壁厚度，则为合格；如果深度超过 1/10 管壁厚度，则为不合格。

22-43　叶轮给料机（电动锁气器）的工作特点是什么？

答： 叶轮给料机的工作特点如下：

（1）外壳与转子间的密封较好，可以封锁外部或正压空气进入灰斗，尤其是水力除灰系统，可以有效防止水蒸气上升进入灰斗，造成灰结块或棚灰。

（2）进入锁气器的灰性质较为稳定，流动性较好，所以在定速的运行条件下给料均衡，对后置设备定量供料，便于实现给料的自动控制。

（3）由于转子的叶片间存灰量小，转子转动消耗能量少，因此锁气器可以带负荷启动。

（4）锁气器进、出口连接管需保温，以防止粉煤灰结块，影响输灰的可靠性。

22-44 电动锁气器的作用是什么？

答：电动锁气器的作用有三个：一是均匀、定量地供灰，避免由于卸灰量不当而造成卸灰管堵灰；二是锁灰，即阻止灰下落，在卸灰管道或下部设备检修时，停止卸灰锁气器的运行，可以将灰封住，阻止灰下落；三是锁气，电动锁气器不论用于灰斗下部，还是储灰库下部，在其进、出口断面之间都存在一定的压差。如电除尘器内部为负压，在灰斗下部的锁气器进、出口间形成上小下大的差压，如无锁气器，将造成漏风，影响电除尘器的除尘效率和灰斗卸灰。若漏入灰量外界冷风，将使热灰遇冷受潮，使灰斗堵灰或棚灰。

22-45 如何检修卸灰机（锁气器）？

答：锁气器检修程序如下：

（1）锁气器解体，解体前各端面做好记号，保存好各部件。

（2）清洗、检查各部件的磨损情况，重点检查转子刀片与外壳、轴承、密封板的磨损情况。

（3）清洗或更换轴承。

（4）组装锁气器，压兰内充填盘根或同骨架油封。

（5）用塞尺检查调整刀片与外壳之间的间隙。

（6）转动锁气器，应无卡涩现象。

22-46 叶轮给料机是否有转向要求？

答：叶轮给料机（也称卸灰机或锁气器）没有转向要求，正反转工作情况相同。

22-47 如何进行浆液搅拌器的检修？

答：搅拌装置的检修程序如下：

（1）停电后拆皮带罩、皮带和皮带轮，拆对轮和轴承座并整体起吊搅拌器。

（2）检查皮带、叶轮的磨损情况，必要时予以更换。

（3）搅拌器的解体，注意不要碰伤各结合面和丝扣。

（4）清洗、检查搅拌器各部件的磨损情况。

（5）测量、检查轴的弯曲情况，必要时应校正。

（6）更换轴承。

（7）组装搅拌器。组装时应注意端盖必须将轴外套压死，上油应充足。

（8）搅拌器用手转动应灵活，且无晃动。

（9）搅拌器就位，回装顺序与拆卸顺序相反。

（10）搅拌器试运中应运转平稳，无振动、松动和异音，各部温度正常，且运转方向正确。

22-48 简述柱塞泵的工作原理。

答：泵体由电动机拖动，经皮带传动至齿轮减速箱，再由偏心轮带动连杆，推动十字头在滑道上做往复运动，而与十字头相连接的柱塞也因此实现往复运动。

该柱塞泵与一般三缸柱塞泵的主要区别在于其设置了喷水冲洗系统，保护柱塞和密封圈不受固体颗粒的磨损，延长了易磨损件的寿命。在柱塞密封的前端装有一喷水环。喷水环内有冲洗水的压力，在主泵排出行程时随主泵柱塞缸内压力的升高而升高，在柱塞与环之间建立压力水。柱塞吸入时，水环内冲洗水的压力高于浆体的压力，高压清洗水总是向同一个方向流动。越靠近喷水环，浆体的浓度就越低。由于从喷水环中喷出的清水有相当的流速，因此会使柱塞在进入密封圈之前把粘在柱塞表面的固体颗粒清洗掉，从而有效地防止固体颗粒进入柱塞与密封圈间造成的颗粒磨损，这就使易损件寿命大大延长。为了防止浆体倒流，该系统在每个柱塞的清水管路上设置有一套单向阀。

柱塞泵是一种容积式往复泵，泵的结构特点决定了其瞬时流量和压力都是按正弦曲线变化的。为了使泵运行更加稳定，还设计了出口空气罐（包）。

阀箱是锥阀式单向阀，在柱塞的往复运动中，吸入阀和排出阀交替自动启闭，达到了吸入和排出浆体的目的。

22-49 柱塞泵由哪几部分组成？各部分又包含哪些部件？

答：柱塞泵由以下几部分组成：

（1）液缸部分。液缸部分主要包括进出口阀箱、阀芯、阀座、柱塞组合和吸入、排出管等。进出口阀箱采用 L 式布置。液缸结构紧凑，阀芯采用螺纹紧固，维修方便。阀体为橡胶密封圈式，柱塞密封采用橡胶密封圈。

（2）传动系统。传动系统为曲柄连杆机构，是将电动机的圆周运动，经偏心轮、连杆、十字头转换为直线往复运动，主要包括十字头、连杆、上导板、下导板、轴承、偏心轮。传动系统采用飞溅润滑。

（3）安全阀。安全阀（防爆片）是在管路压力高出泵的额定压力时迅速开启（爆破）、泄压，使管路内的压力降至低于泵的工作压力，避免因特殊情况造成泵的排出压力升高而危及设备和管路的安全，使除灰系统正常工作。

（4）出入口空气包。空气包是为了保护泵和排出管路而设置的稳压缓冲装置，空气包上配有压力表（抗震压力表或电接点压力表），用来监视泵的压力变化；空气包内使用橡胶囊，将液体与气体隔离开。

（5）水清洗润滑系统。水清洗润滑系统是保证柱塞泥浆泵正常工作的关键，主要包括高压清洗泵、高压水管、单向阀等。

22-50　柱塞泵的大修项目有哪些？

答：（1）泵体解体清洗、检查或更换零部件。

1）检查柱塞、密封填料盒，更换喷水环、压紧环、隔环、压环、各种密封圈及其他磨损件。

2）检查挺杆、连杆、曲轴，测量磨损、位移情况，更换轴向油封。

3）检查大、小人字齿，测量磨损情况。

4）检查、更换轴承。

5）齿轮箱清洗，更换机械油。

6）检查传动皮带磨损、松紧情况，必要时更换皮带。

（2）阀箱解体检查，更换易损件。

（3）清洗、检查或更换，进出口集箱、管道、阀门消除泄漏。

（4）清洗空气罐，检查，更换爆破片，校验压力表。

（5）检查、紧固地脚螺栓。

（6）校对热工检测装置。

（7）修理系统内其他附属装置。

22-51　柱塞泵的小修项目有哪些？

答：（1）检查阀箱，更换磨损件，更换 O 形圈。

（2）检查柱塞，更换 YX 形密封环、V 形密封环和其他磨损件。

（3）检查单向阀、高压胶管，消除堵塞或泄漏，更换磨损件。

（4）检查各入口门、出口门、高低压放水门，消缺。

22-52 哪些原因会导致柱塞泵出口压力低或根本不上水以及管路振动大？

答：（1）由于低压放水门及入口管法兰处存在泄漏点而导致柱塞泵吸进空气。

（2）进、排阀阀芯和阀座间有大块杂物或入口管有大块杂物，导致来浆困难。

（3）柱塞及密封圈磨损，有大量浆液泄漏。

（4）进、排阀阀芯和阀座冲刷严重，在排浆过程中，有大量浆液回流。

（5）皮带打滑，机械不能正常工作。

22-53 哪些原因会导致柱塞泵盘车困难？

答：下列原因可导致柱塞泵盘车困难：

（1）柱塞密封圈压得太紧。

（2）连杆轴承和减速机高、低速轴承故障。

（3）柱塞、挺杆、十字头、连杆机构有偏斜现象。

（4）大、小人字齿轮啮合不好，接触太紧。

（5）阀箱内有异物沉积。

22-54 简述柱水泵的工作原理。

答：柱水泵的工作原理为：电动机经皮带将动力传递给曲轴，使曲轴旋转运动，再经连杆将同轴的旋转运动变为十字头的往复直线运动。十字头前端与柱塞连接，柱塞在缸体内随十字头一起往复直线运动，当柱塞运动离开死点时，排出阀立即关闭，排出过程结束，吸入阀开启，吸入过程开始；当柱塞运动离开另一死点时，吸入阀立即关闭，吸入过程结束，排出过程开始。柱塞和单向阀的这种周而复始的运动就是泵的工作过程。

22-55 简述柱水泵的组成。

答：柱水泵的组成部件如下：

（1）机架。机架是泵的主要连接部件，前部有液力端，后部有传动端，材料根据配带功率的不同分别采用 HT20-40 或 ZG35。

（2）液力端。液力端包括泵体、吸入阀、排出阀和柱塞等。吸入阀和排出阀的布置为直通式，其特点是结构紧凑，液缸尺寸较短，余隙容积小，泵阀采用锥形阀，密封性能好，磨损均匀，制造简单互换性强，装拆方便。泵体材料用 2Cr13 不锈耐酸钢或 45 号钢，具有较高的强度和耐腐蚀性，吸入缸体分开，便于制造、维修和保养。柱塞用 V 形聚四氟乙烯加二硫化钼及铜粉密封圈做填料间隙安装。液力端的其他密封部位均采用 O 形橡胶密封圈，具有较高的工作可靠性。柱塞可独立分别拆装，便于更换填料等。

（3）传动端。传动机构是曲柄连杆机构，它将电动机的旋转运动转变为柱塞的往复直线运动。传动端主要有皮带轮曲轴、连杆、十字头、轴承、轴瓦等。曲轴采用优质合金结构钢 42CrMo；连杆、十字头用球墨铸铁；曲轴用短圆柱滚子轴承支承，十字头滑道内装有锡青铜衬套；连杆瓦使用 160-67 型柴油机的连杆瓦；传动端全部安装在机架的箱体内。

（4）安全阀。为使泵正常工作，避免因超压的意外情况而造成事故，泵的输出部分设安全阀。安全阀由阀座、阀盖、阀芯、回水管、蝶形弹簧套、蝶形弹簧等组成。当泵的实际压力达到工作压力的 1.1 倍时，安全阀自动开启，液流经导流管与吸入腔接通。同时，在泵的排出端安装有目测压力表——抗震压力表，以监视泵的排出压力。

22-56　柱水泵的大修项目有哪些？

答：（1）解体清洗、检查泵体或更换零部件。

1）检查、更换柱塞、吸入阀、排出阀和密封件。

2）测量曲轴、连杆、十字头、轴承、轴瓦等的磨损和位移情况，对磨损严重的进行更换。

3）检查、更换轴承。

4）清洗变速箱，更换润滑油。

5）检查传动皮带的磨损和松紧情况，必要时更换皮带。

（2）解体检查安全阀，更换阀芯、阀座。

（3）检查、紧固地脚螺栓。

（4）调校热工检测装置。

（5）修理系统内其他附属装置。

22-57　简述浓缩机（池）的工作原理。

答：由灰浆泵输送来的细灰浆液经过滤后，从浓缩池中心部分均匀地呈辐射状向周边缓慢流动，流动中灰浆的固体颗粒靠自重而沉降。随着灰浆向周边的扩散，流速逐渐减慢，细小灰粒也逐渐沉淀至池底。这样就在灰浆池底形成了锥形坡面的浓缩层，通过耙架的不断耙动，将浓浆刮向了浓缩池中心，然后通过浓缩池中心的下浆管被吸入柱塞泵。与此同时，浓缩池上部的水经过澄清,通过浓缩池周边的溢流槽流进回水箱,再经过回水泵输送到水力除灰系统重新利用。

22-58 浓缩机(池)系统由哪些部分组成?

答:浓缩机主要由槽架、中心支承,主、副耙架及耙齿,传动机构,电动机和滑线等组成;浓缩池主要由溢流槽、导流管、池壁、池底、下浆管、回水管等组成。

22-59 浓缩机的大修项目有哪些?

答:(1)中心轴承滚珠的检查更换,并加注润滑脂。

(2)摆线针轮减速机检修。

(3)液力耦合器检修。

(4)电动机和集电环检修。

(5)更换分流槽滤网。

(6)耙架变形调整。

(7)整修刮板。

(8)清理池底及下浆管。

(9)轮胎检查及充压。

(10)轮胎跑道平整度检查及修复损坏处。

(11)下浆管及阀门检修。

22-60 停运后的柱塞泵出口管为什么要进行冲洗?

答:由于浓缩机的浓缩,进入柱塞泵的灰浆水灰比通常在1∶1.5左右,浓度较高,而柱塞泵出口管往往较长,有的长达十几公里。这样长的输灰管依山体而建,不可避免地会出现一些地位低的部分,当柱塞泵停运后,不再流动的浆液就会在短时间内出现沉积,堵塞地位低的管道,而且,湿粉煤灰很容易结块,很难疏通。因此,停运后的柱塞泵出口管必须马上冲洗,直至出口见清水为止。

22-61 简述限矩型液力耦合器的结构及工作原理。

答:限矩型液力耦合器主要由传动和安全保护两部分组成。传动部分包括外壳、泵轮、涡轮、辅助室、轴套等,安全部分包括易熔塞和易爆塞。

限矩型液力耦合器的工作原理如下:液力耦合器是一种应用较广的传动器件,安置于电动机和工作机之间,传递两者动力。液力耦合器被电动机带动运转时,存在于腔体内的工作液体受泵轮带动,即随泵轮做圆周运动,又对泵轮做相对运动,液体质点相对于叶轮的运动状态由叶轮和叶片形状所决定。由于叶片为径向直叶片，因此液体质点只能沿着叶轮表面与工作腔外环表面所形成的流道内流动；由于旋转运动的离心力作用，液体质点从泵轮半径较小的流道口处被加速并被抛到较大流道口处，即泵轮从电动机吸收的机械能被转化为液体动能，在泵轮出口处，液流以较高的速度和压强冲向涡轮叶片，并沿着叶片表面与外环表面组成的流道做向心流动，液流对涡轮叶片的冲击减小了它的速度和压强，使液体质点的动能不断减小，释放出的动能推动涡轮旋转做功，涡轮将液体动能转化为机械能，当液体动能释放减小后，由涡轮流出而进入泵轮，再开始下一个能量转换化的循环流动，如此周期循环。

22-62　限矩型液力耦合器达不到额定转速的原因有哪些？

答：以下原因将造成液力耦合器达不到额定转速：

（1）电动机故障或连接不正确，动力端出现异常。

（2）机械侧轴承损坏或被异物卡住。

（3）耦合器选型不合理，功率达不到要求。

（4）耦合器内液量少于正常工作所需要的液量下限。

（5）耦合器各密封面漏油，造成功率不足。

（6）耦合器内工作液加注太多，超出液量上限。

（7）由于电动机与耦合器安装不同心，造成滚键现象，动力不能传送到机械侧。

22-63　限矩型液力耦合器易熔塞中低熔点合金熔化的原因有哪些？

答：易熔塞中低熔点合金常出现熔化现象，主要是以下原因引起的：

（1）充液量少于液量所要求的下限值，或耦合器密封面漏油导致耦合器传递功率不足。

（2）机械侧轴承损坏或有异物卡住转动部分，导致耦合器长期超负荷运行。

（3）耦合器选择不合理，易熔塞内易熔合金熔点选择低。

（4）"星形—三角形"启动方式，在"星形"状态下运行时间太长或启动频繁。